개정2판

Travel Agency
Operation Manual

최신 여행사실무

정찬종 저

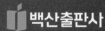
백산출판사

머리말

　저자는 경기대학교에서 관광경영학을 전공하고 1974년 여행사에 첫발을 내디딘 후에 1985년 대학의 강단에 서면서 이론과 실제를 접목하려고 부단히 노력하던 끝에 여행사경영론(1994)을 시작으로 여행사경영연구(1995), 여행업무관리론(1997) 국외여행인솔자 소양교육교재(1998), 여행사경영실무(2001), 여행사실무연습(2002), 여행정보서비스실무(2003), 국외여행인솔실무(2004), 여행상품기획·판매실무(2006), 해외여행안전관리(2007), 여행사취업특강(2008), 국외여행인솔자공통실무(2013), 여행관광마케팅(2015) 등 우리나라 여행업분야 교재개발에 선도적으로 주도해 왔다는 것을 매우 자랑스럽게 여기고 있다.

　이와 같은 그간의 노력을 바탕으로 "최신여행사실무"라는 책을 세상에 내놓게 되었다. 10년이면 강산이 변한다는 속담이 있듯이 여행업계도 그간 경영·환경적 측면에서나 업무·내용적 측면에서 많은 변화를 보이고 있다. 한국 국민들에게는 영원히 갈 수 없을 것만 같았던 소련(현 러시아)을 비롯하여 중국, 동구권국가 등도 이제 자유롭게 여행을 할 수 있게 되었고, 남북관계 악화로 인해 여행이 일시 중단되고는 있으나 동토의 북한도 일부지역이나마 제한적으로 여행할수 있게 되었다. 까다롭기로 소문난 미국비자도 이제 안방에서 컴퓨터로 미국대사관 웹사이트에 접속하여 수속을 하며, 항공권 발권도 이티켓(e-Ticket)이라하여 전자문서를 각 개인의 컴퓨터 이메일로 배달해 주고 있다.

　이처럼 여행사의 경영환경은 급속도로 변하고 있으며, 특히 제로컴(Zero Commission) 시대를 맞이하여 오프라인만을 고수해오던 여행사들도 이제는 온라인을 통한 유통구조변화에 적극적으로 대응하기 시작하고, 수수료 제로화 시대에 대응하기 위해 서비스피(Service Fee)의 적극적인 개발 등 새로운 경영환경 변화에 발빠른 대응을 하고 있다.

　여행사에서 여행과 관련하여 여러 업무를 수행히려면 그야말로 만물박사가 되어야 한다. 항공권이나 열차·선박의 티켓배달 등 하찮은 업무에서부터 때로는 통역업무, 응급처치업무, 여행설계(기획)업무, 여행상담업무, 여행인솔업무, 여행관련 IT업무, 경영분석업무에 이르기까지 광범위한 여행업무를 터득하지 않으면 안 된다.

이 책은 이처럼 새로운 시대에 부응하는 여행업무에 관해 포괄적으로 다루어봄으로써 독자들의 이 분야에 대한 이해를 돕고자 노력하였으며, 가능한 한 최신 업무를 그 내용으로 하고 있다. 여행업무 가운데 가장 필요한 업무만을 엄선하여 알기 쉽게 해설하였으므로 학생들이 여행사에 진출하여 큰 부담 없이 현업에 적응해 나갈 수 있을 것이라고 생각한다.

그러나 이 책에도 본래 천학비재(淺學非才)한 저자의 역부족과 미흡한 통찰력으로 내용과 체제의 양면에서 여러 가지 부족한 점이 많으리라 생각한다. 이 점은 부단한 연구와 선배, 동학제위(同學諸位)의 지도편달에 힘입어 보완할 것을 약속하는 바이다.

끝으로, 이 미진한 교재의 출판을 흔쾌히 허락해 주신 백산출판사 진욱상 사장님을 비롯하여 편집부 직원 여러분의 호의에 깊은 감사를 드리는 바이다.

2018년 여름

저자 드림

차 례

여행기획업무

01 여행사실무의 흐름

여행업무의 흐름은 여행사의 성격과 여행사가 발휘하는 기능에 따라 업무내용도 상이하나, 대체적으로 다음과 같은 업무의 순환과정을 통해 여행사실무가 진행되는 것이 일반적이다.[1]

여행업무는 기획 → 예약(수배) → 판매 → 계약 → 수속 → 발권 → 안내 → 정산 → 경영분석 → 애프터서비스라는 순환과정을 거쳐 피드백(feed back)되며, 이를 제시하면 [그림 1-1]과 같다. 자세한 업무내용은 각 장에서 후술하기로 한다.

[그림 1-1] 여행업무의 순환과정

---

1) 社団法人 全国旅行業協会, 旅行業務マニュアル、1983, p. 229를 토대로 재구성함.

이들 업무는 업무순서에 따라 진행되는 것이 일반적이나, 그렇다고 해서 늘 이와 같은 순서대로 진행되는 것은 아니다. 예컨대 예약을 미리 해놓고 여행기획을 하는 경우도 있으며, 여행계약과 수속업무를 동시에 진행하는 경우도 있다. 어떤 경우에는 기획, 수배, 판매업무가 동시다발적으로 이루어지는 경우도 생길 수 있는 것이다.

이 책도 위의 여행업무의 순환과정대로 집필하였으므로 필요한 부분을 그때그때 찾아서 업무에 참고하면 좋을 것이다.

02 여행상품기획

1) 상품기획의 개념

기획과 계획은 종종 혼동하여 사용하고 있는 말 중의 하나이다. 기획이란 새로운 사업에 대해서 무엇을 선택하고 어떻게 이를 성공적으로 수행해 나가느냐 하는 과정을 착안하는 일이므로 어떤 목표를 정해서 그 목표에 도달하기 위해 행하는 '구상', '제안', '실천'의 모든 업무를 말한다. 이에 반해 계획은 이러한 기획을 실현하기 위해 구체적인 과정을 편성하는 것이다. 즉 기획은 무엇을 할 것인가를 의미하는데 비해, 계획은 어떻게 할 것인가를 의미한다고 할 수 있다.

그러므로 상품기획이란 상품의 발전추세를 기반으로 상품의 개발방향을 설정하고 고객의 욕구(Needs)를 반영한 신상품을 제안하는 것이다. 즉 고객의 욕구와 여행사 내부자원(Seeds)[2]을 기본으로 하여 일관된 기획의 입안을 통한 상품개발로 차별적 우위(Differential Advantage)를 확보하여 시장선점을 목표로 하는 데 그 의의가 있다.[3]

즉 상품기획은 타사의 상품과 차별화를 모색하여 고객으로 하여금 구매의욕

---

2) 시즈(seeds)는 기술력·영업력 등 기업의 내부자원을 말하며, 그 밑바닥에는 기업의 가치관과 문화(culture)가 있다.

3) 남서울대학교 디지털경영학과, 경영전략과 상품계획, 웹사이트자료, 2002.

을 자극함으로써 보다 선택기회가 많은 고부가가치상품을 창조하는 것으로 여행상품 기획시 고려해야 할 점을 열거하면 다음과 같다.

- 수요분석을 통하여 목표고객의 욕구를 파악한다.
- 현재 인기 있는 경쟁업자의 상품을 고려해야 한다.
- 상당규모의 수요가 있어 수익이 확보될 수 있어야 한다.
- 여행상품 구성요소들의 공급이 확보되어야 한다.
- 여행상품 구성요소들이 목표고객의 욕구에 적합해야 한다.
- 현지여건을 반영한 행사운영으로 고객만족을 추구한다.
- 여행의 안전이 확보되어야 한다.
- 성수기와 비수기에 대한 고려가 있어야 한다.

여기에 ① 고객은 누구인가? ② 어떤 요구(Needs)에 부응하는 상품인가? ③ 어떤 기술 및 재료(내용)로 만들 것인가? ④ 적절한 시기에 생산 및 판매가 가능한가? ⑤ 투자의 채산성은 있는가? 등을 고려하면서 상품기획을 하여야 할 것이다.

따라서 고객의 여행예산과 여행내용에 대한 희망을 조화시키기 위해서 예산범위 내에서 짜 맞추는 여행대금의 견적과 욕구에 맞는 여행일정을 작성하는 것이 무엇보다 중요하다. 그를 위해서는 고객의 희망을 받아들이는 것은 물론 여행의 전문가로서 적극적인 충고나 제안을 하는 것도 중요하다. 즉 타 여행사를 모방한다거나 자신의 취미나 기호를 가지고 밀어붙이는 것은 더욱 위험한 일이다.

오리토(切戸晴熊)는 기획상품의 4축은 ① 유명도시 상품(일반도시 체재형 강화), ② 주유형(周遊型) 상품의 재구축, ③ 인기상품의 폭과 깊이의 확대, ④ 신상품으로서의 마케팅 상품의 조성을 제안하고 있다.4) 그러므로 상품기획에 즈음해서는 다음과 같은 점을 고려하지 않으면 안 된다.

- 구매가치를 창출할 수 있는 상품이어야 한다. 방문할 만한 가치를 잠재고객에게 인식시키고, 상품의 주체가 인정되는 상품이어야 한다.

---

4) 切戸晴雄, 旅行マケティング戦略, 玉泉大学出版部, 2008, p. 45.

- 특색 있는 상품을 만들어야 한다. 즉 상품의 특색, 주제(이벤트)가 있는 상품으로 구성하여 방문동기를 심어줘야 한다.
- 시장 침투력을 갖는 상품이라야 한다. 시장세분화를 통해 수요를 계속적으로 발생시킬 수 있는 상품이라야 한다.
- 연중 판매 가능한 상품이라야 한다. 특정 시간대, 특정 요일, 특정 계절상품보다는 연중 꾸준히 이용할 수 있도록 시기에 구애받지 않는 상품(성수기, 비수기가 없는 상품)이 좋다.
- 체류기간을 연장할 수 있는 상품이라야 한다. 체재시간을 연장시킬 수 있는 참여·체험 프로그램이 필요하다.
- 독특한 매력을 보유한 고부가가치를 창출할 수 있는 상품의 개발이 필요하다. 독특한 개성, 그 곳이 아니면 볼 수 없고, 만날 수 없으며, 체험할 수 없는 고부가가치 상품을 개발해야 한다.

2) 여행상품의 구성요소

여행상품의 소재(素材) 혹은 재료 또는 부품은 교통기관, 숙박시설, 음식, 쇼핑, 안내사(인솔자) 등이며, 이를 종합적으로 조합한 상품이 곧 여행상품이다. 그러므로 각각의 기능이나 쾌적성, 고객만족도 등을 고려하면서 가치 있는 상품으로 만들어 나가는 경험이나 지식이 필요하다. 특히 새롭게 등장하는 여행지의 정보를 이용하여 부가가치를 높이는 것이 무엇보다 중요하다. 이를 위해서는 항상 공부나 연구를 게을리해서는 안 된다.

여행상품의 구성요소는 다음 표와 같이 정리할 수 있다. 물론 여기에 여행사의 ① 신용성(예약과 수배, 불안감 해소 등), ② 정보성(여행정보의 제공, 지식의 제공, 여행의 효율성 제공), ③ 경제성(할인요금, 여행의 합리성, 준비시간의 절약 등), ④ 시간성(여행준비 시간의 절약, 일정의 효율화, 합리화), ⑤ 안전성(불확실성에 대한 안전감 제공, 전문적 서비스의 제공, 정확한 안내에 의한 위험 최소화) 등의 요소가 최적결합(最適結合)을 유지할 때 비로소 훌륭한 여행상품이 만들어지게 된다.

여행상품의 기획이란 위에서 열거한 여행상품의 구성요소 중 ① 새로운 기능을 갖춘 상품, ② 현재의 기능을 개선한 상품, ③ 기존상품을 기반으로 새롭게 응용한 상품, ④ 기존상품에 기능을 추가한 상품, ⑤ 새로운 시장에 진출한 상품, ⑥ 보다 저렴해지거나 고급화된 상품, ⑦ 타 상품과 통합된 상품, ⑧ 하향화된 상품, ⑧ 새로운 형태의 상품출시 등이 여행상품의 기획이라고 할 수 있다.

〈표 1-1〉 여행상품의 구성요소

구성요소	내 용
교 통	① 이미지(유명함, 선입관, 평판, 특성, 분위기), ② 편의성(편리함, 쾌적함, 정확한 발착, 연결편 상태), ③ 서비스(친절함, 식음료, 안내, 영업방법 등), ④ 안전성(안전함, 편안함, 즐거움, 경관효과, 현지감각이 좋음), ⑤ 운임(가격)
숙 박	① 이미지(유명도, 평판, 건축미), ② 편의성(쾌적성, 안정성), ③ 시설관리 상황(객실 및 욕실상태, 부대시설, 화려함 등), ④ 서비스(서비스 질과 특성, 식음료 및 기타서비스 상태 등), ⑤ 가격문제(가격과 가치관계, 등급, 가격정책 등)
음 식	① 특수성(현지 식도락, 유명식사), ② 편의성(편리한 식사, 합리적, 무난함, 한식 제공 여부), ③ 환경성(분위기, 조명, 음악, 쇼, 서비스 방법 등), ④ 적절성(가치관계, 질, 서비스, Tip 등)
쇼 핑	① 특수상품(디자인, 품질, 고유 기념품 등), ② 유명상품(유명 상표, 평판, 선입관), ③ 비교상품(가격, 품질의 비교 우위성 등)
안내사·인솔자 (Guide·TC)	① 전속안내사(Full Time Guide), ② 일용안내사(Part Time Guide), ③ 전일정안내사(Through Guide), ④ 문화관광해설사, ⑤ 학예연구사(Curator), ⑥ 여행인솔자(Tour Conductor)
여 행 지	① 매력성(관광자원, 관광행위, 관광동기, 충족대상 등), ② 편의성(관광편의성, 편리성, 쾌적성, 안전성 등), ③ 근접성(관광근접성, 거리비용, 거리시간 등)
여행활동	① 문화적 여행활동(견학, 종교행사, 견문확대 등), ② 사회적 여행활동(친목회, 신혼여행, 가족여행, 연수여행), ③ 스포츠 관광활동(체육행사 참관, 골프, 낚시 등), ④ 경제적 여행활동(전시회, 국제회의, 엑스포, 출장 등), ⑤ 보양적 여행활동(온천, 해수욕, 휴양, 휴식, 보양 등), ⑥ 정치적 여행활동(역사적 유적, 국제회의 참가, 시찰 등)
선택여행 (Optional tour)	① 탈거리 상품(세느강 유람선투어, 헬기투어, 잠수함투어, 번지점프, 래프팅 등), ② 볼거리 상품(파리의 리도쇼, 태국의 알카자 쇼, 라이브 쇼 등), ③ 체험상품(요가, 도자기 만들기, 템플스테이, 김치 담그기 등)

【자료】 정찬종, 여행사경영론, 백산출판사, 2007, p. 174쪽을 토대로 재구성.

3) 여행상품의 기획

패지지여행의 2대 특징은 「여행비용의 저렴화」와 「여행형태의 다양화」로 요약할 수 있다. 종래의 여행은 주로 직장여행, 초대여행, 학생들의 수학여행 등소위 일반단체여행으로 불리는 형태가 주였으나, 근년에는 불특정다수의 소비자를 대상으로 판매되는 패키지여행이 주류를 이루고 있다.

이는 여행사에서 취급하는 상품이 종래의 「수주생산형」에서 「기획생산형」으로 전환되었음을 의미하는 동시에 여행사의 상품기획력을 요구하는 시대에 진입했음을 의미하는 것이기도 하다. 즉 소비자욕구의 다양화에 의한 "여행상품선택폭의 확대"가 여행사에서 기획여행상품을 만들지 않고는 생존경쟁에서 살아날 수 없게 된 것이다.

여행상품 선택폭의 확대가 곧 여행상품기획 전략의 관심항목(Key Point)이다. 다음 표에서 보이는 와 같이 여행상품을 구성하고 있는 각각의 소재 가운데 어느 것을 선택하느냐는 고객의 몫이지만, 상품의 선택폭을 넓혀주는 것은 여행사의 몫이기 때문이다.

뛰어난 기획의 전제조건은 아이디어와 실현가능성이다.[5] 기획력에 요구되는제1요소는 기획내용의 참신성이다. 즉 독특함이며, "과연"이라고 느낄만한 착상이다. 이것이 좋은 기획, 뛰어난 기획의 1보이다.

그 다음으로 요구되는 것이 그 기획의 실현가능성이다. 아무리 뛰어난 기획이라고 해도 그 여행사의 조직에서 실현불가능한 것이라면 그림의 떡에 불과한 것이기 때문이다. 가능한 한 쉽게 실현할 수 있으면서, 더구나 기대효과도 큰 기획일수록 좋은 기획이라고 할 수 있다. 기발한 아이디어 × 실현가능성 = 뛰어난 기획이라는 등식이 성립한다고 할 수 있다.

〈표 1-2〉 여행상품의 선택항목(여행조건)

항 목	내 용	
항공사	·정기편 ·일반항공사	·부정기편 ·저가항공사

5) 江川郎, 企劃力101の法則, 日本実業出版社, 1985, pp. 16~17.

호 텔	·딜럭스호텔	·스탠더드호텔	
	·비즈니스호텔	·펜션	·B & B
식 사	·호화	·보통	·실비
안내사	·전문가(박사급, 큐레이터급)	·자격증소지자	
여행자	·관련분야 전문가	·재방문자(빈번고객)	·초심자
가 격	·최성수기(golden week)	·성수기(peak season)	
	·평수기(shoulder season)	·비수기(off season)	
행사실시	·단독출발	·연합출발	·현지합류

여행상품의 고객 만족도는 여행기획시에 중요한 유의사항 중 하나이다. 가격 경쟁만이 횡행하고 있는 한국의 여행시장에서는 이 문제가 소홀하게 취급되고 있어서 걱정이다. 고객에의 만족도를 추구하는 기획적 사고나 행동이 경쟁에서 이기는 최대의 요건이라는 점은 두말할 필요가 없다.

여행상품기획에 즈음해서는 단체냐 개인이냐, 또는 주최여행이냐 수배여행이냐에 따라 기획내용도 달라지게 되는데, 이를 표로 정리하면 다음과 같다. 최근에는 중간적 상품, 즉 반제품(half made)도 등장하고 있다. 즉 여행일정 중 교통, 숙박, 아침 등 핵심사항을 제외하고 여행자 자신이 기획하는 상품이다. 기획제안의 순서는 다음과 같은 절차에 따라 진행되는 것이 일반적이다.[6]

① 여행기획내용을 정한다. 즉 대상고객층, 여행목적지와 일정, 여행서비스내용, 여행상품의 가격대(고가격 혹은 저가격), 여행상품의 특징 등이 포함된다.
② 여행기획내용을 구체화한다. 즉 여행기획내용의 수배(여행상품소재의 구매), 항공권 등 교통기관 수배, 호텔 등 숙박처 수배, 현지에서의 관광시설이나 식사의 수배 등이다.
③ 가격설정
④ 팸플릿 작성
⑤ 여행참가자의 모집방법 구체화 단계로 진행된다.

---

6) 吉原龍介, わたしたちの旅行ビジネス研究, 学文社, 1999, p. 109.

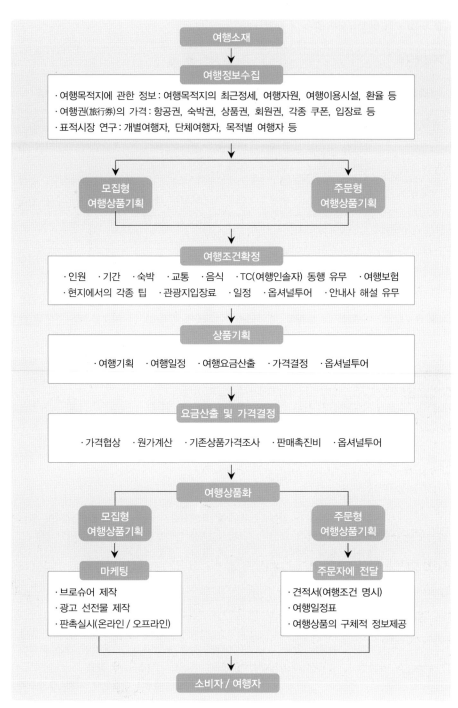

[자료] 박의서, 관광상품과 자원관리, 학현사, 2009, p. 26을 토대로 재구성.

[그림 1-2] 여행상품의 기획과정 흐름도

〈표 1-3〉 기획여행상품의 구성과 수배 내용

여행계약별	주 최 여 행		
여행형태별	패키지(Package)여행		단체(Group)여행
상품구분	기성상품(Ready Made)	반제품(Half Made)	
여행일수	·출발일, 귀착일 모두 지정됨 ·일부 코스에서는 출발 전에 여행일수를 연장할 수 있음	·매일출발 코스로 되어 있음 ·기본일정이 되어 있음 ·일부 코스에서는 출발 전에 여행일수를 연장할 수 있음	·출발일이 고정되어 있음 ·일부 코스에서는 출발 전에 여행일수를 연장할 수 있음
도시체재	·체재하는 도시와 일수는 고정되어 있음	·체재하는 도시와 일수는 선택할 수 있음	·체재하는 도시와 일수는 선택할 수 있음
항공기	·전 일정 고정되어 있음 ·여행일수를 연장할 경우 변경 가능함	·항공사를 선택할 수 있음(추가요금이 가산됨)	·전 일정 고정되어 있음 ·여행일수를 연장할 경우 변경 가능함
이동버스·철도·선박	·일정에 기재되어 있는 것은 포함되어 있음	·일정에 기재되어 있는 것은 포함되어 있음	·일정에 기재되어 있는 것은 포함되어 있음
송영버스	·일정에 포함되어 있음	·일정에 포함되어 있음	·일정에 포함되어 있음
호텔	·숙박하는 호텔과 일수가 고정되어 있음 ·일부의 코스에서는 최종 호텔에서 연박(延泊)이 가능함	·숙박하는 호텔과 일수를 선택할 수 있음	·숙박하는 호텔과 일수를 선택할 수 있음
식사	·일정에 기재되어 있는 것은 포함되어 있음 ·도시에 따라 희망에 따라 식사 쿠폰을 발행할 수 있음(별도요금)	·식사를 포함시킬지 불포함시킬지를 선택할 수 있으며, 등급도 선택 가능함 ·식당과 식사내용을 선택할 수 있음	·일정에 기재되어 있는 것은 포함되어 있음
관광	·일정에 기재되어 있는 것은 포함되어 있음	·일정에 기재되어 있는 기본적인 것은 포함되어 있음 ·일부 코스에서는 관광이 포함되지 않을 수도 있음	·일정에 기재되어 있는 기본적인 것은 포함되어 있음 ·희망에 따라 추가수배할 수 있음

선택관광	·자유행동 중에 참가할 수 있도록 되어 있음(별도요금)	·자유행동 중에 참가할 수 있도록 되어 있음(별도요금)	-
여행비용	·출발일 별로 고정되어 있음 ·체재일수의 연장을 희망하는 경우 호텔의 연박 등에 수반된 추가요금이 가산됨	·기본일정은 출발일 별로 고정되어 있음 ·체재일수의 연장, 항공사외 지정, 호텔객실의 등급조정, 식사선택 등에 따라 추가요금 가산됨	·기본일정은 출발일 별로 고정되어 있음 ·희망에 따라 추가수배를 한 경우 추가요금이 가산됨

【자료】 勝岡只, 旅行業入門④, 中央書院, 1997, pp. 22~23.

여행계약별	주 최 여 행		수배여행
여행형태별	개 인 여 행		단체·개인여행
상품구분	반제품	세트여행형 상품	주문상품
여행일수	·매일출발 코스로 되어 있음 ·기본일정이 되어 있음 ·일부 코스에서는 출발 전에 여행일수를 연장할 수 있음 ·일수연장 가능함	·매일출발 코스로 되어 있음	·출발일, 귀착일 모두 고객의 희망에 따라 여행일정 조성
도시체재	·기본일정 내에 체재하는 도시만이 고정되어 있음	·선택한 이용항공사에 따라 도중하기도시, 목적도시, 출발도시가 한정되어 있음	·체재하는 도시와 일수는 고객이 자유롭게 선택할 수 있음
항 공 기	·항공사(왕복 동일) 선택 가능 ·항공사에 따라 임의로 별도구간 항공권 구입 가능(별도요금)	·항공사(왕복 동일) 선택 가능 ·항공사에 따라 임의로 별도구간 항공권 구입 가능(별도요금)	·항공사(왕복 동일) 선택 가능(항공사가 다를 경우도 가능) ·등급선택가능
이동버스·철도·선박	·기본일정에 기재되어 있는 것은 포함되어 있음 ·희망에 따라 추가수배 가능(별도요금)	·불포함 ·희망에 따라 추가수배 가능(별도요금)	·희망에 따라 수배가능

송영버스	·기본일정에 기재되어 있는 것은 포함되어 있음 ·희망에 따라 추가수배 가능(별도요금)	·원칙적으로 불포함 ·희망에 따라 추가수배 가능(별도요금)	·희망에 따라 수배가능
호 텔	·기본일정에 기재되어 있는 것은 포함되어 있음 ·희망에 따라 추가수배 가능(별도요금)	·항공과 세트되어 도시의 호텔은 포함되어 있음 ·희망에 따라 추가수배 가능(별도요금)	·희망에 따라 호텔수배 가능
식 사	·원칙적으로 호텔요금에 불포함 ·도시에 따라 희망에 따라 식사쿠폰 발행가능(별도요금)	·원칙적으로 호텔요금에 불포함 ·도시에 따라 희망에 따라 식사쿠폰 발행가능(별도요금)	·희망에 따라 호텔, 식당, 식사 등 수배가능
관 광	·기본일정에 기재되어 있는 것은 포함되어 있음 ·희망에 따라 추가수배 가능(별도요금)	·원칙적으로 불포함 ·희망에 따라 추가수배 가능(별도요금)	·희망에 따라 수배가능
여행비용	·기본일정 부분은 출발일 별로 고정되어 있음 ·기본일정 이외의 운송기관, 호텔, 관광은 추가요금이 가산됨	·기본세트 부분은 출발일 별로 고정되어 있음 ·기본일정 이외의 운송기관, 호텔, 관광은 추가요금이 가산됨	·고객의 희망에 따라 수배하여 여행비용 계산

[주] ① 주최여행 가운데 추가수배분에 대해서는 여행계약형태가 고객과 판매점 간의 수배여행 계약이 된다.

② 세트여행상품이란 여행의 기본이 되는 항공과 숙박만이 포함되어 있는 상품을 말함.

 03 여행상품개발

1) 신상품 개발의 중요성

오늘날과 같은 격심한 기업간 경쟁 하에서는 어떤 종류의 기업이든 그 기업이 유지되거나 성장하기 위해서는 신상품의 개발이 절대적이다. 환언하면 시장점유율의 확보, 확대 내지 만회를 위해서는 신상품의 끊임없는 개발이 그 전제조건이

며, 그것이 고객창조의 지름길인 동시에 기업활동의 핵심인 것이다.[7]

이와 같이 신상품 개발이 중요한 요인은 첫째, 시장의 변화이다. 소비자의 생활수준, 생활의식, 생활구조, 생활행동 등의 변화와 더불어 요구나 욕구의 변화 및 유통구조나 업태의 변화 등이다.

둘째, 경쟁의 격화이다. 경제전반의 성장은 둔화하고 있으나 기업 간의 경쟁은 격회일로에 있으며, 디구나 성장 가능성이 있는 업종은 냐 업종의 참여나 외국기업이 침투하고 있으며, 이는 곧 점유율의 저하와 판촉비의 증가, 판매가격의 저하를 초래케 되어 결국 경쟁에 이기기 위한 신제품 개발이 요구된다.

셋째, 기업의 성장과 수익의 확보이다. 상품에는 상품의 수명주기가 있어 일정기간이 경과하면 성장률이 둔화되고 이익률이 저하되게 되어 기업으로서는 목표이익을 확보하고 성장을 유지하기 위한[8] 신상품 개발이 절실히 요구된다.

2) 신상품의 분류

신상품의 정의에 대해서는 학자들 간에 여러 가지 해석이 있는데, 이를테면 코틀러는 "그 기업에 대해서 새로운 것은 모두가 신상품이라는" 입장을 취하고 있고,[9] 스탠턴(Stanton)은 "외관, 성능 또는 구조 등의 특성에 있어서 기존상품과 다른 것"[10]을 신상품으로 정의하고 있다. 그러나 신상품에 대한 체계를 일목요연하게 정리한 존슨의 분류법을 근거로 이를 표로 제시하면 〈표 1-4〉와 같다.

요컨대 신상품이란 ① 품질면에서의 신규성, ② 연구·기술·생산면에서의 신규성, ③ 착상면에서의 신규성, ④ 판매면에서의 신규성, ⑤ 소비면에서의 신규성 등 여러 항목 가운데 단독 내지 중복되는 신규성을 가진 상품은 신상품이라 할 수 있다.[11]

---

7) 한희영, 상품학총론, 삼영사, 1984, p. 257.

8) 長広仁蔵, 新製品開発の実際, 日刊工業新聞社, 1982, p. 2.

9) P. Koteler, *Marketing Management*, 3rd ed., 1976, op. cit., p. 197.

10) W.J. *Stanton, Fundamental of Marketing*, 4th ed., 1975, p. 172.

11) 한희영, 앞의 책, p. 259.

〈표 1-4〉 상품목적에 따른 신상품의 분류

상품목적	← 기술의 새로움 증가 →			
		기술변화 없음	개량기술 회사의 보유지식 기술활용	신기술 회사에 있어서의 신지식·신기술의 도입
시장의 새로움 증가 ↓	시장변화 없음		배합 규격변경 현상품의 가격, 품질, 성능의 균형을 유지하면서 배합, 규격을 변경함.	대 체 신기술에 의해 새롭게 개선된 성분이나 규격을 추구함
	시장강화 현행상품의 기존시장을 더욱 깊게 개척함	재판매촉진 현재소비자층의 매출액 증가	개량상품 소비자의 사용 편리함과 판매 편리함의 개량	상품라인확대 신기술에 의해 현재의 소비자에게 공급하는 상품라인 확대
	신시장 새로운 타입 계층의 증가	새용도 기존제품을 이용하는 새로운 소비자층의 개발	시장확대 현상품의 개량변경에 의해 신소비자 계층에 진출	다각화 신기술을 개발하고 새로운 소비자층을 추가함

【자료】 S.C. Johnson, C. Jones, "How to Organize for New Product", Harvard Business Review, May-June, 1957.

3) 신상품의 전략12)

　신상품 개발활동에 기업으로서 일관성을 가지고, 또한 문제발생 시 의사결정 기준으로서 방침이나 목표와 더불어 전략을 명확히 해둘 필요가 있다.

　여행상품 개발전략으로서 일반적으로 거론되고 있는 것으로는 선제전략과 반응전략이 있다. 전자는 여행시장 환경변화에 스스로 능동적·적극적으로 선도하는 전략인 반면, 후자는 수동적으로 대응하는 전략이다.

12) 宇野政雄, マーケティングハンドブック, ビジネス社, 1984, pp. 235~236.

〈표 1-5〉 여행상품의 개발전략

선제전략		대응전략	
연구개발전략	상품의 품질과 기술향상을 위한 연구전략	방어전략	기존상품을 개량하여 신상품의 경쟁력을 방어하는 전략
마케팅전략	고객욕구 지향적인 상품을 개발하고 판매하기 위한 전략	모방전략	경쟁기업의 신상품 출시와 비슷한 시기에 모방상품을 개발하여 출시하는 진략
기업가전략	상품개발에 필요한 혁신적·모험적 아이디어를 창출하고 이에 필요한 내부자원을 활용하는 전략	차선모방전략	경쟁 신상품개발 후 질과 기능을 분석하여 비교우위 상품을 개발하여 출시하는 전략
매수전략	신상품개발회사나 신상품 판매권을 매수하는 전략으로서, 기업매수, 특허매수, 라이센스 매수 등	반응전략	고객욕구에 반응한 대응전략

[자료] 최승이·이미혜, 관광상품론, 대왕사, 1999, pp. 86~88.

그러나 여행사에서 일반적으로 적용하고 있는 신상품개발전략에는 상품구비, 대상시장, 시기, 품질 등에 관련되어 일반적으로 다음의 5가지 전략이 이용되고 있다.

(1) 풀라인(Full Line) 전략

기업이 제공하는 상품라인의 폭과 깊이와 그 업계에서 판매하는 모든 상품을 폭넓게 갖추려는 전략으로 예를 들면, 가정전기 메이커 등이 계열판매점에서 취급하는 모든 상품 품목을 갖추려고 하는 전략을 말한다. 이 전략에 대해서 상품라인을 특화 혹은 전문화하여 한정된 라인(Limited Line) 전략을 채택하는 기업도 있다.

(2) 시장세분화 전략과 상품차별화 전략

앞서 언급했지만 시장세분화전략이란 ① 시장을 단일·균질적인 것이 아니라 이질부문(Segment)으로 구성되는 것으로 생각하고, ② 대상부문마다 욕구를 파악, ③ 대상부문에 적합한 상품을 개발하여 마케팅활동을 전개하려는 전략이다.

이에 비해 상품차별화 전략(Product Differentiation Strategy)은 시장전체를 대상으로 하여 경쟁사와의 차별화를 강조하고 선전이나 판매촉진을 주체로 하는 전략을 말한다. 그러나 대상시장을 한정한 경우에도 동일시장에서 경쟁하는 타사 상품에 대해서 기업의 개발력·기술력 등을 배경으로 물리적인 성능의 차별화를 무기로서 점유율 향상을 꾀하는 경우도 나오고 있으며, 이러한 차별화를 주장하는 논문(T. Levitt, "차별화야 말로 마케팅의 성공조건", Harvard Business Review May-June, 1980)도 있다.

(3) 선발·후발·추수(先發·後發·追隨) 전략

신상품을 시장도입의 시기와 관련하여 항상 그 분야에서의 선발을 선호하는 기업과 한편, 신상품을 일단 기술적으로는 완성해 두었다가 타사에 앞서서 판매하지 않고 타사가 발매한 후 상황을 보아가면서 선발사를 압도하는 선전·판매 촉진력과 유통지배력을 발휘하여 선발사를 추월하는 전문적·계획적 후발형 기업도 있다.

일반적으로 시장점유율 2위의 회사는 상위기업에 앞서서 개량된 신상품을 발매하여 시장점유율의 유지·확대에 힘쓰는 회사가 많다.

선발형 기업은 타사가 곧바로 흉내를 내지 못하는 상품을 만들거나 작은 시장에서 고생해서 키워 선발로서의 유리함을 향수하는 「창업자 이윤」을 얻는 곳도 있다. 또한 계획적 후발형과 닮은 것으로 선행기업을 모방함으로써 연구개발투자나 위험을 절약하려는 추수(追隨 : me too) 전략을 취하는 기업도 있다.

(4) 트레이딩 업(Trading Up) 전략

자사의 이미지 개선과 이익률 향상을 노리는 전략에 트레이딩 업이라는 것이 있다. 이것은 "고품질, 고성능, 고급이미지, 고가격, 고품격"적인 신제품 라인을 추가하는 전략으로, 성공하면 홍보(Publicity)도 손쉽고 기업이미지 향상에도 도움이 된다.

또한 상품믹스에 새롭게 저가격의 보급품을 추가하여 시장확대를 꾀하는 트레이딩 다운(Trading-Down)도 있지만, 이것은 경우에 따라서는 기업의 평판을 낮추고 공멸(共滅 : Cannibalization)을 초래할 위험을 내포하고 있기 때문에 충분한 사전 검토를 해야 할 것이다.

(5) 다각화(Diversification) 전략

기업성장의 중요한 전략의 하나로서 신제품 개발에 깊이 관계되는 다각화 전략이 있다. 다각화란 복수의 사업영역에서 기업을 운영하는 것이며, 다각화 전략에는 인수합병을 통한 다각화 전략과 내부개발을 통한 다각화 전략으로 나눌 수 있다.

인수를 통한 다각화 전략은 가장 흔하게 사용하는 방법으로서 빠른 시일 내에 다각화를 완결하여 진입장벽에 대한 어려움이 덜하다는 장점이 있는 데 비해 경쟁력이 뛰어난 기업의 경우 높은 프리미엄 부담이나 경영관리상의 문제가 단점으로 지적된다.

내부개발을 통한 다각화전략은 기존 사업내에서 연구·개발 등의 방법으로 새로운 생산시설의 설립, 공급원의 개발이나 판매망의 확보를 통해 새로운 사업영역을 만들어 새로운 산업에 진출하는 다각화 방법으로서 실행과정에서의 비용이나 위험이 적다는 장점이 있는 반면 초기단계의 위험부담이 크다는 단점이 있다. 이처럼 기업들이 다각화를 추진하게 되는 이유는 다음과 같은 것이다.

① 성장의 추구

기업소유자와 전문경영자 간의 상충된 이해관계, 즉 기업소유자들은 이윤의 극대화에 따른 배당확대 추구하는 반면, 전문경영자들은 조직구성원 및 자신의 만족을 위한 성장추구하며, 다각화에 따른 기업규모의 증대로 자금조달의 용이하기 때문이다.

② 위험의 분산

특정 사업의 사양화에 따른 새로운 수익창출사업으로의 진출함으로써 경기순환 및 사업(제품)수명주기의 이행에 따른 위험의 분산을 하기 때문이다.

③ 시너지 효과 혹은 범위의 경제성

기업의 이미지 명성, 기술, 노하우 등의 공동활용을 통한 시너지 창출하기 위해서이다.

④ 시장지배력의 확보

약탈적 가격결정(덤핑)을 통한 시장지배력의 확보, 즉 다각화된 기업의 대규모적 자금조달 능력을 이용한 약탈적 가격경쟁이 가능하며, 상호구매를 통한 경쟁의 자제와 시장지배력을 확보할 수 있기 때문이다.

⑤ 내부시장의 활용

신규사업 진출시 내부 자본시장 및 내부 노동시장 사용의 이점이 있기 때문이다. 그러므로 하나투어 등 대형여행사의 경우에도 가지고 있는 브랜드파워, 인적자원, 네트워크를 활용하여 본래의 여행업무 이외에도 여행관련업무에 업무범위를 확대하는 다각화전략을 강구하지 않을 수 없게 된다.[13]

결국 다각화는 성장이 둔화된 업계에 있는 기업들에게는 얼핏 매력적 전략이지만 극히 위험이 따르는 전략이기도 하므로, 새로운 시장과 자사의 능력에 대해서 충분하고도 엄격한 분석을 하고 난 후 실행에 옮겨야 할 것이다.

 04 여행사의 신상품 개발방향

여행업에 있어서 상품의 상표(Brand)[14]에 의한 여행 도·소매업의 분화는 상품성을 전제로 성립하고 있으며, 상품성이 높아간다는 것은 전문성이 희박해지면서 타산업의 여행업분야 진출이 용이해짐을 의미한다 하겠다.

박의서는 신상품의 개발에 즈음하여 고려해야할 사항으로 다음 과 같은 것을 들고 있는데, 그것은 ① 사고의 혁신, ② 적극적인 마케팅, ③ 관광대상의 확대, ④ 수요창출과 수익보장, ⑤ 해설기능(Story Telling)의 보완, ⑥ 소프트웨어 프로

---

13) 加藤弘治, 観光ビジネス未来白書, 同友館, 2009, p. 19.
14) 한진광의 KAL World, 세방의 Arirang High Light, 세중 Happy Tour, 동서여행사 BIG Tour, 대한여행사의 Jumbo Tour 등을 말함.

그램의 연출 등이 그것이다.[15)

　최근 신매체(New-Media)[16)의 발달에 따른 정보화의 진전이 눈부시게 발전하고 있기 때문에, 중소기업에 속하는 여행업으로서는 이에 대한 대응이 시급한 과제로 부각되고 있다. 따라서 상품개발 방향을 크게 유통측면과 상품개발 측면으로 나누어 보면 다음과 같은 개발 방향으로 제시할 수 있을 것이다.

1) 상품유통 측면

(1) 유통루트의 다양화

　상품을 소비자에게 많이 팔려고 한다면 소비자가 언제나 손쉽게 구입할 수 있는 장소에서 그 상품이 판매되고 있어야 한다. 따라서 여행상품은 꼭 여행사에 가야만 구입할 수 있는 현재의 방식에서 탈피하여 여행자의 여행상품 구매실태를 파악, 유통부문을 설정하여 유통루트를 다양화할 필요가 있다.

　유통루트의 다양화에는 ① 라이프스타일에 의한 다양화와 ② 다각적 다양화로 구분하는데, 전자는 예컨대 식료품은 식품루트에서, 전자제품은 전자제품 루트에서만 판매하는 것이 아니라, 식료품 중에서도 건강식품은 스포츠용품 판매점을 이용하고, 전자제품 중에서도 게임용 전자제품은 완구점 루트를 이용하는 방법 등을 말하며,[17) 후자는 가능한 한 많은 루트를 이용하여 역구내의 매점, 약국, 주유소, 호텔, 예식장, DPE점, 백화점, 세탁소 등을 이용한 판매망 확충방법이 그 예이다.[18)

　특히 여행상품은 결국 각종 권류(券類 : 숙박권, 항공권, 승차권, 승선권, 입장권, 식사권)로 대체가능하기 때문에 예약제도만 보완한다면 자동판매기(Vending Machine)에 의한 무인판매도 가능하리라 본다.[19) 또한 지방소재의 여행사들

---

15) 박의서, 관광상품과 자원관리, 학현사, 2009, pp. 49~50.
16) 종래의 4대 미디어(신문, 방송, TV, 잡지)에 신기술을 도입 추가된 미디어로 ① 방송계(TV 음성 다중방송, 靜止畵 방송, 팩시밀리 방송, 위성통신 등), ② 비방송계 [VRS(화상응답시스템), CATV(유선TV방송), TV 회의시스템], ③ 패키지계 [가정용 VTR, 비디오 디스크, CD(콤팩트 디스크)] 등을 말함.
17) 정찬종, "여행업의 신상품 개발에 관한 연구", 계명연구논총, 제4집, 계명전문대학, 1986, p. 394.
18) 森谷トラベルエンタプライズ, 旅行業経営戦略, 1974, pp. 96~99.
19) 정찬종, "한국의 여행보험정책에 관한 연구", Tourism Research 제3호, 한국관광발전연구회,

은 그 지방의 유력한 기업과 제휴하여 그 기업을 여행상품판매 특약점(Representative)으로 활용하는 방법도 이용될 수 있다. 이러한 방법은 상품의 송출처인 특약점의 신뢰도가 좋다고 생각하기 때문이며,[20] 그 기업은 당해 지역에서 오랫동안 뿌리를 내려 일반 대중의 지명도도 무시할 수 없기 때문이다.

(2) 뉴미디어에 대응한 상품개발

여행상품은 정보의 유통인 바, 여행업은 정보의 부가가치를 창출하는 정보산업이라 할 수 있다. 고학력화가 추진되면 추진될수록 정보의 가치는 진부화되고 따라서 정보의 내용을 고도화해 나가지 않으면 안 된다. 따라서 여행업에서는 기존의 4대 미디어는 물론이거니와 새롭게 등장한 뉴미디어에 대처한 상품개발을 서두르지 않으면 안 된다.

2) 상품개발 측면

(1) 수요의 다극화 현상에 대처한 상품개발

소득수준, 사회수준, 생활수준 등 사회환경의 급속한 변화는 현대인에게 끊임없이 자극과 경험을 주고 있으며, 그에 정비례하여 소비행동도 다양화하고 있다. 여행상품이라 해도 그 내용은 다종다양하고 서로 다른 특성을 가지고 상품의 라이프사이클도 수요층도 다르다는 것은 앞서 언급한 대로이다.

고도성장시대에서 안정성장시대로 이행되는 시점에 있어서의 소비형태의 변화는 ① 소비행동의 개성화, ② 수요의 분화현상(양극화, 다극화), ③ 반물질주의 현상 등이 나타나[21] 이러한 현상은 〈표 1-6〉과 같이 ① 동질지향중(同質志向中)의 동질지향(同質志向), ② 동질지향중(同質志向中)의 이질지향(異質志向), ③ 이질지향중(異質志向中)의 동질지향(同質志向), ④ 이질지향중(異質志向中)의 이질지향(異質志向)의 4가지 방향으로 분류되어 나타나게 된다.[22]

1989, p. 39.

20) 日本興業銀行 東京支店, 日本経営システム(株)編, ヒット商品のマーケティングプロセス, ダイヤモンド社, 1984, pp. 149~150.

21) 小川大助, "旅行商品とみる観光・する観光", 月刊観光, 第227号, 日本観光協会, 1985, pp. 12~13.

22) 三上富一郎・宇野政雄編, 流通近代化ハンドブック, 日刊工業新聞社, 1970, pp. 94~98.

일반적으로 상품의 라이프사이클 중 성수기에 접어들면 보통상품으로는 만족할 수 없고 고급스런 상품을 선호하는 경향이 강하며,[23] 특히 취미 · 기호상품에 있어서는 이러한 경향이 강하므로 고급화 요구에 부응하는 상품을 개발하는 한편 이를 히트상품으로 연결시켜야 한다.

(2) 소프트(Soft) 상품의 개발

일반적으로 여행상품은 하드와 소프트부문으로 구성되어 있다. 하드부문은 큰 기술이 없이도 경제적인 힘으로 해결될 수 있으나, 소프트적 요소는 여행업에 필요한 인재의 양성과 업무기술의 공동이용 우선적 과제가 된다.

한 경비보장회사가 판매를 목적으로 하여 안전(Security)을 상품화하여[24] 이를 성공시킨 예는 종래의 하드 주도형에서 소프트 주도형으로 탈바꿈한 하나의 예이지만, 금후의 상품개발에 참고할 만한 많은 시사점을 주고 있다 하겠다.

〈표 1-6〉 수요의 다극화 현상과 여행자행동

형　태	내　용	특　징
동질지향 중의 동질지향	가장 인기 있는, 참가자도 많을 것으로 생각되는 것을 선택하며, 또한 현지에서의 선택관광도 다수가 참가한다는 패턴으로 해외여행의 전형적인 것	단체여행을 싫어하지 않는 사람, 중년층 이상에 많으나, 여행자가 젊은층으로 이동되면서 점차 감소경향을 보이고 있다.
동질지향 중의 이질지향	참가자가 많은 일반적 코스를 선택하지만 현지에서의 행동은 그룹과는 동일행동을 취하지 않고 독자적인 계획에 의하여 행동하는 형태	자유행동을 원하는 여행자가 값싼 여행요금을 원할 때 주로 이용하며, 재방문자(Repeater)의 이용이 현저하다.
이질지향 중의 동질지향	자기를 남과 구별하고 싶은 개성적인 사고를 가진 형태로 통상 판매되고 있지 않은 여행상품을 개인적 계획에 의해 행동하는 형태	현지에서 여행안내서 등을 이용, 의외로 일반적인 코스를 선택하며 모험을 좋아하는 학생층이거나 여행경험이 비교적 많은 사람들이 주로 이용한다.

---

23) 平島廉久, ヒット商品開発の発想法, 日本実業出版社, 1983, pp. 32~33.

24) 기계를 이용하여 안전을 상품화한 것으로 사업장용의 전자기기에 의한 무인경비시스템으로서 만일 이상이 생기면 감지기로부터 전달되어 긴급발진기지로부터 대처요원이 현장에 급파됨으로써 사고를 방지하게 된다는 것이다.

이질지향 중의 이질지향	개성적인 여행가 형태로 스스로 여행 목적지 선택도 하고 또한 현지에서도 독자적인 코스를 취하는 형태	여행전문가나 여행상품 개발자의 사전답사여행 등에서 많이 나타난다.

【자료】 三上富一郎·宇野政雄編, 流通近代化ハンドブック, 日刊工業新聞社, 1970, pp. 94~98.

(3) 이벤트(Event) 상품의 개발

이벤트와 같은 기획상품은 대개 대량판매상품, 고품질로 특이성을 살린 상품, 정책적 특매(特賣)상품 등으로 구분되고 있으나,[25] 국내의 여행업체 대부분은 계절에 편승한 이벤트 상품(진해 군항제, 한라산 철쭉제, 신라 문화제, 전주 대사습놀이)과 해외여행의 경우에는 전시회, 박람회 등의 이벤트와 스포츠행사 등에 치중한 이벤트 상품에 국한되어 있는 실정이다.

세계적으로 보면, 리루데자네이루의 리우카니발(삼바축제)를 위시하여 일본 홋카이도의 눈축제(유키마쓰리), 영국 에딘버러 국제예술제, 뮌헨 옥토버 페스트(맥주축제) 등을 비롯한 대형 이벤트는 일시에 수백만의 여행자들을 불러들이는 흡인력을 나타내고 있다.

국내에서도 이벤트를 상품화하여 지역사회를 성장시킨 사례들이 있다. 예컨대, 경주세계문화엑스포, 광주 비엔날레, 강릉단오제, 보령 머드축제, 함평나비축제, 고양 꽃박람회, 이천 도자기 축제 등이다.[26]

이벤트상품을 개발하는 주된 이유는 ① 소비단가(여행비용)를 늘리는 수단으로, ② 판매경로의 강화, ③ 판매시장의 확대 등에 있으나,[27] 가장 중요한 것은 타사와의 제품차별화 정책을 추구함으로써 여행상품 판매에 있어서의 유리한 입장을 견지할 수 있다는 것이다.

관광이벤트의 목적은 집객(集客)에 있다.[28] 전통적 이벤트는 축제, 계절행사, 역사자원 활용 이벤트 등이며, 신규 이벤트로는 계절 이벤트, 문화 이벤트, 스포츠 이벤트, 도시·지역 이벤트 등이 있으며, 구체적인 내용은 다음 표와 같다.

---

25) 渡邊圭太郎, 旅行業マンの世界, ダイヤモンド社, 1981, pp. 66~68.
26) 김천중·임화순, 관광상품론, 학문사, 1999, p. 256~259.
27) 城堅人, ホテル旅館業販売促進, 柴田書店, 1984, pp. 170~180.
28) 日本観光協会, 観光実務 ハンドブック, 2008, p. 703.

〈표 1-7〉 이벤트의 종류 및 형태와 내용

형　태		내　용
	① 프리미엄형	쇼핑을 조건으로 추첨권이나 선물을 주는 방법으로 상점가에서 추석이나 설날의 세일, 개점, 신제품 발매기념, 화장품 등에서 일정액 이상 구입자에게 주는 프리미엄 등
	② 비프리미엄형	바겐세일로 대표되듯 할인 중심의 세일즈 이벤트(예 : 창업기념 DC, 10년 전 가격으로 판매)
	③ 전시·즉매형	아침장(場), 야간시장, 바자회, 고서시장, 물산전 등 내용의 풍부함이나 독특함으로 종래의 판매형태에 새롭게 부가시켜 축제적 화려함을 고객을 동원하는 형태
P R 이 벤 트	④ 소비자 참가형	콘테스트, 공모 등의 형식으로 일반 대중들에게 폭넓은 참가를 요구하는 것으로 게임, 퀴즈, 논문 모집, 사진콘테스트, 당첨자를 여행에 참가시키는 형태
	⑤ Show-Attraction형	캐릭터(울트라 맨, 미키 마우스 등)이나 탤런트를 이용하여 쇼나 콘서트, 패션쇼, 파티, 국내외 민족예능, 대중연예장, 연극, 음악회, 영화제 등으로 구성하는 형태
	⑥ 전람회형	회화, 공예, 서도, 조각, 사진, 미술, 무역 등이 그 전형적 형태이며 사회계몽이나 전시회(Exhibition) 등이 최근 증가하고 있다.
	⑦ 강연·상담회형	지적 충족시대를 반영하여 문화교실, 요리교실 등을 비롯, 강연, 상담, 진단, 강습, 세미나 등을 통한 시대를 반영한 테마로 행해지는 형태

이벤트는 제3의 미디어로서의 역할을 하고 있기 때문에 삶의 보람, 즐거움, 기업의 사회성, 상품의 호감도를 획득할 수 있는 것이다. 여행업과 같이 기업에서의 이벤트는 대개 〈표 1-7〉과 같은 이벤트로 요약될 수 있을 것이다.

특히 이 가운데에서도 ⑥, ⑦형의 이벤트상품은 문화적 여행상품으로서 여행문화의 선진화를 위해 특히 개발해야 할 부분이라 하겠다.

이벤트는 관광캠페인을 전개하는 중요한 수단으로 인식되고 있으며, 어떤 이는 이벤트를 가리켜 "이변도(異變圖)"로 표현하기도 한다. 즉 이벤트란 일상과는 다른 그 무엇, 이변을 일으키도록 도모하는 것이다. 그러므로 이벤트를 구상하기 위해서는 다음과 같은 이벤트 발상전략을 참고하면 좋을 것이다.

〈표 1-8〉 이벤트전략의 발상법

전략의 종류	내 용
비일상적 발상법	근래 체험할 수 없는 것을 체험하게 한다(예 눈이 많이 오는 지역에서의 눈 쓸기 대회의 개최, 꽃 재배단지에서의 꽃따기 대회의 개최 등).
맹점개발형 발상법	자신의 주위에 널려 있는 자그마한 것들 가운데서 착상을 해서 이를 이벤트화 함(예 살구를 먹고 난 다음 씨를 모아 살구씨 멀리 보내기 대회 등의 개최).
무역적 발상법	이곳에 없는 것을 다른 곳에서 구하는 발상법이다. 즉 자기지역에 없는 것이므로 비싸게 판다는 전략이다(예 브라질 삼바축제의 흉내내기 대회).
365일 발상법	어느 특정한 날을 이벤트와 연결시키려는 발상법이다. 예컨대 칠석이나 크리스마스 등이 대표적인 예이다. 무엇이든 처음 시작된 것은 발상지로 연결시켜 관광자원화 하는 것이다.
기네스북 발상법	세계 제일, 한국 제일이라는 것은 지역축제에 자주 이용되는 것이다(예 세계에서 가장 큰 솥으로 국수를 삶아먹기 대회, 세계에서 가장 긴 소시지 만들기 대회 등).
해적적 발상법	이벤트의 아이디어를 훔쳐서 되파는 방법이다.
5감만족 발상법	즐겁고, 맛있고, 깨끗하고, 기분 좋게 인간의 5감에 호소하는 이벤트이다. 예컨대 흙의 감촉, 물의 차가움, 나무의 온기(溫氣) 등 직접 체험하게 하는 것이다. 체크포인트는 다음의 16항목이다. ① 비일상 세계의 창조, ② 안전, ③ 즐거움, ④ 지역밀착, ⑤ 상례화, ⑥ 화제성, ⑦ 참가성, ⑧ 명성, ⑨ 연출, ⑩ 적시성, ⑪ 유리성, ⑫ 회상, ⑬ 식도락, ⑭ 기념품, ⑮ 고지(告知), ⑯ 자기만족감 등이다.

【자료】 熊野卓可, 観光キャンベーンイベントの発想法, 月刊観光, 通巻, 376号, 日本観光協会, 1998, pp. 40~44쪽을 참고로 재구성.

(4) 신용판매상품의 개발

신용판매(Credit Sale)란 매도(賣渡)측이 상품 또는 서비스의 매수측에 대하여 신용을 공여하고, 대금후불로 판매하는 것이다.

여행상품도 하나의 소비대상이며 여행자 욕구에 알맞은 판매전략을 필요로 한다면 여가시대로 일컫는 현대에 있어서[29] 잠재여행 수요자를 현재화(顯在化) 하기 위한 전략의 하나가 여행비용의 적립제도, 분납제도, 후불제도 등으로 표현되는 신용판매제도의 도입이다.

---

29) 音田正巳, 余暇社会の到来, 有信堂, 1974, pp. 11~24.

신용판매제도의 도입을 위한 Travel Loan의 개발에는 ① 여행사와 크레디트회사가 제휴한 론, ② 여행사와 은행이 제휴한 론, ③ 항공사와 크레디트회사가 제휴한 론 등이 현실적일 것이며[30], 이러한 론의 개발에 의해 고객이 자금면(여행비용면)에서 부담을 덜게 되어 잠재여행자의 개발은 물론 금융기관과의 제휴로 인해 각 지방에 산재된 금융기관을 이용하면 전국적으로 고객층을 확보할 수 있는 이점도 있어 판매망 확충과 잠재수요자 개발이라는 이중효과를 거둘 수 있을 것이다.

특히 신용카드사와 여행사 간의 제휴상품은 여행상품의 새로운 유통경로로서 개별화된 여행상품을 제공하고 있으며, 각종 여행관련 구매에 따라 마일리지 누적이나 여행보험 가입 등의 부가혜택 및 서비스를 제공함으로써 구매를 촉진하는 결과를 가져온다고 보고되고 있다.[31]

(5) 여행마일리지 서비스제도의 도입

마일리지 서비스(FFP : Frequent Flyer Program,)는 항공사에서 빈번고객 등 당해 항공사를 많이 이용하는 손님을 위해 개발된 서비스이다. 고객은 포인트를 모으는 회원제에 가입하고, 비행기를 탄 거리에 따른 포인트를 적립하여 모인 포인트(마일리지)로 항공권을 사거나 다른

각종 여행마일리지카드 모형

물건을 사거나, 또는 서비스를 이용할 수 있다. 또 공항에서는 특별 카운터를 이용하거나 우선순위를 가지고 좌석을 배정받을 수도 있다. 여행사에서도 이러한 마일리지를 이용하면 단골고객을 확보할 수 있다.

(6) 유비쿼터스에의 대응

유비쿼터스(Ubiquitous)는 사용자가 네트워크나 컴퓨터를 의식하지 않고 장소

---

30) 森谷トラベルエンタプライズ, トラベル エージェント マニアル, 1975, pp. 11~24.

31) 이태희, 관광상품기획론, 백산출판사, 2002, p. 117.

에 상관없이 자유롭게 네트워크에 접속할 수 있는 정보통신 환경이다. 즉 컴퓨터 관련 기술이 생활 구석구석에 스며들어 있음을 뜻하는 '퍼베이시브 컴퓨팅(Pervasive Computing)'과 같은 개념이다.

여행분야에서도 여행자가 그 장소 자체에서 "가까운 화장실은 어디에 있는지, 이 불상의 유래는 무엇인지" 등이 여행자 요구에 정확하게 대응하는 것이 유비쿼터스이다. 특히 여행의 개인화에 대응하기 위해서는 이러한 유비쿼터스가 필수적이다. 지금까지와 같은 단체여행이 아니라 자가용을 등을 이용하여 자유스럽게 여행하려는 사람이 늘고 있다. 이러한 사람들을 의 기대에 부응하기 위해서는 대응하기 각 관광지의 현장에 대해 보다 충실한 정보를 입수하여 여행의 즐거움을 보다 높여나갈 수 있는 구축해야 할 것이다.[32]

(7) 의료관광(Medical Tourism)상품의 개발

의료관광은 다른 지방이나 나라에서 인간의 건강의 유지, 회복, 촉진 등에 대해서 사용되는 광범위한 의미를 가진 단어이다. 우리나라는 2009년 5월 1일 의료법 개정을 계기로 인바운드 대표 관광상품으로 의료관광을 선정 및 지원하고 있다.[33]

의료관광서비스란 내 병원에서 진료와 치료를 받고자 하는 외국인 환자에게 유능한 의료진을 연결시켜주고 환자와 동반 가족들의 국내 체류 및 관광을 지원하는 서비스를 말한다.[34] 의료관광상품에 각 여행사가 공을 들이는 것은 일반관광에 비해 지출규모가 크고 상대적으로 체류기간이 길어 관련산업에 미치는 효과 또한 크기 때문이다.[35]

---

32) 坂村健, ユビキタス社会と観光振興, 季刊観光, 創刊号, 日本観光協会, 2009, p. 22~23.
33) http://ko.wikipedia.org/
34) 유명희, 의료관광케팅, 한올출판사, 2010, p. 73.
35) 대구경북연구원, 지식경제시대 새로운 성장산업 의료관광, 개경CEO 브리핑, 103호, 2007, p. 2.

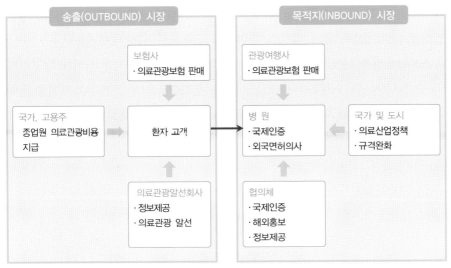

[그림 1-3] 의료관광시장의 구조

의료관광상품의 종류에는 다음과 같은 것이 있다.

상 품	내 용	대표적 국가
질병치료	심장수술, 장기이식, 골수이식	독일, 요르단
휴양·의료	만성질환, 아토피, 알러지 치료, 온천스파	인도, 태국
미용·성형	성형수술, 피부마사지	멕시코, 아르헨티나
전통의료	치료+관광, 한방관광	중국, 한국

의료관광상품을 취급하기 위해서는 외국인과 관련된 업무를 진행하여야 하므로 이 분야의 전문가가 되기 위해서는 의료관광코디네이터(Medical Tourism Coordinator)의 자격을 갖추는 것이 중요하다.

(8) 이야기(Story Telling)상품의 개발

컴퓨터로 대표되는 정보사회에서는 기술적이고 합리적인 사고에서 감성적이고 비물질적인 요소가 상품을 선택하고 구매하는 소비자의 태도에 더 많은 영향을 미친다고 한다.36) 이를 반영하고 있듯이 스토리텔링 기법이 광고, 영화, 게임, 인터넷, 음악, 관광 등의 다양한 분야에서 급속도로 확산되고 있다.

스토리텔링은 다른 산업에 비해 '문화'라는 부분을 부각시켜 산업에 성공시킬 수 있었던 하나의 소재를 바탕으로, 다양한 문화상품을 만들어 부가가치를 극대화하는 방식(OSMU : One Source Multi Use)의 선례를 그대로 드러내고 있다.

[그림 1-4] 스토리텔링의 구성

사례로서는 "반지의 제왕", "해리포터", "겨울연가", "대장금" 등이 있는데, "겨울연가"와 같은 경우는 드라마 원 소스를 시작으로 음반, 캐릭터, 테마파크 형태의 지역문화 콘텐츠, 출판, 뮤지컬까지 One Source Multi Use의 전형적인 예를 보여주고 있다. 특히, 드라마를 소설로 재구성한 '겨울연가 1, 2'와 같은 경우, 한국 연예 콘텐츠의 일본판매를 담당하는 KAVE(Korea Audio Visual Entertainment)에 따르면 2005년 1월을 기준으로 100만부 이상을 판매하였고, 또한 겨울연가에 관련된 서적만 모두 합쳐도 200만부를 넘어선다고 하였다.

스토리텔링의 기본원리는 상호작용의 원리이다. 그러므로 여행자의 감성에 맞는 체험기반을 제공함으로써 여행자와 관광지가 함께 만들어가는 가치체계를 구축하지 않으면 안 된다.37)

---

36) 관광과 스토리텔링, 내일신문, 2006. 6. 28.
37) 한국관광공사 한류연구팀, 왜 관광스토리텔링인가, 2005, p. 3.

하나의 예로, 많은 관광객들이 찾는 수도 서울의 궁궐을 스토리텔링을 활용한 콘텐츠로 만들 수 있을 것이다. 정조가 규장각을 세우고 많은 학자들과 담소를 하던 비원 뒤편의 이야기, 명성황후와 관련된 장소와 건물, 대원군과 관련된 역사적 유물과 이야기들, 대한제국 고종황제와 관련된 덕수궁의 이야기, 삼성그룹의 창시자 이병철과 대구의 삼성상회 등 담을 수 있는 역사적 사실과 이야기들은 너무나도 많을 것이며, 이러한 것들이 모두 스토리텔링을 활용한 좋은 콘텐츠의 대상이 될 수 있을 것이다.[38]

(9) 체험여행상품의 개발

산업사회 이전 사람들은 자연에서 수확한 것을 그대로 거래하였다. 이를 산품(產品 : Commodity)이라고 한다. 산업사회에 들어서면서 상품(Product)이 등장하게 된다. 경쟁이 치열해지면서 서비스가 중요한 가치로 떠올랐다. 이제는 이도 모자라 체험(Experience)을 파는 시대가 되었다.[39]

디즈니월드는 이런 체험에 일찍 눈떠 지금도 최고의 체험을 연출하여 고객을 끌어들이고 있다. 디즈니는 애니메이션에다 새로운 체험효과를 첨가한 덕분에 생동감 넘치고 환상적인 만화의 세계 디즈니월드를 완성하였다.

체험여행상품은 독특한 체험을 추구하는 여행자에게 서비스를 제공하는 유·무형의 복합여행상품의 하나로 다음과 같이 분류할 수 있다.[40] 체험여행상품의 유형을 살펴보면 주위에 널려 있는 각종 체험거리를 의외로 손쉽게 상품화할 수 있다.

〈표 1-9〉 체험여행상품의 유형

종류	체험 요인	체험 내용	체험 사례
문화체험	창의적·지적 체험	타 지역의 문화·예술에 대한 지적 호기심 충족을 위해 창조적 형태의 활동을 추구하는 체험	제작실습(전통한지공예, 도자기 굽기, 김치 담그기), 전통문화교육(전통소리, 전통무용, 태권도, 사물놀이), 종교문화체험(사찰체험, 무속신앙, 참선체험)

---

38) 변정우, 스토리텔링을 관광에 활용하자, 여행신문, 2007. 8. 28.
39) 강신겸, 체험을 팔아라, 삼성경제연구소, 2001. 7. 13.
40) 유영준·송재일·임진홍, 관광상품기획론, 대왕사, 2005, p. 268.

생활 체험	대인(對人) 교 류	일정기간 체류를 통해 현지인들과 교 류하며 현지생활을 있는 그대로 체험	전통생활체험(지리산 청학동, 원시 생활) 농어촌 생활체험(농장, 어촌)
생태 체험	자연친화	자연을 훼손하지 않으면서 자연에 동화하려는 체험	관찰체험(갯벌, 탐조(探鳥), 동·식 물 관찰(사파리투어)
모험 체험	모험심	경쟁심이나 모험심 등 심리적 욕구 에 기인한 활동으로 때로는 위험을 수반하는 체험	특이지역 탐방(오지, 동굴, 남/북 극) 레포츠(트래킹, 래프팅, 번지점 프 등)
특이 체험	신기· 이색체험	자신의 거주지역에서는 경험할 수 없는 특이한 문화체험	건강미용(전통의료, 건강미용, 기공 훈련), 안보(병영훈련)

[자료] 이광희·김영준, 체험관광상품 활성화방안, 한국관광연구원, 1999, p. 18을 토대로 재구성.

〈표 1-10〉 여행상품개발의 구체적 전략 및 가능한 사례

상품화 전략	구체화 사례	비　　고
무형의 고유민속과 향토자원을 연계한 상품	·최후의 매사냥과 백운골 민 속자원을 상품화	·마이산과 전통 매사냥 봉받이의 매 사냥 시연, 섬진강의 발원지 다미샘 과 다랭이 논, 북방식 고인돌, 전통 옹기구 이와 삼베, 길쌈
신앙관련 상품	·무속신앙을 상품화 ·무속엑스포 개최 등 무속이 벤트의 대형화 및 정기화 유도를 통한 관광상품화	·외국의 무속신앙 동호회, 연구단체 에 홍보, 참여 도모 ·한국무속 엑스포, 무속 심포지엄, 국 제 무속신앙박람회 등을 개최하여 세 계인들의 한국 무속에 대한 관심 유도
	·천주교 순례단 순례지 상품화	·나주 성모의 집(피눈물, 향유, 성체 기적) : 외국 참배객만 1만여 명 방문 ·천주교인뿐만 아니라 일반인들에게 도 상품화
	·기독교 순교성지 순례 상품	·전국의 주요 순교성지를 순례지 상 품화
	·불교 명상 및 참선상품	·외국인 대상 사찰수도생활 체험상품
관광분야 외의 각종 행사를 시의 적절하게 여행상품화	·이순신 순국 400주년 기념 사업	·충무공 정신과 구국선양 관련 행사 개최를 관광과 연관시키는 노력 필요
	·국제 관함식(觀艦式)	·건국 50주년 기념 10월 중 13개국 군 함 26척과 우리 해군함 40여척이 참여 ·국제적인 관광이벤트로 상품화할 필 요 있음

비수기 타개	・다양한 축제의 개발 ・특히 이벤트 개발	・스카이다이빙 축제, 발가락시험 챔 피언십 ・세계 스턴트맨 경연대회, 세계 기인 총집합 축제 ・세베토(한・중・일)미인 선발대회 : 여 성 여행자들을 대상으로 미인선발
	・아이스 다이빙	・동남아 시장상대로 눈(雪) 이외의 겨 울체험상품화 ・철원군 한탄강의 겨울철 어드벤처 여행상품은 좋은 사례
	・생태관광	・섬 생태관광, 철새관광, 고래관찰관 광, 반달곰 해설센터 상품, 해양공원 (Marine Park) 상품화
	・겨울 한라산 노루 먹이주기	・한라산의 야생노루가 먹이를 찾아 도로나 골프장에까지 내려오는 시 기를 이용한 비수기 여행상품

하드웨어적인 변화	중심 관광거리의 조성	도시 재개발 차원에서 접근
특정거리・공간・장소의 여행상품화	・홍대 앞 카페거리의 상품화	・이대앞 웨딩숍이 웨딩축제를 통해 여행상품화 되는 것처럼 라이브 무 대 위주의 록음악 공연 카페를 젊은 층의 외국인 관광객들을 위한 엔터 테인먼트 공간으로 상품화
	・대학 캠퍼스의 상품화	・대학의 국제화에 기여할 수 있는 기 회로 활용 ・아름다운 캠퍼스가 갖는 여행 잠재 력을 활용
특정인물의 지명도 활용	・유명인 발자취 상품	・박찬호 선수의 성장과정 발자취 체 험상품 ・박세리 선수의 모교, 연습장 해설센 터의 활용 ・김연아, 박태환 선수의 모교, 연습 장 해설센터의 활용
엔터테인먼트 상품	・경마관광	・호텔 픽업, 외국인 관광객을 위한 관 람석, 뷔페식 식사, 경주관람, 승마 체험, 경마공원 휴식, 호텔로 이동

	·우리 고유의 공연물 관광상품화	·'난타'와 같이 언어적 이해가 필요치 않으면서도 국제화하기에 용이한 공연을 외국인 관광객들을 위한 상설엔터테인먼트를 공연화
토산품 상품 내용의 다각화	·녹차 다도상품 다양화 ·현장체험이나 도시 내 체험장 마련	·경남 하동 녹차재배지 체험 혹은 서울 등 대도시에서의 체험장 마련 ·차의 잎 채취, 공정체험, 다상마련 체험, 다도교육, 다도도기, 녹차관련 제품판매

부정적인 역사의 상품화	·감옥을 주제로 한 상품	·안중근 의사의 감옥생활
		·전직 대통령의 감옥생활관련 상품
		  - 감방구조 체험
		  - 감옥식사 체험
		·구치소 탐방상품
		  - 사형집행 장소 등 특정공간 체험상품

	·특정시기 역사적 사건의 소재화	·대통령 안가 체험상품
		  - 안가의 역사
		  - 안가의 구조체험

[자료] 여행정보신문, 제74호, 1998. 10. 2, 9쪽.

결론적으로 상품개발이란 소비자(여행자)가 무엇에 부족을 느끼며, 무엇에 굶주리고 있는가의 파악이며, 이것을 ① 생활시간적, ② 생활공간적, ③ 생활균형적, ④ 생활이념적 차원에서 연구하지 않으면 안 되며41) 그 구체적 내용은 다음 표와 같다.

〈표 1-11〉 여행상품개발에 관한 연구방법

연구방법	내 용
생활시간적 연구	일상생활 중 연쇄 - 시간적 체인 가운데 욕구를 충족할 수단이 없기 때문에 소비자가 현저하게 불편이나 불만을 느끼고 있는 「항목」이 없는지를 시계열적으로 분석하는 방법
생활공간적 연구	불만의 추적을 생활의 「장(場)」별로 여행지에서, 호텔에서, 식당에서, 기내(機內)에서는 등으로 공간적으로 불편이나 불만요인을 찾아 분석하는 방법

41) 清水滋, 小売業のマーケティング, ビジネス社, 1983, pp. 343~346.

생활균형적 연구	여행소비자를 대신하여 불균형의 시정방향을 발견하여 그 수단으로서 여행상품을 만드는 방법
생활이념적 연구	생활불균형의 시정을 통해 궁극적으로는 생활이념의 혁신·고양과 연결시키는 방법. 생활이념을 구조적·단계적으로 끌어올리면 생활의 여러 국면에서 불만이 폭발한다. 공해나 환경파괴 등에 대한 불만이 그 전형적인 예이다.

2

예약·수배업무

예약·수배업무의 의의

요즈음은 OP(Operartor)라고 하여 국가에 따라 그 역할이 다소 차이는 있으나 보통 각각의 여행목적지(Destination)에 관하여 관광버스, 가이드, 식당, 방문기업 등의 수배를 전문으로 하면서 여행사무를 처리하는 전문가들이 각광을 받고 있다.

예약·수배업무는 기획업무에서 다루어진 내용을 기본으로 하여 여행자 요구에 부응할 수 있는 상품(여행소재)의 구입과 제공을 주로 하는 업무로서 관광행사의 성립여부는 물론 여행사의 신뢰도 형성에 큰 몫을 담당하는 업무이다.

아무리 여행일정계획이 잘 작성되어 있다 해도 현실적으로 예약·수배가 되어 있지 않으면 실질적인 일정(Schedule)이라 할 수 없기 때문이다. 따라서 여행업에 있어서의 수배부문을 판매촉진의 근간(Backbone)으로 파악하고 있으며[1] 재판매 또는 확대판매로 이어지는 중요부문임을 강조하고 있다.

예약·수배업무를 요약하면 첫째, 여행상품 생산의 심장부분으로서 여행상품을 여행자가 요청하는 대로 완성시키기 위해 여행소재(부품)를 구입하는 업무이다. 둘째, 여행상품 판매촉진의 중심이다. 올바른 수배는 판매를 촉진하는 요인이 되며, 이를 조성하는 업무가 바로 수배업무이다.[2]

1) 예약·수배업무의 개요

예약·수배업무란 "여행자가 여행일정에 입각하여 원활하게 여행할 수 있도록 여행업자가 교통기관, 숙박기관, 기타 여행서비스 제공기관의 예약을 종합적으로 행하는 것"을 말한다.

수배업무를 실무적으로 분류하면 [그림 2-1]과 같으며, 수배업무의 업무책임 범위나 조직 내의 위치설정은 여행사의 기능·조직·규모·발전단계에 따라서 다른데, 광의로서는 판매를 제외한 모든 업무이고, 협의로서는 현지수배 부분만을 수배업무라고 하는 경우가 많다.

---

1) 계명전문대학부설 관광종사원연수원, 여행실무, 1985, p. 55.
2) 김성혁·김순하, 여행사실무론, 백산출판사, 2000, p. 64.

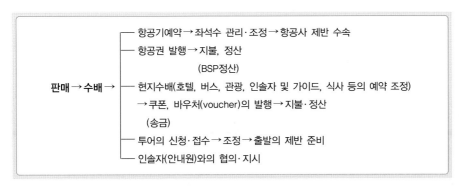

[그림 2-1] 예약·수배업무의 개요

2) 현지예약·수배경로

현지수배의 경로는 목적지(지역, 도시 등), 여행사의 방침·규모 등에 따라서 각각 다르다. 어떻게 싸게 구매하고 수배를 위한 비용을 절감하는 한편, 신속하게 수배할 수 있느냐에 따라 어떠한 경로를 선택하는가가 정해진다[그림 2-2] 참조).

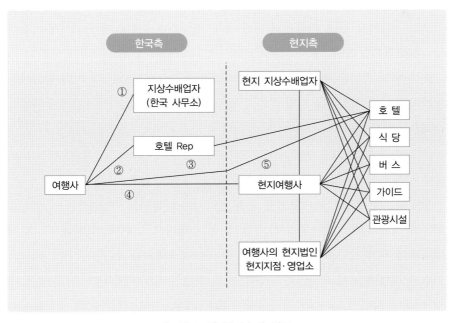

[그림 2-2] 현지수배 경로

① 여행사 → 지상수배업자(한국 사무소) → 지상수배업자(현지측) → 현지 업체

최근 이 경로에 의한 수배가 매우 많아지고 있다. 지상수배업자는 한국의 업계에서는 'Tour Operator' 또는 랜드사 'Land Operator' 및 여행수배업 등으로 호칭하고 있는데, 한국에 사무소를 설치하고 있는 현지의 여행업자만을 의미하고 있다. 지상수배업자에는 세계 각 도시에 연결망(Network)을 가지고 있는 대규모 회사로부터 일정의 지역에 네트워크를 가진 회사 또는 한 도시에 한해 수배하는 회사 등 각양각색이다.

한국에 설치된 지상수배업자 사무소에서는 한국의 여행업자에 대해서 강력한 세일즈 활동을 전개하고 있다. 한국의 여행업자는 한국 내에서 일정표와 여행조건을 지상수배업자에게 건네주는 것만으로 현지 수배가 가능하다. 이 방법은 한 번에 여러 나라를 순회하는 경우나 현지의 여행사와 거래계약이 성립되어 있지 않은 경우에 주로 이용하는 경로이다.

② 여행사 → 호텔의 한국사무소(Hotel Representative) → 현지 업체

호텔업자 특히 세계적인 체인을 가진 호텔업자에게는 지상수배업자와 마찬가지로 한국에도 사무소를 설치하여 한국의 여행업자에 대한 세일즈 활동을 적극적으로 전개하고 있다. 따라서 호텔에 대해서만은 이 경로로 예약하고 식당 등은 타 경로(①, ④, ⑤)로 한다.

이 방법의 장점은 지상수배업자 등의 중간이윤이 절감되는 것 이외에도 여행업자와 호텔의 결합력을 긴밀히 하고 실적을 올리면 꽤 호조건으로 싸게 구매할 수 있다는 것 등이다.

③ 여행업자 → 현지 업체

한국의 여행업자가 현지호텔에 직접 예약하는 방법이다. 이 방법은 한국에 호텔의 판매대리점이 없는 경우에 취할 수 있는 방법으로, 현재 이 방법은 그다지 많이 이용되고 있지는 않다. 레스토랑 등 기타 수배는 ①, ④, ⑤ 방법이 되지만, 이러한 특별 지역의 수배에는 다음의 ④의 방법이 많이 이용된다. 이 방법은 대형 단체나 시리즈 단체 등 공급물량이 많은 경우 호텔 객실가격의 인하교섭시 보다 유리한 조건을 선점하려 할 때 이용하는 경로이다.

④ 여행업자 → 현지여행사(local agent) → 현지 업체

'Local Agent'란 현지의 여행업자로서 실태로서는 지상수배업자의 현지측과 현지여행사와는 현지에 있어서는 동일하지만, 한국측에서는 한국에 사무소를 설치하고 있는 여행업자를 지상수배업자, 그렇지 않은 업자를 현지여행사로 구분하고 있다.

목적지가 1개소(한 도시)만의 여행 또는 방문도시가 적은 여행의 경우에는 현지여행사를 이용하는 경우가 많은데, 많은 도시를 순회하는 경우에는 이 방법의 선택이 곤란하다. 왜냐하면 순회하는 각 도시마다 수배문서를 작성하고 송부해야 하기 때문이다. 그렇게 되면 문서작성 작업량이 증가되는데다 외국에의 통신료도 큰 부담이 된다.

그러나 시찰단과 같은 섬세한 수배를 필요로 하는 여행에는 이 방법을 택하는 경우도 많다. 왜냐하면, 현지에서는 현지여행사 실력 나름으로 내용의 확실한 수배가 가능한 이유도 있기 때문이다.

⑤ 여행업자 → 여행업자의 현지법인(현지지점영업소) → 현지여행사 → 현지 업체

최근 외국의 대규모 여행사에서는 대량송객의 대상이 되는 도시(지역)에 자사의 지점(영업소), 주재원사무소 또는 계열의 자회사인 현지법인을 설치하여 독자적인 수배를 하고 있다. 이 방법은 자국측에서 현지측에의 의사전달 또는 방침이 정확히 전달되는 장점 이외에도 외화가 해외 여러 나라로 유출되지 않기 때문에 국가적 차원에서도 외화유출이 방지되는 셈이다. 한편, 여행안내원에 있어서도 자기 회사 직원이 현지에서 안내하기 때문에 마음 든든한 면도 있어 좋으나, 단점으로는 현지 여행업계의 반발과 사태발생시의 어려움이 존재한다.

3) 현지예약·수배순서

현지수배에 즈음해서는 여행의 종류, 여행사의 규모 및 앞서 언급한 수배경로의 선정에 따라 그 순서가 달라지지만, 일반적인 순서는 대체적으로 [그림 2-3]과 같이 진행된다.

(1) 수배의뢰

여행의 기획 또는 세일즈 담당자로부터 수배 담당자에 대하여 수배를 의뢰한다. 사내적인 업무의 흐름이라 해도 수배의 경위와 책임소재를 명확히 하기 위해 수배의뢰서 등 사내의 규정양식을 사용하여 업무를 추진하는 것이 중요하다.

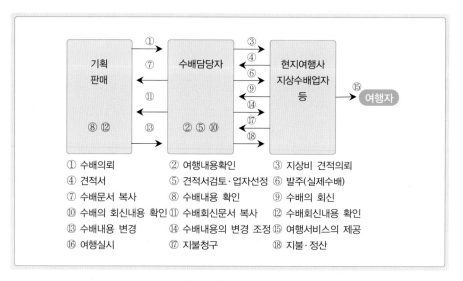

[그림 2-3] 현지수배순서

(2) 여행내용의 확인

수배의뢰를 받은 수배 담당자는 전문적인 안목으로 여행 내용을 확인하여 애매한 점은 기획 또는 세일즈 담당자에게 문의하고 확인한다.

확인할 내용은 대개 다음과 같다.

① 여행목적 : 기획담당자가 그 투어를 어떠한 목적에서 기획하여 모집하려고 하고 있는가. 또한 세일즈 담당자가 어떠한 목적으로 집객(集客)했는지를 충분히 이해하여 둘 필요가 있다.

② 시간배분 : 이동(항공기, 철도, 버스 등), 관광, 자유시간, 식사 등의 시간배분과의 조합을 목적지 각각의 사정을 감안하여 검토한다.

③ 여행조건 : 여행판매가격 및 판매시의 조건에 따라 여행비용에 포함되어 있

지 않은 것과 포함된 것과의 항목을 명확히 파악한다. 여행비용에 포함되어 있는 것은 통상 수배가 필요한 것이기 때문에 더욱이 호텔이라면 몇 등급의 호텔인지 또는 구체적 내용(SWB, TWB 등)을 확인한다.

④ 기타 : 이벤트나 행사기간, 박물관 등의 휴관일(한국의 경우, 일·공휴일 다음 날 휴관) 등도 확인한다.

(3) 지상비(Land Fee) 견적의뢰

지상비 견적을 2~3사에 의뢰한다. 의뢰시에는 단체의 일정 및 조건을 가능한 한 구체적으로 상세하게 전하지 않으면 안 된다. 또한 견적서의 제출기간은 명확히 지시해 두는 것이 바람직하다.

지상수배업자의 견적은 실제수배를 반영하는 것이기 때문에 견적의뢰시 구체적으로 명시하지 않으면 각 지상수배업자의 판단에 맡기는 결과가 되어 경쟁견적의 의미가 없어지게 된다. 적어도 다음 사항에 대해서는 견적을 의뢰하는 단계에서 명확히 해두지 않으면 안 된다.

① 일자(예정일자라도 일정표에는 반드시 월·일을 기입한다)
② 예정한 항공편명(공항에 따라서 Transfer Bus 요금이 달라짐)
③ 호텔의 등급(구체적으로 ○○호텔 또는 동일 등급)을 기입
④ 열차, 선박 등의 등급
⑤ 기타 특별한 내용

위 일자에 대해서는 특히 중요하다. 왜냐하면 견적과 의뢰된 지상수배업자는 그 일정표에 입각하여 요금을 계산하지만, 그 때 각 도시의 호텔예약상황 – 특히 대규모 견본시나 학회 등이 개최되고 있지 않은지를 점검하거나 또한 Allotment (자사할당)가 적용 가능한지의 여부를 조사하기 때문이다.

견본시(Trade Fair · 見本市)가 개최되고 있는 경우에는 Fair Rate(회의참가자 요금)가 적용되며 요금은 올라간다. 또한 할당(Allotment)이 이용 가능한 경우에는 거꾸로 요금은 싸진다.

다음과 같은 경우에는 견적을 의뢰하지 않는 경우도 있다. 또한 의뢰해도 경쟁견적으로는 하지 않는다.

① 최신의 요금표(Tariff)가 그대로 적용되는 경우 : 지상수배업자나 현지여행사로부터 송부되어 온 요금표에 나타난 유형대로 여행할 경우에는 굳이 견적을 의뢰하지 않는다.

② 여행사 방침에 의해 반복 계속하여 특정업자를 사용하고 있는 경우 : 이 경우에는 타업자에의 경쟁견적은 내지 않는 것이 일반적이다.

(4) 견적서(Quotation)

견적을 의뢰한 지상수배업자 또는 현지여행업자로부터 기한까지 견적서가 송부되어 온다.

(5) 견적서 검토 · 업자 선정

송부돼 온 견적서에 입각하여 견적내용을 검토하고 업자를 선정한다. 여행내용이 좋고 더구나 경비도 저렴한 곳이 선정대상이 된다. 단순히 경비가 싸다는 것만으로 선정대상이 되어서는 곤란하다. 내용 · 조건이 희망대로인지 어떤지가 중요한 확인사항(Check Point)이다.

(6) 발주(실제수배)

견적서에 의해 수배회사를 결정하면 곧 구체적인 수배로 들어간다. 수배단계에서 다시 한 번 기획 또는 판매담당자에게 내용 등에 변경이 없는지를 확인한다. 또한 견적서의 의뢰내용과 똑같은 내용이라 해도 정식으로 발주할 때에는 다시 여행 내용을 구체적이면서도 상세하게 수배회사에 전달할 필요가 있다.

여행에는 개개마다 여러 종류의 특징이 있다. 이 특징을 충분히 전달하지 않으면 안 되며, 또한 수배하는 시기까지 집객 등의 예측(전망)이 완전하지 못할 경우도 있고, 아직 내용적으로도 불확실한 경우도 있다. 그러나 그 시기에 확정하고 있는 것은 모조리 지상수배업자(Land Operator)에게 전달해 두는 것이 바람직하다.

수배문서는 수배회사에 송부하는 원본을 포함하여 최저 3부는 작성해 둔다. 1부는 수배 담당자용으로 하고, 1부는 기획 또는 세일즈 담당자용 부본(副本)으로 한다. 조직에 따라서는 4~5부를 작성하기도 하지만, 많아도 5부 정도일 것이다. 5부 이상 필요한 경우에는 그 회사의 조직은 그다지 합리적인 조직이라 할 수 없다.

작성한 수배문서는 반드시 책임자의 검열을 받아 서명 후에 발송한다. 책임자의 서명이 없는 문서는 국제적으로는 정식으로 인정되지 않는다. 수배문서는 미리 그 회사의 양식을 통일하여 공통되는 부분은 인쇄하여 필요사항만을 영문 타이프라이터로 기입하도록 하면 업무는 생력화(省力化)된다. 또한 부본양식은 색상을 달리하여 상대방에게 줄 것과 사내 보관용과를 구분해 두는 것도 바람직하다.

(7) 수배문서의 복사

수배 담당자는 발주한 수배문서의 사본을 기획 또는 세일즈 담당자에게 전해 준다.

(8) 수배내용의 확인

기획 또는 세일즈 담당자는 수배 담당자로부터 수령한 수배문서의 내용을 확인한다. 기획 또는 세일즈 담당자가 의뢰한 대로 수배되어 있는지의 여부를 확인한다. 이 단계에서 실수(Mistake)가 발견될 경우 즉시 수배 담당자에게 연락하여 상대방에게 변경통지를 하지 않으면 안 된다. 이것은 빠르면 빠를수록 좋다. 늦어지면 예기치 못한 곳에서 취소료가 요구되어 여분의 비용이 들게 된다.

(9) 수배의 회신

발주(실제수배)에 대해서 수배의뢰를 받은 회사에서는 신속하게 행동을 취하여 수배가 되었는지 어떤지의 회신을 해준다. 수배가 불가능한 경우, 즉 호텔 등의 예약이 안 되는 등의 경우에는 대안을 조언해 오는 경우가 있다. 현지에서 예약수배가 곧 되지 않을 경우에는 그 취지의 도중 경과보고가 있다. 없을 때에는 재촉 문의를 한다.

(10) 수배의 회신내용 확인

현지에서의 수배회신에 대해 이쪽에서의 요청대로 수배되어 있는지의 여부를 확인한다. 의뢰한 수배내용과 다를 경우에는 수배회사로부터 그 이유와 자기회사의 수배내용에 대한 인정여부를 문의해 온다. 수배 담당자는 이 문의에 대하여 기획 또는 세일즈 담당자와 상의하여 조속히 문의사항에 대한 회신을 한다.

(11) 수배 회신문서의 복사

현지에서의 회신문서는 복사를 하여 원본은 수배 담당자가 보관하고 사본을 기획 또는 세일즈 담당자용으로 한다.

(12) 수배 회신내용의 확인

기획 또는 세일즈 담당자는 수배 담당자로부터의 회신문서에 대해서 내용을 확인한다. 의뢰한 수배와 내용이 서로 다를 경우에는 필요에 따라서 여행자와 상담할 필요가 있다.

(13) 수배내용의 변경

발주(실제수배) 후 수배내용에 변경이 발생한 경우, 또는 발주단계에서는 불확실했던 것이 확실하게 된 경우에는(예 발주시에는 모집목표 인원이었던 것이 그 후 참가 인원수로서 확정된다) 기획 또는 세일즈 담당자는 가능한 빨리 수배 담당자에게 그 취지를 연락한다.

(14) 수배내용의 변경조정

기획 또는 세일즈 담당자로부터의 변경연락에 입각하여 수배 담당자도 현지측에 대하여 내용변경을 연락한다. 그러나 현지측에서도 현지측의 제반사정에 의해 내용변경을 연락해 오는 경우가 많다. 따라서 수배 담당자는 기획 또는 세일즈 담당자와 현지측과의 사이에서 조정역할을 수행하지 않으면 안 된다.

이 조정이라는 업무는 대단히 중요한 업무이다. 왜냐하면 조정단계에서 단체가 완성되기 때문이다. 따라서 수배 담당자는 각 단체의 수배상황에 끊임없이 세심한 신경을 쓸 필요가 있다. 특히 보류사항이 있는 경우 기획 또는 세일즈 담당자에게 문의하여 현지측에 재촉 등을 적절한 시기에 하지 않으면 안 된다.

변경조정의 요소는 단체에 따라 무수하게 많을 것으로 생각되지만, 대충 다음과 같은 사항으로 집약된다.

① 참가자 수의 변경
② 일정의 변경, 항공편의 변경, 발착시각의 변경
③ 추가수배, 즉 당초의 수배내용에 포함되어 있지 않았던 것을 추가하는 경우
④ 요금인하 교섭, 수배내용 등의 변경에 따른 예상 외의 인상이 되는 경우가 있다. 예산을 초과한 경우에는 인하교섭을 하지 않으면 안 된다.
⑤ 내용불명의 문의, 이쪽의 의뢰에 대한 현지에서의 회신이 불충분하거나 현지측으로부터의 문서표현이 불명확한 경우에는 그것들에 대해 문의하지 않으면 안 된다.

변경조정이 일어날 수 있는 경우는 천차만별이므로 수배담당은 꽤 고도한 능력을 요구받게 된다. 그러나 실적을 쌓아 개개의 경우를 분류·정리함으로써 어느 정도까지는 정형화가 가능해진다. 이것이 수배업무의 합리화에 연결되는 것이다. 변경조정의 현지측과의 교환은 항공편에 의하지만, 단체출발 직전에 발생하는 경우에는 팩시밀리나 이메일을 사용하며, 특히 급보를 요하는 경우에는 국제전화를 이용하게 된다.

(15) 여행서비스의 제공

수배의 변경조정은 출발 직전까지 행해진다. 그것은 보다 좋은 여행을 가능케 하는 조건이기도 하다. 현지측에서는 도착한 단체에 대해 수배된 대로의 서비스가 제공된다.

(16) 여행의 실시

한국측으로부터의 수배에 입각하여 현지측이 서비스를 제공하여 여행자는 완벽한 수배에 의해서 여행을 즐길 수 있다.

(17) 지불청구(Invoice)

현지측에서의 서비스 제공, 즉 여행이 종료된 시점에서 현지로부터 한국측에 청구서가 송부되어 온다. 청구서에는 견적금액과 실제로 여행에 사용된 비용과의 조정이 된 이후의 확정금액이 계상(計上)되어 있다.

(18) 지불·정산

수배 담당자는 현지에서 송부되어 온 청구서의 내용에 대해 검토하고 필요에 따라 기획 또는 세일즈 담당자 및 여행인솔자에게 확인한 후 송금수속을 밟는다.

대체로 위에 열거한 일련의 과정이 아웃바운드 수배업무의 개요이며, 인바운드(Inbound)의 수배업무는 위의 업무가운데 현지여행사 혹은 지상수배업자의 업무에 해당하는 일을 담당하게 되는 것이다.

 02 예약·수배업무의 기본

1) 예약·수배업무의 5원칙

예약·수배업무를 추진하는 데에는 다음과 같은 다섯 가지 원칙이 있는 바, 수배업무를 수행하는 과정에서는 이 5원칙을 정확히 이해하여야 할 것이다.

① 정확성 : 수배의뢰서의 기재내용과 기재사항의 이해, 독자적 판단에 의한 수배를 배제한다.
② 신속성 : 타사와의 경쟁에 이기기 위한 것 중 가장 중요한 부분으로 신속한 수배는 그 회사의 힘(Power)과 밀접한 관계를 가진다. 그러므로 수배사항의 순서를 정한다든가, 사전 구입상품의 적절한 활용도 바람직하다.
③ 간결성 : 필요사항이 길고 장황하면 무엇이 요점인 지 불명하므로 가능한 한 요점을 간결하게 해야 한다.
④ 확인성 : 구입한 상품이라도 확인 및 재확인(Reconfirmation)을 생활화하고

확인시의 상대방 직책·성명, 확인일자 및 시간 등의 기록에 철저해야 한
다. 아울러 시각표·요금표 등의 변경사항 업무에도 게을리해서는 안 된다.
⑤ 대안(代案)성 : 수배는 고객의 요구에 따른 수배가 가장 좋은 방안이나, 만
일의 사태에 따른 대비로 제2·제3의 대안도 가지고 있어야 한다.

2) 예약·수배업무의 흐름

여행예약·수배업무의 흐름은 [그림 2-4]에서와 같이 여행일정계획에 의거한
수배업무의뢰서 접수로부터 업무가 시작되어 행사가 종료되어 각 프린서펄(Prin-
cipal)로부터의 비용청구(Invoice) 금액이 합당한지의 여부를 가리는 업무까지의
일련의 작업과정이다.

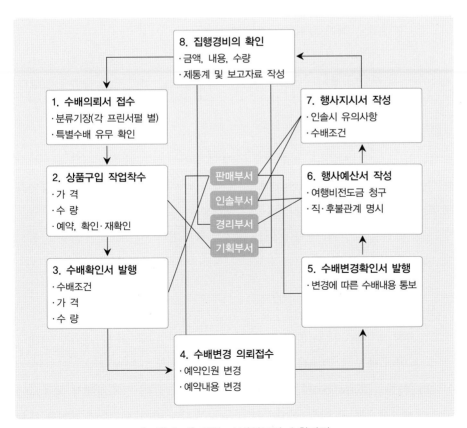

[그림 2-4] 예약·수배업무의 순환과정

3) 예약·수배 업무처리 요령

(1) 수배의뢰서 접수

① 수배순서를 정한다.

② 가급적 즉시수배를 행하고(보류는 금물) 요구된 수배가 불가능시에는 의뢰자와 협의한다.

③ 업무방문(Technical Visit) 등 특별수배 유무를 확인하고 관계기관 등에 공문 발송과 더불어 협조를 부탁한다.

(2) 상품구입

① 의뢰서 내용을 숙지한 후 예약사항을 누락시키지 않는다.

② 구입상품에 대한 승낙이 있을 때에는 승낙일시 및 담당책임자의 인적사항을 명기하여 책임소재를 분명히 한다.

③ 요구한 수배가 불가능시 의뢰자와 상의한 후 대안을 강구한다.

④ 구입시 시일이 장기간 소요될 때에는 중간보고를 통해 작업 중임을 알린다.

(3) 수배확인서

상품의 구매가 완료되고 확인되는 즉시 소정양식에 의거 확인서를 작성하는 바, 여기에는 ① 각 항목별(숙박, 교통, 식사, 기타 수배)로 예약일자와 해당업소의 확인자 성명 및 예약자의 성명을 기재하고→② 부서책임자의 날인을 얻은 후→③ 확인서 발행 후 변경이 있을 때에는 즉시 변경부분에 대한 재확인 통보를 한다.

(4) 확인 및 재확인

완벽하게 확인된 사항이라도 안심하고 방치해 두면 예약이 취소되는 사태가 올 수도 있기 때문에, 가능한 확인은 많을수록 좋으며, 특히 항공운송의 경우에는 재확인(Reconfirmafion)제도가 약관에 명시돼 있어 어느 지점에서 체류시에 국내선 예약은 24시간 이상, 국제선의 경우는 72시간 이상 체류시에 예약을 재확인해야 한다.[3]

(5) 행사예산서 작성

행사예산서의 작성목적은 첫째, 행사경비와 판매금액과를 비교함으로써 예상 수익을 측정하기 위한 것과, 둘째, 담당자에게는 원가의식을 고취시킴으로써 기업의 경영성과에 관심을 제고시키며, 셋째, 여행비용을 효과적으로 집행하게 하는데 그 목적이 있는 바, 예산서 작성시에는,

① 여행조건에 명시된 항목에 따라 실제지불금액으로 계산하여 행사에 소요되는 총경비를 산출한다.

② 예상수익 분석상 적자가 발생될 경우에는 관련 프린서펄(Principal)과의 협조(구매가격인하 조정 등)로 지출을 최대한 억제한다.

③ 지불금액을 직불과 후불로 구분하여 집행시 착오를 유발시키지 않도록 한다.

(6) 행사지시서 작성

행사지시서는 수배사항에 대한 구체적 설명과 주의사항이 담긴 서류로, 이것은 주로 행사현장에서 업무활동을 하는 영업과 소속직원이나 단체를 안내하는 안내원에게 제공되는 서류로서 예를 들면, 여행단원 중 중요인사(VIP : Very Important Person), 요주의 인물, 각 여행관련기관(principal)의 무료(FOC : Free of Charge) 적용기준, 여행관련기관(principal)의 배정현황 등이 기록되어 있다.

이와 같은 내용을 항목별로 누락됨이 없이 세밀하게 작성하여야 하며, 특히 야간에도 사태발생시 대처할 수 있도록 관련업소의 연락처(Night Contact)도 명기해 주는 것이 바람직하다.

(7) 행사 중 변경에 대한 대처

여행계획이 확정되었더라도 행사가 진행되는 시점에서나 진행 중에도 항상 예약의 변동사항이 수시로 발생되는 바, 보고체계의 확립과 더불어 변동에 즉각적으로 대처할 수 있는 예약시스템이 구축돼 있어야 한다.

---

3) 한국관광공사 관광교육원, 항공업무, 1984, p. 12.

(8) 집행경비의 확인

관광행사가 종료되고 나면 대개 1주일 이내에 행사집행에 따른 각 관련업체로 부터 후불부문에 대한 청구(Invoice)가 있게 마련이다. 이 서류는 관례상 수배부 서의 확인절차를 거치게 되어 있으므로 이때에는 반드시 수배확인서 및 중간조 정 내역과 상호대조, 금액·수량에 대한 확인을 해야 하며, 이상을 발생했을 때 에는 즉각 시정을 요구하고, 즉각 시정이 불가능한 경우에는 다음 행사 때에 조 정하도록 관련업체에 통보해 주어야 한다.

아울러 관련업소의 이용실적에 대한 수량·금액 면에서 통계를 작성하여 차 기의 예약에 참고하는 한편, 다음 연도 예약수배계획에 기초자료를 작성하지 않 으면 안 된다.

03 여행관련 프린서펄의 예약·수배업무

1) 호텔 등 숙박업의 예약·수배

(1) 선택기준

여행 중 대부분은 호텔에 투숙하여 생활하는 바, 어떤 의미에서 여행시간의 1/3은 호텔에서 보낸다고 해도 과언은 아니다. 그러므로 호텔의 선택은 예약업무 가운데서도 매우 중요하며, 여행을 성공시키기 위한 요체(Key Point)의 하나이다. 호텔의 선택기준은 크게 위치와 숙박시설로서의 기능이나[4] 예산을 비롯하여 여 행목적과 종류에 따라 다음과 같이 예약을 진행시킬 수 있다.

① 위 치

위치는 모든 경영에 있어서 그 비중이 매우 큰 항목으로 작용하는 바,[5] 교통 편이나 환경, 비즈니스센터나 쇼핑센터의 접근이 용이한 곳, 공항터미널에의 접

---

4) トラベルジャーナル, 海外ビジネス出張事典, 1985, p. 541.
5) 最新 レジャー 産業開発·経営 モデルプラン資料集, 総合ユニコム, 1986, p. 100.

근성 등을 고려하여 예약해야 한다.

② 예 산

고급호텔인가, 스탠더드호텔인가, 비즈니스호텔(실비호텔)인가, 펜션인가의 선택은 예산에 의해 정해진다.

숙박료는 나라나 지역에 따라 여러 형태가 있고 장기체재지나 휴양지 등 숙박지의 성격 등도 고려하여야 한다. 전 여행일정 가운데 예산 내에서 운용될 수 있도록 예약에 신중을 기해야 하며, 동일요금인 경우에는 2류 호텔의 좋은 방보다 1류 호텔의 요금이 싼 방을 선택하는 게 유리하다. 왜냐하면 1류 호텔은 2류 호텔보다 안전성, 설비의 고급성, 서비스면에서 고객에게 만족시킬 수 있는 요소가 더 많기 때문이다.[6] 예산에 너무 치우치게 되면 유럽 등에서 흔히 존재하는 관광호텔(Tourist Hotel)의 경우 식당이 없는 곳이라든가, 아침만 제공하고 점심·저녁은 제공 불가능한 호텔도 있으므로 주의해야 한다.

③ 여행목적·종류

호텔예약에 즈음해서는 여행자의 여행목적도 예약을 하는데 중요한 요소로 간주되는데, 왜냐하면 여행목적을 달성하기에 적합하지 않으면 안 되기 때문이다. 따라서 관광목적, 적은 인원의 고급그룹여행, 개인의 업무여행, 국제회의 출석여행 등 여행목적에 맞는 호텔 선정 및 예약업무를 해야 하는 것이다. 일반적으로는,

- 단체여행 : 같은 형태의 객실을 많이 보유한 호텔, 단체 핸들링(Handling)하기에 충분한 종업원을 보유한 호텔을 선택
- 개인여행 : 비교적 아담한 호텔로 고객을 기억해 줄 수 있는 호텔 선정
- 업무여행 : 방문처에 가까운 호텔, 이것이 충족되지 못할 때에는 교통이 편리한 호텔 선정
- 국제회의 출석여행 : 국제회의가 개최되는 호텔, 불가능시는 그 호텔과 가장

---

6) Travel Journal, Travel Agent Manual, 1989, p. 187.

인접한 호텔 선택

• 관광여행 : 관광지와 인접하고 번화가나 쇼핑센터의 접근이 용이한 호텔에
예약하는 게 일반적 관행이다

(2) 예약·수배방법

호텔의 예약·수배방법은 다음과 같은 5가지이다.

1 호텔의 특약점(Representative)을 통한 예약·수배

이 방법은 예약신청과 동시에 가부가 판명되며 요금도 알 수 있기 때문에 가장
많이 이용된다. 개인고객은 Space Availability Chart에 의해 즉시 확인되나, 단체
의 경우는 요청순서(Request Base)에 의하므로 가급적 예약을 빨리하는 게 좋다.

2 현지호텔에 직접 예약·수배

이 방법은 한국에 Rep가 없는 경우이거나 대형단체나 시리즈(Series) 단체 등
요금교섭이 여행사측에 유리하게 전개될 때 이용하는 방법이다.

3 항공사를 통한 예약·수배

이 방법은 최초탑승구간 이용항공사(Initial Carrier)에 예약하는 방법으로 항공
사에서 현지에 조회하여 확인되므로 시간이 걸리며 또한 수수료도 나오지 않기
때문에 별로 이용되지 않는 편이다. 오늘날 일부 항공사에서 개인여행자의 서비
스로서 자사경영 또는 지정호텔을 할인요금으로 제공하기도 하며 예약주문표
등도 발행하는 곳도 있다.

4 지상수배업자(Land Operator)를 통한 예약·수배

이 방법은 교통, 가이드 등 다른 관광수배와 더불어 예약하는 경우가 많으며
이 경우 수수료는 수배업자에게 들어가며 여행사에게는 없다. 최근에는 수배업
자가 계약한 호텔을 자사의 사무소에서 호텔 Rep를 통하는 경우와 같이 예약하
는 경우도 있다. 이 경우 쿠폰(Coupon) 또는 지급보증전표(Voucher)를 수수료 공
제 후 원화로 입수할 수 있다.

5 인터넷을 이용한 예약·수배

최근에는 각 호텔에서는 인터넷에 자사의 홈페이지를 개설하고 있으므로 이를 이용하여 직접 예약을 할 수도 있고, 또한 호텔예약을 전문적으로 대행하고 있는 업체를 통하여 예약이 가능하다. 이 경우 ① 예약 즉시 확정 또는 예약 요청, ② 취소 수수료 및 예약 조건, ③ 세금 및 봉사료 포함 여부, ④ 조식 포함 여부, ⑤ 할인가 및 최저가 보장제도 등에 유의할 필요가 있다.

(3) 예약·수배시 주의사항

1 도착시각

통상적으로 예약을 지켜주는 시각은 오후 5~6시까지의 경우가 많기 때문에 도착시각에 주의해야 한다. 도착이 Holding Time을 초과하는 경우에는 사전에 통지해 두지 않으면 예약이 자동적으로 취소되거나 먼저 도착한 고객에게 방을 제공하는 경우도 있기 때문에 주의를 요한다. 한편 여행의 성수기(Peak Season)에는 각 호텔이 초과예약(Over Booking)이 보편화되어 있어 이에 대한 대책으로서 예약보증금(Deposit)을 걸거나 예약보증서(Guaranteed Sheet)를 받아두는 게 안전하고, 경우에 따라서는 이것마저도 지켜지지 않는 수도 있으므로 체크인(Check In)을 가급적 빨리 하는 게 최선의 방법이다.

2 예약내용

호텔예약시 상대에게 통보할 예약내용에는 ① 투숙일자(날짜변경선 통과시 주의), ② 퇴숙일자, ③ 객실형태, ④ 요금, ⑤ 고객명, ⑥ 성명, ⑦ 도착편 및 시간, ⑧ 지급방법, ⑨ 예약신청자명, 주소, 전화번호, ⑩ 무료객실(Complimentary)의 조건 등이다.

(4) 예약·수배의 확인

① Rep를 통한 경우→확인서(Confirmation Slip)를 수령한다.
② 항공사를 통한 경우→항공사 소정양식에 유효확인(Validation)을 받는다.
③ 지상수배업자를 통한 경우→바우처(Voucher)를 받아 Copy를 해당호텔에 송부하고 보증금을 송금한 경우에는 호텔에 통지하고 송금통지서를 여행

인솔자(Tour Conductor) 또는 고객에게 지참시킨다.

④ 현지호텔에 직접 예약한 경우 → 현지에서 예약확인서(Group Contract)가 송부되어 오는데, 이때 예약사항의 일치 여부를 검토하고 예약변경이 있을 때에는 신속히 대처한다.

(5) 예약·수배의 취소

예약을 취소하는 경우에는 당해 호텔의 숙박약관에 따르나, 대개는 〈표 2-1〉과 같은 취소료를 물게 된다.[7]

〈표 2-1〉 예약취소료의 기준

구 분	不泊	당일취소	전일취소	2~9일 전 취소	10~30일전 취소
개인여행(14명 이하)	100%	80%	20%		
단체여행(100명 이하)	100%	80%	20%	10%	
단체여행(101명 이상)	100%	100%	80%	20%	10%

우리나라의 경우는 이와 약간 달리하고 있는데, 당일취소의 경우 전체 1일 투숙 해당 객실요금 × 100%, 1~2일 전 60%, 3~5일 전 40%, 6일 전 10%의 취소료를 정하고 있다.[8]

한편, 미국에서는 지불이 신용카드로 되어 있는 경우 24시간 전까지는 취소료가 면제되므로 전일 18 : 00 이전까지 당해 호텔에 연락을 취해야 한다.

2) 교통기관의 예약·수배

(1) 철도교통

① 국내의 철도교통

---

7) 旅行業取扱主任者試驗の合格点, 自由国民社, 1982, p. 87.
8) 관협자료 89-16, 여행업관련 업무지침, 한국관광협회, 1989. 12. p. 115.

가. 승차권의 종류 및 결제방법

종 류	내 용
바코드승차권 (Bar code-Ticket)	열차정보 등 운송에 필요한 사항을 인쇄하고 바코드에 이를 기록한 승차권
스마트폰승차권 (Smartphone-Ticket)	인터넷 통신과 컴퓨터 지원 기능을 갖춘 스마트폰으로 제공 또는 승인한 전용 프로그램(Application)에 열차정보 등 운송에 필요한 사항을 전송받은 승차권
모바일승차권 (Mobile-Ticket)	휴대전화로 철도공사의 전산시스템에 접속한 후 운송계약에 관한 사항 및 열차정보 등 운송에 필요한 사항을 휴대폰으로 전송받은 승차권
휴대폰문자승차권 (SMS-Ticket)	인터넷 등의 통신매체를 이용하여 철도공사의 홈페이지에 접속한 후 운송계약에 관한 사항 및 열차정보 등 운송에 필요한 사항을 휴대폰 단문메시지(SMS)로 전송받은 승차권
자가인쇄승차권 (Home-Ticket)	인터넷 등의 통신매체를 이용하여 철도공사의 홈페이지에 접속한 후 운송계약에 관한 사항 및 열차정보 등 운송에 필요한 사항을 컴퓨터에 연결된 인쇄장치로 발행한 승차권
공동승차권	철도공사와 제휴한 기관(또는 업체)에서 별도의 승차권 전용용지를 이용하여 발행한 승차권
대용승차권	전산시스템 장애, 그 밖의 부득이한 사유로 철도공사 직원이 수작업으로 발행하는 승차권

결제방법	내 용
신용결제	철도공사와 승차권 발매에 관한 계약을 체결한 신용카드회사 또는 철도공사와 제휴한 회사에서 발급한 신용카드나 전자화폐(전자상품권 포함)로 결제(전자결제 포함)하는 것
포인트결제	회원가입 및 이용에 관한 약관에 의하여 철도공사가 제공한 포인트 또는 철도공사와 포인트 통합 사용에 관한 계약을 체결한 가맹점에서 제공한 포인트로 결제하는 것
혼용결제	운임·요금 중 일부를 현금, 수표, 신용카드 등으로 나누어 결제하는 것
후급결제	철도공사와 정부기관, 지방자치단체, 기업체 등과의 계약에 의하여 운임·요금 및 수수료 등을 따로 정산하는 것

[자료] 철도청, 철도여행운송약관, 2009에 의해 재구성.

나. 승차권의 예약·예매

철도공사는 출발 2개월 전 07 : 00부터 출발 1시간 전까지 1인 1회에 최고 9매까지 승차권의 예약을 접수(또는 예매)하며, 철도공사는 여객의 원활한 운송을 위하여 필요한 경우 예약매수 및 예약횟수 등을 제한할 수 있다.

철도공사는 예약한 승차권을 정한 기한까지 예매하지 않는 경우에는 승차권을 구입할 의사가 없는 것으로 보아 예약사항을 철회한다. 다만, 예약한 승차권의 운임·요금을 결제하거나 구입하는 경우에는 제외한다.

예 약 일	승차권결제기한	비　고
출발 2개월 전~7일 전까지	예약일부터 7일 이내 (예약일 포함)	·철회는 해당일 24시, 출발당일은 출발 10분 전부터
출발 6일 전~2일 전까지	출발 1일 전까지	·환승승차권은 먼저 출발하는 열차의 출발시각을 기준으로 적용
출발 1일 전~당일 출발 1시간 전까지	출발 10분 전까지	

다. 승차권의 할인

승차권 구입시기	월~금요일	토요일·일요일·공휴일
열차출발 2개월 전~30일 전까지	20% 할인	10% 할인
열차출발 29일 전~15일 전까지	15% 할인	7.5% 할인
열차출발 14일 전~7일 전까지	7% 할인	3.5% 할인
단체(10명 이상)	다른 할인과 중복 적용을 하지 않고 유리한 할인율을 적용	
KTX 동반석 승차권	37.5% 할인 KTX 일반실 내 마주보는 좌석(4석)을 1세트로 발매	

① 할인의 종류

종　류	내　용
정기승차권	·정해진 구간을 매일 이용하는 고객을 위해 할인된 운임으로 일정기간 동안 자유롭게 사용할 수 있는 승차권 ·할인율 : KTX 자유석 운임의 60%
환승할인	·1장의 승차권으로 KTX와 새마을호, 무궁화호를 상호 갈아타고 여행하는 경우 새마을호, 무궁화호 운임의 30%를 할인받을 수 있다. ·환승할인은 환승역에 도착한 후 15분~1시간 이내에 출발하는 열차에 승차하는 경우에 적용된다.
장애인할인	·본인에 대하여 장애등급과 상관없이 승차구간 운임의 50% 할인 ·1~3등급 장애인이 승차시에는 동행 보호자 1인에 한하여 승차구간

	의 운임 50% 할인 · 휠체어 장애인이 특실 장애인석을 이용할 경우에도 승차구간 기본 운임의 50% 할인된 운임을 수수(특실료는 받지 않음)
단체할인	· 10명 이상의 고객이 함께 여행할 경우 운임을 10% 할인한 단체승차 권을 구입할 수 있다. · 예매일별 할인, 할인카드 할인과는 중복 할인되지 않는다. · 단체승차권의 예약은 예약과 동시에 결제될 경우에만 가능
자동발매기이용할인	· 승차권 자동발매기로 승차권을 구입하는 고객은 추가로 운임의 1% 를 할인받을 수 있다. · 예매일별 할인, 할인카드 할인, 환승 할인 등 다른 할인을 받는 경우 에도 추가로 할인 가능
동반유아좌석권할인	· 보호자와 함께 여행하는 유아(6세 미만)에 대하여 원하는 경우 동반 유아좌석권을 발행받을 수 있다(보호자의 인접좌석 지정). · 동반유아좌석권은 어른 운임을 75% 할인하여 발행한다.
철도회원할인	· 기존 철도회원 할인을 KTX에서도 동일하게 적용하여 서비스 제공 할인율 : 현행 일반철도 할인율 5% 적용

② 승차권의 반환 및 취소

승차권의 반환

승차권을 반환하는 경우에는 반환수수료를 받는다.

〈반환수수료〉

구 분	열차출발 전		열차출발 후 도착역 도착시각까지
	출발 2일 전까지	출발 1일 전~출발 전까지	
좌석승차권	운임·요금의 3%	운임·요금의 10%	운임·요금의 30%
자유석승차권	운임의 3%		운임의 10%
입석승차권			

승차권의 취소

〈예약한 승차권의 취소〉

· 결제 전 예약의 취소 : 인터넷, 역, 여행사에서 예약한 승차권을 취소할 수
있으며, 철도회원의 경우에는 철도고객센터에서도 취소가 가능하다.

• 결제 후 예약의 취소 : 취소 시각을 기준으로 수수료를 받는다. 단 승차권구
입기한 내에 취소하는 경우에는 수수료가 없다.

매 체		2일 이전까지	1일 이전 ~ 1시간까지	1시간 경과 후 ~ 출발시각 전	출발 후		
					20분 이전까지	60분 이전까지	도착역 도착시각 이전까지
인 터 넷	취소	무료	400원	10%	15% (자동취소)	-	-
	반환	무료	400원	10%	-	-	-
역	취소	400원	5%	10%	15% (자동취소)	-	-
	반환	400원	5%	10%	15%	40%	70%

승차권의 모형

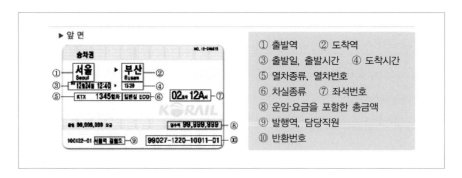

① 출발역   ② 도착역
③ 출발일, 출발시간   ④ 도착시간
⑤ 열차종류, 열차번호
⑥ 차실종류   ⑦ 좌석번호
⑧ 운임·요금을 포함한 총금액
⑨ 발행역, 담당직원
⑩ 반환번호

③ 철도여객의 구분

구 분	대 상	요금적용
유 아	4세 미만	무임
어린이	4세 이상~13세 미만	어른의 50%
어 른	13세 이상	100%

② 외국의 철도교통

가. 한일공동승차권

KTX → 비틀호(부관·釜関페리) → 일본철도(규슈·九州재래선, 니시니폰신칸

센(西日本新幹刊), 도카이신칸센(東海新幹線), 시코쿠신칸센(四国新幹線)를 이용하여 일본을 여행할 수 있는 할인승차권이다.

- 왕편(한국 → 일본) 승차권은 한국철도 / 선박승선일을 지정해야 한다.
- 일본철도 승차권은 OPEN발권이며, 한국철도 탑승일로부터 7일 이내로 사용해야 한다.
- 복편(일본 → 한국) 승차권은 OPEN발권이 가능하며, 발권일로부터 2개월 이내에 사용하여야 하고 기한이 경과하면 승차권은 무효처리 된다(반환불가).
- 이 승차권은 한국철도 KTX는 10~30%, 일본철도 9~30% 정도이다.

나. 유럽의 철도

TGV 등장에 따라 유럽의 철도여행은 점점 주목을 끌게 되고 있는 바, 이와 같이 철도가 여행하는데 각광을 받기 시작한 것은 유럽 내에서의 각 관광지 간 이동시간에 있어서 비행기를 이용하는 것과 큰 차이가 없다는 점이다. 더구나 구주철도평의회 [Eurail이 조직되어(가맹국 24개국)] 각국 간의 열차운행시간의 조정이나 차량공동이용 및 프로그램 공동편성 등 유럽철도 자체의 진흥과 영업활동에 박차를 가하고 있는 것도 철도여행을 크게 증가시키게 된 배경이라 할 것이다.

① 유레일패스(Eurail Pass)

대한민국에는 코레일(Korail)이 있고 일본에는 제이알(JR)이 있는 것처럼 유럽 21개국의 국철을 통틀어서 유레일(Eurail)이라고 하며, 유럽 이외 지역의 관광객 유치를 위하여 만든 특별 할인 승차권이다. 이용국가는 프랑스, 스위스, 독일, 이탈리아, 오스트리아, 스페인, 헝가리, 네덜란드, 벨기에, 룩셈부르크, 아일랜드, 포르투갈, 그리스, 덴마크, 노르웨이, 핀란드, 스웨덴, 루마니아, 크로아티아, 슬로베니아, 체코 등이다. 단지 좌석의 예약수수료만은 포함되어 있지 않았기 때문에 예약시에는 예약료가 필요하며, 침대 및 간이침대(Couchette)의 이용이나 식사요금은 별도이다.

>> 사용조건

• 영국을 포함한 유럽, 러시아연방, 터키, 모로코, 알제리, 튀니지에 거주하는 사람은 패스를 사용할 수 없다. 단 6개월 이상 거주하지 않는 외국인(외국인 등록증이 있는)에 대해서는 패스를 사용할 수 있다.

• 패스는 타인에게 양도할 수 없다.

• 패스 구입 후, 발권일로 부터 6개월 이내 유럽 현지에서 사용을 개시하여야 한다(분실한 패스는 재발권 및 환불이 불가능하다).

• 사용하지 않은 패스는 발권일로부터 12개월 내에 환불 신청하여야 한다. 이 때 환불 수수료가 발생된다. 단, 세이버 패스 발권 후 동반자가 패스를 사용하지 않은 경우와 패스를 부분적으로 사용한 경우, 1등석 패스로 2등석을 탑승하였을 경우 모두 환불이 불가능하다.

• 플랙시 패스의 경우는 탑승자가 탑승하기 전에 카렌다 박스에 날짜를 반드시 기재해야 한다. 기재를 하지 않을 경우 부정승차로 간주되어 불이익을 받을 수 있다.

• 패스의 유효기간은 정해진 날짜의 마지막 날 자정까지이며, 플랙시 패스로 야간열차(직행으로 운행하는)를 이용할 경우 19 : 00 이후 탑승시 탑승일 체크 박스에 다음 날짜로 기입된다.

• 패스 유효기간 계산은 달력 날짜 기준이다(예 유레일패스 1개월 사용일 경우, 유효기간은 3월 3일에 개시하면 4월 2일 자정까지이다).

• 패스에는 지정된 보너스 및 많은 혜택이 포함되어 있으며, 무료 보너스를 이용했을 경우 패스는 하루를 사용한 것으로 기록된다.

• 패스가 해당되지 않는 국가를 경유할 때, 경유 국가에 대한 별도 추가요금을 내야 한다.

• 패스는 탑승권으로 사전 예약 없이 열차 및 선박의 자리 확보는 보장할 수 없으며, 좌석예약, 쿠셰(Couchette), 침대칸 예약비는 추가 예약요금이 발생한다.

• 야간열차 탑승시, 예약은 필수이며, 기차에 따라 특별 요금이나 추가요금이 발생된다. 예약이 필수가 아닌 열차도 성수기에는 예약을 하는 게 좋다. 이 때에는 별도로 예약비가 발생한다.

• 유레일패스는 유럽현지에서는 구입할 수 없으므로 여행 전에 구입하여야 한다.
• 패스는 발권일로부터 6개월 안에 개시되어야 하며, 여권과 함께 여행개시 승차역의 역무원에게 제시하면 된다.
• 사용하지 않은 패스는 발권일로부터 6개월 내에 환불 신청하여야 한다.

〈표 2-2〉 패스의 종류 및 내용

패스명	중심 내용	구체적 내용
유레일 글로벌 패스	기본형	·유효기간 : 15일, 21일, 1개월, 2개월, 3개월 등 5종류 ·20개국 철도 1등석 이용가능, 4~11세 어린이는 반액
유레일글로벌패스 유스패스	12~25세 미만	·유효기간 : 15일, 21일, 1개월, 2개월, 3개월 등 5종류 ·20개국 철도 2등석 이용가능, 12~25세에 해당하는 경우
유레일 글로벌 패스 플렉시	사용일 선택	·유효기간 2개월 사이에 언제라도 사용일수를 골라 사용 가능 ·통용기간은 10일, 15일 2종류 ·20개국 철도 1등석 이용가능, 4~11세 어린이는 반액 예 10월 01일 사용을 개시하면 12월 31일까지 유효. 그 사이(10일간이라면) 10월 10일까지 매일 사용해도 이용일을 나누어 10일간을 사용해도 무방
유레일 글로벌 패스 유스 플래시	연령, 사용일 선택	·유효기간 2개월 사이에 언제라도 사용일수를 골라 사용가능 ·통용기간은 10일, 15일 2종류 ·20개국 철도 2등석 이용가능, 12~25세에 해당하는 경우
유레일 글로벌 패스 세이버	2명 이상	·2명 이상의 가족, 그룹이 전원동일행동을 조건으로 유레일글로벌 패스의 조건으로 사용가능. 약 15% 할인
유레일 글로벌 패스 플렉시 세이버	2명 이상, 사용일 선택	·2명 이상의 가족, 그룹이 전원동일행동을 조건으로 유레일 글로벌패스 유스패스와 같은 조건으로 사용가능. 약 15% 할인
유레일 실렉트패스	이용하는 수개국 선택	·유레일 가맹국 중에서 인접하는 4~5개국을 선택하여 2개월 유효기간 사이에 이용가능 ·통용기간은 3~4개국용이 5일간, 6일간, 8이간, 10일간 등 4종류. 5개국용은 15일간을 추가하여 5종류

| 유레일 내셔널, 리저널패스 | 나라 또는 지역선택 | ·1개국 한정이 내셔널 패스. 인접하는 2개국을 선택할 수 있는 것이 리저널 패스
·일부 패스에는 유스 타입과 플렉시 타입설정
·유효기간, 통용기간은 패스에 따라 다름 |

【자료】 JHRS, 海外旅行実務, 財団法人 日本交通公社. 2008, pp. 68~69.

〈표 2-3〉 패스요금(단위 : 유로, 2010년도)

기 간 \ 종 류	1등석 성인(만 26세 이상)	2등석 유스(만 12~25세까지(첫 탑승일 기준)
15일(13% 할인)	511	332
21일(13% 할인)	662	429
1개월(13% 할인)	822	535

〈표 2-4〉 열차의 종류

기호·약호	열차명	특 징
Alta	Altaria	스페인 국철 신형 탈고(Talgo)형 객차로 운행하고 있는 장거리열차. 모든 좌석 지정제
CIS	Cisalpino	이탈리아와 스페인 간을 운행하는 진자(振子)식 고속열차. 모든 좌석 지정제
EC	Eurocity	유로시티. 국제장거리열차
Em	Euromed	스페인 국철의 광궤 고속열차. 모든 좌석 지정제
☆	Eurostar	유로스타. 런던-파리, 런던-브뤼셀을 연결하는 국제고속열차. 최고속도 300km/h로 운행하고 있다. 3등급제. 출발 30분전에 체크인이 필요하다. 모든 좌석 지정제
ES	Eurostar Italia	이탈리아 철도의 고속열차. ETR450/460/500(최고 속도 250~300km/h)의 3종류 열차가 운행하고 있다. 모든 좌석 지정제
IC	InterCity	인터시티. 국내장거리열차
ICE	InterCity Expres	독일철도의 고속열차. ICE1/2/3/T(최고속도250~300km/h)4종류 열차 운행
ICp	InterCity Plus	이탈리아 철도의 갱신형 객차에 의한 장거리열차. ES를 보완하는 형태로 이탈리아 국내 주요도시 간을 연결하고 있다. 모든 좌석 지정제

RE	Regional Express	독일, 스위스 지방도시간을 연결하는 쾌속열차
	Talgo	스페인 국철의 탈고형 객차로 운행하고 있는 장거리 열차. 모든 좌석 지정제
→ ←	Thalys	파리-브뤼셀-암스테르담 / 쾰른을 연결하는 국제고속열차. 최고시속 300km / h로 운행하고 있다. 모든 좌석 지정제
TGV	Train à Grande Vitesse	프랑스 국철의 고속열차. 최고속도 250~320km / h로 운행하고 있다., 프랑스 국내 중요도시 간이나 스위스, 이탈리아, 벨기에, 룩셈부르크 등 이웃 나라의 국제루트로 운행하고 있다 모든 좌석 지정제
CNL	City NightLine	독일, 스위스, 오스트리아, 네덜란드에서 운행하는 국제 야간열차. 샤워, 화장실이 구비된 딜럭스 차량이 편성되어 있는 경우도 있다. 현재는 모든 좌석 지정제인 EN이 많음
EN	EuroNight	유로나이트. 국제야간열차. 루트에 따라 다르나, 개실침대, 쿠셰좌석으로 편성된 것이 기본. 일부 루트에는 샤워, 화장실이 구비된 그랑클라세차량, 이코노미차량, 좌석차량으로 편성되어 있다. 모든 좌석 지정제
Hotel	Trenhotel	스페인 국철의 야간열차. 스페인 국내 도시간이나 스페인-포르투갈, 프랑스, 이탈리아, 스위스 방면에의 국제 야간열차로 운행하고 있다. 샤워, 화장실이 구비된 그랑크라세 차량, 이코노미차량, 좌석차량으로 편성되어 있다. 모든 좌석 지정제
NZ	DB NachtZug	독일 국철의 야간열차. 독일 국내 도시간이나 독일-프랑스, 이탈리아, 덴마크 방면에의 국제 야간열차로 운행하고 있다. 샤워, 화장실이 구비된 딜럭스 차량, 이코노미차량, 쿠셰차량, 좌석차량으로 편성되어 있다. 모든 좌석 지정제

〈표 2-5〉 열차의 등급과 설비

등 급		설 비
좌석차	오픈살롱 (Open Salon)	구역은 없고, 1·2등 있음. 차량은 통로를 중심으로 2등은 좌우에 2열, 1등은 통로를 중심으로 1열과 2열로 되어 있음. 끽연 금연차 구별이 있을 뿐더러 끽연 금연차가 유리벽으로 구분되어 있는 차량도 있다.
	컴파트먼트 (Compartment)	통로는 차량의 한쪽에 있고, 좌석은 문이 딸린 개실로 구획되어 있다. 1등은 1방에 6명(3명씩 마주봄), 2등은 8명(4명씩 마주봄) 수용한다.

침대차	보통침대	1등 2등으로 나뉘며, 각 차량은 개실(個室)로 구획되어 있는 침대전용차(컴파트먼트)로 되어 있다. 2등침대는 개실 1방에 3단 베드가 설비되어 있고, 차량 한쪽 또는 양쪽에 화장실이 설비되어 있다. 1등침대는 보통 한방에 싱글베드 1개의 방과, 베드가 2개인 2단설비가 되어 있는 차량이 있다. 신혼이나 부부 전용이 아닌 한 남녀가 동실에 탑승하는 경우는 없다.
	특별침대	시각표에 T2라고 표시되어 있는 침대는 특별침대(딜럭스)설비로, 1등은 한방에 침대 한 개, 2등은 한방에 침대 2개로 한정된다. 또한 개실에 화장실이나 샤워가 설비되어 있는 차량도 있다.
	간이침대	침대차에 비해 간소한 설비로 되어 있다. 한 방에 6명 한쪽 3단 베드와 한 방에 4명 한쪽 2단인 2종류가 있고, 남녀 동실이다.
호텔트레인 (가족·신혼 전용)	Luxury Class	개실침대로 베드 1단의 1인용 방, 베드 2단의 2인용 방 2종류가 있다. 개실에는 샤워, 세면대, 주간에는 넓은 창의 개실좌석이 된다.
	First Class	개실침대로, 베드 1단의 1인용 방, 베드 2단의 2인용 방 2종류가 있다. 주간에는 넓은 창의 개실로 1인용 또는 2인용 좌석이 된다.
	Tourist Class	4명 1방의 마주보는 침대구조. 양측에 2단씩 베드가 설비되어 있다.
	Reclining Seat	좌석의 전·후에 여유가 있고, 여유 있게 좌석을 젖힐 수 있다. 야간수면에도 쾌적하다.
레스토랑카		열차시각표에 나이프와 포크표시가 있는 열차에는 식당차가 연결되어 있으며, 웨이터서비스에 의해 코스메뉴라든지 일품요리(A La Carte)서비스가 제공된다. 식사는 좌석에 테이블을 세팅하여 서비스되는 경우나 식사횟수를 나누어 설정되는 경우가 있다.
뷔페카		시각표에 와인 그라스마크가 표시되어 있는 열차에는 뷔페스타일로, 셀프서비스의 경식(가벼운 식사)서비스나, 경식이나 음료의 왜건서비스를 이용할 수 있다.

② 시각표 이용법

토마스쿡(Thomas Cook) 열차시각표는 1873년 쿡(Cook)에 의해 창간되어 1976년부터 유럽 전체를 망라한 대륙(continental)편과, 전 세계의 열차시각표를 포함한 해외(overseas)편으로 나뉘어 있다. 배낭여행을 비롯한 모든 여행의 열차 이용 시 필수적으로 이 시각표의 내용을 읽을 수 있어야 여행일정을 짤 수 있다.

③ 유럽 철도이용 시 주의사항

• 유럽 대도시의 역은 종착역(터미널)이 되어 있는 경우가 많다. 또한 런던, 파리, 밀라노, 브뤼셀, 마드리드 등 복수의 역을 가지고 있는 도시도 많고, 행선지에 따라서 승차하는 역이 다르기 때문에 주의가 필요하다.

• 유럽의 역에서는 일부의 근교 전차를 제외하고 개찰구가 없고, 홈에서 그대로 열차에 승차하여 검표는 차내에서 행해진다. 프랑스와 이탈리아의 큰 역에서는 홈 근처에 열차표의 각인기(刻印機)가 구비되어 있으므로 승객은 스스로 승차날짜 각인을 하지 않으면 안 된다. 이 각인을 잊어버리면 차내에서 차장으로부터 주의와 더불어 벌금을 물게 된다.

• 유럽의 국제 장거리열차는 행선지가 서로 다른 차량을 하나의 열차로 연결하고 있는 경우가 매우 많다. 플랫폼에는 행선지별 편성표가 게시되어 있으므로 미리 열차의 정차위치를 확인하여 승차 전에 각 차량의 행선지 게시에서 목적지를 확인한 다음 승차한다.

• 유럽제국에서는 육지로 연결되는 곳이 대부분이기 때문에 국경에서의 수속은 항공기로 입국하는 것처럼 번잡함은 거의 없다. 셍겐조약9) 가맹국 24개국 간 여행은 세관수속을 하지 않고, 가맹국 이외의 나라에서 또한 그 나라에의 여행은 열차 주행 중 또는 국경역에 정차 중에 출입국 수속을 한다. 단 유로스타 승차의 경우에는 승차 전에 출입국 수속을 하는 수도 있다.

④ 유럽 철도티켓과 패스

유럽의 철도승차권 체계는 구간승차권, 포괄운임승차권, 패스가 있다. 이용열차에 따라서 구간승차권이나 패스만으로 승차할 수 있는 열차, 지정·침대·특급요금 등이 필요한 열차, 좌석지정·특급·침대요금 등이 포함된 포괄운임승차권이 필요한 열차 등이 있으며, 이들 각각은 조건요금이 상이하기 때문에 주의가 필요하다.

---

9) 유럽 각국이 공통의 출입국 관리 정책을 사용하여 국경시스템을 최소화해 국가 간의 통행에 제한이 없게 한다는 내용을 담은 조약을 말한다. 아일랜드와 영국을 제외한 모든 EU가맹국과 EU비가맹국인 아이슬란드, 노르웨이, 스위스 등 총 28개국이 조약에 서명하였고, 그 중 24개국이 조약을 시행하였다.

유레일 구간승차권	단거리 승차나 한 구간 왕복여행용에 편리. 한국에서 구입한 경우에는 이용개시일로부터 2개월간 유효. 또한 유로시티(EU)나 인터시티(IC) 등 특급 / 급행요금이 포함되어 있다(좌석지정은 별도지정권 필요, 포괄운임적용열차는 원칙적으로 이용 불가).
포괄운임승차권 (Journey Ticket)	시각표에 "Global fares Payable"로 표기되어 있는 열차가 대상. 이 승차권이 필요한 열차는 Journey Train이라고 부름. 패스 소지자가 이 열차에 승차하는 경우, 패스 홀더요금(할인요금)이 적용되나 할인요금 적용좌석은 그 수가 적기 때문에 미리 예약하는 것이 필요함. 근년에는 이 포괄요금제를 적용하고 있는 열차가 늘고 있는 추세이다(예 유로스타, TGV, 시티나이트라인 등).
유레일 주유(周遊)패스	유레일패스는 영국 북아일랜드를 제외하고 유럽의 중요 20개국 국철 모두와 일부 사철(私鐵)과 버스노선을 지정 기간 내라면 자유롭게 승강할 수 있는 주유패스임. 패스에는 특급 / 급행요금이 포함되어 있을뿐더러 제휴 선박회사의 승선요금까지도 포함됨. 패스요금에는 특별지정의 고속열차, 좌석지정, 침대, 간이침대, 식사서비스 등은 불포함이므로 추가요금지불이 필요하다.

⑤ 유레일패스 이용상의 주의점

• 기입된 발행일로부터 6개월 이내에 사용을 개시해야 한다.

• 사용 전에 역의 창구에서 "사용개시일 · 종료일 · 여권번호"를 기입해서 받고, 더욱이 날짜가 들어간 유효인(Validation)을 받지 않으면 안 된다. 이 수속을 받지 아니하고 승차한 경우 부정승차로 간주하여 벌금(50유로)이 부과된다.

• 승차 중 검표가 있으면 여권과 패스를 제시한다.

• 사용종료일 24시로 패스는 무효가 되기 때문에 그 시각까지 열차에서 하차하지 않으면 안 된다.

• 분실 · 도난에 의한 재발행 · 환불은 일체 없다. 또한 부분적으로 사용하거나 사용개시일을 초과한 것, 또한 발행일로부터 1년이 경과한 것도 재발행 · 환불할 수 없기 때문에 주의가 필요하다.

⑥ 시각표의 주요기호

IC345	열차번호 (열차시각 위의 진한 숫자)		직행열차(1, 2등석)
◆	Note 참조 (열차번호 순으로 나열)		침대칸
R	예약 필수		간이침대칸
⊞	국경역	✗	식당칸
❙	열차가 서지 않음	☺	간이식당칸
▬	연결이 되지 않는 동일한 세로행에서 두 열차의 분리	**2**	2등석
→	다음 세로행으로 계속		버스 연계서비스
←	앞 세로행에서 계속		여객선 연계서비스
v.v	반대로, 거꾸로	✈	공항 연계서비스

✓위의 기호표를 철저하게 암기하여야 철도시각표를 판독할 수 있다.

⑦ 미국 암트랙(AMTRACK)의 주요 열차

열차 이름	구 간
California Zephyr	Chicago – Oakland – San Francisco
Cardinal, Capitol Limited	Chicago – Washington
City of New Orleans	Chicago – New Orleans
Coast Starlight	Seattle – Los Angeles
Empire Builder	Chicago – Portland – Seattle
Southwest Chief	Chicago – Albuquerque – Los Angeles
Sunset Limited	Los Angeles – San Antonio – New Orleans – Orland
Texas Eagle	Chicago – San Antonio

미국의 전미 여객 철도공사(National Railroad Passenger Corporation)인 암트랙(Amtrak)은 미국전역에 여객철도 운송업을 하는 준공영기업이다. 1971년 5월 1일에 설립되었으며, 암트랙이라는 낱말은 American과 Track의 합성어이다. 1971년 이전에 항공기의 등장과 자가용의 보급으로 사양세가 되어가던 여객철도 영

업을 국가가 책임지게 시작한 것이 창립원인이다. 회사본부는 워싱턴 DC에 있다.

패스 구분			주요지역
15일(8구간)	성　인	어린이	미국 전지역
30일(12구간)	389	194.50	미국 전지역
45일(18구간)	579	289.50	미국 전지역
	749	374.50	

[자료] http://www.amtrak.co.kr/에 의함.

다. 판문점 관광의 예약

판문점은 서울에서 서북방으로 62km, 북한의 평양에서 남쪽으로 215km, 개성 시에서는 10km 떨어져 있다. 남·북을 갈라놓은 폭 4km의 비무장지대의 한 가 운데에 위치하고 있으며, 군사정전회의장이 있는 곳으로 유명하다. 판문점은 비 무장지대 내 한국인이 가볼 수 있는 가장 북쪽에 위치하고 있는 곳이다.

행정구역은 경기도 파주시 진서면 널문리. 북한 행정구역으로는 개성직할시 판문군 판문점리이다. 판문점은 이 지역의 이름이며 공식명칭은 공동경비구역 (JSA, Joint Security Area)이다.

① 내국인의 판문점 관광
- 판문점 견학 방문대상은 만 10세 이상의 국민과 한국정부 기관 / 단체가 주관 하는 정부초청 또는 추천에 의한 외국인이며, 방문인원은 30명 이상 45명 이 하이다. 대한민국 국적을 가진 일반인인 경우 신청기관은 국가정보원이며, 주소지 관할경찰서장이 방문인원에 대한 신원 보증을 하게 된다. 다만 공무 원인 경우는 신청기관은 통일부이다.
- 판문점 견학 시간은 1일 기준 09 : 45, 13 : 15, 15 : 15이며, 희망하는 견학 시간 을 정해서 신청하면 된다.
- 방문시 준수사항은 청바지, 작업복, 반바지 및 노출이 심한 복장 금지, 음주 및 주류 휴대 금지, 주민등록증 등 신분증을 휴대해야 한다.

TGV trains

347

PARIS - GENÈVE, CHAMBÉRY and AIX LES BAINS

For the night trains Paris Austerlitz - Aix les Bains - Chambéry - Bourg St Maurice / Modane see Tables 368 and 369 (Paris - Annecy see Table 367).

All trains convey ♀

km		6931 TGV ◇	6661 TGV b	709|8 TGV L	9251 TGV ⊕K M	6421 TGV ⊕K M	6565 TGV d	6401 TGV ⊕P	9255 TGV N	6569 TGV ⊕	6937 TGV M	6941 TGV	6573 TGV	6943 TGV ③	6577 TGV	6947 TGV ⊕h	6951 TGV	6451 TGV ◇F	6585 TGV	9976 ⇌ B	6589 TGV ⊕f
0	Paris Gare de Lyon 340 …d.	0644	0710	0710	0750	0804	0804	0840	1030	1050	0950	1104	1340	1430	1438	1704	1904	1844	1910	…	2038
395	Mâcon Loché TGV 340 …d.		0846	0846					1206					1605	1635	1740			2046	2230	2216
406	Bourg-en-Bresse …d.		0912	0909						1506						1916			2109		
489	Lyon St Exupéry TGV + …d.					1019					1143					1942			2156		
522	Culoz 348 …d.	0934	1019	1045		1045	1137								1745	1858			2156		
555	Bellegarde 348 …a. …d.	0944						1245	1358			1611	1639		1811	1959	2048	2148	2154	2219	2335
	Genève 348 …a.	0955					1202	1255	1368			1649	1705			2009	2114		2205	2245	0001
*532	Chambéry 348 …a.	1029			1048	1054	1255	1306		1357	1306					2020			2217		
*532	Chambéry 348 365/7 …d.				1048	1054		1306		1357	1336					2054			2248		0013
*546	Aix les Bains 348 365/7 …a.							1336													
	Annecy 367																				

207 ←⑧

B – [BE] Brussels - Genève (Table 14a).
F – ⊖ Dec. 21 - Apr. 26.
K – ⊖ Dec. 22 - Apr. 20.
L – Feb. 16,23 only. To St Gervais.
M – [BE] Paris - Modane - Torino - Milano (Table 44).
N – ⊖ Dec. 22 - Mar. 23.
P – ⊖ Dec. 29 - Apr. 27.
R – Feb. 16,23, Mar. 2 only.
TGV –Ⓡ, supplement payable. ♀.

b – Not Feb. 16,23, Mar. 2.
d – Not Dec. 25, Jan. 1, Apr. 1, May 8, 20.
f – Also May 7; not May 10.
h – Not May 8.
• – Via Lyon St Exupéry TGV (Paris - Aix les Bains via Bourg en Bresse – 511 km).
⊖ – Subject to alteration on Dec. 8.
◇ – Subject to alteration on Dec. 9.
⊕ – On Dec. 2 Bellegarde 1359, Genève 1427.
♦ – To Bourg St Maurice (Table 368).

♣ – To Modane (Table 369).
♦ – Special 'global' fares payable.
♦ – Additional trains operate Paris - Bellegarde. (Évian les Bains) at winter sports weekends – see Table 364.
⊙ – Additional TGV trains operate Paris - Aix les Bains - Annecy (- St Gervais) during the winter sports season – see Table 367.
⇌ – Thalys high-speed train. Ⓕ, special fares payable.

TRAIN NAMES – see next page.

✕ – Daily except Sundays and holidays.　　✝ – Sundays and holidays.

① ↓표 = 시각표의 테이블 번호와 열차의 루트(테이블 번호 347)
② 열차번호와 열차 종별
③ 하기의 각주 또는 기호를 참조
④ 역명(파리의 리용역에서 발차)
⑤ 이역을 통과하는 열차가 다른 테이블에도 있다(예에서는 348)
⑥ d : 출발시각, a : 도착시각
⑦ 주요 간선에서 분기(分岐)하고 있는 지선(支線)상의 역은 한 칸 들여서 기재
⑧ 시각표의 페이지(테이블 번호가 기본이 된다)
⑨ 열차가 정차하지 않는 지, 또는 다른 루트를 경유하는 것을 나타낸다
⑩ 1, 2등 좌석차로 구성된다. 파리-밀라노 간의 열차의 일부이며, 테이블 44에 전 일정이 기재되어 있다.

[그림 2-5] 시각표의 판독

- 판문점 견학 소요시간은 90분이며, 견학개소는 정전위원회 회의장, 방문객용 전망대, 돌아오지 않는 다리, 자유의 집, 남북총리 회담용 신건물, 도끼만행사건 장소, 판문각 등이다.

② 외국인의 판문점 관광

〈표 2-6〉 판문점 관광불가국가

1. Afghanistan	2. Algeria	3. Azerbaijan	4. Bahrain	5. Bangladesh
6. Belarus	7. Cuba	8. Egypt	9. Estonia	10. Georgia
11. India	12. Indonesia	13. Iran	14. Iraq	15. Jordan
16. Kazakhstan	17. Kuwait	18. Kyrgyzstan	19. Latvia	20. Lebanon
21. Libya	22. Lithuania	23. Moldova	24. Malaysia	25. Morocco
26. Nigeria	27. North korea	28. Pakistan		
29. People's Republic of China(includes Hong Kong and Macao)				30. Oman
31. Pater	32. Russia	33. Saudi arabia	34. Somalia	35. Sudan
36. Syria	37. Taiwan	38. Tunisia	39. Tadzhikistan	40. Turkmenistan
41. Ukraine	42. United arab emirates	43. Uzbekistan	44. Vietnam	45. Yemen

[출처] http://www.jsatour.com/

판문점 관광시 주의사항

- 코스 소요시간은 왕복 7시간이다.
- 여권은 반드시 지참해야 한다.
- 만 10세 미만의 어린아이는 판문점 참가가 불가하다.
- 판문점 방문객은 적절한 복장을 준비하고 다음과 같은 복장은 금지되어 있기 때문에 주의해야 한다. 청바지, 라운드 티셔츠만 입은 경우, 반바지, 샌들, 군복, 미니스커트, 노출이 많은 여성복, 남성의 장발이나 정돈되지 않은 머리 스타일, 그 밖의 공동경비구역(JSA) 미육군지원단Advance Camp) 사령관이 허가하지 않는 복장
- 판문점 회담장 내에서는 북조선측의 시설이라든지 기물, 특히 깃발이라든지 마이크 등을 만지면 안 된다.
- 판문점에서는 북한 사람들에 대하여 어떠한 행동(대화, 손가락질을 하는 시늉 등)도 일절 금지되어 있다.

• 판문점 관광 출발 20분전에는 승차 대기장소에 나와야 한다.

• 판문점 투어 진행 중 판문점에서 갑자기 발생한 긴급회담 또는 군사작전상의 이유라든가 그 밖의 사정으로 인하여 공동경비구역(JSA)에 들어가지 못한 경우는 일정 금액을 반환한다.

• 판문점 투어 하루 전의 취소는 반액, 당일 취소는 전액을 취소료로 받고 있다.

• 판문점은 특수지역이며 유엔사가 경비를 맡고 있고 국제정세 또는 남북관계 등에 의하여 예고 없이 출발시간의 변경 및 관광취소가 되는 경우가 있기 때문에 유의해 주기 바란다(사전확인 필요).

〈표 2-7〉 판문점 여행일정

09 : 50	서울출발
10 : 40	필리핀 참전비 견학
11 : 10	통일공원안내
12 : 00~13 : 10	중식 : 불고기(식사 후 임진각 관광)
13 : 10	임진각 출발
13 : 20	전진교 도착
13 : 30	해마루 통일촌, JSA 훈련장 포병부대 차창관람
13 : 50	UN 캠프 보니파스 도착
14 : 30~16 : 30	판문점 관광, 정전위원회 회의장, 방문객용 전망대, 돌아오지 않는 다리, 자유의 집, 남북총리 회담용 신건물, 도끼 만행사건 장소, 판문각
17 : 30	서울 도착

3) 버스교통

관광버스나 노선버스는 거의 대도시와 수도 간을 연결하고 중요관광지를 망라(cover)하고 있으며, 설비 및 도로사정은 일부 후진국을 제외하고는 좋은 편이다. 버스여행의 단점으로서는 수용력(36~48명)이 적다는 것과 식사문제 등이다.

(1) 국내의 버스교통(관광버스)

① 교통비의 산출기준 및 적용공식

국내의 관광버스 요금산출은 거리운임, 대기운임, 시간운임으로 구성되어 있으며, 산출공식은 ① 운송기본요금(거리운임＋대기료), ② 거리운임[기본거리운임＋(총 주행거리 － 40km) 1km당 초과요금], ③ 당일 전세요금(대기시간 매 30분당 요금), ④ 숙박 전세요금(대기시간 매 30분당 요금), ⑤ 주행시간[총 운행거리(왕복)÷시속(60km)], ⑥ 대기시간(일정표 총소요시간 － 주행시간) 등을 종합하여 요금을 산출하고 있다.[10]

한편, 요금적용은 다음의 표와 같다.

〈표 2-8〉 요금의 적용

차 종	요금적용
대형(30인승 이상)	100%
중형(17~29인승 미만)	75%
소형(16인승 이하)	50%

✓성수기(4／1~6／10, 7／21~11／10)에는 20% 할증, 비수기에는 20% 할인

② 코스별 요금의 적용

각 구간별 버스교통 요금을 적용할 경우 주의할 것은 두 지역을 동시에 운행할 경우 유선형 노선일 때에는 보다 먼 지역 요금으로 확정된다는 점이다. 예컨대, 서울 － 공주 － 전주 － 광주를 당일에 운행할 경우 서울에서 가장 먼 지역인 광주요금으로 이날 요금이 확정된다. 그러나 유선형 지역이 아닐 경우에는 두 지역의 요금이 합산된다. 예컨대, 서울 － 의정부 － 공주를 운행할 경우에는 서울 － 의정부 요금과 서울 공주 요금의 합산요금이 이날 운행요금이 되는 것이다.

③ 지역이동시의 차량의 사용

숙박관광의 경우 서울지역 버스를 이용할 것인가, 부산지역 버스를 이용할 것인가이다. 이 경우는 특별한 경우를 제외하고서는 입국공항에서 가까운 곳에 위치하고 있는 버스회사의 차량을 이용하는 것이 일반적이다. 예를 들면, 장거리 구간(서울 － 경주 － 부산을 당일에 이용)을 버스를 이용하여 여행을 할 때 차량요금만을 절약하기 위해서는 서울에서 수배한 버스를 돌려보내고 그 다음날 부산

---

10) 관협자료 89-3, 국내여행업참고자료집, 한국관광협회, 1989, p. 136.

버스를 이용하면 경비 면에서는 절약할 수 있다. 그러나 이는 좀더 생각할 여지가 있다. 왜냐하면 3일째 운전기사는 관광버스 운행을 위해 07 : 30 전용차로 경주로 가기 위해 차고에서는 06 : 30분에 출발했을 것이고, 자택에서 차고에 가기 위해서는 최소한 06 : 00에 집을 나섰을 것이며, 또한 06 : 00에 집을 나서기 위해 05 : 00에 기상을 하였을 것이다. 더구나 하루 종일 서울 – 경주 – 부산까지 운행한 사람을 버스비용을 절약한다고 밤에 다시 서울로 되돌아가라는 것은 인간적으로 너무하다는 점을 고려하지 않을 수 없다. 저녁식사를 마친 후 서울로 귀환시킨다면 그 운전기사는 부산 – 서울(6시간) – 차고(1시간) – 자택(1시간) 등 새벽 3시 반이 다 되어서야 자택에 도착할 수 있다는 계산이 성립된다. 그러므로 우리는 이러한 경우 비용이 더 들더라도 장거리 수송의 경우에는 숙박을 감안한 1박 2일 요금으로 견적서를 내는 것이다.

(2) 외국의 버스교통

유럽은 어느 나라나 철도여행이 훨씬 보편적이라고 생각할 수 있지만, 일반적으로 아일랜드, 포르투갈, 유고슬라비아, 모로코, 터키, 그리스 등의 나라들은 장거리 버스노선이 아주 잘 정비되어 있지만, 기차로 여행하는 것보다 버스로 여행하는 것이 훨씬 편안하고 도시 구석구석까지 볼 수 있어서 좋다. 또 스페인, 헝가리, 알바니아 등은 기차와 버스가 서로 연계하여 패키지 형식으로 프로그램을 제공하고 있기 때문에 기차여행에서 느끼지 못한 부분은 버스여행을 통해 느낄 수 있고, 그 반대 경우도 마찬가지이므로 일석이조의 효과를 거둘 수 있다.

그러나 우리나라 사람들에게 가장 인기가 좋은 독일, 프랑스, 이탈리아, 영국 등은 버스 노선이 있긴 하지만 버스회사들이 사기업체(私企業體)에 의해 나라별로 각각 따로따로 운행되고 있기 때문에 계획을 짜기도 매우 힘들고 요금 및 스케줄도 수시로 변한다. 따라서 이러한 취약점 때문에 이들 나라에서는 버스여행은 이곳을 여행하는 사람들의 관심을 끌지 못하고 있다.

외국의 버스회사는 크게 ① 노선버스회사, ② 관광버스회사, ③ 통근전용(Commuter) 버스회사, ④ 전세(charter) 버스회사 등으로 나누어지고 있으며[11], 미국에

---

11) Travel Journal, *Travel Agent Manual*, 1989, p. 176.

서는 Mileage에 의한 요금체계를 이루고 있다. 1981년 9월 이후 개개의 버스회사가 독자적으로 요금표(tariff)를 발행하고 있어 운임체계가 복잡한 실정이다.

① 유로라인 패스

유로 라인은 유럽의 25개 나라의 1,200개 도시를 연결하는 유럽고속버스의 네트워크시스템으로 유럽의 35개 나라에 버스 회사들의 연합으로 운영이 되고 있다. 유럽 대륙에 최고, 최상의 연결 네트워크인 유로라인은 개별 여행자들의 자유로운 여행 패턴을 제공하며, 편안함과 경제적인 가격으로 유럽의 대표적인 교통수단이다.[12]

영국에서 출발해 유럽 대륙으로 이동하는 도버해협 구간 패스뿐만 아니라 대륙에서 영국으로 역이동하는 구간패스에 이어 대륙 내에서 이동이 가능한 구간 패스 바우처 발권 및 예약으로 유럽 대륙에 다양한 여행 패턴을 제공하고 있다.

특히 유로라인 15일, 30일, 60일 패스는 유레일패스로 커버할 수 없는 스코틀랜드의 에든버러 지역과 도버 해협 횡단도 제공함으로 저렴한 가격으로 광범위한 유럽지역을 커버하고 있다.

가. 예약 및 발권

유로라인 예약을 원하시면 탑승하시기 최소한 일주일전에 예약하여야 하며 발권은 예약번호가 확정된 후에 이루어진다. 유로라인 예약시 필요한 사항으로는 여권과 동일한 영문이름, 생년월일(유스, 성인표기), 국적(한국인이 아닐 경우), 출발날짜, 출발지, 목적지, 출발시간 등이다.

나. 운행도시

Amsterdam(암스테르담)	Marseille(마르세이유)
Barcelona(바르셀로나)	Milan(밀라노)
Berlin(베를린)	Montpellier(몽펠리에)
Brussels(브뤼셀)	Munich(뮌헨)

---

12) 신발끈여행사 웹사이트자료, 2009.

Bucharest(부카레스트)	Oslo(오슬로)
Budapest(부다페스트)	Paris(파리)
Cologne(쾰른)	Perpignan(페르피냑)
Copenhagen(코펜하겐)	Prague(프라하)
Dublin(더블린)	Riga(리가)
Edinburgh(에든버러)	Rome(로마)
Florence(플로렌스)	Salzburg(잘츠브루크)
Frankfurt(프랑크푸르트)	Sienna(시에나)
Geneva(제네바)	Strassbourg(스트라스부르)
Gothenburg(고텐부르그)	Tallinn(탈린)
Hamburg(함부르크)	Toulouse(툴루즈)
Krakow(크라코우)	Venice(베니스)
Lille(릴)	Vienna(비엔나)
London(런던)	Warsaw(바르샤바)
Lyon(리옹)	Zurich(취리히)
Madrid(마드리드)	

발권 및 예약은 48시간 내에 확정되며 성수기에는 현지에서의 유로라인 이용률이 매우 높은 관계로 한국에서의 예약은 필수이며, 최소한 7일 전에 예약을 하는 것이 좋다.

② 북미그레이하운드 패스

미국이나 캐나다를 여행하는 가장 효과적인 방법은 자동차를 이용하는 것이다. 하지만 혼자서 여행할 경우 렌터카 비용이나 기름값, 주차비 등에 상당히 부담을 느끼게 된다. 차선책으로 생각할 수 있는 것이 바로 그레이하운드. 자동차만큼 마음대로 다닐 수는 없지만 사통팔달한 노선을 이용하면 미국이나 캐나다의 주요 도시나 여행지 대부분을 여행할 수 있다.

북미그레이하운드패스는 알래스카와 하와이를 제외한 전 북미 대륙 3,700곳, 17,000마일의 루트를 확보하고 있는 장거리 버스 노선으로 그레이하운드와 제휴한 회사들의 버스를 유효기간 내에 마음껏 탑승, 거의 모든 곳을 갈 수 있는 경제적이고도 편리한 패스이다. 또한 일부노선은 암트랙(Amtrack)과 연계 운행되고 있어, 버스와 철도를 이용, 편리한 여행계획을 세울 수 있다.

가. 유효기간

유효기간은 주유권을 최초로 사용하기 시작한 날(처음 버스를 타는 날)부터 4일간, 1주일간, 15일간, 30일간의 4종류가 있다. 연장요금은 하루당 20달러이다. 아메리패스는 기간이 길수록 값이 싸며 연장할 수 있는 날수의 제한은 없다.

나. 패스의 종류

종 류	사용가능 지역
아메리패스 (International Ameripass)	미국 전 지역 및 캐나다, 멕시코의 일부지역에서 사용 가능
캐나다패스 (International Canada Pass)	캐나다 전 지역 및 미국의 일부 지역에서 사용 가능
북미대륙패스 (International Can / Am Pass)	미국과 캐나다 지역에서 사용 가능
북미대륙 동부패스 (Eastern Can / Am Pass)	캐나다와 미국의 동부지역에서 사용 가능
북미대륙 서부패스 (Western Can / Am Pass)	캐나다와 미국의 서부지역에서 사용 가능
아메리패스 북동부지역패스 (Northeast Regional Pass)	미국의 북동부 지역에서 사용 가능
아메리패스 남동부지역패스 (Southeast Regional Pass)	미국의 남동부 지역에서 사용 가능
아메리패스 서부해안지역패스 (Westcoast Regional Pass)	미국 서부 해안 지역에서 사용 가능

다. 적용규칙

- 패스는 한국을 출발하기 전에 여행사에 원화로 구입한다(미국, 캐나다 현지에서는 판매하지 않는다).
- 연장은 현지에서도 가능하다.
- 패스의 연장절차는 터미널의 티켓카운터에서 할 수 있는데 기한이 끝나기 전날까지 연장절차를 밟아야 한다(최종일엔 연장 불가).
- 연장절차 및 갱신절차는 패스의 최종페이지에 적혀있는 도시에서만 가능하

므로 주의하여야 한다.

• 환불 수수료는 10%이며 1매라도 사용했을 경우 환불은 불가하다.

• 동일한 두 도시를 3회 이상 왕복 여행할 수 없으므로 주의하여야 한다.

라. 사용법

첫 페이지에 사용자 이름, 주소, 나이, 여권번호 등의 자료가 기입된다. 사용하는 첫날에 티켓 카운터에서 유효기간의 날짜 위에 구멍을 뚫어준다. 다음에는 버스에 탈 때마다 쿠폰에 행선지를 기입해서 사용하면 된다.

③ 호주그레이하운드 패스

호주에서 가장 큰 네트워크를 형성하며 다양한 도시를 운영하는 버스회사로 900개의 크고 작은 도시를 가장 완벽하게 여행할 수 있다. 개별 여행자를 위하여 여행노선을 유동성 있게 저렴한 가격으로 제공함은 물론 호주인과 많은 외국 여행자들이 자신의 여행 조건과 취향에 맞게 여행을 계획할 수 있다.

호주에서 구입하는 것보다 한국에서 구입하는 것이 10~15% 할인받을 수 있다. 호주 그레이하운드 버스패스는 4가지 패스로 구분되며 오지 익스플로러 패스는 그 중 가장 많이 사용하는 패스로 20개의 여행 루트로 이동할 수 있는 패스이다.

종 류	사용 가능 지역
오지 익스플로러 패스	한 방향으로만 이동하며 패스기간 내에 도시에서 원하는 만큼 체류가 가능하다.
오지 킬로미터 패스	2,000~20,000km까지 여행이 가능한 19개의 패스로 정확한 여행 루트를 알고 있는 경우와 여행기간이 단기간일 경우 적절하며 양방향으로 이동이 가능하다. 19개의 패스 모두 유효기간은 1년이다.
오지 구간 패스	한 도시에서 다른 한 도시로 이동하는 여행일 경우 사용되며 편도와 왕복으로 티켓 구입이 가능하다. 오픈발권이 가능하며 호주에서 여행자가 날짜와 시간을 정해 예약을 할 수 있다.
오지 데이 패스	24시간이 하루로 계산되는 Day pass로 3, 5, 7, 10일 패스가 있으며, 패스를 개시한 시간으로 부터 24시간을 하루라고 계산하면 된다. 연속패스로 개시 이후에 정해진 기간 동안만 사용할 수 있다.
믹스 앤 매치 패스	버스와 기차를 이용하여 여행을 할 수 있으며, 버스 패스 가격으로 기차까지 이용할 수 있는 패스이다.

(3) 코치투어(Coach Tour)

버스에 의한 여행을 의미한다. 특히 유럽지역의 코치투어가 유명하다. 코치투어시의 주의사항은 다음과 같다.

① 지역과 지역 이동시에는 가이드가 동승하지 않는다.

② 운전수는 대개 자기나라 말밖에 못하는 사람이 많기 때문에 상당한 어려움을 감수해야 한다.

③ 유럽지역의 관광버스는 시속 80km를 준수하므로 재촉해서는 안 된다.

④ 우리나라와는 비교가 되지 않을 정도로 고속도로의 휴게소의 숫자가 적어서 장시간 이동하는 점에 유의한다.

⑤ 국가 간 경계지점 내지 국경도시에서 안내원 교대가 이루어지므로 교대위치 등을 점검해 두어야 한다.

⑥ 장시간 이동이 불가피하므로 국내용 강연 테이프나 음악 테이프 등을 준비하여 지루하지 않도록 배려한다.

① 버스여행시의 주의사항

① 그레이하운드는 일명 '냉장고 버스', 즉 그레이하운드 실내는 에어컨 시설이 잘 되어 있어 오히려 춥다. 특히 야간에는 상당히 춥다. 따라서 탑승 시 복장은 평상복이면 좋지만, 여름에도 냉방이 잘 되어 추우니 스웨터나 재킷 정도는 필히 가지고 타는 것이 좋다. 그래도 도저히 못 견딜 때에는 주저하지 말고 기사 아저씨에게 "Turn down air condition, please!"라고 말한다.

② 버스에서 담배를 피울 수 있는 곳은 맨 뒤에서 세 줄 뿐이다. 그 밖의 좌석에서 담배를 피우면 하차를 당하게 된다. 그러나 오리건주나 유타주는 버스 안에서 흡연 자체를 법으로 금지하고 있기 때문에 이 지역을 지날 때에는 특별히 유념해야 한다.

③ 바깥 경치의 조망은 운전석과 가까운 곳이 좋으며 승차감은 중간부분이 좋다.

④ 화장실 근처에 앉게 되면 사람들의 왕래가 빈번하여 번거롭고, 특히 야간 버스일 경우에는 잠을 청하기도 매우 힘들다. 그러므로 가능하다면 앞쪽 좌석을 확보하는 게 좋다.

⑤ 휴식시간이 되어 도중에 내릴 경우 반드시 차량 번호를 기억해 두고 귀중품은 차에 놓지 말고 반드시 몸에 지니도록 한다. 거의 대부분의 버스에는 음식물이 준비되어 있지 않으며 정류소에서 간단한 식사가 가능하다. 그러므로 장거리 여행의 경우는 음식물을 준비해 가는 것이 바람직하다.

⑥ 내릴 때에는 재출발시간을 확인하고 특히 15분(Fifteen)과 50분(Fifty)은 발음상 혼동되기 쉽다.

② 버스여행 시스템

대부분의 경우 버스는 예약이 필요 없다. 그 이유는 승차인원이 많을 때에는 버스를 증편하는 시스템으로 되어 있고 무엇보다도 여행객들의 수요를 감당하고도 남을 정도로 충분한 수의 버스가 운행되고 있기 때문이다. 하지만 특별 투어나 부정기 투어의 경우는 예약이 필요하며 도중에 하차에 제약이 따른다. 일반적으로 승객은 버스를 갈아타야만 하는 특수한 경우를 제외하고는 중간 어디서나 내렸다가 다음 버스를 이용해도 무방하며, 승차권은 버스 정류장이나 각 버스 회사 사무소에서, 지방 도시의 경우는 운전사로부터 구입할 수 있다. 몇몇 회사에서 발행하는 승차권에는 유효기간이 기재되어 있지 않은 것도 있으나, 너무 오래된 표는 별로 환영받지 못한다. 그레이하운드의 경우 편도는 30일 이내, 일주권(一周券)은 1년까지 유효이다.

③ 버스타는 요령

① 디포(Depot)라는 버스 정류장을 찾는다. 보통 철도역이 인적이 드문 곳에 있는 반면에 버스정류장은 도심 중앙에 있다.

② 버스 정류장 안에 있는 체크인 카운터로 간다.

③ 패스를 건네면서 행선지를 말한다.

④ 패스에 자신이 말한 행선지 스탬프가 찍혀 있는지를 확인한다.

⑤ 짐이 있을 경우는 수하물 카운터로 간다.

⑥ 짐을 맡길 경우는 반드시 반환증을 받아두도록 한다.

⑦ 지정된 승차 케이트에 쿠폰을 내고 승차하면 된다. 표를 사서 탈 때도 마찬가지이다.

4) 렌터카(Rent-a-Car)

소득수준 향상과 운전면허 소지자의 증가에 힘입어 최근의 여행패턴으로 렌 터카의 이용이 급증하고 있다. 여행의 질을 향상시키는 데에는 여행자 한 사람 한 사람의 호기심과 모험심이 필수불가결한데, 특히 해외에서의 드라이브여행은 이들 양자를 모두 충족시킬 수 있다는 점에서 크게 각광받고 있다.

(1) 국내의 렌터카

국내의 렌터카는 보급시기도 늦을 뿐만 아니라 이용체계도 제대로 되어 있지 않아 고객들이 이용을 꺼려하고 있다. 그러나 최근에 렌터카협회가 발족되면서 종전보다는 많이 활성화하고 있다. 국내 렌터카 예약에 관한 사항은 다음과 같다.

>>> 차량의 대여기준
- 운전면허 : 도로교통법상 유효한 운전면허증 소지자로서 이하의 면허증을 소 지하고 있어야 한다.
  - 승용차, 9인승 이하 승합차 : 2종 보통면허 이상
  - 11인승 이상 승합차 : 1종 보통면허 이상
  - 외국인의 경우에는 국제운전면허증과 로컬면허증 동시 소지자에 한함(로 컬 면허증이란 해당 국가에서 발급된 면허증을 말함)
  - 운전자 등록 : 실 운전자 포함 제2운전자까지 등록가능(운전자 자격은 대 여자격과 동일하며, 운전면허증을 지참하고 지점으로 동행·방문하여야 등록이 가능

차량 종류	연 령	운전경력
소형, 중형차량	만 21세 이상	운전경력 1년 이상
대형, 고급, 4륜차량	만 26세 이상	운전경력 3년 이상
승합차량 9~12인승, SUV차량	만 26세 이상	운전경력 3년 이상
승합차량 15인승	만 26세 이상	운전경력 3년 이상

【자료】 http://www.avis.co.kr/use/guide/guide.jsp에 의거 재구성.

(2) 외국의 렌터카

외국의 렌터카 이용에 앞서 해결해야 될 것은 렌터카를 이용하기 위한 여행자의 자격이 문제가 된다. 외국에서 렌터카를 이용하려면 반드시 국제운전면허증의 취득이 필수적인 바, 국제운전면허를 취득하기 위해서는 첫째, 여권을 소지하고, 둘째, 운전면허(한국)증을 소지한 자라야 한다.

우리나라도 1971년에 국제도로교통에 관한 조약에 가입하여[13] 전 세계 대부분의 나라에서 국제운전면허증이 통용되고 있다. 해외에서 렌터카를 이용하려면 국제운전면허증이 필요한데, 이 면허증은 해외에서 신분증으로 대신 활용할 수 있을 만큼 신용도가 좋다. 국제운전면허증의 발급은 다음 표를 참조하면 된다.

① 국제 운전면허증(International Driver's License)

해외에서 차를 렌트하거나 구입할 경우 국제운전면허증은 필수적이다. 한국에서 발급받은 운전면허증 소지하고 관할 운전면허시험장에 방문하여 30분 정도만 투자하면 쉽게 발급받고 떠날 수 있다. 유효기간은 1년이며, 해외에서는 연장할 수 없으므로 주의해야 한다. 국제 운전면허증의 사용기간이나 허가기간은 입국하고자 하는 국가에 따라서 상이할 수 있으므로 입국 전 꼭 확인해야 한다. 발급구비서류는 ▲운전면허증, ▲여권, ▲여권용 컬러사진 1매, 탈모(脫帽) 무배경, 6개월 이내에 촬영한 것) 등이다.

② 외국 렌터카의 이용

• 인터넷으로 예약을 하고 예약확인서를 출력한 다음, 지정한 시간에 지정한 대리점으로 가면 주소와 연락처, 면허번호를 요구하고 자동차 키와 주변지역 지도를 내준다. 주소나 연락처는 한국 것으로 해도 무방하다.

• 한 가지 확인할 것은 연료비 부담은 어떻게 할 것인가 하는 문제다. ▲현재 기름통에 들어 있는 기름(개스)을 전부 사는 방법(나중에 텅 빈 채로 반납해도 됨), ▲반납할 때 쓴 만큼만 돈으로 지불하는 방법, 반납하기 전에 외부 주유소에서 채워서 반납하는 방법 등이다.

---

13) 해외여행안내서, 대한항공, 발행연도 불명, p. 11.

- www.travelocity.com/www.orbitz.com 등에서 지역과 시기, 차종 등을 입력하고 최저가를 찾아본다.
- www.metafares.com 에서 한 번의 조건입력으로 할인 사이트들을 한꺼번에 찾아볼 수도 있다.
- 가끔 각 렌터카 회사 공식 홈페이지(www.budget.com 등)에서 특별가(last minute 등)를 찾을 수도 있다.
- 공항에서 빌리느냐 도심에서 빌리느냐에 따라, pick up과 drop off 지역이 같은가 다른가에 따라 가격차이가 나므로 여행일정에 따라 적절히 선택한다.
- 렌터카 요금에는 가장 기본적인 보험조차 포함되어 있지 않다. 그 대신 자차, 대물, 대인, 자기신체 등 보상(Coverage)을 선택해서 구입할 수 있다.

5) 해운교통

1950년대만 해도 대서양 횡단여객의 60%가 여객선에 의존했으나, 1965년에는 항공기에 위치를 빼앗겨 여객선 의존율은 31%에 불과해 점차 해운교통의 의존도가 쇠퇴하고 있다. 그러나 세계 여객선(Cruise) 동향은 점차 상승세를 보이고 있고, 우리나라에 취항하고 있는 여객선 동향도 그 수요가 날로 증가하고 있다.[14]

국제여객선은 2008년 12월말 기준 인천 – 톈진 등 한·중 간 19개 항로, 속초 – 블라디보스토크 등 한·러 간 1개 항로, 부산 – 하카타 등 한·일 간 8개 항로 등 총 28개 항로가 운항되고 있으며, 앞으로 일본·중국·러시아 등 인접국 간을 연결하는 신규 항로 개설을 지속적으로 추진하여 관광객의 해상교통 수단 이용을 적극 유도해 나갈 방침이다. 또한 우리나라를 중심으로 하는 동북아 크루즈 관광항로 개발 및 특성 있는 관광상품 개발로 국내외 관광객을 적극 유치하기 위해 전용부두 건설과 함께 크루즈 사업의 활성화에 따른 운항선사들의 애로사항 등 제도개선을 지속적으로 추진할 계획이다.

(1) 크루즈투어(Cruise Tour)

크루즈 투어는 호텔숙박료와 관광지 이동의 교통비가 필요 없는 여행이다. 왜

---

14) 교통부, 관광동향에 관한 연차보고서, 1990, p. 302.

냐하면 '크루즈'는 숙박을 하는 운송 수단임과 동시에 운송을 하는 숙박수단이 될 수 있기 때문이다. 바다 한가운데서 식사를 즐기고 선사(船社)에서 주최하는 각종 레크리에이션을 즐기는 가운데 그 나라의 대표적인 관광명소와 쇼핑센터로 데려다 주는 식으로 진행되는 게 크루즈 투어이다. 여객선이 여객의 수송을 주목적으로 하는 것임에 반해 '크루즈 투어'는 단순한 운송이라기보다 '위락'을 위한 선박여행으로 숙박, 식사, 음주, 오락시설 등 관광객을 위한 각종 편의시설을 갖춰 놓고 수준 높은 서비스를 제공하면서 승객들을 안전하게 원하는 관광지까지 운송하는 여행이라고 할 수 있다.

이와 같이 크루즈투어가 증가된 배경으로는 해운회사의 상품개발 노력에도 기인하나, 대체로 다음 표와 같은 요인이 크게 작용된 결과라 하겠다.

항 목	내 용
이동시간의 절약	자는 동안 다음 여행지로 이동
저렴한 비용	특급 호텔 수준의 식사와 선내시설, 세계 각국의 쇼와 이벤트, 최고급 시설의 해상 스포츠를 패키지화
안전과 안락	배 안으로 외부인의 출입이 금지되므로 안전함
별미의 만끽	크루즈의 만찬은 세계 최고의 요리사들이 준비
사교의 무대	세계 각지 사람들과 선내에서 함께 생활하고 즐기는 가운데 서로의 문화 이해
화려한 파티의 무대	매일 밤 펼쳐지는 환상적인 무대와 각종 파티

① 객선의 선택 요령

객선에도 크기나 설비 등 천차만별이기 때문에 객선의 등급, 크루즈투어의 예산, 여행일정 등 중요한 부분에 대해 예약담당자의 세심한 배려가 필요하며, 대체적으로 다음과 같은 4가지 요소를 고려하여 선택하여야 한다.

① 배의 제조연월일 : 오래된 배는 쾌적하지 않음.
② 식당의 위치 : 지하에 식당이 위치한 경우에는 대체로 요리의 맛이 떨어짐.
③ 식사의 회전제 : 다이닝룸에서의 식사는 1회제인가 2회제인가? 가능하면 1회제를 이용하는 게 바람직함.
④ 선원(crew)의 수 : 가능한 수가 많은 게 좋다.

② 객선의 예약

요금은 사용하는 선실(Cabin)에 따라 달라지는데, 일반적으로 싱글, 더블 또는 트윈, 가족용 3인 객실 등으로 분류된다. 요금에는 항해운임 이외에 캐빈실료, 식사대, 연회(Entertainment) 요금, 사우나 및 체육시설 이용료, 세탁기, 드라이, 다리미, 세제(洗劑) 사용료가 포함된다. 다만, 팁, 클리닝(세탁비), 음료대, 승·하선 시 교통비 및 개인적 경비는 포함되지 않는다.

③ 예약방법

선박회사에 예약하게 되면 선박회사로부터 'OK'의 확약이 옴과 동시에 'Option Date(예약금납입 지정기일)'가 통보된다. 이 지정기일까지 예약금납입이 안되면 예약의 성립이 안 되며, 예약금은 크루즈운임 총액의 20~25%선이다.

신체장애자의 예약이나 특별치료가 필요한 자의 예약은 사전에 통지를 해야 하며, 통지의무를 다하지 못한 때에는 승선이 거절되는 수도 있다. 한편, 장애자는 반드시 수행원이 동승해야 하며, 표준의자차(22½)를 사용하도록 되어 있다. 크루즈운임의 최종지불기한은 여객선 출항 2개월 전으로 되어 있는 게 보통이다.

④ 세계적으로 유명한 크루즈 코스

알래스카 빙하관광, 카리브해 연안의 여러 섬들, 하와이와 남태평양의 여러 섬들, 호주와 뉴질랜드, 필리핀을 중심으로 동남아시아 국가들, 북유럽의 국가들, 지중해 연안 일대, 브라질, 아르헨티나 등의 남미 국가들, 파나마 운하의 주변 국가들, 미국, 캐나다 등의 북미 국가들이다.

⑤ 크루즈여행시 주의사항

종 류			내 용
복 장	캐주얼	남 성	칼라부착 셔츠, 재킷, 스웨터 등
		여 성	블라우스, 스커트, 슬랙스 등
	인포멀 (세미정장)	남 성	넥타이착용, 검정 구두, 스웨터 등
		여 성	원피스, 투피스, 쓰리피스 등
	정 장	남 성	턱시도, 검정 구두, 넥타이 착용
		여 성	이브닝드레스, 칵테일 드레스

등 급	등급이 없고 모두 1등급이다. 단 선실은 면적, 위치, 부대시설에 따른 등급이 있다.
선 실 (cabin)	대개 상층으로 갈수록 고급이다. 동일 층이나 동일 면적에도 바다 쪽이 고급이다. 같은 바다 쪽이라도 발코니의 유무, 창의 크기에 따라 요금이 달라진다. 또한 휠체어의 대응 유무도 관건이다.
요 금	숙박비를 포함하여 1일 3식 포함가격이며, 파티, 쇼, 영화, 문화교실 등 엔터테인먼트 프로그램, 피트니스 비용 등도 포함되어 있다. 기본적으로는 개인적인 비용(음료대, 이·미용비용, 마사지비용 등) 이외에는 따로 비용이 필요치 않다.
멀 미	① 사무장 방(Purser's Office)에 비치되어 있는 멀미 방지약을 확보해 둔다. ② 선내의사(Cruise Doctor) 진찰받는다. ③ 멀리 수평선을 응시한다. ④ 가벼운 알코올 음료를 마시고 안정을 취한다.

【자료】 JHRS, *海外旅行実務*, 2008, PP. 92~93에 의거 재구성.

6) 항공교통

항공운송은 가장 중요한 장거리 교통수단으로서 5대양 6대주를 연결하고 있어 국제관광의 발전에 크게 이바지하고 있다. 그간 항공운송시장 환경은 '규제와 보호'가 중요시 되었으니, 세계회, 자유화, 민영화의 큰 축을 중심으로 '경쟁과 협력'에 의한 시장원리가 강조되는 추세이며, 최근 항공자유화 및 항공사 간의 전략적 제휴, 지역 간 통합운송시장의 확산으로 다양한 형태의 경쟁구도가 형성됨에 따라, 당분간 이러한 시장원리가 강조되는 기조는 크게 변화하지 않을 것으로 전망된다.[15]

그간 여행사의 수입원 중 상당부분이 항공사에 의한 발권수수료 수입이었다. 그러나 인터넷시대가 도래하고, 많은 항공사들이 경영에 어려움을 겪으면서 그간 여행사에게 제공해 오던 발권수수료를 없애겠다는 것이 항공사들의 입장이다. 즉 제로컴(Zero Commission) 시대가 온 것이다.

(1) 항공예약업무의 내용

① 예약관련 업무흐름도

일반적으로 항공권 1매의 판매(구매)가 성사되기 위해서는 항공예약과 항공권 발권이라는 간단한 과정만을 떠올리게 된다. 하지만 [그림 2-6]에서 보는 바와

---

15) 문화체육관광부, 관광동향에 관한연차보고서, 2008, pp. 293~294.

같이 1매의 항공권을 발권하기 위한 기본작업에는 ① 일정조회, ② 요금문의, ③ 여권사본 등 여행에 필요한 서류접수, ④ 예약, ⑤ 발권이라는 단계가 포함되는데, 각 단계별로 포함되는 업무의 내용이나 동일한 업무의 반복정도 및 난이도는 고객에 따라 다양하게 나타난다. 또한 항공권 발권 후의 업무도 많이 발생하는데, 여행 출발 후, ⑥ 예약변경이나 여정변경이 발생할 경우, ⑦ Revalidation, ⑧ 재발행(Reissue) 또는 ⑨ 환불 등의 업무가 발생한다. 현재는 ① 단계에서 ⑧ 단계까지의 업무수행에 대한 수익은 항공권 발권수수료에 의존하고 있으며, 추가 수수료 징수는 없는 상황이다. 따라서 여행사들은 새로운 수익원, 즉 서비스피16) 개발에 사활을 걸고 있는 실정이다.

② 예약서비스 사항

- 항공여정의 작성(지정항공사+타 항공사)
- 호텔예약
- 관광, 렌터카, 기타 교통편
- 특별식사(special meal)의 예약(Kosher Meal, Moslem Meal, No Salt Added Meal, No Sugar Added Meal, Sea Food Meal, Diabetic Meal, Hindu Meal, Birthday Cake, Vegetarian Meal, Vegetarian Strict)
- 제한여객 운송준비 [Stretcher 환자, 비동반 소아(12세 미만), 임산부(8개월 이상), 알코올중독자, 죄수 등 특별한 주의가 필요한 여객은 소정서류를 예약시 접수해야 한다.]
- 도착통지(여객이 목적지에 있는 친지에게 도착을 알리기 위해서는 전화번호 / 성명 / 전달내용을 접수하면 된다)
- 기타 여행정보(여행지 소개, 항공요금, 출입국절차 등 여행과 관련된 모든 정보)

---

16) IATA(국제항공운송협회)는 TASF(Travel Agent Service Fee)를 "여행사들이 BSP절차를 통해 신용카드로 손쉽게 서비스피를 관리 정산할 수 있도록 하는 방식"이라고 정의하고 있다.

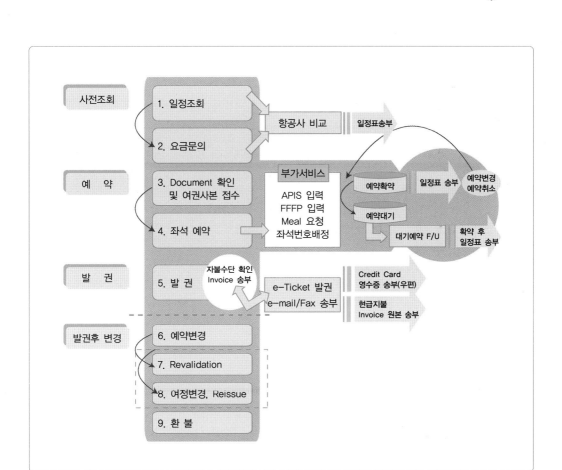

【자료】 한국일반여행업협회, 항공권 발권수수료 효율화 방안 및 서비스수수료 타당성 연구, 2009, p. 55.

[그림 2-6] 항공예약·발권업무의 흐름

③ 예약업무의 진행순서

예약업무는 기본적으로 다음과 같은 순서에 따라 진행되는 것이 일반적이다.

- 여객의 여행기획에 입각하여 여정(Itinerary)을 작성한다.
- 여정(예정)에 따라 관계 항공회사에 예약 신청한다.
- 항공사로부터 회답을 받아 상황에 따라 여정의 일부를 변경하고 다시 필요에 따라 대체편의 예약을 신청한다.
- 모든 여정의 예약에 관한 최종적인 확인과 보전, 최종 여행일정표 작성
- 항공권 발행 후 운임규칙 또는 항공사 요청에 따라 항공사에 발권보고를 한다.

4 항공권의 사전 구입시한(TTL : Ticketing Time Limit)

항공사에 예약을 확약 받았다고 하더라도 구입기한 내에 항공권을 구매(발권)하지 않으면 그 예약은 자동적으로 취소되는데, 이를 항공권의 사전 구입시한이라고 하며 매표구입시한이라도도 한다.

구 분	좌석이 예약된 날	항공권 발행일
국제선	· 2개월 이상 · 2개월~15일 · 14일~3일 · 3일 이내	· 15일전 발권 · 7일전 발권 · 48시간전 발권 · 즉시 발권
국내선	· 탑승예정일 300일 이전 · 탑승예정일 100일 이전 · 탑승예정일 10일 이전 · 탑승예정일 5일 이전 · 탑승예정일 2일 이전 · 탑승예정일 전일 및 당일	· 예약일 포함 15일 이내 · 예약일 포함 10일 이내 · 예약일 포함 4일 이내 · 예약일 포함 3일 이내 · 예약일 포함 2일 이내 · 탑승예정시각 60분 전까지

(2) 여정의 작성

여정의 작성은 세일즈에 있어서 가장 중요한 단계의 하나이며, 따라서 여정작성에 즈음해서는 고객의 요망에 따라 시간과 비용을 가능한 한 억제하며, 쾌적하면서도 충실한 여행을 가능케 하는 일정이 돼야 하기 때문에 풍부한 경험과 최신의 지식을 구사하여 양질의 여정을 작성하지 않으면 안 된다.

여정작성에 있어서는 기본적으로 ABC와 OAG의 양 책자가 필수적인 바, 이들 양 책자 중 주로 이용되고 있는 OAG의 내용을 중심으로 설명하고자 한다.

1 ABC World Airways Guide

매월 1회 발행으로 각국 항공사별의 시각표, 전편(全便)의 조견표, 기타 참고사항이 기재되어 있으며, 두 권이 한 묶음으로 되어 있다. OAG와 다른 점은 출발지를 먼저 찾고 목적지를 나중에 찾는다는 점과, 유효기간이 좌우로 배열되어 있어 좌측이 From을, 우측이 To의 개념을 가지고 있다는 점이다. 또한 도착시각 란에 나와 있는 특수한 표시는 다음과 같다.

구 분	OAG	ABC
기 호	* : 서비스등급, 기종 등의 변화 § : 특정계절에 운항하는 항공사 × : 운항이 일시 중단된 항공사	* : 출발일 다음날 도착 § : 4일째 도착 ¶ : 전날 도착
배 열	TO를 찾고 FROM으로 조회	FROM을 찾고 TO로 조회

② OAG(Official Airline Guide)

OAG는 여객항공, 항공화물물류, 항공여행 및 수송에 있어서 구매자와 판매자를 연결하는 グロ―란 대부분의 국제항공사와 항공여행관련업무에서 공식적으로 사용하여 세계 전항공사의 항공편 스케줄과 항공여행에 관련된 각종 정보를 수록한 책자로 세계판(World Wide Edition)과 북미판(North American Edition) 등 2권으로 구분되어 매월 발간되고 있다.

여객운송, 항공화물물류, 항공여행 및 수송에 있어 구매자와 판매자를 연결하는 세계적 항공여행정보와 데이터 솔루션을 제공하는 기업이다. 즉 항공정보의 운영관리, 상품의 유통, 기업법인용 해외여행 작성 도구(tool), 여행이나 운수관련 상품의 판매촉진을 항공산업의 수요와 공급을 연계하는 역할을 수행하고 있다.[17]

가. OAG자료 기재방식

• 출발도시가 알파벳순으로 기재되어 있다.[18]

• 출발도시 란 가운데에는 도착도시의 알파벳순으로 기재되어 있다.

• 스케줄 조회방법 : 「From : 출발도시」를 찾는다. → 출발도시 가운데에서 「To : 도착도시」를 찾는다.

나. 도시와 공항정보

• 많은 도시에는 복수의 공항이 있다.

• 주요 도시에 대해서는 지도가 게재되어 있다.

---

17) http://oag.com/, 2009. 12.
18) JHRS, 海外旅行実務, 2008, pp. 50~57.

- 지도에는 도시 중심부에서 공항위치와 거리가 표시되어 있다.
- 지도가 있는 일본 도쿄의 예
- NRT(나리타공항)은 도쿄 중심부에서 동쪽 방향 66km(=41마일) 위치에 있다.
- HND(하네다공항)은 도쿄 중심부에서 남쪽 방향 19km(=12마일) 위치에 있다.
  - 지도가 없는 베를린 공항의 예

```
From Berlin, Germany BER
GMT+2 (+1 From 28Oct)
    SXF (Berlin Schoenefeld Airport) 12.0mls/19.0km
    THF (Berlin Tempelhof Airport) 4.0mls/6.0km
    TXL (Berlin Tegel Airport) 5.0mls/8.0km
```

- SXF(쉬네펠트공항)은 베를린 중심부에서 19km(=12마일)의 위치에 있다.
- THF(템필호프공항)은 베를린 중심부에서 6km(=4마일)의 위치에 있다.
- TXL(테갈공항)은 베를린 중심부에서 8km(=5마일)의 위치에 있다.
  - 출발도시 베를린은 대 GMT는 서머타임기간은 +2이다(10/28부터는 +1).

다. 스케줄 보는 방법

OAG시각표 뉴욕발 싱가포르행 시각표를 이용하여 항공시각표의 판독요령을 설명하면 다음과 같다.

① 운항요일

- 1(M) = 월요일, 2(T) = 화요일, 3(W) = 수요일, 4(T) = 목요일, 5(F) = 금요일, 6(S) = 토요일, 7(S) = 일요일에 운항한다는 것이며, 좌측에서 우측으로 표기되어 있다. - 또는 • 표시는 운항되고 있지 않은 요일을 가리킨다.

② 유효기간

- From 19Jan = 1월 19일부터 유효
- 1Feb Only = 2월 1일만 유효
- Until 12Jan = 1월 12일까지 유효
- 공란표시 = 기간설정이 안 되어 있음(단, 각 OAG는 발행일로부터 2개월 유효)

③ 출발 / 도착시각

- 모든 시각은 현지시각으로 표시
- 시발(始發)도시와 최종목적도시의 시각은 진한 글씨로 표시
- 연결편 및 연결지의 시각은 엷은 글씨로 표시

④ 일수표시

- 시각 뒤의 + / −는 출발일과 같은 날이 아닌 경우의 도착시각 / 출발시각을 나타냄.
  * +1 = 출발일 다음날(익일, 제2일째)
  * +2 = 출발일 다음 다음날(익익일, 제3일째)
  * −1 = 출발일 전날

(예)	2055	JFK4	0655+2	SIN2	SQ25	1	44	FCY

(해설) 싱가포르항공 25편은 존에프케네디공항(제4터미널)을 20시55분에 출발하여, 싱가포르공항(제2터미널)에 익익일의 06시 55분에 도착한다.

⑤ 공 항

- 출발시각 / 도착시각에 해당하는 **3Letter Code**(문자 코드)는 그 공항을 표시함.
- 도시명과 공항명이 동일한 경우, 공항란이 공란으로 표시됨.

⑥ 공항터미널

• 출발공항 / 도착공항 뒤의 숫자 또는 영자(英字)는 공항터미널을 표시

(예) JFK4 = 뉴욕 존에프케네디공항 제4터미널을 의미함.

(예) SIN2 = 싱가포르공항 제2터미털을 의미함.

⑦ 항공편명

• 최초의 2Letter Code(문자 코드)는 항공사를 나타냄. 항공사와 별도로, 숫자로 편명을 표시함.

(예) SQ25 = 싱가포르항공 25편

⑧ 공동운항편

• 공동운항편이란 복수의 항공사가 하나의 항공기에 각각의 편명을 붙여 운항하는 편을 말함. 즉 운항하지 않는 노선을 운항하는 항공사나 해당항공과 같은 노선이지만, 다른 시간대에 운항하는 항공사의 항공기 좌석 일부를 할당받아 해당항공이 판매하는 것을 말한다.

이 경우, 예약이나 발권은 해당항공에서 하게 되지만, 실제로 탑승하는 항공편은 해당항공이 아닌 다른 항공사의 항공편이다.

• 항공편명(Flight Number) 앞에 ★표시가 있는 항공편은 공동운항편(Code Share편)이며, 타 항공사의 기재로 운항하고 있음을 나타냄.

(예) ★ CX7591 = 캐세이패시픽항공 7591편은 타 항공사의 기재로 운항되고 있는 공동운항편(Code Share편)이다.

★ 실제로 항공기를 운용하는 항공사는 "Operating Carrier", 좌석판매나 홍보를 담당하는 항공사는 "Marketing Carrier"로 부른다.

A	Flight numbers		operated by
AA	**American Airlines**		
	3002 – 4924		American Eagle
	4930 – 5195		American Eagle/Executive
	5203 – 5278		American Connection/Regionsair
	5280 – 5383		American Connection/Chautauqua
	5405 – 5596		American Connection/Trans States
	5790 – 5791	MU	China Eastern Airlines
	5815 – 5976	JL	Japan Airlines International
	5977 – 5980	JO	JALways

⑨ 도중하기(기항) 횟수

• ★항공편명 우측란에 표시된 숫자는 도중 기항 횟수를 나타낸다. 즉 도중 경유지의 횟수, 기항하는 횟수를 표시한다.

  * = 논스톱(도중기항 없음), 1 = 1회 기항, 2 = 2회 기항, M = 8회 이상 기항

⑩ 항공기의 기재(기종)

• 스톱횟수의 우측 란에 표시된 숫자 · 영자(英字)는, 항공기의 기재(기종)을 나타낸다.

  (예) 777 = 보잉 777, 747 = 보잉747, 744 = 보잉747의 400형기종(통칭 점보여 객기, 310 = 에어버스 310, 343 = 에어버스 340의 300형기종, AB3 = 에어 버스 300

* ★ = 밑에 해설이 있음.

* Equipment 733-ORD-52(출발시는 보잉 737-300형에서 시카고 오헤어공 항에서 보잉 757-200형 기재로 변경

약 호	기종의 영문명	약 호	기종의 영문명
744	Boeing 747-400(Passenger)	773	Boeing 777-300(Passenger)
747	Boeing 747(Passenger)	777	Boeing 777(Passenger)
757	Boeing 757(Passenger)	M11	Boeing(Douglas) MD-11
763	Boeing 767-300(Passenger)	M82	Boeing(Douglas) MD-82
767	Boeing 767(Passenger)	M90	Boeing(Douglas) MD-90
772	Boeing 777-200(Passenger)		

약 호	기종의 영문명	약 호	기종의 영문명
AB3	Airbus Industries A300	330	Airbus Industries A330
AB6	Airbus Industries A300-600(Pax)	340	Airbus Industries A340
310	Airbus Industries A310 Passenger	342	Airbus Industries A340-200
319	Airbus Industries A319	343	Airbus Industries A340-300
320	Airbus Industries A320	380	Airbus Industries A380-800 Passenger

⑪ 등급(객실)

- 맨 우측란은 객실등급을 표시하고 있음.
  (예) F = 1등석, C = 비즈니스석, Y = 일반석

⑫ 직행편 / 연결편

- 하나의 항공편으로 최종목적지까지 운항하고 있는 편을 "직행편"이라고 함. 그러므로 도중경유(Stop)를 해도 동일편으로 도달하면 직행편이다.
- 도중경유지에서 항공편명이 바뀌는 경우에는 "연결편"이 된다.
- Connections라고 표시된 윗 란만 "직행편"이며, 이하의 란은 연결편이다.

라. 시차의 계산

① GMT와의 시차

- OAG의 국제항공시각표에는 각 도시의 모두(冒頭)부분에 그 지역의 지방표준시가 개재되어 있다. GMT와의 시차가 [+] 혹은 [−]로 표시되어 있다. GMT와의 시차가 [+]로 되어 있으면 영국보다 그 숫자만큼 시차가 빠르며, [−]로 표시되어 있으면 그 숫자만큼 시차가 느리다. 예컨대 한국은 +9이므로 영국보다 9시간 빠르며, 하와이는 −10으로 영국보다 10시간 느리다는 것을 의미한다.
- GMT시각에서 어느 지역 현지시각을 구하는 방법
  (예) GMT가 정오(1200)일 때, 한국은 +9이므로 12+9 = 21시이다.
       GMT가 정오(1200)일 때, 하와이는 −10이므로 12+(−10) = 2시이다.
- 어느 지역 현지시각에서 GMT시각을 구하는 방법
  (예) 한국이 18시일 때, GMT는 18시에서 +9를 빼면 되므로 18−9 = 9시이다.
       하와이가 18시일 때, GMT는 18−(−10) = 18+10 = 28시이다. 즉 다음날 4시이다.

② 두 지점 간의 시차

- 두 지점 간 시차의 계산 방법은 두 지점의 대(對)GMT수치를 구하여 그 두 지점 간 "대GMT수치"의 차를 산출한다. 그 차가 두 지점 간의 시차가 된다.

(예) 한국과 프랑스 간의 시차 : 한국이 GMT+9, 프랑스가 GMT+1이므로 시차
는 8시간이다. 산식＝(+9)−(+1)＝9−1＝8시간(한국이 8시간 빠르다). 단
프랑스가 서머타임 적용시 프랑스가 GMT+2가 되어 시차는 7시간이다.

(예) 한국과 뉴욕의 시차 : 한국이 GMT+9, 뉴욕이 GMT−5이므로, 산식＝(+9)−
(−5)＝14시간이다. 즉 한국이 뉴욕보다 14시간 빠르다는 것을 나타낸다.
단 뉴욕이 서머타임 적용시 뉴욕이 GMT−4가 되어 시차는 13시간이
된다.

＞＞상대지역 현지시각을 구하는 방법

어느 지역에서 상대지역의 현지시각을 구하는 데에는 한쪽의 시각에서 2지점
간의 시차를 더하거나 또는 빼면 된다.

- 상대지역의 GMT가 작을 때는 2지점 간의 시차를 『빼다』.
  (예) 서울이 1200일 때, 파리시각은? (서울은 GMT+9, 파리는 GMT+1)
  1200−0800(두 지점 간의 시차)＝0400. 따라서 파리는 같은 날 오전 4시
  이다.
- 상대지역의 GMT가 클 때는 2지점 간의 시차를 『더한다』.
  (예) 서울이 1200일 때, 뉴욕시각은? (서울은 GMT+9, 뉴욕은 GMT−5)
  1200−1400(서울 〈+0900〉 − 뉴욕 〈−0500〉)＝−0200).
  계산결과 뉴욕은 −0200이 된다. 산출결과가 [−]가 된 경우는 날짜가 전
  날이 된다. 따라서 2400시에서 −0200시를 빼면 뉴욕의 현지시각은 전날
  2200시(오후 1000시)가 된다.

＞＞GMT계산법

GMT계산법이란 출발지·도착지 양쪽 지점의 현지시각을 GMT시각으로 수정
하는 계산방법이다. 다음 3단계의 순서를 밟아 계산한다.

- OAG국제시각표의 시차표에서 출발지·도착지 양지점의 "대GMT수치"를
  구한다.

- 출발지·도착지 2지점의 각각의 현지시각에서 "대GMT수치"를 빼고 [GMT 수정시각]을 산출한다.
- 도착지의 GMT수정시각에서 출발지의 GMT수정시각을 뺀다.

(예) 서울 2200발 호놀룰루에 당일 0930도착인 경우

도 시	현지시각	對GMT시각	GMT시각으로 수정하는 계산식	GMT수정시각
서 울	2200	+9	2200-(+9)=1300	1300
호놀룰루	0930	-10	0930-(-10)=1930	1930

따라서 소요시간은 1930-1300 = 0630이다.

(3) 시차와 여행

외국을 여행하게 되면 국내여행에서는 아무런 문제가 안 되는 시차라는 것이 있어서 혼란을 일으키게 된다. 극복하기 위해서는 다음의 10가지 사항을[19] 지키는 것이 중요하다.

① 여유 있는 여행일정을 세운다. 가능하다면 한낮의 비행편을 선택한다. 언제나 취침시간에 도착하면 잘 적응된다.
② 비행기 탑승전 24시간은 가능한 한 평온한 생활을 한다.
③ 비행전과 비행 중에는 담배를 삼간다.
④ 비행 중에는 음주를 삼간다.
⑤ 과식하지 않도록 한다.
⑥ 알코올이 안 들어간 탄산음료 이외의 음료를 다량으로 섭취한다.
⑦ 느슨한 구두나 옷을 착용한다.
⑧ 5시간 이상 시차가 있는 시간대를 통과하면 24시간을 휴양한다.
⑨ 동에서 서, 혹은 서에서 동으로 향하는 비행기에 탄 직후, 중요한 회의에

---

19) 香川昭彦, 添乘人間学, トラベル ジャーナル, 1988, p. 86.

출석하거나 중대한 판단을 내리는 것을 피한다.

⑩ 시간대를 통과하는 여행에서는 가벼운 완하제(緩下劑)나 즉효가 있는 진정
제 등을 복용한다.

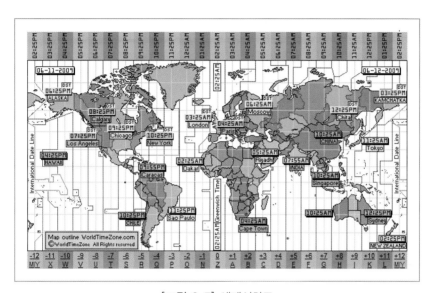

[그림 2-7] 세계시차표

3

여행상품판매업무

01 여행상품판매의 의의

1) 여행상품판매업무의 정의

훌륭한 상품계획이 수립되고 만족할 만한 수배가 되었다고 해서 상품이 반드시 팔린다는 보장은 없다. 훌륭한 상품이란 물론 필요조건이긴 하지만 충분조건은 아니다. 따라서 일반소비자에게 상품의 존재를 선전하고 그 내용을 충분히 알리지 않으면 안 되며, 또한 여행사에 고객이 오도록 작용하지 않으면 안 되며,[1] 그러기 위해서는 고객에게 명쾌하게 판매할 수 있는 내용을 정확히 숙지하고 있어야 한다.

판매업무는 결국 재화와 서비스를 생산자로부터 최종소비자 또는 사용자에게 이전시키는 것을 관리하는 업무로서 그 목적은 소비자에게 최대한 만족을 주고 또 기업의 이윤추구라는 목표를 달성하는 데 있다.[2]

이와 같이 판매업무란 회사에 있어서 판매수주부문의 일로서 제품, 상품, 가공, 서비스 등을 판매하고 수주(受注)하고 납품에서 입금에 이르기까지 계획, 기술, 사무, 관리의 제업무를 총칭한 업무라고 정의할 수 있다.[3]

요컨대 위에 언급한 내용을 토대로 여행상품 판매업무의 내용을 요약하면 〈주어진 것＝여행상품〉을 온갖 방법을 동원하여 '보다 많이, 보다 비싸게, 보다 빨리' 파는 일로서 그것도 최소의 경비를 투자하여 판매대금을 확실히 회수하고, 매출액 및 이익의 확대를 도모하는 것이라고 할 수 있다.

2) 여행상품 판매업무의 역할

판매업무는 판매자가 이익을 얻으려 하거나 또는 이에 상당하는 기대를 실현시키기 위해서 구매자의 생활상, 혹은 사업상의 욕구를 충족시켜 줌으로써 대금

---

1) 渡邊圭太郎, 旅行業マンの世界,ダイヤモンド社, 1981, p. 91.
2) 정찬종, 여행상품기획판매실무, 백산출판사, 2006. p. 194.
3) 안태호, 혁신경영 키포인트 제8권, 대하출판사, 1975, p. 315.

을 얻는 행위인 만큼 광의의 판매에 있어서는 학교, 병원, 사찰 등의 기관도 판매
행위와 결부된다 할 것이다.

이와 같이 판매의 개념은 극히 넓기 때문에 그 업무자세 역시 업태(業態 : 메이
키, 도매상, 소매상, 서비스업, 공공기관, 기타)나 규모의 대소, 취급상품의 종류
에 따라 천태만상이며, 저마다 독자적인 계획과 기술을 사용하여 치열한 판매경
쟁에 대처해 나가지 않으면 안 된다. 그러므로 판매업무는 단순히 여행상품만을
판매하는 것이 아니라 그 상품이 지닌 상품의 효용성과 서비스의 기능, 컨설팅
세일즈 기능을 수행해야 한다.

카메라가 아무리 좋아도 두 눈만은 못하고, MP3가 아무리 좋아도 생음악만은
못하다는 이야기가 있다. 따라서 판매원들이 효과적인 판매를 하기 위해서는 다
음과 같은 역할이 필요하다.

〈표 3-1〉 여행상품 판매업무의 역할

항 목	내 용
1. 철저한 정보조사	· 거래처 상황조사, 분석, 전망→판매원 육성계획 · 담당지역의 상황조사→판매전략 수립 · 경쟁사 동태조사→정보시스템 전략수립 · 기타 사내·외의 정보조사→업무개선
2. 판매활동의 전개	· 과거 판매실적 분석→판매계획 수립
3. 판매대금의 회수	· 거래처 상태의 계속적인 관찰→불량매출채권의 방지
4. 철저한 서비스관리	· 사전, 사후서비스의 철저→이미지 개선→신뢰감 확보
5. 철저한 고객관리	· 고객과의 끈끈한 인간관계구축→거래처카드, 고객카드 작성
6. 판매관리를 통한 기획력향상	· 기획력, 판매전산화능력 제고→판매능력 배양

3) 여행상품 판매업무의 흐름

여행상품의 판매업무 흐름은 [그림 3-1]처럼 고객이 여행사의 접수카운터에
와서 여행상품에 대해 설명을 듣거나, 여행사정을 설명하고, 여행수속 등을 의뢰
하면, 여행사는 여행일정 작성이나 여행비용의 산출하여 제시함으로써 판매·계
약이 이루어진다. 이어서 사증(Visa)의 수속이나 항공권발권, 출입국서류의 작성,
여행보험의 가입 등 제반 업무가 수반된다.

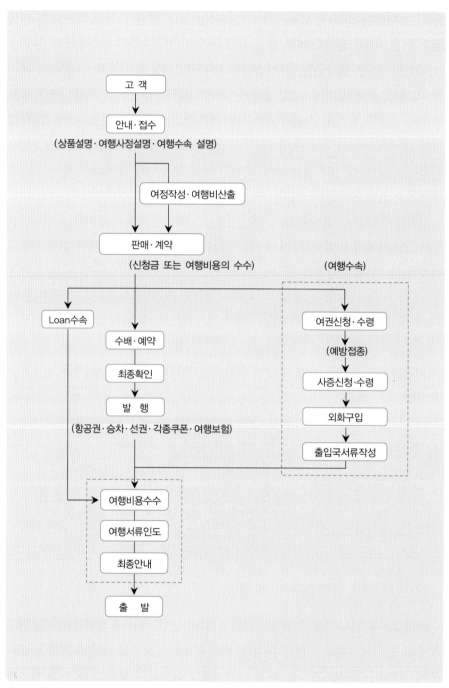

[그림 3-1] 해외여행상품의 판매 흐름도

(1) 여행형태와 여행상품판매

여행사는 미리 숙박기관이나 교통기관과 계약을 체결하여, 숙박권이나 승차권을 개별적으로 판매하고 있으나 이들 여행의 부품이라고 할 수 있는 "여행소재(素材)"를 종합적으로 조립하여 패키지 투어형태로 판매하고 있는 것이 오늘날 여행사의 실정이다. 여행사로서는 티켓배달을 하는데 그치지 않고 이러한 여행소재에서 패키지상품을 광범위하게 취급하는 여행사로서의 활약이 기대되고 있다.

1 개인여행과 단체여행

가. 여행형태의 변화

항공요금이 단체의 참가인원에 따라 대폭 할인된 시대에서는 여행에도 개인여행(FIT : Free Independent Tour)과 단체여행(Group)이라는 구분이 생기게 되었다. 여행자가 혼자서 하는 여행이나, 가족이나 친구들만의 소그룹여행이 개인여행이며, 단체여행이란 타인과 동일행동이 기본이며, 시간적으로 구속되는 것은 불편하나 여행비가 싸기 때문에 사원여행, 초대여행, 수학여행, 연수여행 등은 단체여행이라는 사고방식이 종래의 개념이었다. 그러나 최근에는 개인여행이나 단체여행의 구별이 점점 사라지고 있다.

나. 개인특별요금의 도입

패키지여행, FIT여행, 수배여행에 참가하는 경우, 일정 조건을 갖추면 2등석 승객의 대부분이 IT요금, APEX[4)요금 등 특별 요금을 이용하고, 비즈니스클래스나 1등석 승객도 배우자 할인이나 고령자 부부할인 등 할인요금을 이용할 수 있게 되었다.

다. 여행형태에서 본 상품

APEX운임 등 개인에게도 대폭적인 할인을 적용하는 특별요금이 등장하여 1인, 2인에게도 개인여행 취향의 패키지에 참가할 수 있게 되었다.

---

4) 사전구입제 운임의 뜻으로 Advance Purchase의 약어이다.

② 여행상품의 종류

여행사는 여행시장의 요구에 부합하여 객층(客層), 여행목적, 여행방면별로 패키지상품, FIT상품, 수배여행, 여행소재(단품·單品) 등 다양한 상품을 구비하고 있다. 상품의 종류와 내용은 다음 표와 같다.

〈표 3-2〉 여행상품의 종류

상품명	내　　용
패키지(Package)상품	여정이 확실히 보장된 패키지상품으로 정착하고 있다. 여행 후 고객 만족도가 높고, 여행에 참가하는 반복여행자(Rpeater)에 의해 지지되고 있다. 고객의 요구에 맞추어 리조트 체재형, 자유행동형, 주유형(周遊型) 등 종류가 풍부하고, 상품내용을 숙지하고 있으면, 판매하기 쉬운 상품이다.
FIT[개별(인)여행]상품	APEX요금 등 개인에게도 할인이 적용되면서 단체로 여행하면 싸다는 장점이 없어지게 되었다. 고객의 요망에 따라 특별요금을 기반으로 하여 왕복항공권과, 공항-호텔 간의 송영(送迎), 현지도착일, 출발일 등 필요한 날짜만의 호텔을 세트할 수 있는 유연한 상품 판매를 할 수 있다. Free Independent Tour(자유로 독립한 여행)의 두문자이다.
수배여행상품	미리 조성된 기성(Ready Made)상품과는 달리 고객의 희망에 따라 기획·작성한 일정 또는 고객 자신이 작성한 여정대로 수배를 완성시키는 여행상품이다. 판매에 앞서서 여정작성, 비용견적, 예약·수배의 완성 등 업무가 이루어진다.
할인항공권과 여행소재의 단품판매상품	경합이 치열하여 수급관계가 엄격한 노선에서는 개인의 특별요금을 더욱 싼 가격에 판매하는 단품(일명 땡처리 항공권)이 발매되고 있다. 좌석의 대량판매에 대한 판매촉진비가 항공권의 원가에 반영되는 구조이다. 항공권의 단품판매에는 호텔, 철도패스, 렌터카 등 여행소재 판매가 부수되는 경우가 많다.

③ 홀세일(wholesale) 여행상품

가. 홀세일(Wholesale) 여행상품이란?

홀세일 여행상품이란 판매개소를 자사의 본사 내지 지사뿐만 아니라 도매여행상품으로서 판매망을 다른 여행사의 판매점(Retailer, 소매여행사)까지 넓혀 일반 모집하는 상품으로서 이것이 여행업계의 대세를 이루고 있다.

홀세일러도 같은 명칭의 브랜드(Brand)로 고급지향의 상품과 인기상품의 이름(Naming)을 구별하거나, 고급지향의 제1브랜드에 대해서 저가지향의 제2브랜드로 구분하거나, 고객의 예산에 맞춘 상품설정에 몰두하고 있다.

소매점으로서는 기획이나 수배업무가 필요하지 않고, 단지 여행을 판매하는 것으로 수입을 확보할 수 있기 때문에 지방의 대다수 여행사는 이 여행상품을 소매로 판매하는데 주력하고 있다.

나. 홀세일 상품의 특징

홀세일 상품은 출발일, 항공기, 호텔 등이 미리 설정되어 있는 여행으로 참가자의 세세한 희망사항을 들어줄 수 없는 불편함은 있으나, 한 사람이라도 참가할 수 있는(소매점으로서는 1인 판매도 가능) 상품이다.

종류가 많기 때문에 그 가운데에서 코스, 출발일, 여행기간 등을 선택할 수 있다. 가격에 의한 선택도 가능하고, 기타 인원구성이나 여행목적에 맞추어 고객의 희망에 맞는 상품을 고를 수 있다.

다. 홀세일 상품의 여행조건

기획여행의 실시에 즈음해서는 소비자보호의 입장에서 기획자인 여행업자로서는 여러 제약이 정해져 있으며, 여행업자의 책임을 명확히 하지 않으면 안 되게 되어 있다. 즉 각 여행업자는 가가 홀세일 상품마다 여행조건을 정하여 명시할 필요가 있다.

여행상품의 판매전략

자본주의 사회를 표방하고 있는 모든 국가의 기업은 독점체제로 운영되고 있는 독과점 기업을 제외하고 거의 모든 기업이 복수 또는 그 이상의 기업 간 시장경쟁을 통해 운영되고 있다. 따라서 그 기업이 시장경쟁에서 살아남기 위한 방편으로, ① 경쟁해야 할 제품시장, ② 투자의 수준, ③ 지속적 경쟁우위 혹은 사업의 핵심에 관계되는 우위, ④ 지속적 경쟁우위를 창출·유지하는데 특이한 능력 및 자산, ⑤ 전략적 의사결정을 유도하는 목적, ⑥ 제품시장에서 경쟁하는데 필요로 하는 기능분야별 정책 등을 내용으로 하는5) 전략개념을 도입하여 판매전략을 세우고 있다.

여행사가 시장에서 살아남기 위해서는 경쟁사보다 여행자에게 보다 많은 가치를 제공하여 자사의 우위성을 확보하는 것이다. 구체적으로는 다음과 같은 기본전략이 있다.

〈표 3-3〉 경쟁우위의 기본전략

이　름	내　용
코스트·리더십 전략	저코스트, 저가격이라는 가치를 소비자에게 제공하여 시장점유율을 높이는 전략. 스케일메리트(Scale Merit)6)의 추구나 경험곡선효과7) 등이 있다.
차별화전략	타 여행사와는 다른 제품이나 서비스로 시장점유율을 높이는 전략. 차별화 대책으로는 상품의 질이나 디자인, 서비스 내용, 판매채널, 브랜드 이미지 등이 있다.
집중전략	특정의 좁은 시장에 목표를 설정하여 집중적으로 가치를 제공하는 전략. 저코스트·저가격을 집중적으로 전개하는 코스트집중전략과 타 여행사와 다른 상품이나 서비스를 집중적으로 전개하는 차별화집중전략이 있다.

[자료] 島川崇·新井秀之·宮崎裕二, 観光マーケティング入門, 同友館, 2008, p. 94.

여행상품 판매전략분야에서는 여행사가 소비자 수요를 직접 자극하는 촉진활동인 예컨대 광고·선전 등 유인형 전략(Pull Strategy)과 유통경로상 다음 단계 구성원들에게 행해지는 촉진 활동, 예컨대 영업사원에 의한 촉진활동인 원정형 전략(Push Strategy)으로 나누어지는데, 전자는 점포, 영업소의 진열실(Show Room), 상담창구 등에 주변의 거주자나 통행인을 끌어들이는 체질적으로 보아 식물적 영업형태를 말하며, 후자의 경우는 상세권(商勢圏 : Trading Area)을 확장하기 위해 세일즈 담당자가 고객을 찾아 판매활동을 하는 동물적 영업형태를 취하는 것

---

5) David A. Aaker, *Strategic Market Management*, John Wiley & Sons. Inc., New York, USA. 1984 : 野中都次郎訳, ダイヤモンド社, 1989, pp. 7~9.

6) 규모의 확장으로 얻게 되는 이익. 기업 규모를 확대하면 대량 생산에 의한 비용 감소나 분업화로 경제성과 이익률이 높아진다.

7) 생산량의 증가와 더불어 제품의 1개당 단가가 저하되는 것을 말함. 원래 자동차부품의 생산공정 등을 참고한 것으로, 원가절감 이유는 종업원의 숙련도 향상, 공정의 개선 및 연구 등이 있다고 알려지고 있다.

이다. 따라서 이들의 영업형태는 결국 점두(店頭)판매, 즉 카운터 판매와 방문판매로 대별된다.

1) 점두(店頭)판매(Counter Sales)전략

점두판매전략은 유인형 전략(Pull Strategy)의 하나로서 고객을 점포로 끌어들이는 전략을 말한다. 영업형태로서는 식물적 영업형태를 띤다. 즉 꽃이 아름답고 향기로우면 벌들이 모이는 것과 같은 이치이다. 대다수 여행사들이 카운터에 단정한 여사원을 배치하는 것도 점두판매전략의 일환인 셈이다.

점두판매의 기본적 조건은 입지조건(Location), 즉 점포의 위치와 구조, 그 밖에 고객의 수요, 기호, 심리 등에 대처할 수 있는 상품의 진열(Display), 배치(Layout), 이에 따른 진열 용구, 점원의 분담 배치, 응대기술 등을 들 수 있는데, 이것은 어느 것이나 판매효과를 직접 좌우하는 중요한 요소이다. 따라서 점두(店頭)판매에 있어서는 〈표 3-4〉에서와 같은 기본요건에 맞는 업무체계를 확립하여야 할 것이다.

〈표 3-4〉 점두판매의 기본요건

구　분	내　용
1. 점포의 위치, 구조, 외관	·교통의 편리성 ·자유스러운 출입의 보장(Free Enterance) ·경합이 적은 곳 ·고객을 끌어들이기 쉬운 구조(단지, 교통량·통행량이 많은 것이 아님)
2. 판매원의 적절한 분담 조치	·대기고객이 없도록 적절한 배치 ·쾌적한 구매유도
3. 판매원의 접객태도	·애교 ·친절 ·예의 ·정중 ·적극성 ·기민성 ·청결성 ·정확성 ·호감

4. 진열, 레이아웃	· 편리한 통로계획 · 요소마다 고객의 발을 멈추게 하는 상품전시 · 편리성 · 매력성 · 분위기 조성 · 조명 · 용도별 분류 · 계절 및 패션에 민감할 것(POP) · 소도구의 사용법 · 상품보급 배치변경(Renewal)
5. 판매원의 상품지식	· 가격 · 특징 · 사용방법 · 내용
6. 사무처리의 정확·신속	· Ticketing · 거스름돈 · 포장
7. 고객유인	· 전단 · 서신 · 직접우편(DM) · 소책자(Brochure) · 광고 선전 · 이벤트 · 회원조직 · 설명회

카운터 세일즈의 장점은8) 다음과 같다.

① 세일즈맨의 업무관리가 구석구석까지 미친다.
② 담당 세일즈맨에 대한 지원활동이 가능하다.
③ 접객률을 높일 수 있다.
④ 잠재고객의 개발이 가능하다.
⑤ 사외(社外) 세일즈에 비교하여 경비를 절감할 수 있다.

---

8) 社団法人 全国旅行業協会, 旅行業務マニュアル, 1983, p. 245.

⑥ 집객 이외의 업무와 연결된다.

⑦ 여행정보의 풍부한 이용이 가능하다.

⑧ 담당세일즈맨의 신뢰도가 높다.

⑨ 개인, 그룹, 단체에 이르는 광범위한 업무처리가 가능하다.

⑩ 세일즈 용구의 활용이 가능하다는 등이다.

2) 방문판매(field sales)전략

방문판매전략(방판전략)은 점두판매와 같이 내점객(來店客)을 기다리는 방식이 아니라 판매담당자가 적극적으로 고객을 찾고 방문하여 상품을 파는 것이기 때문에 원정형(遠征型) 전략(Push Strategy)이라고 한다. 영업형태로서는 동물적 영업형태를 띤다. 즉 동물들이 먹이를 찾아 쉬지 않고 이동하는 것과 같은 이치이다.

이 전략에서는 판매원의 역량이 세일즈의 관건(Key Point)이 된다. 그러므로 판매담당자는 업무의 추진법, 다시 말해서 치밀한 계획에 의거한 의욕적인 활동을 실시하지 않으면 좋은 성과를 올리기가 어려우며, 방문판매의 고려사항은 〈표 3-5〉와 같다.

〈표 3-5〉 방문판매의 고려사항

항 목	내 용
1. 거래처의 명부, 대장의 제작	· 회사명 · 주소 · 전화번호 · 위치도 · 거래실적 · 중요인사 이름 · 매출액 · 재무정보 · 사훈 · 매출액 · 영업이익

2. 외판기구와 분담 담당의 결정	· 거래처의 분담제 실시 · 지역별 담당제 · 상품별 담당제
3. 방문계획의 설정	· 행선지마다의 용건, 소요시간, 장소, 거리 등을 고려하여 방문순서를 정함. · 연, 월, 주, 시간, 방문계획표 작성
4. 거래처의 연구, 조사	· 주거래은행의 신용상황 · 사업발전계획 · 기타 정보(승진, 인사이동) · 투자정보 · 상품개발정보
5. 응대기술의 기획·훈련	· 개척방법 · 판매방법 · 수금방식 · 화법 · 응대태도 · 일보, 주보, 월보 등의 보고(예정과 실시결과)
6. 외판업무의 활동관리	· 회의 · 상담회의 실시 · 각종 통계의 이용 · 실시의 현장순회 · 거래처 앙케이트 조사
7. 외판(外販)사무관리	· 판매대금 · 예약요청서 · 확인서 · 일정표 · 견적서 · 여행조건서
8. 여행대금의 회수관리	· 청구서(Invoice) · 지불일 확인 · 수금결과 점검 · 수금사원관리

3) 경쟁시장 전략의 위치설정

여행사가 여행시장에서 살아남기 위해서 취해야 할 전략은 무엇을 기준으로 설정해야 할까? 경쟁시장 전략책정의 기준으로 시장점유율(Market Share)이 있다. 시장점유율이란 여행사 또는 여행상품이 동일업계나 동종(同種)의 여행상품시장에서 어느 정도의 매출이나 수(數)를 점유하고 있는지를 말하며, 일반적으로 여행사는 시장점유율이 높을수록 이익도 커진다.

즉, 여행업계에서 차지하고 있는 시장점유율의 높고 낮음에 따라 여행사들이 취해야 할 전략 내용도 달라지며, 대체로 다음 <표 3-6>과 같은 4가지 유형으로 나뉜다.

〈표 3-6〉 경쟁시장 전략의 유형

유 형	내 용
마켓·선도자 (업계 톱)	최고의 시장점유율을 가지고 있으며, 그 시장이 확대되면 혜택도 가장 크게 받는다. 자금력을 활용한 가격경쟁이나 폭넓은 욕구에도 대응 가능한 여러 품종, 가격대, 판촉 전개를 할 수 있다. 큰 경쟁과제는 현재의 시장점유율을 유지하고 더욱 확대하는 것, 이윤을 증대시키는 것, 높은 명성을 얻어 브랜드가치를 높이는 것이다(예 하나투어).
마켓·도전자 (업계 2~3위)	제2~3위의 점유율로 선도자가 될 가능성도 있다. 차별화에 따라 선도자가 진출하고 있지 않은 시장 등에서 톱을 바라볼 수도 있다. 큰 경쟁과제는 선도자와의 차별화를 꾀하고 시장점유율을 확대하는 것이다(예 모두투어네트워크, 참좋은여행).
마켓·추종자 (업계 3~5위)	선도자를 추수(追隨)하는 상품개발이나 가격설정으로 기존고객을 유지한다. 단골시장을 가지고 있는 경우도 있다. 큰 경쟁과제는 선도자의 상품을 모방하는 것으로 위험을 피하고 이윤을 증대시키는 것이다(예 롯데관광, 노랑풍선 등).
마켓·전문가 (특정분야에서 톱)	대기업이 심혈을 기울여 참여하고 있지 않은 틈새시장을 발굴하여 거기에 집중하고, 그 시장에서는 전문성이나 브랜드력, 시장점유율을 가지고 있다. 큰 경쟁과제는 특정시장에 집중하여 그 시장에서 톱을 유지하는 것으로 신뢰성이나 명성을 획득하여 이윤증대를 꾀하는 것이다(예 명산관광, 세명관광, 인도소풍, 인도로가는길, 혜초여행사 등).

여행상품의 판매실무

1) 여행상품 판매실무의 흐름

판매실무의 흐름은 여행 등에 관한 문의로부터 시작하여 여행행사(Handling)
의 집행에 필요한 모든 업무에 이르기까지 다음과 같은 일련의 작업과정을 거치
게 된다([그림 3-2 참조]).

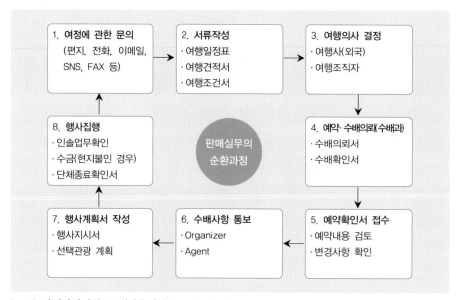

[자료] 여행사경영실무, 백산출판사, 2003, p. 170.

[그림 3-2] 여행상품 판매실무의 순환과정

2) 여행상품 판매실무의 전개과정

(1) 여행의뢰 접수

□ 접수의 종류

가. 직접상담에 의한 접수

이 방법은 여행자나 외국 여행사의 직원이 직접 내방하여 접수시키는 방법으

로 상세한 항목까지 구체적으로 협의가 가능하기 때문에 가장 이상적인 접수방법인 동시에 여행의사 결정도 조속한 시간 내에 할 수 있다는 장점이 있다.

나. 전화, 팩스, 이메일 등 통신수단에 의한 접수

이 방법은 여행의뢰를 신속하게 하려 할 때 이용하는 방법으로 업무의 신속성이 요구된다. 회답이 늦어지면 여행의뢰가 취소되는 게 보통이며, 특히 여행사의 힘을 평가하는데도 이용되는 방법이다.

다. 서류에 의한 접수

여행사무의 대부분이 이 방법에 의해 접수된다. 이 방법은 내용이 구체적이고 상세하게 기록되어 있기 때문에 사무처리에는 효과적이며 대개 시간적 여유가 있을 때 이용하는 방법이다.

라. 기장(記帳) 및 단체번호 부여

여행의뢰가 접수되면 예약대장에 기록하고 이의 업무수행에 편리하도록 각 단체마다 단체번호를 부여하고 관리하고 있다. 단체번호 부여에는 각 회사별로 분류번호를 독자적으로 개발 부여하고 있는데, 단체번호에는 출발지역(국가 포함) 및 연, 월, 일 및 고유번호를 포함하는 게 일반적이다. 단, 10월은 0, 11월은 X, 12월은 Y로 표기한다.

　(예) 일본 히로시마에서 2015년 11월 11일에 입국하는 첫 단체의 단체번호는 JH5Y11A가 된다.

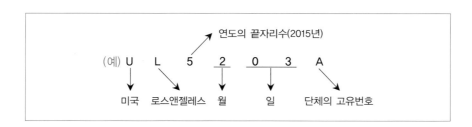

마. 파일(file) 작성과 보관

접수, 기장, 단체번호 부여가 끝나면 곧 Original File을 작성하고 이를 비치·보관하여야 하며 보존기간은 최소 3~5년이다. 파일에는 단체가 구성되어 진행되는 모든 과정이 빠짐없이 기재되어야 하므로 오손이나 파손 등에 신경을 써야 한다.

(2) 수배의뢰서 작성 및 확인서 접수

① 수배의뢰서 발행

여행사(외국)나 여행자로부터 여행의뢰가 접수되면 여행조건에 따른 수배의뢰서를 즉시 대 수배부서에 의뢰함으로써 여행상품 구매작업을 시작하게 한다.

의뢰서의 작성은 소정양식에 따라 정확히 기재하게 되나 의뢰의 신규, 변경, 취소 등을 명확히 표시하여야 하며 특히, 지명·指名((특정인을 지정하거나 특정업체를 지정함)이 있을 경우에는 적색으로 표기하여 주의를 환기시키는 게 좋으며, 아울러 수배의뢰자의 서명날인과 회신일자의 지정 등이 있을 때에는 언제까지 회신(Reply)해 달라는 요구사항을 잊지 않도록 한다.

② 수배확인서의 접수

수배확인서는 판매부서로부터 의뢰된 사항에 대해 수배부서에서 확인된 문서로서 이 서류를 접수한 때에는 지체 없이 ① 의뢰사항과의 일치 여부, ② 의뢰사항의 수락 여부, ③ 수배책임자의 서명날인을 확인 점검하는 동시에 변경부분이 있을 경우 즉각적인 조치가 뒤따라야 한다.

의뢰서와 확인서는 종이의 색깔을 달리하여 담당자들이 금방 알아볼 수 있도록 하는 게 바람직하다.

(3) 여행일정표(Itinerary)의 작성

여행일정표의 작성은 판매실무에 있어서 중요한 사항의 하나인데, 왜냐하면 여행비용의 계산이나 여행조건서 등의 작성이 여행일정을 기초로 하여 작성되기 때문이다.[9] 따라서 여행일정표 작성에 즈음해서는 여행의 종류나 예산, 단체

---

9) 長谷川巖, 旅行業通論, 東京観光専門学校出版局, 1986, p. 73. 日本交通公社 발행의 団体旅行業務

의 구성내용(인원, 성별, 연령 등)에 이르기까지 여행내용에 관해 소상히 알고 있어야 하며, 특히 항공편을 갈아타는 경우에 있어서의 연결최소시간(MCT : Minimum Connecting Time) 등도 고려하여야 하는 만큼 여행일정 전반에 걸쳐서 코스에서 비용까지 종합적으로 계획되는 것이 이상적이며, 이 목적을 달성하는 것이 여정작성업무인 것이다.

① 여정작성상의 기초조건

여행은 종류에 따라 개인여행, 단체여행, 가족여행, 신혼여행, 업무출장여행, 초대여행, 회의참가여행 등 다양한 만큼 여행에 대해서의 주문조건 등도 당연히 달라진다. 그러나 여러 가지 목적이나 여행조건이 있다고 해도 여정작성상 여행자로부터 문의해야 하는 최소한도의 필요요건이 있다. 그것은,

① 여행목적에 따라 경로(Routing)와 행선지의 순서를 정한다.
② 유선형 코스를(지그재그식이 아닌) 여행일수에 할당(무리한 부분은 삭제 조정) 숙박지를 정한다.
③ 시각표에 의해 사용 교통시각의 발착시각을 기입해 나간다.
④ 마지막으로 그 여정에 드는 비용을 계산한다.

② 여정작성상의 유의점

작성된 여정의 좋고 나쁨은 그 여행의 성공·실패에 연결되는 중요한 요소가 된다. 여정작성자는 소위 여행의 연출가라고 불릴 수 있을 것이다. 소위 세련된 여정의 작성자가 되기 위해서는 다년간에 걸친 경험축적이 필요하다. 유의사항에는 다음과 같은 것이 있다.

① 희망이나 조건을 파악한다. 우선 여행목적, 방문도시(목적지), 여행시기(일시 요일 등), 여행기간, 예산 등 기본이 될 만한 희망내용이나 조건을 분명히 한다.

라는 책자(발행연도 불명)에서는 여행일정작성의 3요소를 제시한 바 ① 안전, ② 쾌적, ③ 즐거움의 일정을 짜야 한다고 한다.

② 여유 있는 일정을 편성한다.

③ 시차를 계산한다. 해외여행에서는 출·입국수속, 환전 등의 여러 가지 수속이 있어서 국내여행과는 달리 시간이 걸린다. 습관이나 사고방식이 다름으로써 이쪽에서 생각한 것같이 안 되는 종종 있기 때문에 여유가 없는 일정을 짜게 되면 지치게 된다. 이러한 눈에 보이지 않는 소요시간도 감안하여 여유 있는 일정을 짤 필요가 있다.

④ 날짜변경선에 주의한다. 해외여행에 시차는 따르게 되어 있다. 이에 따라 실제의 소요시간을 착각하게 되는 경우도 생기고, 시차에 의해 급격한 피로감도 발생된다는 점도 고려하지 않으면 안 된다. 동일 국내라고 하더라도 러시아처럼 11시간의 시차를 가진 나라도 있으며, 유럽의 서머타임 시간 사용기간 중에는 이웃 나라와의 시차가 생길 수도 있다. 미리 확인하지 않으면 차로 1시간 정도의 거리라고 해도 시차 때문에 예정시각에 맞추지 못하거나 너무 일찍 도착해버리는 경우가 생긴다.

⑤ 일광절약시간(서머타임, DST : Daylight Saving Time)에 주의한다. 시차에 있어서 같은 시간대에 있는 국가에서도 여름시간을 채택하고 있는 국가와 그렇지 않은 국가가 있다. 또한 여름시간을 선택하고 있는 나라끼리도 적용기간이 다른 경우도 있기 때문에, 더욱이 변동되는 시기에 항공기의 발/착시각에는 특별한 주의를 요한다.

⑥ 견학개소의 소요시간을 적절히 배분한다. 시내관광이나 견학개소, 소요시간은 시내 정기관광버스의 모델코스가 있어서 참고가 된다. 단체여행의 경우에는 버스가 대절되어 있으므로 시간과 방문개소는 조정할 수 있다. 개인여행의 경우에는 시내 정기관광버스를 탄다고 해도 개인적으로 자유행동을 한다고 해도 교통편이나 구경에 걸리는 시간을 견학에 여유 있는 일정으로 짜도록 한다.

⑦ 여행시기를 고려한다. 국가, 지방에 따라 "여행시즌"이 있다. 예를 들면, 동남아시아에서는 여름보다 겨울이 최적기(Best Season)이며, 특히 인도, 파키스탄 방면은 1~2월 이외에는 그다지 권유하고 싶지 않다. 그러나 최적기는 예약이 그만큼 어려운 시기라는 것을 알아야 한다. 경우에 따라서는 이 시기를 피해서 여행하는 수도 있다. 시기마다의 여행사정을 파악하는 것이

중요하다.

⑧ 예정 이벤트를 확인한다. 세계각지에서는 여러 축제나 박람회, 견본시(見本市) 등의 각종 행사가 개최되고 있다. 이들은 여행시즌으로 불리는 시기에 개최될 뿐만 아니라 비수기 대책으로서 계획되는 것 등 여러 형태이다. 이들 행사를 여행일정 중에 넣는 것으로 여행의 질적 변화를 가져온다. 행사 기간이나 개최일(요일) 등을 확인하는 것이 중요하다.

⑨ 축제일과 휴관일을 확인한다. 각국마다 그 국가의 축제일이나 종교상의 휴일 등이 있다. 이슬람 국가처럼 금요일이 휴일인 나라도 있다. 이러한 날과 겹치면 상점이 폐쇄되어 쇼핑도 못하고 경우에 따라서는 식사도 곤란한 경우를 겪게 된다. 그 반면 좀처럼 구경할 수 없는 귀중한 체험을 할 수도 있게 된다.

⑩ 점포의 영업시간을 확인한다. 토요일 반일영업, 일요일 휴업이 대체적이나 토요일 전일 영업하는 나라, 월요일 오전 휴업하는 나라 등 각양각색이다. 또한 대체적으로 더운 나라에서는 점심 2~3시간 쉬고 저녁시간에 재개점하는 나라도 있다. 쇼핑도 여행의 큰 항목이므로 영업시간이나 휴업일을 고려하여 쇼핑을 위한 자유행동시간을 할애하는 것도 잊어서는 안 된다.

⑪ 이용항공사를 선정한다. 요금이나 선호도로 선택도 하지만 편리성에서 선택하는 것이 중요하다. 편수가 많은 회사를 선정하면 당해편이 만약 사고로 운항이 안 되어 다음 편이나 대체편으로 기재를 투입하여 시간의 낭비를 최소한으로 줄일 수 있다. 편수가 많은 회사는 출발지 항공사나 목적지 항공사라고 생각하면 좋다. 또한 출발지를 기점으로 하는 항공편을 선정하는 것이 중요하다. 각지를 경유하여 운항하는 항공기는 기항횟수가 많을수록 대폭적으로 늦어지기 때문에 이를 주의해야 한다.

⑫ 출발 / 도착시각을 확인한다. 공항이 시내 중심지로부터 가까운 도시도 있지만, 세계의 중요공항은 시내로부터 1시간 정도 떨어져 있는 곳이 대부분이다. 더욱이 항공기의 경우에는 체크인 타임이 있어서 국제선의 경우 60~120분 전까지 공항의 항공사 카운터에 도착할 필요가 있다. 이동 소요시간과 수속시간을 계산하여 발착시각을 정하도록 신경을 써야 한다. 조조출발 심야도착은 각각 기상, 조식, 석식 및 취침을 고려하면 바람직하지 않다.

⑬ 이용공항 및 터미널을 확인한다. 한 도시에 2개의 공항이 있는 도시도 늘어나고 있다. 여행일정표 작성시 도시명 뒤에 공항명을 적어 놓지 않으면 어느 공항에 도착하는지 출영하는 사람이 틀림없이 나오는지, 출발시 다른 공항으로 가버려 환승이 안 되는 사태도 있으므로 주의한다. 같은 도시에서 환승하는 일정에서는 다른 사정이 없는 한 도착한 공항과는 다른 공항에서 환승하게 해서는 곤란하다.

⑭ 환승시각을 확인한다. 동일도시(공항이 다른 경우도 있음)에서 항공기를 갈아타는 경우, 그 도시에서 환승에 필요한 최소한의 연결시간(MCT : Minium Connecting Time)이 있으며, 항공시각표에도 나와 있다. 환승을 할 때는 MCT시간을 밑돌지 않도록 주의한다.

⑮ 기내식을 확인한다. 통상적으로 식사시간대가 되면 항공기 안에서는 식사 서비스가 이루어진다. 기내식이 제공되는지 어떤지는 각 항공사 발행의 시각표에 기재되어 있다. 식사시간대에 있어서도 비행거리가 짧으면 스낵정도밖에 나오지 않는 경우가 있다. 특히 단체여행의 경우는 미리 획인해 둘 필요가 있다.

⑯ 기종을 확인한다. 고객 중에는 여행마니아도 있다. 가능하면 여러 기종을 타보고 싶다는 사람도 있을 정도이다. 단체의 경우는 기종을 선택할 여유는 없으나 개인여행의 경우는 기종선택을 제안하는 경우도 예상된다. 각 기종에 대해서 어느 정도 예비지식을 가지고 있는 것도 필요하다.

⑰ 운항권(Traffic Right)을 확인한다. 국제선에는 2국 간을 운항하는 항공협정이 체결되어 있으며, 통항구간, 운항횟수, 도중기항지 등이 정해져 있다. 이 권리가 즉 운항권이라고 한다. 일반적으로는 자국→상대국→제3국을 운항할 때 상대국→제3국 간의 운항권을 의미한다.

⑱ 캐버티쥐(Cabotage)를 확인한다. 동일국 내의 운송에 관한 규칙. 국내의 운송에 관해서는 외국항공사는 국내의 2지점 간 운송이 금지되어 있는데, 이를 캐버티쥐(불어 : 까보따쥬)라고 한다.

⑲ 호텔을 선택한다. 고객의 선호도에 따라 기능 제일의 근대적 호텔을 선택하든지, 안정된 분위기의 전통적 호텔을 선택하느냐를 결정해야 한다. 호텔의 소재지에 있어서도 여행일정에 맞추어 생각한다. 또한 대도시에서도

여행시즌이나 국제회의, 국제견본시 등으로 혼잡상황이 발생할 경우에는 그를 피해 가까운 소도시에 숙박장소를 변경하는 등의 조치를 취한다. 교통은 불편하나 의외의 수확도 있다.

⑳ 호텔의 도착/출발 시각을 확인한다. 조조에 도착하면 방 청소가 되어 있지 않고, 그 후의 행동이 불편하다. 또한 심야도착의 경우에는 객실이 예정대로 확보되어 있는지 어떤지 불안하기 그지없다. 조조출발은 충분한 수면을 취할 수 없고, 아침식사도 대충 먹는 등 손해가 많다. 호텔의 체크인 체크아웃 타임을 고려하여 무리가 없는 여정을 생각해야 한다.

③ 여행일정표 기입 내용 및 방법

① 일정표 양식에 따라 작성 연월일 및 작성자의 성명을 꼭 기입하여 책임소재를 명확히 한다.

② 일차(日次)란에는 출발일을 제1일로 하고 순차적으로 제2일, 제3일로 기입하며 최종일의 일차에 의해 며칠 간의 여행인지를 알 수 있도록 한다.

③ 일자에는 실제로 여행하는 월, 일 및 요일을 기입한다. 이 때 주의할 점은 야간열차의 이용, 혹은 다음날 도착, 날짜 변경선의 통과 등에 주의하고 월, 일이 바뀔 때마다 별행에 기입하여 소요일수(요일)가 틀리지 않도록 한다.

④ 여정표의 숙박란에는 숙박지, 숙박호텔명, 전화번호 등을 기입하고 숙박이 열차나 항공기, 배 등일 경우에는 차중박(車中泊), 선중박(船中泊), 기중박(機中泊) 등의 표시를 해주어야 한다.

⑤ 교통편에는 교통기관의 이용편 및 편명이 기록되어야 하며 등급, 침대차 등의 표시도 해주어야 한다.

⑥ 식사란에는 가급적 식사의 메뉴 및 식당명, 전화번호 등을 기입하여 자유행동을 하는 사람과 연락이 이루어질 수 있도록 조치하도록 하며, 식사가 불포함일 경우에는 자유식이라고 표시하여 고객들의 오해가 없도록 해야 한다.

⑦ 필요한 경우 여행일정의 약도나 경로를 화살표로 표시하고, 여행자에게 참고할만한 사항 등도 기록해주면 좋다.

≫≫ 여행일정표 작성의 예

Seoul−Gyeongju−Busan Tour 3 Night 4 Days

1st day : Arrive at Incheon International Airport(13 : 30)

Transfer to downtown hotel by chartered motor coach

Sightseeing to Gyeongbok Palace and National Museum

Dinner at downtown restaurant.

Accommodations in Seoul

2nd day : Breakfast at the hotel

Sightseeing to Changdeok Palace and Biwon(Secret Garden)

Luncheon at downtown restaurant

Afternoon sightseeing to drive up to overlook entire

Seoul and Walker Hill Resort and Casino

Dinner at downtown restaurant

Accommodations in Seoul

3rd day : Breakfast at the hotel

Transfer to Gyeongju by chartered motor coach on the expressway

Luncheon at downtown restaurant in

Sightseeing to Cheomseongdae(Royal Star Tower)

Anapji Pond, Tumulus Park and Royal Tomb

Transfer to Busan by chartered motor coach

Dinner at downtown restaurant

Accommodations in Busan

4th day : Breakfast at the hotel

Sightseeing to UN Cemetery and Fish Market

Luncheon at downtown restaurant

Transfer to Busan International Airport

Leave Korea(15 : 00)

KOREA SEOUL / GYEONGJU / BUSAN 3N4D TOUR

제1일　　13 : 30　○○편으로 인천국제공항도착
　　　　　14 : 30　전용차로 서울시내향발
　　　　　16 : 00　서울시내관광(경복궁, 국립중앙박물관)
　　　　　18 : 30　전용차로 호텔향발
　　　　　19 : 00　호텔체크인
　　　　　19 : 30　시내식당에서 석식

【해설】 이날의 일정 중 시간의 중심은 항공기의 도착시각이다. 따라서 13 : 30이 기준시
　　　　각이 되며, 여기서부터 일정계획이 나와야 한다. 즉 항공기의 도착후 입국수속시
　　　　간의 계산(입국인원의 규모에 따라서 대략 40분에서 1시간), 인천국제공항⇒시
　　　　내까지의 거리계산(40km), 시내관광시의 관광개소(경복궁 및 국립중앙박물관)의
　　　　면적과 도보거리, 호텔에 체크인 했다가 다시 나와서 관광을 하는 것과 관광을
　　　　하고 나서 호텔에 체크인 하는 것 등을 고려하여 어느 쪽이 고객에게 편리한지
　　　　등을 고려해야 한다. 특히 자동차를 이용하고 있으므로 자동차 사용료를 절약하
　　　　려면 어떠한 일정을 짜야 하는 지 등도 중요한 고려요소이다.

제2일　　07 : 00　모닝콜
　　　　　08 : 00　호텔에서 조식
　　　　　09 : 00　시내관광(창덕궁, 비원)
　　　　　10 : 30　북악스카이웨이 관광
　　　　　12 : 00　시내식당에서 중식
　　　　　13 : 00　쇼핑안내
　　　　　14 : 30　전용차로 워커힐 향발
　　　　　15 : 30　카지노 견학
　　　　　18 : 30　시내식당에서 석식

【해설】 이날의 시간 중심은 창덕궁 및 비원의 입장시각이다. 우리나라 궁전의 입장시각
　　　　은 09 : 00이므로 여기에 맞추어 시각을 계산하고 이를 역산하여 모닝콜과 조식시
　　　　간을 계산하는 것이다. 호텔이 시내에 위치하고 있다면 대개 호텔⇒창덕궁은 대
　　　　개 30분 내외, 시의 외곽에 위치하고 있다면 1시간 정도 될 것이다. 또한 서울시
　　　　내 전경을 볼 수 있는 곳은 남산에 위치하고 있는 서울 타워나 63빌딩 및 북악스
　　　　카이웨이 등이 있으나, 별다른 요구가 없을 때에는 입장료 등 비용이 들지 않는
　　　　데다가 쇼핑에 대한 설명을 충분히 할 수 있는 북악스카이웨이가 좋다. 쇼핑안내
　　　　는 외국에서 요청하는 일정에는 포함되어 있지 않아도 여행사의 수익과 직접적
　　　　인 관계가 있으므로 이를 일정에 포함시키는 것이 원칙이다. 더욱이 지역이 바뀔
　　　　때마다 그 지역의 명산품을 소개하는 쇼핑프로그램을 넣는 것이 좋다. 한편, 쇼
　　　　핑시간은 대개 오후에 그것도 식사를 마친 후가 좋다.

제3일　06：00　모닝콜
　　　　06：40　호텔에서 조식
　　　　07：30　전용차로 경주향발
　　　　12：30　경주착 시내식당에서 중식
　　　　13：10　시내관광(첨성대, 안압지, 대능원)
　　　　15：10　쇼핑안내
　　　　16：10　전용차로 부산향발
　　　　18：10　부산착 시내식당에서 석식
　【해설】이날의 기준시각은 경주에서의 점심시각이 된다. 만약 서울⇒경주 간을 열차로
　　　　운행하는 일정이라면 당연히 이날의 기준시간은 열차의 출발시각이 될 것이다.
　　　　경주에서 점심을 먹기 위해서는 서울⇒경주 간 거리와 운행소요시간을 확인하
　　　　여 일정을 짜지 않으면 안 된다(관광교통시각표 운행소요시간 참조). 쇼핑은 매
　　　　일 1회 이상 일정에 포함시키도록 한다.

제4일　07：00　모닝콜
　　　　08：00　호텔에서 조식
　　　　09：00　시내관광(유엔묘지, 어시장)
　　　　11：30　전용차로 김해국제공항향발(도중 쇼핑안내)
　　　　13：00　김해국제공항도착 출국수속 및 공항그릴에서 중식
　　　　15：00　○○편으로 출국
　【해설】이날의 기준시각은 당연히 출국시각(15：00)이 된다. 따라서 이 시각에 맞추어 모
　　　　든 일정계획이 작성되어야 한다. 유엔묘지와 어시장(자갈치 시장) 등 관광개소의
　　　　견학소요시간의 체크와 부산시내⇒김해공항 간의 거리와 소요시간 등이 계산
　　　　되어야 한다. 외국에서의 요청에는 시내식당에서 중식을 먹는 것으로 되어 있지
　　　　만, 부산에서 쇼핑을 한 번 더 시켜야 하며, 시간의 유효성을 높이기 위해서 김해
　　　　공항에서 출국수속을 하는 동안 그릴(Grill)에서 식사를 하게 하면 일석이조의 효
　　　　과를 얻을 수 있다.

(4) 여행요금의 산출(Quotation)

1 여행비의 산출개념

　여행비 산출에 있어서 제반 여행조건, 즉 ① 여행인원수, ② 여행일수, ③ 여행목적지, ④ 이용교통기관, ⑤ 여행시기, ⑥ 여행내용 등과 함께 면밀한 원가계산에 의해 계산되어야 한다. 그러므로 원가요소인 음식, 숙박, 교통비 등을 비롯하여 관광지입장료, 고속도로통행료, 주차비, 안내사(Guide) 경비, 운전기사 팁 등 여행 중 발생할 수 있는 모든 요소들을 점검하여 비용을 계산하게 된다. 여행비

용 산출이야말로 여행업무 중 중요한 업무라 할 것이다.

② 여행비의 구성

가. 개인여행의 경우

개인여행의 경우 여행비용은 여행에 필요한 항공권, 철도, 버스, 호텔 등 실제로 티켓·쿠폰·바우처 등을 발행한 경우의 금액의 합계에 여행사의 예약·수배를 위하나 수수료나 실비를 추가한 것이다.

나. 단체여행의 경우

이에 비해서 단체여행의 경우는 여행 중의 관광버스요금·가이드비용 등의 여행경비, 모집을위한 경비, 인솔자 경비나 기타 공통경비가 있으므로 1인당 여행비용을 산출하고, 여행대금을 결정하게 된다. 따라서 항공요금이나 기타교통기관·호텔 등에 대해서도 구매가격, 즉 원가(Net Price)를 계산하고 그 위에 필요경비를 추가하여 여행원가를 산출한 다음 적정한 수수료를 가산하여 여행대금(단비)을 결정하는 방법을 취하고 있다.

다. 여행단체 비용의 구성

여행대금을 계산하는 방법은 여행사에 따라 조금씩 다르나, 여행대금을 구성하는 요소는 동일하다.

〈표 3-7〉 여행요금의 구성

항 목	내 용
운임(교통운임)	단체여행경비 중 가장 비중이 큰 중요 항목이다. 단체교통운임(GIT)을 포함한 특별교통운임은 인원수, 방면, 시기(Seasonality)에 따라 적용교통운임이 다르고, 도중하기, 환승횟수, 체재일수 등에도 조건이 붙는다.
지상비	호텔, 식사, 차량, 관광지입장료, 현지가이드비용, 기타 포함사항이며, 통상적으로는 현지 투어오퍼레이터에게 수배를 의뢰하여 견적서를 받는다. 인원수에 따라 무료(Free) 취급이 나올 확률이 많지만 그 유무와 무료처리 인원의 숫자 확인이 필요하다.
인솔자경비	현지의 대응이 잘 갖추어지면서 인솔자 동행은 점점 줄고 있으나, 인솔자가 동행하는 경우 동행하는 인솔자의 비용을 계산한다. 즉 인솔자의 항공료, 지상비, 일당, 식대, 보험, 교통비, 입장료 등이다.

현지필요경비	일명 펀드(Fund)라고 하며, 지상비에 포함되지 않은 것을 포함하여 현지에서 현금지불을 하지 않으면 안 되는 비용이나 긴급을 요하는 예비비가 포함되어 있다. 지출내용에는 포터비, 공항세, 출국세, 팁, 수배연락비, 파티비용, 예비비 등이다.
제경비	단체여행을 실시하기 위한 각종 경비로 그 단체나 여행내용, 여행조건에 따라 달라진다. 팸플릿, 안내장 등 모집을 위한 광고선전비, 일정표나 브로셔(Brochure) 등 인쇄물 작성비용, 설명회·결단식을 위한 회의장 사용료, 음식대, 여권커버, 배지, 수하물표 등의 판촉물(Give Away), 보험료, 판매촉진비, 교통비, 기타 단체여행실시를 위한 비용 등이다.
기본수입	산출한 위의 항목을 원가로 하여 판매가격(여행대금 또는 단비로 부름)을 상정한 다음 적정한 수입을 결정한다.
판매가격	여행원가(항공요금~제 경비)의 합계에 기본수입을 가산하여 판매가격을 결정하나 여행내용과 타사의 판매가격이나 경합유무 등이 최종가격에 영향을 미친다.

③ 여행경비의 구분

여행경비는 참가인원의 다소에 그다지 영향을 받지 않는 것(고정적 경비 : Fixed Cost)과 참가인원의 다소에 따라 각 개인의 부담금에 차이가 나는 것(변동적 경비 : Variable Cost)으로 구분할 수 있다.

고정적 경비는 ① 숙박비, ② 식사비, ③ 포터비, ④ 공항세, ⑤ 입장료, ⑥ 각종 권류(券類) 비용 등이며, 인원의 증감에 따라 예민하게 반응하지 않는 경비들이다.

변동적 경비의 항목에는 ① 지상교통비, ② 운전기사 팁, ③ 안내료, ④ 주차료, ⑤ 고속도로 등 통행료, ⑥ 안내원의 운임(항공, 선박), ⑦ 기타 비용(인쇄대, 배지대 등 부대비용) 등이 있으며, 인원의 증감에 따라 예민하게 반응하는 경비이다.

이와 같이 여행경비는 고정적 경비+변동적 경비로 구성되므로 양 항목의 명확한 설정이 되지 않으면 여행비용의 정확한 원가계산이 이루어지지 않는다는 것은 자명하다 할 것이다.

④ 인바운드(Inbound) 여행비의 원가계산 사례

가. 단발(One-Shot)투어의 원가계산

단발투어란 단체가 구성되어 1회로 행사가 종료되는 투어를 말한다. 그러므로 단체가 발생할 때마다 각각의 투어에 원가계산을 하지 않으면 안 된다. 단발투어의 원가계산 사례는 다음과 같다.

啓明文化旅行社

KEIMYUNG TRAVEL SERVICE CO., LTD

결	담당	과장	부장	이사	전무
재					

QUOTATION

Date : 2009. 12. 10.

Tour Name :		KOREA SEL/KJU/PUS 3N4D TOUR				Travel Agency : AMEX	
Date : From SEP10			To SEP13		(4Night 4Days)		
No of Pax : 15 Paying Plus			1 Free				

Hotel :	(Name)					KRW	Amount
	SEL LOT	KRW	288,600	(☑1/2Twin/☐Single)	2 Nights		288,600
	PUS LOT	KRW	177,600	(☑1/2Twin/☐Single)	1 Nights		88,800
		KRW		(☐1/2Twin/☐Single)	Nights		
		KRW		(☐1/2Twin/☐Single)	Nights		
		KRW		(☐1/2Twin/☐Single)	Nights		
Meals :	(Name of Place)					KRW	
	Breakfast SEL LOT		KRW	24,200	×	2 Times	48,400
	Breakfast PUS LOT		KRW	21,780	×	1 Times	21,780
	Breakfast		KRW		×	Times	
	Lunch C/R		KRW	15,000	×	3 Times	45,000
	Lunch		KRW		×	Times	
	Dinner C/R		KRW	15,000	×	3 Times	45,000
	Dinner		KRW		×	Times	
	K.T.R		KRW		×	Times	
	Other		KRW		×	Times	

Porter Fee & Admission per Person : 1,300+2,400+1,500+3,000+300+800+1,200		KRW	10,500
Tickets :		KRW	
Surcharge for Complimentary : (548,080×1/15) = KRW36,538 **Unit Price (A)**		KRW	584,618

Divisible Transportation :	1ST :	AP – SEL HD SS	KRW	210,000
	2ND :	FD SEL SS+WH		250,000
	3RD :	SEL – KJU – PUS		489,000
	4TH :	PUS SS – AP		489,000
	5TH :			

Driver's Tip : 10,000 × 4 = 40,000	Guide Charge : 30,000 × 4 = 120,000	KRW	160,000
Staff Traveling Expense:		KRW	
Extra Expense : Toll 14,100+14,100+15,900+4,100+19,100 = 67,300		KRW	67,300
Divisible Total		KRW	1,665,300
Divided by Paying Pax	**Unit Price (B)**	KRW	111,020
		KRW	
Net Total Unit Price (A+B)		KRW	695,638
Company Handling Charge (10%)	**Unit Price (C)**	KRW	69,563
Fixed Quotation (A+B+C)	**P / P**	KRW	756,202
Rounding Unit : 100		KRW	765,300

【해설】

① 호텔실료는 해당 호텔의 구매원가를 토대로 기입하며, 객실의 사용조건에 따라 해당되는 사항에 ○표를 하거나, 해당되지 않는 사항을 지움으로써(보기의 양식에서는 ☑ 방식 채택) 계산근거를 마련한다.
보기의 양식에서는 2인 1실 조건이므로 2박의 경우에는 1실당 단가가 그대로 적용되고 있으며 1박의 경우에는 1실당 요금의 반액으로 계산된다.
② 식사요금은 관련식당의 구매원가를 기입한다.
③ 포터비는 참가인원에 따라 적용금액이 다르나, 대개 10명 미만의 경우에는 USD2.00, 10명 이상의 경우에는 USD1.00로 책정하는 것이 일반적이다.
④ 입장료는 참가인원에 따라 단체요금과 개인요금으로 나누어지므로 부록편에 나와 있는 각종 요금표를 보고 해당요금을 적용한다.
⑤ 무료인원에 대한 부담금액은 호텔료, 식사비, 입장료, 포터비, 관람료 등 개인적 경비의 합계금액을 기준인원 15명으로 나누어준 금액이 된다. [Unit Price(A)]
⑥ 교통비는 일차(日次)에 따라 코스를 기록하고, 부록에 나와 있는 외국인 관광객 전세버스 대절요금표 가운데 해당되는 코스의 적용운임을 기입한다.
⑦ 운전기사팁과 안내사의 일당은 회사의 규정에 의한 금액을 기입한다.
⑧ 직원출장경비는 여행일정 중 버스 이외의 교통 즉, 항공, 철도, 선박 등 가이드가 여행자와 동승하여 서비스를 제공하는 경우에 해당교통기관의 운임을 기입한다.
⑨ 고속도로 통행료는 사용자의 부담이 되므로 해당구간의 통행료를 기입하여야 하며, 여기서 주의해야 할 것은 수송을 위해 공차로 운행한 경우나 수송 후 공차로 귀환하는 경우에도 통행료를 계산하지 않으면 안 된다는 것이다.
⑩ Divisible Total은 공동요금의 합계금액이므로 이 금액을 기준인원으로 나눈 금액이 일인당 부담금액이 된다. [Unit Price(B)]
⑪ 개인경비 [Unit Price(A)]와 공동경비의 개인부담금액 [Unit Price(B)]이 여행비용의 합계금액이며 이 금액에 여행사의 소정의 수수료를 합한 금액이 [Unit Price (C)] 여행비용이 되며 이것이 최종금액이다. [Fixed Quotation]

나. 시리즈(Series)투어 및 패키지투어의 여행비 계산

BREAKDOWN

COURSE : SEL/KJU/PUS 3N4D TOUR

Exchange Rate USD1.00 = KRW1300

DATE : 2009. 10.01.

KEIMYUNG TRAVEL SERVICE CO., LTD.

BREAKDOWN

COURSE : SEL / KJU / PUS 3N4D TOUR

Exchange Rate USD1.00 = KRW1300

ITEM	P	A	X	1	2	3	4-6 (5)	7-9 (8)	10-15 (12)	16-20 (18)	21-25 (23)	26-31 (28)	32-40 (36)	41UP (41)
	NAME	F.I.T	G.I.T											
HOTEL R/Charge	SEL LOT	375,280	288,600	490,780	490,780	490,780	490,780	490,780	377,400	377,400	377,400	377,400	377,400	377,400
	PUS LOT	231,000	177,600											
Meals	B : 23,390 x 3 Times = 70,170			160,170	160,170	160,170	160,170	160,170	160,170	160,170	160,170	160,170	160,170	160,170
	L : 15,000 x 3 Times = 45,000													
	D : 15,000 x 3 Times = 45,000													
	DAY	TAXI	MICRO	BUS										
	1ST	105,000	157,500	210,000										
Transfer	2ND	125,000	187,500	250,000	719,000	359,500	239,666	295,700	134,812	119,883	79,888	62,521	51,357	39,944	35,073
	3RD	244,500	366,750	489,000										
	4TH	244,500	366,750	489,000										
	Total	719,000	1,078,500	1,438,000										
Admission	FIT	10,500		10,500	10,500	10,500	10,500	10,500	10,500	10,500	8,200	8,200	8,200	8,200
	GIT	8,200												
Poter Tip		Below 9 Pax	2600		2,600	2,600	2,600	2,600	2,600	1,300	1,300	1,300	1,300	1,300	1,300
		Over 10 Pax	1300											
Guide Charge				120,000	60,000	40,000	24,510	15,000	10,000	6,666	5,217	4,285	3,333	2,926
Staff Traveling Expense														
Driver Tip				40,000	20,000	13,333	7,999	4,999	3,333	2,222	1,739	1,428	1,111	975
Toll	Small	49,800		49,800	24,900	16,600	11,900	7,437	5,608	3,738	2,926	2,403	1,869	1,641
	Medium	59,500												
	Large	67,300												
Other														
	Sub Total			1,592,850	1,128,450	973,649	1,004,159	826,298	688,194	641,884	619,473	606,543	593,327	587,685
	Handling Charge 10%			159,285	112,845	97,364	100,415	82,629	68,819	64,188	61,947	60,654	59,332	58,768
	Total			1,752,135	1,241,295	1,071,013	1,104,574	908,927	757,013	706,072	681,420	667,197	652,659	646,453
Surcharge	Per 1Pax			0	0	0	0	0	0	33,573	26,165	21,493	33,434	29,357
	Grand Total			1,777,135	1,266,295	1,096,013	1,129,574	933,927	782,013	739,645	707,585	688,690	686,093	675,810
Rounding Unit	100			1,777,200	1,266,300	1,096,100	1,129,600	934,000	782,100	739,700	707,600	688,700	686,100	675,900

DATE : 2009. 10. 01.

KEIMYUNG TRAVEL SERVICE CO., LTD.

【해설】

① 기준인원(PAX)은 요금산출자가 자유로 정하나 대개는 10명 미만은 범위를 축소하고 10명 이상은 범위를 다소 확대하는 경향이다. 예컨대 10~15명의 경우에는 기준인원이 12.5명이 되나, 이때에는 소수점 이하는 무시되고 12명이 기준인원이 된다.

② 호텔료는 적용호텔의 요금규정에 따라 적용금액을 기입하며 시리즈나 패키지투어의 요금 산출은 별도의 규정이 없는 한 2인 1실을 사용하는 것을 원칙으로 한다.

③ 식사요금은 당해 호텔 및 식당의 구매원가를 기입한다.

④ 교통요금은 1~3명은 Sedan, 4~9명은 Micro Bus, 10명 이상은 대형버스요금으로 산출하는 것이 일반적이다. 왜냐하면, 외국여행시에는 대형 트렁크를 1개 이상 가지고 오기 때문에 10명인 경우 10개 이상의 트렁크가 발생되어 트렁크가 설치되어 있지 않는 중·소형 차량의 사용이 현실적으로 불가능하기 때문이다.

⑤ 관람료, 포터비, 안내료, 카지노입장료, 운전기사팁, 고속도로통행료의 기입방법은 앞서 언급한 단발(單發)투어의 기입방법과 같다.

⑥ 이상의 항목의 합계를 구하면 소계(Sub Total)가 나오고 여기에 여행사의 수수료를 가산하면 Total 금액이 산출된다.

⑦ 문제는 부담금액(Surcharge)인데, 이것은 보통 15명당 1명이 무료인원으로 계산되는 것이 일반적이다. 따라서 여행비용 항목(Item) 중 개인적 성질의 제경비, 즉 호텔료, 식사대, 입장료, 관람료, 포터비 등의 합계액을 산출하고 이 합계금액에 여행사의 수수료(Handling Charge)를 가산한 다음 기준인원으로 나누어 준 금액이 부담금액이 되는 것이다(주의 : 무료인원이 2명일 경우에는 부담금액×2임).

⑧ 위 금액을 전부 가산하면 확정금액(Fixed Charge)이 되며, 최종적으로 단수처리(100단위) 후 판매시점에서의 적용환율을 적용하여 해외의 여행사에 통보하게 된다.

5 아웃바운드 여행비의 원가계산 사례

① 운임 : 아웃바운드에서 운임 출발국과 여행목적지와의 왕복이동에 필요한 교통기관(항공기, 선박, 철도, 버스)의 요금이다. 운임이 차지하는 비중이 높기 때문에 이용항공사와의 항공운임에 대한 가격절충 및 좌석확보 능력에 따라 여행요금 산출의 관건이다.

② 지상비(Land Fee) : 여행목적지 내에서 여행관련 시설과 여행요소와 관련된 서비스의 이용에 따른 비용이다. 즉 여행국에서의 현지체재비이다. 지상비 산출에 포함되는 비용에는 다음과 같은 항목들이다. 해외여행의 지상비산출은 대개 랜드사(Land Operator)에게 위임하여 견적을 받아 그대로 적용하는 경우가 많다.

- 국외여행인솔자(Tour Conductor)의 운임과 출장비
- 국내선 항공료, 공항세, 출국세(15명 이상일 경우에는 T / C 항공운임은 포함되지만, 그 이하일 경우에는 할인율을 파악하여 참가인원에 따라 분할해서 책정하여야 한다. 대개 항공사별 규정에 따라, 10~14명은 50% 할인, 15~29명은 1명 FOC(Free of Charge), 30~44명은 2 FOC이다.
③ 여행보험료 : 여행자보험은 여행기간에 따라 다르며, 단체여행의 경우에는 반드시 가입하도록 의무화되어 있다.
④ 공항이용료 및 관광진흥개발기금(출국납부금) : 항공권에 포함하여 발권한다.
⑤ 여행사 이윤(Margin) : 취급수수료로서 통상적으로 여행요금 원가에서 10% 내외로 정하고 있다.

>>> 여행조건
① 단체명 : 문화대학교 관광학부 졸업여행
② 여행일정 : 대구 – 인천 – 사이판 – 인천 – 대구
③ 참가인원 : 성인 20명(TC : 1명 별도)
④ 여행기간 : 00년 00월 00일 ~ 00월 00일(3박4일)

>>> 경비 산출내역(환율기준 : 1USD = KRW1300)
① 국제선항공료(대인 왕복요금) : USD170 × KRW1,300 × 20명 = KRW4,420,000
② 국내선항공료(왕복) : 대구 – 서울 KRW89,000(왕복) × 20명 = KRW1,780,000
③ 현지 지상경비(현지숙박비+식대+관광경비 등) = 사이판 : USD90 × KRW1,300
  = KRW117000 × 20명 = KRW2,340,000
④ 기타경비
  - 공항세 : 국제선 공항이용료 : KRW17,000 × 21명 = KRW357,000
  - 국내선 공항이용료(왕복) : KRW10,000 × 21명 = KRW210,000
  - 해외여행자 보험료(1억) : KRW5,000 × 21명 = KRW105,000
  - 관광진흥개발기금(출국세) : KRW10,000 × 21명 = KRW210,000
  - T / C 출장비 : 1박당 USD30 × KRW1,300 = KRW39,000 × 4일 = KRW156,000

• 전쟁보험료 : KRW6,200 × 21명 = KRW130,200

소계 = KRW1,168,200

④ 총계   KRW9,708,200

⑤ 수수료 : 10%   KRW97,082

⑥ 판매총액 :   KRW10,679,020

⑦ 1인당 금액 : KRW10,679,020 ÷ 20명 = KRW533,951 → KRW540,000

⑧ 총수입 : KRW540,000 × 20명 = KRW10,800,000

>>> 해외여행 원가계산서

행사 인원	FOC		실효 인원	1인당여행비	여행요금 총계
21명	1		20	KRW540,000　(Unit Price A)	KRW10,800,000
국제선 항공료	대 인		USD170 × 1,300 = KRW221,000 × 20명 = KRW 4,420,000		KRW4,420,000
	소 인				
국내선 항공료	대 인		KRW89,000 × 21명 = KRW1,869,000		KRW1,780,000
	소 인				
				(Unit Price B)	KRW6,200,000
지상비	LAND FEE		USD90 × KRW1,300 = KRW117,000 × 20명 = KRW 2,340,000		KRW2,340,000
공항세	국제선		KRW17,000 × 21명 = KRW357,000		KRW567,000
	국내선		KRW10,000 × 21명 = KRW210,000		
여행자보험	1억원		KRW5,000 × 21명 = KRW105,000		KRW105,000
기 타 추가경비	TC항공료		FOC		KRW496,200
	출장비		USD30 × KRW1,300 = KRW39,000 × 4일 = KRW 156,000		
	출국세		KRW10,000 × 21명 = KRW210,000		
	전쟁보험		KRW6,200 × 21명 = KRW130,200		
	전세버스				
				(Unit Price C)	KRW3,508,200
지출총계	(Unit Price B+C)				KRW9,708,200
수수료(10%)					KRW970,820

매출총액		KRW10,679,020
1인당 금액	KRW10,679,020 ÷ 20명 = KRW533,951 → KRW540,000	KRW540,000
판매총액	KRW540,000 × 20명 = KRW10,800,000	KRW10,800,000
총이익	KRW10,800,000 – KRW9,708,200 = KRW1,091,800	KRW1,091,800
1인당 이익	KRW1,091,800 ÷ 20 = KRW54,590	KRW54,590

(5) 항공요금(운임)의 산출

1 IATA지구

국제항공운임을 산출하기 위한 운임 및 규칙은 국제항공운송협회(IATA : International Air Transportation Association)에서 결정한다. IATA에서는 전 세계를 3지구로 나누고, 각각을 AREA1, AREA2, AREA3로 부른다. 이들 지구는 더욱이 세분된 보조지구로 나뉘어 있다.

반 구	지 구	부속 지역
서반구(WH)	AREA-1	북미, 중미, 남미, 캐리비안 섬들
동반구(EH)	AREA-2	유럽, 중동, 아프리카
	AREA-3	한국 / 일본, 동남아, 서남아, 남서태평양

2 운임의 종류

운임과 규칙은 항공권발행일 현재 최초의 탑승용편으로 여행을 개시하는 날에 적용하는 것을 최후까지 적용한다. 종류를 대별하면 다음과 같다.

〈표 3-8〉 항공운임의 종류

운 임	내 용
보통운임	• 여행개시일로부터 1년간 유효 • 만2세 이상에 적용 • 1등석(F, P), 우등석(C, J), 이코노미석 운임(Y), 도중하기나 환승에 제한이 있는 이코노미클래스 보통운임(Y2)이 있다.

		· Inclusive Tour Fare. 패키지여행을 위한 운임. 항공운임만을 판매할 수 없고, 여행사가 취급하는 운임이다. 방면에 따라 단체용GIT (Group Inclusive Tour Fare)와 개인용의 IIT(Individual Inclusive Tour Fare)가 있다.
	IT운임	
	PEX운임	· Special Excursion Fare. 개인용 특별 주유운임, 특정구간을 특정 기간 중 왕복하는 것이 조건임. 예약·기불·발권에 제약이 있다.
특별운임	APEX운임	· Advance Purchase Excursion Fare. PEX운임에 비교하여 방면·예약·지불·발권 등에 엄격한 제약이 따르는 운임.
	배우자할인운임	· Spouse Fares. 부부동반 여행자를 대상으로 함. 부부 어느 쪽이 한 쪽에 대해서 적용되는 할인운임. 목적지·이용등급에 따라 부부동액으로 설정된 부부할인운임도 있다.
	청소년운임	· Youth Fare. 12세 이상 26세 미만 여행자 대상. 예약·지불·발권 등에 제약이 따르는 운임.
	존(Zone)제 PEX운임	· IATA APEX운임을 기본으로 각항공사가 독자적으로 설정한 운임. 적용가능한 항공사가 정해져 있다.

이외에도 학생할인 운임이나 선원할인 운임 등이 있다.

③ 요금표(Tariff) 보는 법

요금표에 나와 있는 자료는 다음과 같이 판독하면 된다.

FARE TYPE ①	CAR CODE ②	HEADLINE CITY CURRENCY ③	NUC ④	RULES ⑤	GI MPM RTE REF VIA PT ⑥
SEOUL(SEL) ------------ ⑦					
Korea Rep of ------------ ⑧				Won(KRW) -------------- ⑩	
To ABIDJAN(ABJ) -------⑨				EH 9796 -------------- ⑪	
				TS10424	
Y - ⑫		2162500	2608.69		EH
Y		2298600	2772.87		TS
C		2486400	2999.42		EH
C		2643200	3188.57		TS
F		3135900	3782.93		EH
F		3333000	4021.06		TS
YPX3M		1251200	1509.36	E343	EH
YPX3M		2052700	2476.23	E343	TS

번 호	내 용	번 호	내 용
1	요금의 유형	7	출발(시발)도시
2	항공사코드	8	출발국명
3	출발도시의 통화	9	출발국 통화단위
4	항공요금 계산단위	10	목적도시 및 목적도시 코드
5	규정	11	최대허용거리 마일수
6	여행방향지표, 최대허용거리, 경로참조, 경유지점 등	12	운임 등급

기타의 내용은 다음 사항을 참조하여 해석하면 된다.

서비스 등급에서 사용되는 자격코드		지상교통수단
1등석	F, P	BUS : 버스
비즈니스석	C, J	HOV : 호버크라프트 LCH : 증기선
일반석	M, Y	LMO : 리무진(공항~시내간) TRN : 열차

요금항목에서 사용되는 자격코드	빈도코드
E : 주유(周遊) 또는 순회운임	① : 월요일, ⑦ : 일요일
H : 성수기운임	x : 이날은 제외함
J : 3계절에서의 3번째 수준의 운임	**서비스등급에 사용되는 코드**
L : 비수기 운임	A : 1등석 할인
N : 야간운임(2100~0600)	B : 우등석
O : 평상기(평수기, 중간기) 운임	C, D : 우등석 할인
W : 주말 주유(순회) 운임	E : 대기탑승(탑승시 좌석배정)
X : 주중 주유(순회)운임	F : 1등석
EX : 주유(순회)운임	H : 2등석 할인
1 : 요금항목에서는 주로 일자 또는 달(月)수를 나타냄. 　인원항목에서는 인원수를 나타냄.	J : 우등석 할증
** : 비공식적 코드	K, Y : 2등석
	L, M T, V : 2등석 할인
	P : 1등석 할증
	Q : 2등석 할인
	R : 초음속여객기(현재 운항중단)
	S : 표준석
	U : 대기탑승(탑승보장)
	W : 2등석 할증

가. 공시직행운임

① FARE TYPE : 요일에 따라 주말(Weekend), 주중(Weekday)운임의 구별이 있
는 경우는 등급코드에 이어서 그들을 구별하는 기호를 붙인다.

　• W : 주말용 운임

　• X : 평일용 운임

　• 주말, 평일의 구분은 목적지나 운임의 중류에 따라 다르다.

② LOCAL CURRENCY : 출발국 통화(한국출발이면 KRW)로 표시한 공시직행
운임. IATA에서는 원칙적으로 출발국통화기준의 운임을 설정하고 있다.

③ NUC : Neutral Unit of Construction의약자로, Local Currency운임을 그 통화
의 실세(實勢) 환율로 나눈 값으로, 운임계산을 위해 설정한 숫자

④ CARRIER CODE : 지정항공사에게 유효. 공란 모두는 모든 항공사에게 유효

⑤ RULE : 당해운임의 사용제한이 적혀있는 규칙번호

⑥ GI MPM & ROUTING : Global Indicator(경로), MPM(Maximum Permitted
Mileage(최대허용거리), ROUTING(루트를 지정)

나. 비행경로(GI : Global Indicator)

항공기가 경유하는 경로를 Global Indicator라고 한다. 한국을 중심으로 한 중
요 경로에는 다음과 같은 것이 있다.

여정지표	정　　의	적용여정의 예
PA	태평양 횡단여정	SEL – HNL – LAX – NYC
AT	대서양 횡단여정	SEL – PAR – NYC – WAS
AP	태평양 · 대서양 횡단여정	SEL – NYC – PAR – LON
EH	동반구 내의 여정, 한국-유럽 간 남회(南回)여정	SEL – CAI – MOW SEL – HKG – KUL – PAR
RU	러시아연방(유럽)과 A3 사이 여정 중 러시아연방과 한국/ 일본 사이의 논스톱 여객편	SEL – MOW SYD – SEL – MOW – LED
WH	서반구 내의 여정	LAX – NYC-MIA – SAO
TS	A3와 A2 여정 중 유럽과 한국/ 일본 간의 논스톱 편 (R U, FE 여정 제외)	SEL – PAR – ZRH – FRA SYD-SEL-LON

PO	A3와 A2 여정 중 북위 60도 이북지역을 통과하는 여정	SEL – ANC – FRA
FE	AREA3와 러시아 사이의 여정. AREA3와 러시아내 지점만 경유하는 여정(TS 제외)	BKK – SIN – MOW SEL – HKg – SIN – MOW

【주】 서로 다른 GI가 합쳐 있을 경우는 대양을 우선으로 한다. 즉 PA, AT, AP의 GI가 우선함.

다. 통화환산율(ROE : Rate of Exchange)

IATA에서는 여객운임을 각국의 통화(한국발 / 착 이라면 한국원)로 결정하고 있다(예외적으로 인도네시아 발이나 필리핀발 등 현지통화가 아니라 미국통화 기준으로 나타내는 국가도 있다).

각국 통화기준요금을 NUC로 환산하기 위해 ROE를 사용한다. 즉 출발국통화 기준운임 ÷ ROE = NUC기준운임이다.

ROE는 미화 1달러에 대한 실세요금이므로 미화 1달러가 현지통화로 얼마나 되는지를 나타내는 것이다. 원칙적으로 3개월마다 바뀐다.

To calculate fares, rates or changes in currencies listed below		Multiply NUC fare rate change by the following rate of exchange		and round up the resulting amount to the next higher unit as listed below:			
				Rounding Units			
Country	Currency Name	ISO Codes	From NUC	Local Curr. Fares	Other Char ges	Decimal Units	Notes
France	euro	EUR	0.780883	1	0.01	2	8
Italy	euro	EUR	0.780883	1	0.01	2	8
Japan	yen	JPY	113.066000	100	10	0	7.8
Poland	Zloty	PLN	3.091880	1	0.01	2	8
Singapore	Singapore Dollar	SGD	1.584520	1	1	0	8
Thailand	Baht	THB	38.276000	5	5	0	8
United Kingdom	Pound Sterling	GBP	0.537292	1	0.1	2	5.8
United States of America	US Dollar	USD	1.000000	1	0.1	2	4

【주】 단수처리(Rouding Unit) 단위는 0.01~0.49는 Round Down처리하고, 0.50~0.99는 Round Up 처리.

단수처리단위는 각국의 통화에 따라 1, 5, 10, 100 등으로 다르며, 중요 통화의 단수처리단위는 다음과 같다.

국 가	통화 코드	통화명	단수처리 단위(R / U)	비 고
Canada	CAD	Dollar	1	반올림 처리
Germany	EUR	Euro	1	
Hongkong	HKD	Dollar	10	
India	INR	Rupee	5	
Japan	JPY	Yen	100	
Korea	KRW	Won	100	
Thailand	THB	Baht	5	
United Kingdom	GBP	Pound	1	반올림 처리
U. S. A	USD	Dollar	1	

라. 부가액(Add-On)

세계 중에는 다수의 공항이 있어서 그들 2지점 간의 직행운임을 요금표에 수록하려면 방대한 양의 페이지수가 필요하기 때문에 중요도시 간의 직행운임만을 공시(公示)해 놓고 나머지는 중요도시의 직행운임에 합산하여 쓰는 방식을 사용하고 있다. 이 합산하기 위한 운임을 부가액(Add-On)이라고 한다.

가산할 때는 중요 도시 간 공시직행운임의 시점 측 및 또는 종점 측에 하나씩 가산할 수 있으나 연속해서 2개의 Add-On을 가산해서는 안 된다.

(예)				
A.	ⓐ Add on	ⓑ Nomal Fare	ⓒ	ⓓ ········ 가능
B.	ⓐ Normal Fare	ⓑ Add on	ⓒ	ⓓ ········ 가능
C.	ⓐ Add on	ⓑ Nomal Fare	ⓒ Add on	ⓓ ········ 가능
D.	ⓐ Add on	ⓑ Add on	ⓒ Nomal Fare	ⓓ ········ 불가능

ADD ON CITY AREA ①	GI ②	ADD TO ③	FARE TYPE ④	RULE ⑤	NUC ⑥		LOCAL CURRENCY ⑦		MILEAGE ADD TO ⑧
					NORMAL / SPECIAL OW	SPECIAL RT	NORMAL / SPECIAL OW	SPECIAL RT	
KRAKOW(KRK)	PL						PLN		
SASC,SEA	EH	WAW			43.66		135		
	EH	WAW	SPC			79.23		245	
SWP	AP / EH / TS	WAW			43.66		135		
	AP / EH / TS	WAW	SPC		58.21	79.23	180	245	
	AP / EH / TS	WAW			43.66		135		
KOREA / JAPAN	AP / EH / TS	WAW	SPC			79.23			

【주】 SASC : 남아시아대륙, SEA : 동남아시아, SWP : 남서태평양을 의미함.

①란은 KRAKOW 밑에 작게 쓰인 지구 또는 국명은 다른 한쪽 도시가 속한 지구 또는 국명 리스트이다. 이 경우 한국이 속한 KOREA를 선택하여 오른쪽으로 읽어간다. 「 / 」는 「또는」을 의미한다.

②란은 GI란은 완성하려는 운임의 GI를 지정하고 있다. 따라서 공시운임의 GI와 ADD-ON 운임의 GI를 일치시켜 사용한다.

③란은 ADD TO란은 가산지점을 나타낸다. 즉 기재되어 있는 지점에서 / 까지의 운임에 가산하도록 지시하고 있다.

④란은 FARE TYPE란은 등급 및 운임의 종류를 나타낸다. 가산하는 ADD-ON 운임은 공시운임의 등급, 운임의 종류(보통운임 또는 특별운임)과 일치시킨다. 공란만의 경우는 모든 운임을 사용할 수 있다.

⑤~⑥란은 가산해야 할 ADD-ON운임의 가산액을 NUC기준과 현지통화기준으로 나타낸다. 일반적으로 특별운임의 편도운임용에는 OW(One way)액을, 특별운임의 왕복운임용에는 RT(Round Trip)액을 가산한다. 보통운임의 왕복은 편도의 2배이기 때문에 필요에 따라 OW액을 2배하여 사용한다. 보통운임에 특별운임용의 왕복액을 가산해서는 안 된다.

⑦란은 현지통화기준을 ROE로 나눈 운임이 ⑥ 란에 나와 있다. NUC쪽을 사용하여 합산한다.

⑧란은 MPM의 ADD-ON이다. ADD란의 거리수를 TO란의 도시까지 / 에서의

MPM에 가산하여 완성시킨다. 단지 공란의 경우는 AIR TARIFF 별책의 MPM BOOK에서 참고한다.

이상에서 보는 바와 같이 SEOUL-KTRAKOW는 다음과 같이 계산된다.

SEOUL	→	WARSAW	→	KARAKOW
	TARIFF본체의 직행운임		ADD–OND 운임	
	NUC4899.79		NUC43.66	= NUC4943.45

④ 보통운임의 계산규칙

가. 여행형태와 적용운임

계산에 사용하는 운임은 여행형태에 따라 달라진다.

〈표 3-9〉 여행형태와 적용운임

여행의 명칭	여 행 형 태		적용운임
편도여행(OW) One Way Trip	a ·········· b 귀로가 없는 여행		OW
왕복여행(RT) Round Trip		· 왕로와 귀로, 2개의 컴퍼넌트로 나누어 산출한 결과 왕로의 운임과 귀로의 운임이 동액인 여정(세계일주여행 제외) · 적용하는 운임의 종별(등급, 계절, 요일, 이용항공사별)이, 왕로와 귀로가 다른 경우에는 왕로와 동종(同種)의 운임을 귀로에 사용하여 계산한 때를 상정하여, 동액이 되는지 어떤지로 구분할 수 있다.	HRT
순회(周回)여행 Circle Trip(CT) (세계 일주여행 포함)		· 왕로와 귀로, 2개의 컴퍼넌트로 나누어 산출한 여행으로, 왕복여행에 해당하지 않는 여행 · 3개 이상의 컴퍼넌트로 나누어 계산한 여행	HRT

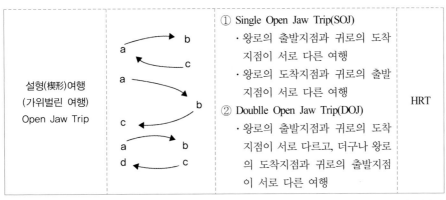

[주] 상기의 분류는 원래 특별운임을 적용할 때의 분류이지만, 본 교재에서는 보통운임의 계산에 있어서도 편의상 이 분류를 채용하기로 한다.

나. 운임계산 순서

우선 각 운임마디(Fare Component)마다

① 시점(Origin) : 종점(Destination) 간의 최대허용거리(MPM : Maximum Permitted Mileage)와 NUC를 조사한다.

- GI는 무엇인가?
- 항공권의 Fare Basis란에 운임(C, Y, Y2 등)을 확인한다. 항공편 정보의 등급란과 다른 경우가 있으므로 주의한다.
- OW인가 HRT인가?
- 주중(X) / 주말(W) 등 운임의 구별이 있는 경우는 시점 종점의 운임에 대한 정의에 따라 적용해야 할 운임을 조사한다.

② 발권구간거리(TPM : Ticketed Point Mileage)를 조사한다.

③ 거리의 확인 : STPM(TPM의 합계)과 MPM을 비교한다. 결과로서 할증유무를 확인한다.

④ 운임액의 확인. 시점 : 종점의 NUC보다 높은 NUC가 개재하고 있는지 조사한다. 결과로서 중간 높은 운임(HIP : Higher Intermediate Point Fare)의 유무를 확인한다.

- 주중(X) / 주말(W) 등 운임의 구별이 있는 경우는 각 구간운임에 대한 정의에 따라 적용해야 할 운임을 조사한다.

⑤ 거리계산 결과 ③을 운임마디 내에서 가장 비싼 NUC에 적용한다. 다음으로 전 여정에 대해서

⑥ 최저필요운임(Minimum Fare)을 확인한 후 마지막으로

⑦ NUC의 총합계 × 출발국 통화에 대한 ROE = 출발국 통화기준 운임. 계산 도중 단수처리는 다음과 같다.

- NUC : 소수점 제3자리 이하 삭제처리. 0.01 단위로 함.
- KRW : 0.01단위까지 보고 절상하여 100원 단위로 함.

더욱이 각 구성운임을 산출하기 위해서 사용되는 운임은 실제로 여행한 방향대로 사용하지만 출발국으로 되돌아오는 운임마디에 한해 출발국발 운임을 사용한다. 단 미국과 캐나다, 스칸디나비아 3국(노르웨이, 스웨덴, 핀란드)은 동일국가로 간주한다.

⑤ 거리제도(Mileage System)

거리(Mile)계산을 기초로 직행운임을 적용하거나, 직행운임을 할증하거나 하여 계산하는, 운임계산을 하는 기본적인 구조를 거리제도라고 한다.

마일리지 시스템은 다음의 3가지를 기초로 하고 있다.

① MPM(Maximum Permitted Mileage) = 직행운임에 적용되는 최대허용거리(Mile). 공시직행운임으로 여행할 수 있는 최대마일 수

② TPM(Ticketed Point Mileage) = 2도시 간의 구간마일(발권구간거리). 항공권 면상에 표시되는 지점 간의 마일 수. 실제거리(Actual Traveled Mileage)라고도 한다. 발권구간거리의 합(STPM = The Sum of TPMs)과 MPM을 비교하여 할증여부를 결정한다.

③ EMS(Excess Mileage Surcharge) = 초과거리 할증. TPM의 합계가 MPM을 상회하는 경우에 필요로 하는 할증을 말한다. 5%, 10%, 15%, 20%, 25%의 5가지로 한정된다.

- STPM ≤ MPM의 경우 = 2지점 간의 공시직행운임을 그대로 적용한다.
- STPM 〉 MPM 의 경우 = 할증률을 구해 그 할증률을 2지점 간의 공시직행

운임에 덧붙여 사용한다.

할증률 계산법은 STPM÷TPM을 하여 소수 제3위 이하의 단수는 모두 0.05 단위로 절상한다. (예 STPM9772÷MPM9279 = 1.053 → 1.1(10% 할증))

할증률	운임할증(EMS)	운임계산란의 표시	할증운임
5% 이내	5%	5M	직행운임의 NUC액 × 1.05
5% 초과~10% 이내	10%	10M	직행운임의 NUC액 × 1.1
10% 초과~15% 이내	15%	15M	직행운임의 NUC액 × 1.15
15% 초과~20% 이내	20%	20M	직행운임의 NUC액 × 1.2
20% 초과~25% 이내	25%	25M	직행운임의 NUC액 × 1.25
25% 초과	할증불가	중간발권구간에서 나누어(Break) 계산	

• STPM〉MPM이 25%를 초과할 때는 운임마디를 나누어 계산한다.

④ 발권구간거리차감(TPM Duction) : STPM〉MPM 의 경우 특정 조건을 구비하고 있으면, TPM의 합계에서 지정된 마일 수를 차감하여 MPM과 비교할 수 있다. 이를 발권구간거리차감이라고 한다.

이용가능한 운임마디의 양단(兩端)		경유지점	TPM의 합계에서 차감할 수 있는 마일수
A3 내의 운임마디(Fare Component)			
A3 (양단 모두 남아시아대륙 보조지구의 운임마디 제외)	A3	Munbai(BOM)와 Delhi의 양쪽	700
		Karachi(KHI)와 Islamabad의 양쪽	
	Mumbai(BOM)	Delhi(DEL)	
	Delhi(DEL)	Mumbai(BOM)	
	Karachi(KHI)	Islamabad(ISB)	
	Islamabad(ISB)	Karachi(KHI)	

A2~A3의 운임마디			
A3 (남서태평양 보조지구 제외)	중동보조지구	Munbai(BOM)와 Delhi의 양쪽	700
		Karachi(KHI)와 Islamabad의 양쪽	
A3~A1 태평양경유(PA)의 운임마디			
A3 (남서태평양 보조지구 제외)	미국(하와이주 제외) / 캐나다	하와이주	800

[주] 적용의 가부는 여정이 아니라 운임마디의 양단(兩端)에서 본다.

⑤ 도중하기(Stopover)와 경유(Transit)의 제한 : A-B-C-D의 여정에 대해서 A-D의 MPM과 A-B, B-C, C-D의 모든 구간 TPM의 합계를 비교하여 운임을 산출하는 것을 A-D의 여정운임이라고 한다. 또한 A-D의 여정 중 어느 도시에 24시간 이상 체재하는 것을 도중하기라고 하며, 24시간 이내에 다음 편으로 다음 목적지를 향하여 출발하는 경우를 경유라고 한다. 도시명 앞에 [X/]를 붙여 구별한다.

• 동일도시의 도중하기는 1회에 한해 가능

• 운임마디의 양단(兩端)의 도시(시점/종점)는 도중하기 경유의 구별이 없이 두 번 통과할 수 없다.

• A1~A3간 태평양운임(PA)을 적용하는 운임마디 내에서는 도중하기/경유의 구별 없이 같은 지점을 2회 통과할 수 없다.

⑥ 중간 높은 지점(HIP : Higher Intermediate Point) : 운임마디의 시점에서 종점까지의 공시직행운임보다 중간지점이 관련하는 공시직행운임을 중간 높은 운임이라고 하며, 당해지점을 중간 높은 지점이라고 한다.

HIP의 존재여부는 같은 등급의 운임끼리 도중하기지점을 대상으로 실제의 여행방법에 따라(출발국으로 돌아오는 구성운임의 반대방향), 하나의 운임마디 내의 시점에서 종점에의 NUC를

• 시점에서 중간지점에의 NUC

• 중간지점에서 중간지점에의 NUC

- 중간지점에서 종점에의 NUC를 비교한다.

  HIP가 발견되면 시점에서 종점에의 NUC 대신에 HIP의 NUC를 사용하여 계산한다. 단 MPM은 시점에서 종점까지의 MPM을 사용한다.

⑦ 왕복 / 순회여행 : 출발지점에서 다시 출발지점으로 되돌아오는 여행의 운임계산은 왕로(OB : Outbound)와 귀로(IB : Inbound)의 NUC합계가 가장 저액이 되는 지점을 찾아, 그 지점을 운임계산지점(FCP : Fare Construction Point, 또는)으로서 계산한다. 운임계산지점은 일반적으로 출발지점에서 보아 MPM이 가장 먼 지점이지만 꼭 그렇지만은 않고 예외도 있다. 운임계산은 HRT(1 / 2왕복운임)를 사용하여 계산한다.

⑧ 비항공 운송구간(Surface Sector Segment) : A ⇢ B(열차, 혹은 버스) ⇢ C처럼 지상교통기관으로 이동하는 구간 B-C를 비항공 운송구간(Surface Sector)라고 한다. 단순히 Surface라고 할 경우가 많다. 또한 비항공 교통구간 또는 지상운송구간이라고도 한다. 운임계산방법은 다음 중 하나이며, 보다 저액의 운임을 산출할 수 있는 방법으로 계산한다.

  - 비항공 구간을 제외한 항공여행부분만을 계산한다.
  - 비항공 구간도(항공여행구간으로 간주하여 계산 = 간주계산) 여정운임에 포함하여 전여정의 운임을 계산한다. 더욱이 여정운임계산에서는 거리계산상 그 구간의 TPM도 가산한다.

⑨ 미니멈 체크(Minium Check) : 실질적으로 같은 여행인데 FCP에 설정하는 도시나 항공권의 구입방법에 따라 운임마디의 계산만으로는 운임에 불공평하나 차가 생기는 수가 있다. 이를 시정하기 위한 목적으로 생겨난 규칙이 바로 미니멈 체크이다.

  각 운임마디마다 거리계산결과를 가장 높은 NUC에 적용한다는, 통상의 마일리지 계산에 따라 산출한 NUC의 합계는 여정으로서 최저 필요운임(Minium)을 밑돌아서는 안 된다.

  최저필요운임에 도달하고 있는지의 여부를 조사하는 것을 미니멈 체크라고 하며, 조사방법은 여행형태, 적용운임 및 판매 / 발권국에 따라 다르다. 미니멈 체크의 차트는 [그림 3-3]과 같다.

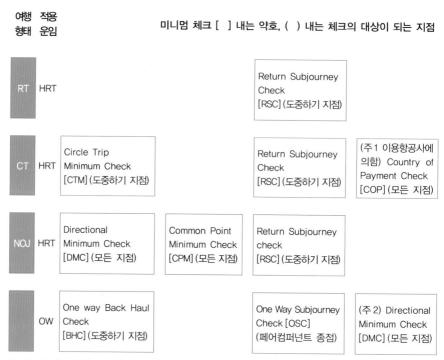

[주 1] 당해규정 적용국에서 운송권류를 발행한다. 발행국행 / 경유의 경우.
[주 2] 여행개시국 이외에서 운송권류를 발행한다. 한국발 / 착 / 경유의 경우.
[자료] 国際航空運賃制度研究会, よくわかる国際航空運賃計算, 中央書院, 2007, p. 66.

[그림 3-3] 미니멈 체크 차트

한편 미니멈 체크의 종류는 ① 중간 높은운임 체크(HIP : Higher Intermediate Point Check), ② 편도 최저운임 체크(BHC : One Way Backhaul Check), ③ 방향 최저운임 체크(DMC : Directional Minimum Check), ④ 일주 최저운임 체크(CTM : Circle Trip Minimum Check), ⑤ 공통지점 최저운임 체크(CPM : Common Point Minium Check), ⑥ Return Subjourney Check(RSC), ⑦ 출발지국 재경우 체크(COM : Country of Origin Minium Check), ⑧ 공통지점 최저운임 체크(CPM : Common Point Minium Check), ⑨ 지불지국 최저운임 체크(COP : Country of Payment Minium Check) 등이 있으나 ⑤~⑨는 자주 발생하는 경우가 아니어서 이 책에서는 제외한다.

⑥ 거리제도의 보완규정

거리제도(mileage system)는 여러 구간을 하나의 단위로 계산함으로써 항공여행의 특성에 부합하도록 한 것이지만, 시제운임을 계산하는 데에는 여러 가지 불합리한 점이 발견되어 다음과 같은 보안규정을 두게 되었다.

가. 중간 높은운임 체크(HIP : Higher Intermediate Point Check)

거리제도의 기본규정에 따르면 출발지와 목적지 간의 공시운임을 기준으로 계산하게 되지만 경우에 따라서는 출발지와 목적지 간의 운임보다 중간지점의 운임이 더 높을 수가 있다. 이와 같은 경우 중간지점의 운임을 무시하고 출발지와 목적지 간 운임을 적용할 경우 부작용이 따르게 된다. 이러한 불합리를 보완할 규정으로 중간 높은 운임 체크가 고안되었다.

SEL	SEL	SEL	SIN
HKG 5M	HKG 312.09	SIN 10M	LON 1933.92
MNL 304.26		LON 1207.58	

그러므로 중간 높은 운임이 발생하는 경우에는 그 운임까지 끌어 올려준다.

나. 편도 최저운임 체크(BHC : One Way Backhaul Check)

OW운임 적용 여정 중 출발지에서 도중체류지점 사이에 HIP가 존재하는 여정은 편도 최저운임 체크를 실시해야 한다. 이러한 체크를 실시하는 이유는 아래의 예에서 볼 수 있듯이 편도여정에서 목적지 이후에 낮은 도시들을 임의로 추가하는 것을 방지하기 위한 것이다.

SEL		SEL	
PAR	M	PAR	M
MAN	1741.08	MAN	SELMAN
		LON	1741.08

따라서 편도 최저운임＝(O／HIF－O／D)＋O／HIF＝(O／HIF×2)－O／D Fare이다.

다. 방향 최저운임 체크(DMC : Directional Minimum Check)

방향 최저운임 체크는 출발지국가에서 항공권의 판매 및 발권이 이루어지는 경우(SITI)를 제외한 기타의 경우(SOTI, SITO, SOTO) 중 RT／CT를 제외한 모든 여정에 적용되는 운임규정이다. 이 규정은 다음에서 보는 바와 같이 국가 간의 운임차이를 이용하여 여행자의 실제여정과는 무관하게 여정의 형태를 왜곡함으로써 운임을 낮추는 사례를 원천적으로 방지하기 위한 것이다.

판매지	TYO		SEL	
TYO			X／TYO	M
PAR	2525.28	Y2	PAR	1605.71
NUC	2525.28	Y2	NUC	1113.80
승객의 실제여정			(SEL／TYO CPN 절취 후 TYO／PAR 쿠폰만 사용)	

판매지	TYO		PAR	SEL
PAR			SEL 2765.84	PAR 1113.80
SEL	2604.12		NUC 2765.84	NUC 1113.80
PAR	2604.12		(TOTAL NUC 4371.55)	
NUC	5208.24		왕복여정을 2개의 편도여정으로 분리하여 운임을 낮춤	
승객의 실제여정				

따라서 판매지표가 SOTI／SITO／SOTO인 편도여정(OJT여정 포함)의 각 운임마디의 운임은 해당 운임마디 내의 어느 2지점 간의 여행 진행방향 및 그 반대방향의 직행 편도 혹은 HRT 운임 중 가장 높은 운임보다 낮아서는 안 된다는 것이다.

여정의 진행방향		여정의 반대방향	
SEL／HKG	344.25	SIN／SEL	979.27
SEL／SIN	551.24	SIN／HKG	590.10
HKG／SIN	493.40	HKG／SEL	492.11

라. 일주 최저운임 체크(CTM : Circle Trip Minimum Check)

최저필요운임은 여행의 출발지점에서 모든 도중하기지점에의 공시직행왕복
운임 가운데 가장 높은 운임이다. 예를 들어 설명하면 다음과 같다.

CITY	CARRIER	DAY OF THE WEEK	TPM
TOKYO	JL	FRI	6220
LONDON	BA		220
PARIS	AZ		390
MILLAN	TK		1046
TOKYO	KL	THU	5753

우선 왕로 귀로의 요금을 싸게 계산한다.

>> FCP를 IST로 한 경우 왕로+귀로 = NUC9155.92

• 왕로(TYO / IST)

❶ TYO / IST (TS) MPM 6903 CXHRT NUC4258.57 (8517.14 / 2)

❷ / ❸ STPM7876〉6906 → 15M

❹ HIP체크 : 없음.

TYO – LON CXHRT NUC3949.90(7899.81 / 2)

TYO – PAR CXHRT NUC3949.90(7899.81 / 2)

TYO – MIL CXHRT NUC3949.90(7899.81 / 2)

❺ NUC4258.57× 1.15 = NUC4897.35

따라서 왕로의 NUC4897.35

• 귀로(IST – TYO)

❶ TYO – IST MPM, NUC 왕로와 동일

❷~❺ 1구간이므로 공시운임 그대로 적용가능. NUC4258.57 따라서 귀로의
NUC4258.57

>> FCP를 MIL로 한 경우 왕로+귀로 = NUC8208.47

• 왕로(TYO / MIL)

❶ TYO – MIL (TS) MPM 7293 CXHRT NUC3949.90(7899.81 / 2)

❷ / ❸ STPM6830〈 7293 → M

❹ HIP CHECK : 없음

TYO – LON CXHRT NUC3949.90(7899.81 / 2)

TYO – PAR CXHRT NUC3949.90(7899.81 / 2)

❺ NUC3949.90 × 1 = NUC3949.90

따라서 왕로의 NUC3949.90

• 귀로(MIL – TYO)

❶ TYO – MIL (TS) MPM7293 CXHRT NUC3949.90(7899.81 / 2)

❷ / ❸ STPM 6799〈 7293 → M

❹ HIP 체크

TYO – MIL CXHRT NUC4258.57(8517.14 / 2) …… HIP

❺ NUC4258.57 × 1 = NUC4258.57

따라서 귀로의 NUC4258.57

결국 FCP를 MIL로 한 경우가 싼 요금으로 산출되었으므로, 이 요금이 확정되었으나 체크의 순서에 따라

❻ CT의 미니멈 체크를 하면

출발지점에서 모든 도중체류지점으로의 직행운임(CXHRT)

TYO – LON NUC7899.81

– PAR NUC7899.81

– MIL NUC7899.81

– IST NUC8517.14 …… 최저필요운임

왕로와 귀로를 합계한 NUC8208.47은 최저필요운임을 밑돌고 있으므로 NUC NUC8517.14과 NUC8208.47의 차액 NUC308.67을 가산하여 NUC 8517.14로 인상하여야 하며, 이 운임이 이 여정의 적용운임이다.

❼ NUC8517.14 × ROE113.006 = JPY962487.92284이나 단수처리(RU : Rounding Unit)를 하면 JPY962500이 된다.

〈표 3-10〉 미니멈 체크의 종류와 내용

종 류	적 용	내 용
CTM	최저 필요운임은 여행 출발지점에서 모든 도중하기지점에의 공시직행왕복운임 가운데 가장 높은 운임이다.	순회여행의 운임은 해당등급의 출발지에서 도중체류지까지의 운임 중 가장 높은 직행 왕복운임보다 낮아서는 안 된다.
DMC	Directional Minium이란 모든 2지점 간의 양방향의 공시 직행운임 가운데 가장 높은 운임을 말한다.	마일리지 계산에 의한 산출액은 이 최저 필요운임을 밑돌아서는 안 된다.
BHC	Backhaul이란 "시점-중간 도중하기지점의 공시직행운임〉시점-종점의 공시직행운임의 상태"를 말한다. 편도운임을 사용하여 계산한 여행의 운임마디(Pricing Unit)로 Backhaul이 생긴 경우 BHC를 적용한다.	통상의 마일리지 계산으로 산출한 운임은 거리계산을 하지 않고 BHC의 공식에 대입하여 산출한 최저 필요운임을 밑돌아서는 안 된다.
CPM	왕복운임의 반액을 사용하여 가위가 벌어진 부분이 되는 출발국측 또는 목적국측 내의 동일지점을 왕로와 귀로의 양쪽에서 통과하는(시점·종점으로서 사용하는 경우도 포함) 경우에 적용한다.	오픈 조(Open Jaw) 여행 전체의 운임은 공통지점 이후 또는 이전의 여행부분 내에 적용되는 운임을 밑돌아서는 안 된다.
RSC	왕복·순회 노말 오픈 조(Normal Open Jaw)여행을 하나의 RT·CT·NOJ 여행형태로 한 운임마디로 계산하지 않고 HRT 운임을 사용한 복수의 연속한 운임마디로서 계산한 경우에 적용한다.	HRT운임을 적용하여 연속한 운임마디의 합계액은 초초 운임마디의 출발지점에서 2번째 이후의 운임마디의 도중체류지행 공시직행왕복운임 가운데 가장 높은 운임을 밑돌아서는 안 된다.

⑦ 판매지표(ISI : International Sales Indicator)

항공권은 최초 출발지 국가에서 판매·발권되는 것이 일반적이나 여행자 요청에 따라 출발지 국가 이외의 국가에서 판매·발권이 이루어지는 경우도 있다.

이러한 경우 출발지국 내에서 판매·발권되는 경우와 일부 다른 운임계산 규정이 적용되므로 출발지국과 판매지국, 발권지국과의 관계를 지표화하여 정확한 운임계산이 이루어지게 하고 있다.

판매지표	판매지	발권지
SITI	출발지국 내	출발지국 내
SOTI	출발지국 외	출발지국 내
SITO	출발지국 내	출발지국 외
SOTO	출발지국 외	출발지국 외

또한 최초 항공권 발행시 적용된 판매지표는 항공권의 Origin / Destination란에 기재되며, 항공권 재발행의 경우에도 그대로 적용된다.

여　정	판매지	발권지	판매지표	비　고
SEL-TYO-SEL	SEL	SEL	SITI	
NYC-LAX-SEL	SEL	NYC	SOTI	PTA CASE
SEL-BKK-SEL	SEL	BKK	SITO	
ZRH-SEL-ZRH	SEL	SEL	SOTO	

8 경로제도(Routing System)

경로제도는 출발지와 목적지 간 운임과 함께 여정(Routing)이 함께 공시되어 여행자의 여정이 이에 부합될 때 해당운임을 그대로 징수하는 방식으로 주로 미주지역 특별운임에 적용하고 있다.

경로에는 경우도시 뿐만 아니라 항공사 예약등급 등도 함께 공시되고 있는 경우가 대부분이므로 경로제도에 의한 운임 적용시에는 이와 같은 제한조건을 모두 준수해야 한다.

9 항공운임의 종류

국제선 항공운임은 여행기간, 여행조건 등에 따라 정상운임(Normal Fare)과 특별운임(Special Fare)로 구분되며, 특별운임은 다시 할인운임, 판촉운임으로 나누고 있다.

종 류		내 용
정상운임		· 유효기간 : 발행일로부터 1년 안에 사용하여야 하며, 나머지 구간은 여행개시일로부터 1년이다. · 도중체류 횟수에 제한이 없다. · 예약변경, 여정변경, 항공사변경 등에 제한이 없다.
특별운임	할인운임	· 승객의 나이나 신분에 따라 할인이 제공되는 운임으로 승객의 여행조건에 따라 그 기준 운임은 정상운임 또는 특별운임이 될 수 있다. 특별한 규정이 없는 한, 유효기간, 도중체류 횟수 등은 기준운임의 규정에 따라 적용된다.
	판촉운임	· 승객의 다양한 여행형태에 부합하여 개발된 운임으로 승객의 여행기간, 여행조건 등에 일정한 제한이 있는 운임을 말한다. 여러 종류의 판촉운임이 각 구간별로 공시되어 있으며, 판매되는 대부분의 항공권에 판촉운임이 적용되고 있다. · 여행기간제한 : 최소의무체류기간(Minimum Stay) 　　　　　　　　최대허용체류기간(Maximum Stay) · 여행조건에 대한 제한 : 도중체류 횟수, 선 구입조건, 예약 변경가능 여부, 여정변경가능 여부

[자료] 직무입문(여객발권), 여객-21-2004-01에 의거 재구성.

가. 정상운임(Normal Fare)

종 류	내 용
YO2	· 적용 : A3~북미간 여정 · MIN / MAX STAY 0일 / 1년 · STOPOVER : 방향당 KRW89000 지불로 1회 가능 · TRANSFER : 2회까지 가능 · CHILD 75% / INFANT 10% · AD / CG 가능
Y2	· 적용 : A3와 중남미 간 · MIN / MAX STAY 0일 / 1년 · STOPOVER : 방향당 KRW89000지불로 1회 가능 · TRANSFER : 방향당 3회 허용 · CHILD 75% / INFANT 10%
유아(infant))	· 적용 : 최초여행기준일 만14세~2세 미만 좌석 비점유승객 · 성인운임의 10%(국내선은 각 국가마다 다름) · 무료수하물 허용량(Weight System의 경우 없음. Piece System의 경우 115cm 미만의 1PC 및 접을 수 있는 유모차 · 티켓상에 생년월일과 보호자의 항공권번호 기재

소아(child)	· 적용 : 최초여행기준일 만2세 이상~12세 미만으로 성인보호자가 동반하는 승객 · 무료수하물허용량 : 성인과 동일 · 한국출발 Child 운임수준 : 성인운임의 75% · 티켓상에 생년월일과 보호자의 항공권번호 기재
비동반소아(UM)	· Unaccompanied Minor. 최초여행기준일 만5세 이상~12세 미만으로 성인 보호자 없이 혼자 여행하는 승객 · 운임수준 : 만5세 이상~8세 미만은 성인요금, 만8세 이상~12세 미만 소아운임 · 무료수하물허용량 : 성인과 동일 · 티켓상에 생년월일 기재 · 사전예약과 운송허가를 받아야 함

나. 할인운임(Discounted Fare)

종 류	내 용
학 생	· 적용 : 최초여행기준일 만12세~25세 미만으로서 정규기관의 6개월 이상 교육과정에 등록된 자 · 적용 : 학업시작 6개월 전부터 학업종료 후 3개월까지 · 운임수준 : 성인 정상운임의 75%(Y등급에만 해당) · Stopover : 불가 · 구비서류 : 입학허가서사본 / 재학증명서원본 / 학생증 / 여권사본
여행인솔자 (TC)	· 적용 : 10명 이상 단체승객을 인솔하는 자 · 단체구성원에 따라 할인수혜 인원 및 할인율 결정 10~14명 1명 50%, 15~24명 1명, 100%, 25~29명 2명(1명은 10% 나머지 1명은 50%), 30~39명 2명, 100%)
여행사직원 (대리점 직원)	· 적용 : 항공사와 대리점 계약을 체결한 여행사 직원 및 배우자(항공사 승인 필요) · 운임수준(본인 25%, 배우자 50%) · 유효기간 : 항공권발행일로부터 3개월 · 구비서류 : 대리점의 신청서, 항공사의 승인서, 타항공사 개입시 타항공사의 동의서
선 원	· 적용 : 조업과 관련하여 여행하는 YOW 여정 · 운임수준 : 정상성인운임의 75% · 도중체류 : 불가 · 구비서류 : 선원증명서, Seaman Book, 선원고용계약서

다. 판촉운임(Promotional Fare)

판촉운임은 다양하나 항공수요를 만족시키기 위하여 항공사가 여행기간, 여행조건 등에 제한을 가하여 개발한 각종 운임을 말한다. 즉 특정노선이나 방면의 여행수요를 개발·촉진하기 위하여 출발지, 목적지를 정하여 설정되는 운임이기 때문에 수요의 동향을 반영한 신설·개폐가 행해지며 유동성이 높은 운임이다. 개인용이나 일정수(一定數) 이상의 단체용 운임인 까닭에 여객의 연령, 사회적 신분 등 일정의 자격을 요하는 것이 있고 다양하다.

〈표 3-11〉 특별운임규칙 조견표

항　목	내　용
1. 운임종별 2. 목적지 3. 여　객	·각각의 호칭을 가지고 있음 ·지역, 국명, 도시를 특정하여 설정됨(태평양선은 대개 특정 안함) ·최소 필요 인원수를 명시 ·여객의 자격규정 ·소아할인 인정, 소아 할인운임을 지불하는 소아 1명은 단체구성 여객수로 계산하지 않음
4. 출발지 5. 적용기간	·출발국가, 출발도시를 명시 ·통년(All Year) 　- 계절용(여행개시일 기준) ·발권상의 코드(Seasonality 구분) 　- 높은 순서로 YO→YJ→YZ→YT 　- 3단계YH, YO, YL 　- 4단계YH, YO, YJ, YL 　- 5단계YH, YO, YJ, YZ, YL 　- 6단계YH, YO, YJ, YZ, YT, YL
6. 여행형태, 등급, 　경로 규정	·OJ의 인정이 적지 않다. 　- Class of service의 지정 ·경로제한이나 환승제한에 관한 규정이 설정되어 있다.

>>> 최저판매가격(Minimum Tour Price = MTP)

숙박, 관광, 오락 등의 지상수배를 포함한 여행(IT여행)을 당해 운임을 사용하여 판매하는 경우의 여행최저판매가격이 MTP이다. IT운임(개인용, 단체용)을 비롯 IT에 사용가능한 운임에 대해서 규정된다. 일반적으로 여행일수(박수·泊數)를 기준으로 하여 설정된다. 판촉운임에는 유효기간, 필요여행일수 등에 제한을 두는 바, 계산방법은 다음과 같다.

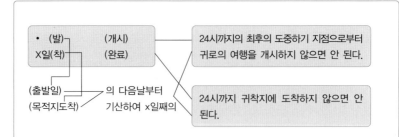

월수로 나타내는 경우에는 「X개월 발·개시」가 대부분이다.

「여행개시일의 X개월 후의 동일(개시일이 월말인 경우에는 X개월째의 말일」의
24시까지에 최후의 도중하기 지점에서의 귀로여행을 개시하지 않으면 안 된다.

(예) 1월 1일 서울발(PO)Route를 이용하여 유럽여행의 경우
　　　　단체 IT 15명 유효기간 60일 발 개시
(해설) 출발 다음날인 1월 2일부터 기산 60일째인 3월 3일 24 : 00시 이전에
　　　　여행하지 않으면 안 된다.

[그림 3-4] 유효기간의 계산방법[10]

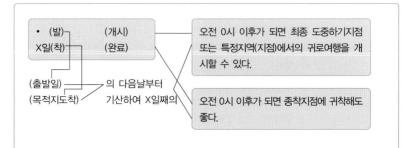

(예) 제2지구내 14일 착 개시
(해설) TC 2구내(Europe)의 최초 도착지점의 다음날(1월 3일, PO루트는 1월
　　　　2일 도착) 기산 14일 째가 되는 1월 16일 오전 0시가 아니면 유럽내 최
　　　　후 도중하기지에서 여행을 할 수 없다.
(예) Bulk IT 필요 여행일수 10일 발 개시
(해설) 서울로의 귀로여행은 출발 다음날(1월 2일)로부터 기산(起算) 10일째가
　　　　되는 1월 11일 0시 이후가 아니면 개시할 수 없다.

[그림 3-5] 필요 여행일수의 계산방법

---

10) 日本発着特別運賃規則および運賃表, 日本航空, 1973. 10, p. 23~24.

(6) 여행조건서(Travel Condition Sheet)의 작성

여행조건서는 여행일정표, 견적서와 더불어 여행업의 3대 기본서류 중의 하나로서 여행일정표 및 견적서의 내용을 일정한 양식에 의거하여 집약한 서류이다. 이 서류는 곧 계약조건이 되는 동시에 이의 승낙은 여행계약의 성립을 의미한다. 이 서류는 단체취급에 중요한 자료이며, 조그만 실수가 있어도 회사의 이미지 실추는 물론 경우에 따라서는 막대한 경제적 손실을 발생시키기도 하므로 작성에 즈음해서는 신중을 기하여야 한다. 여행조건서의 양식은 회사에 따라 약간씩 다르나, 조건서상 기재되는 내용은 대동소이하다. 대개 인원수(특히 FOC의 구분), 호텔의 객실사용조건, 식사횟수와 종류, 교통기관의 종류, 안내원의 안내방법, 관광시의 조건, 공항세의 포함 유무, 특별수배사항, 지불처, 항공편명(출발 및 도착), 견적금액 등이다(보기의 양식 참조). 한편, Confidential Tariff상에 나와 있는 여행조건은 대체로 정형화되어 있는데, 여기에 나와 있는 여행조건은 일반적으로 ① 요금계산단위, ② 예약 및 지불, ③ 취소 및 환불, ④ 교통기관의 사용조건, ⑤ 관광시의 입장료, 교통, 가이드 관계, ⑥ 숙박호텔의 사용기준, ⑦ 식사의 내용과 한 끼당 평균가격, ⑧ 무료(FOC)취급인원, ⑨ 책임사항, ⑩ 가격표(Tariff)에 포함되지 않은 것 등이 기재된다.

(7) 청구서(Invoice)의 작성

청구서란 대금을 지급하지 않은 매수인에 대해 대금의 지급을 청구하거나, 약속한 기한에 지불의무를 이행치 않을 경우에 지불을 요구하는 서류이다. 여행업에서의 청구서는 대개 여행비용 등의 매출채권이 이에 해당한다 할 것이다. 청구서에는 대개 지상비용을 포함한 기본여행경비와 객실 추가사용이나 선택관광의 발생 등 여행조건에 추가적으로 발생되는 비용이 추가요금으로 기재되며, 객실의 등급이 하향조정(Down Grading)되거나 여행사 사정에 의해 여행조건이 미제공된 경우에는 차감금액으로 처리되어 그러한 제비용을 차감한 금액이 최종청구금액이 된다. 청구서의 양식은 각사에 따라 약간씩 다르나, 대개는 보기의 양식과 같다. 청구서 작성시 유의할 사항은 발행일자와 청구금액, 발행자의 서명날인이 가장 중요하므로, 이에 대한 착오가 발생하지 않도록 하여야 하며, 착오 발생시에는 가급적 용지를 바꿔서 새로운 용지에 재작성하는 것이 바람직하다.

CONDITIONS & TOUR FARE

Messrs. _____   Date _____
Tour Name   Your Ref. No _____
                                  Our Ref. No. _____

CONDITION

1. Arrange Pax   (   ) + (   ) free/s Tour Term _____
2. Accommodation   (   ) twins (   ) singles (   ) triples/suites at _____
                      (   ) twins (   ) singles (   ) triples/suites at _____
                      (   ) twins (   ) singles (   ) triples/suites at _____
                      (   ) twins (   ) singles (   ) triples/suites at _____
                      (   ) twins (   ) singles (   ) triples/suites at _____
3. Meals   ☐ Breakfast only ☐ Half Pension ☐ Full Pension ☐ American ☐ Continental Breakfast
            (All service charges and taxes are included)
            _____
            _____
            _____

4. Transportation   (   ) car/s ☐ Private Motor coach ☐ Micro−bus ☐ Private car ☐ Taxi
                      ☐ Between airport, stations, piers and v.v. with English/Japanese/(   )
                        speaking Guide
                      ☐ Rail (   ) class tickets with (   ) pieces
                      ☐ Domestic air tickets with seat reservation (   ) pieces
                      ☐ Hydrofoil ☐ Ship (   ) Pieces
                      ☐ Long Distance Motor Coach (   ) car/s
                      ☐ Through Escort ☐ English ☐ Japanese ☐ (   ) speaking (   ) Person/s
5. Sightseeing   (   ) car/s ☐ Private Motor Coach ☐ Micro−bus ☐ Shuttle−bus ☐ Private car ☐ Taxi
                      ☐ Including entrance fees of our recommend places only but including ☐ Exc.
                      ☐ with English/Japanese/ (   ) speaking guides at
6. Porter Fee   ☐ Included. per person. per baggage ☐ Excluded
7. Airport tax   ☐ Included ☐ Excluded
8. Others
9. Special Arrangement :
   ┌───┐
   │   │
   │   │
   │   │
   └───┘

10. Payment at   ☐ _____ ☐ New Booking ☐ Change ☐ Final
※ Flight   Arrival   : Date   Flight :   −   (:   ) From :   To :
            Departure : Date   Flight :   −   (:   ) From :   To :

QUOTATION
We take great pleasure in submitting here with our quotation, including above conditions.

Party of Paying person/s plus   free/s   Net cost each paying : US $ Total US $ _____
Party of Paying person/s plus   free/s   Net cost each paying : US $ Total US $ _____
Party of Paying person/s plus   free/s   Net cost each paying : US $ Total US $ _____
                                            Single Supplement: Charge : US $ Total US $ _____
                                                      GRAND TOTAL US $ _____

INVOICE

請　求　書

DATE(發行日字) :

1. BASIC QUOTATION
(基本料金) (+)
a. US$ × = US$
b. US$ × = US$

2. EXTRA SURCHARGE
(追加料金)

TOTAL(計)US$

3. DEDUCTION
(差減料金)

TOTAL(計)US$

TOTAL THE SUM OF US$
(1 + 2 - 3)

NET TOTAL(請求金額) : US$

SIGNATURE(署名捺印) :

REMARKS(備考) :

04 여행관련상품의 판매

1) 여행관련상품의 의의

여행사의 아버지로 불리는 영국의 토마스쿡(Thomas Cook)은 이미 1851년에 "Cook의 Excursionist"라는 여행잡지를 선보이고 있으며, 1873년에 발행되기 시작한 "Thomas Cook Continental Timetable"을 비롯하여 1874년 본업이라고 할 만한 여행자수표(Traveler's Check)의 영업을 개시하고 있다.

일본도 1920년 일본교통공사에서 여행자수표를 판매하면서 여행관련상품 판매에 들어가, 1924년 월간잡지 "타비(旅)"의 발행, 1925년 "JTB시각표"발행 등으로 이어지고 있다. 우리나라에서는 철도여행문화사에서 "관광교통시각표"라는 책자를 발간해왔으나, 인터넷의 등장과 더불어 지금은 찾아볼 수 없게 되었다.

여행사에서 취급하고 있는 상품 · 서비스는 크게 국내여행상품, 해외여행상품, 외국인여행상품으로 대별할 수 있으며, 이들 상품을 여행사들이 본래부터 판매하고 있는 여행상품이며, 여행사들이 차후 가장 돈버는 상품이 제4의 여행상품이 여행관련상품이다.[11]

여기에는 여행도서류, 여행자수표, 여행보험 등 비교적 오랜 세월동안 여행 이외의 상품으로 취급되었으나, 이 시기에 해외토산품, 크레디트카드, 여행권(旅行券)적립플랜, 선물(Gift)여행권 등이 속속 등장하여 기존의 여행상품판매와 경쟁하기에 이르렀다.

2) 여행관련상품의 분류와 종류

(1) 여행 전 준비를 위한 관련상품

① 시각표

앞서 언급한 토마스쿡의 시각표를 비롯하여 OAG나 ABC는 아직도 시각표를

---

11) 安田亘宏, 旅行会社のクロスセル 戦略, イカロス出版、2007. p. 44.

인쇄매체로 하여 전세계를 상대로 공급하고 있으며, 이웃나라인 일본에서도 "JTB시각표" 및 "JR시각표" 등이 아직도 건재하다. 시각표는 다음과 같은 장점을 지닌다.

- 본래 여행사에서 조사하는 열차시각 등을 고객 스스로 조사함으로써 업무 경감에 기여한다.
- 가정이나 사무실에 상비(常備)되어 기억을 되살리는 역할을 수행한다.
- 출판부문의 사업화에 따라 출판사업 수입에 따른 배당금, 자산형성을 창출한다.

② 여행정보지

국내·외 여행이나 관광지, 숙박시설, 맛집 등을 소개하는 정기간행지, 월간지가 많다. 여행의 즐거움을 읽는 그 자체를 목적으로 하고 있는 경우도 있지만 그 정보를 통해 여행을 권유하는 것이 본래의 목적이다. 또한 새로운 여행이나 목적지의 여행 스타일을 제안하거나 경향을 선도하는 힘도 있다. 기행문이나 사진을 중심으로 한 여행정보지와 여행사 각 사의 패키지 투어나 할인항공권, 숙박시설 안내 등을 개재한 카탈로그적인 여행정보지도 있다.

한국에서는 대항항공이나 아시아나항공 등에서 발행하는 여행정보지를 비롯하여 월간여행생각(TBJ) 등이 대표적이다. 여행정보지는 다음과 같은 장점을 지닌다.

- 여행팸플릿, 카탈로그의 역할을 수행한다.
- 새로운 여행경향(Travel Trend), 여행목적지를 제3자로서 발신할 수 있다.
- 출판부문의 사업화에 따라 출판사업 수입에 따른 배당금, 자산형성을 창출한다.

③ 여행가이드북

국내·외 관광지나 도시, 관광지의 관광포인트, 지도, 호텔, 레스토랑, 쇼핑센터에 추가하여 그 지역의 역사, 문화를 지역마다 한 권의 책으로 엮어낸 책자가 여행가이드북이다. 휴대하기 편리한 포켓사이즈가 많으나 잡지 사이즈의 대형도 있다. 최신의 현지정보가 인터넷으로 입수할 수 있게 된 오늘날에도 특히 해외여행 시에는 아직도 많은 여행자들이 이런 가이드북을 소지하고 떠나는 것을 볼 수 있다. 여행가이드 북은 다음과 같은 장점을 지닌다.

- 스스로 조사함으로써 여행사나 현지 데스크, 가이드의 업무를 경감시킨다.
- 출판부문의 사업화에 따라 출판사업 수입에 따른 배당금, 자산형성을 창출한다.

3) 여행 중에 필요한 관련상품

(1) 여행보험

여행보험은 거의 모든 여행사들이 취급하는 여행관련상품으로 그 역사도 매우 길다. 여행사들은 단가가 높은 해외여행보험에 판매를 경주하고 있다. 대리점 수수료도 여행관련상품 가운데 고율이며, 수입확보 면에서 매우 중요한 위치를 차지하고 있다.

뿐만 아니라 여행사의 여행자에 대한 안전배려의무 관점에서도 가입권유를 확실하게 할 필요가 있는 상품이기도 하다. 여행보험판매에 즈음하여 여행사는 손해보험 판매대리점으로서 등록을 하고 사원은 소정의 연수, 강습 등을 받아 손해보험모집인 자격을 취득하는 것이 바람직하다. 여행보험은 다음과 같은 장점을 지닌다.

- 사고가 발생한 때 보험회사가 현지대응, 보상함으로써 여행사의 업무를 경감시킨다.
- 큰 사고의 경우에 들이닥칠 기업위험에 대한 기업방위가 된다.
- 손해보험회사를 설립하면 대리점수수료 이외에 보험사업 수익에 따른 배당금, 자산형성을 창출한다.

(2) 신용카드(Credit Card)

신용카드는 상품을 구입할 때 결제수단의 하나로 대다수 여행사는 주요 신용카드회사와 가맹점 계약을 하여, 카드이용고객의 지불에 대응하고 있다. 또한 선진국 여행사들은 여행관련상품으로서 대형 신용카드회사와의 제휴카드를 발행, 모집하든지, 신용카드 회사의 모집·알선을 하고 있다. 신용카드는 다음과 같은 장점을 지닌다.

특히 해외여행에 있어서는 국재 브랜드가 들어간 신용카드는 여행지에서의 결제수단으로서, ID카드로서 필수불가결한 것이기 때문에 해외여행자를 대상으로 모집을 하는 것이 유효하다고 말한다. 결제기능 이외에도 현금인출이나 이용실적에 따라 포인트 환원, 여행보험, 티켓의 우대판매 등 특전이 주어지는 것도 많다. 신용카드는 다음과 같은 장점을 지닌다.

- 제휴방법에 따라 모집한 고객데이터를 공유할 수 있다.
- 제휴방법에 따라 모집수수료 이외에 이용금액에 따른 환전수수료를 수령할 수 있다.
- 제휴방법에 따라 카드회사에게 지불하는 자사이용의 가맹점 수수료를 경감시킬 수 있다.
- 제휴방법에 따라 이용액의 상당한 포인트 교환상품을 선물여행권으로 대체함으로써 재이용을 촉진할 수 있다.

(3) 여행자수표(Traveler's Check)

여행자수표는 해외여행자가 여행 중에 현금 대신 사용할 수 있는 수표. 주로 해외여행자의 여비 휴대의 편의를 도모하고, 현금을 지참함으로써 생기는 위험을 방지하기 위하여 사용하는 수표이다. 현금과 똑같이 취급되지만, 본인 이외에는 사용하지 못한다. 여행관련상품 중에서도 가장 오래된 상품 가운데 하나이다. 여행자수표는 다음과 같은 장점을 지닌다.

- 제휴발행에 따라 판매수수료 이외에 환차익, 운영이익금 등을 수령할 수 있다.

- 자사발행에 따라 전액 전도금의 현금흐름(Cash Flow)[12]을 확보할 수 있으며, 더욱이 환전수수료, 환차익, 이용이익, 미사용분의 이익을 계상(計上)할 수 있다.

(4) 국제현금카드(International Cash Card)

국제현금카드는 한국에 맡겨진 구좌에서 해외의 금융기관이 설치한 ATM[13] 이나 CD를 이용하여 현지통화를 24시간 365일 인출할 수 있는 플라스틱 캐시카드이다. 해외로 빈번하게 출국하는 사람이나 주재원, 유학생, 장기채재자에게 적합한 카드로 알려져 있으나 일반 여행자나 패키지 여행자에게도 사용범위가 확대되고 있다. 차세대형 T / C라고 알려져 있고, 해외에서는 여행자수표 다음으로 보급되고 있는 실정이다. 국제현금카드는 다음과 같은 장점을 지닌다.

- 제휴발행에 따라 판매수수료 이외에 환전수수료 배분금 등을 수령할 수 있다.
- 자사발행에 따라 전액 전도금의 현금흐름을 확보할 수 있으며, 더욱이 환전수수료, 환차익, 이용이익, 미사용 분의 이익을 계상할 수 있다.

4) 여행상품 구입하기 위한 관련상품

(1) 여행적립상품

여행적립상품은 여행권구입대금으로서 일정기간 일괄 또는 분할하여 여행사에 미리 지불하고, 만기 후 당해 여행사의 "여행권"을 수취할 수 있는 시스템으로 정식으로는 "선불방식여행권구입계약플랜"이라고 할 수 있다. 일반 금융기관의 정기예금 금리를 훨씬 크게 웃도는 서비스금액이 가산되는 것이 특징이다. 여행적립상품은 다음과 같은 장점을 지닌다.

---

12) 물건을 만들고 파는 기업활동의 이면에는 현금의 유입과 유출이 나타나는데, 영업활동에 의한 현금흐름, 투자활동에 의한 현금흐름, 재무활동에 의한 현금흐름 등이 있다.
13) 현금자동입출금기(ATM : Automated Teller Machine) 직원을 통하지 않고 컴퓨터를 이용해 직접 금융 거래를 할 수 있도록 고안된 기기이다. 현금 자동 입출금기는 마그네틱 띠가 있는 현금 카드·직불 카드·신용 카드나 통장, 또는 IC칩을 탑재한 스마트카드 등을 통해 이용할 수 있다.

• 여행실시 예정의 고객데이터와 장래의 여행상품 판매수입을 확보할 수 있다.
• 여행상품 교환시, 만기금액보다 고액인 여행상품의 판매를 기대할 수 있다.
• 자사운영에 따라 전액 전도금의 현금흐름을 확보할 수 있으며, 더욱이 환전 수수료, 환차익, 이용이익, 미사용 분의 이익을 계상할 수 있다.

(2) 선물(Gift)여행권

여행사가 주최가 되어 발행하고 있는 여행상품의 구입에 사용할 수 있는 선물용 상품권으로 기본적으로는 자사 및 자사 계열사에 있어서 이용가능한 선불식 증표이다. 선진국에서는 일반적으로 중견기업 정도의 여행사에서 발행하고 있고, 상품권 가운데에서도 많이 유통되고 있는 상품권이기도 하다. 고객의 사전포섭이 최대목적이며, 신규고객의 개척효과도 크다. 선물여행권은 다음과 같은 장점을 지닌다.

• 장래 여행상품의 판매수입을 확보할 수 있다.
• 선물로 이용됨으로써 신규고객을 유인할 수 있다.
• 여행교환시, 권면액보다 고액인 여행상품의 판매를 기대할 수 있다.
• 자사운영에 따라 전액 전도금의 현금흐름을 확보할 수 있으며, 더욱이 환전 수수료, 환차익, 이용이익, 미사용 분의 이익을 계상할 수 있다.

(3) 트래블론(Travel Loan)

여행대금 지불을 목적으로 한 론(Loan)[14]으로, 자사취급 여행상품만이 대상이다. "용도가 한정된 론으로 불리고 있다. 금리는 은행 등에 비하여 높으나 카드회사보다 금리가 유리하여 심청에 번잡한 절차가 없이 간단하게 진행되는 것이 특징이다. 일반고객과 학생을 대상으로 하고 있고, 특히 학생들의 졸업여행, 유학, 어학, 홈스테이 등에서 이용되는 경우가 많다. 또한 여행시에 필요한 용돈을 대출하고 있는 여행사도 있다. 트래블 론은 다음과 같은 장점을 지닌다.

---

14) 일반적으로 대출·금융·융자·차관 등을 뜻하는 말.

- 학생의 졸업여행, 어학연수, 유학 등 여행 시에 수입이 없는 층을 흡수할 수 있다.
- 자사 론의 경우 자사자금의 운영이 가능하고 운영이익을 확보할 수 있다.

5) 여행 전후 편리한 여행관련상품

(1) 해외토산품 사전구입서비스

해외토산품 사전구입서비스란 여행지의 토산품, 특히 해외토산품을 여행출발 전에 자택에서 카탈로그나 인터넷으로 골라, 희망하는 날짜에 택배(宅配)하는 서비스를 말한다. 토산품 구입은 여행자들에게 큰 즐거움의 하나이며 중요한 요소이지만 단기체재의 여행으로는 토산품 구입시간이 너무 짧아 충분한 시간적 여유를 가지지 못하는 것이 현실이다.

해외여행 경험자들을 중심으로 의외로 침투하고 있는 서비스의 하나이다. 수입률이 좋은 까닭에 많은 여행사들이 판매에 열을 올리고 있다. 해외토산품 사전구입서비스는 다음과 같은 장점을 지닌다.

- 전문회사의 직원에 의한 설명회장이나 공항에서의 알선보조 등을 기대할 수 있다.
- 상사부분의 사업화에 따라 상사수입에 의한 배당금 등 자산형성을 창출한다.

(2) 여행용품 판매

여행용품이란 국내·외 여행에 가방이나, 의류, 짐 꾸리기 용품이나, 기내나 호텔에서 사용하는 잡화, 보안용품 등 여행 중에 사용하는 모든 용품을 말한다. 해외토산품 사전구입서비스처럼 출발 전에 여행자에게 여행에 필요한 상품으로서 안내하여 판매나 임대하고 있다.

여행사에서는 현물은 지참하지 않고 카탈로그에서의 판매나 임대가 중심이 되고 있다. 기본적인 것은 백화점이나 마트에서 구입할 수 있지만 여행용 드라이나 다리미, 기내용 베개, 목걸이 지갑, 벨트용 주머니, 소변대 등 일반적으로 구입하기 어려운 상품을 갖추고 있는 것이 특징이다. 판매는 해외토산품 사전구입서비스처럼 상사부문 또는 여행용품 전문회사와의 제휴에 따라 행해지고 있다. 여행용품 판매는 다음과 같은 장점을 지닌다.

• 상사부분의 사업화에 따라 상사수입에 의한 배당금 자산형성을 창출한다.

(3) 국제전화관련서비스

해외여행 중에는 한국에 국제전화를 걸 경우가 많다. 해외에서 국제전화와 관련하는 서비스에는 "국제전화카드"와 "국제휴대전화서비스"가 있다. 비교적 오랜 역사를 가진 것이 해외여행국에서 현금 없이 한국으로 전화할 수 있는 국제전화전용카드로 "후불방식카드"와 "선불방식카드"가 있다.

근년 국내에서의 휴대전화가 일반화하고 해외에서 휴대전화 이용을 요구하는 여행자가 증가, 각 여행사는 "국제휴대전화판매·임대서비스"에 적극적으로 대응하고 있다. 더불어 유학이나 홈스테이 등 학생층을 중심으로 이용되고 있다. 또한 업무도항이나 해외주재, 장기체재 등에도 적합한 서비스이다. 국제전화관련서비스는 다음과 같은 장점을 지닌다.

• 제휴방법에 따라 모집수수료 이외에 이용액에 따른 환원수수료를 수령할 수 있다.

(4) 공항관련서비스

공항관련서비스는 여행갈 때, 특히 해외여행시 공항과 관련한 서비스이다. 많은 여행사가 여행자에의 서비스와 수입확보를 위해 취급하고 있다. 대형 가방 등 무거운 짐을 자택에서 공항까지, 또는 귀국 후 공항에서 자택까지 택배 등 예약·수배하는 "공항택배서비스"나 자가용으로 공항까지 가는 경우 미리 공항 주변의 저렴하나 주차장을 예약·수배하는 "공항주차장 서비스", 개나 고양이 등의 애완동물을 위한 여행 중 공항주변의 "애완동물(Pet)전용 호텔을 준비하는 공항주변 페트전용호텔서비스" 등이 있다. 어느 것이든 각각의 서비스회사와 제휴하여 카운터나 인터넷으로 소개하는 형식을 취하고 있다.

• 특별한 또 하나의 이유는 없다.

6) 여행과 관련 없는 상품

(1) 선물상품권

선물상품권이란 백화점, 호텔, 레스토랑, 전문점, 레저시설 등 여러 곳에서 사용할 수 있는 선물용 상품권을 말한다. 여행사에서 판매하지만 여행사 이외에서 사용할 수 있는 상품권으로, 법률적으로는 제3자발행형 선불식 증표에 해당한다.

여행사는 선물여행권에서의 판매 노하우를 활용하여 참여한 분야로, 기본적으로는 여행과의 관련성이 없는 상품이다. 그러나 카드회사계의 선물상품권은 자사에서의 여행상품구입에 이용할 수 있는 것도 있고, 고객유치 효과를 노리고 판매하고 있다. 여기서 말하는 선물상품권은 앞서 언급한 "선물여행권"을 제외한 상품을 말한다. 선물상품권은 다음과 같은 장점을 지닌다.

• 제휴발행에 따라 판매수수료 이외에 가맹점수수료, 운영이익, 미사용 분의 일부를 환원이익으로써 수령할 수 있다.
• 자사운영에 따라 전액 전도금의 현금흐름을 확보할 수 있고, 더욱이 가맹점수수료, 운영이익, 미사용 분의 이익을 계상할 수 있다.
• 선물상품권이 자사에서 이용 가능한 경우는 일부 장래의 여행상품 판매수입을 확보할 수 있다.

(2) 엔터테인먼트 티켓판매

엔터테인먼트 티켓이란 연극, 뮤지컬, 고전극, 콘서트 재즈, 오페라, 마당놀이, 판소리 등 "음악", 미술전, 박물관 등의 "미술", 야구, 축구, 씨름 등의 "스포츠", 박람회, 전시회, 페스티벌 등의 "이벤트"나 영화 티켓을 말한다.

일부 여행사가 카운터나 인터넷으로 판매하고 있다. 여행과는 직접 관계가 없는 것이 많지만 각각의 티켓이 여행기획의 중요한 요소로 활용되는 경우도 있다. 특히 만국박람회(EXPO)나 특정 올림픽 등 대형 이벤트 티켓은 각 여행사가 패키지투어나 단체여행을 묶어서 판매하기도 한다. 엔터테인먼트 티켓판매는 다음과 같은 장점을 지닌다.

- 여행상품구입 목적 이외의 고객의 내점촉진효과가 있다.
- 장래에 사업화의 가능성이 있다.

(3) 공영복권 판매

복권(Lottery)은 공공기관 등에서 특정한 사업자금을 마련할 목적으로 발행·판매하는, 당첨금이 따르는 표이다. 현재 주택복권·찬스복권·또또복권·체육복권(월드컵복권)·기술복권·슈퍼더블복권·플러스플러스복권·슈퍼코리아연합복권 등이 발행되고 있다. 그 밖에 중소기업 지원을 위한 기업복권, 근로자의 복지증진을 위한 복지복권, 지역사회 개발을 위한 자치복권, 제주도 개발을 위한 관광복권, 산림환경 개선을 위한 녹색복권, 신용카드 사용을 활성화하기 위한 신용카드영수증복권 등 다양한 종류의 추첨식·다첨식·즉석식 복권들이 발행되고 있다.

여행사가 공영복권을 판매하는 것은 터미널이나 번화가 등의 입지가 좋은 곳에 점포가 위치하고 있기 때문이다. 여행과는 직접적인 관련은 없지만 점포자체의 인지도를 향상시키고 내점빈도를 높이는 유치효과는 기대할 수 있다. 개중에는 고액당첨을 하여 유명세를 탄 여행사도 있다. 공영복권판매는 다음과 같은 장점을 지닌다.

- 여행수입목적 이외의 고객의 내점촉진효과가 있다.

4

여행계약업무

계약의 기초개념

계약이란 권리·의무 관계의 발생·변경·소멸에 관한 당사자 간의 합의로서 넓은 뜻의 계약에는 채권관계의 발생·변경·소멸에 관한 채권계약뿐 아니라 물권변동(物權變動)을 낳게 하는 물권계약, 예컨대 지상권설정 계약이나 저당권 설정계약, 결혼·합의이혼 등 친족적 신분관계의 변동에 관한 신분법상의 계약도 포함된다.

한국적 사회통념에서는 가능한 한 타자와의 대립을 피하고 협조를 꾀하는 정신이 우선하므로, 원래 이질적인 대립관계를 전제로 하는 구미계통의 계약개념에는 익숙치 못하며, 문서로 계약을 교환하는 관행이 일반화하지 않고 있는 게 현실이다.

그러나 근래 한국의 여행업도 서비스의 선매(先買) 계약·대리점 계약을 비롯하여 기술원조(제공) 계약이나 고용계약 및 금전소비대차 계약 등 계약의 대상도 광범위하게 확대되어 국제성이 강한 여행업 분야는 특히 계약관념을 가지는 것이 필수조건이라 하겠다.[1]

이러한 계약은 넓은 의미로는 법률효과의 발생을 목적으로 서로 대립하는 의사표시, 즉 청약과 승낙의 합치로서 성립하는 법률행위로 채권계약뿐만 아니라 물권계약, 준물권계약, 가족법상의 계약 등을 포괄한다. 좁은 의미로는 채권의 발생을 목적으로 하는 채권계약을 말하는데, 채권계약에 한정할 수는 없고 계약 자유의 원칙에 입각하여 수많은 형태의 계약이 존재하고 있고 이 모든 것을 계약이라 할 수 있다.

따라서 여행계약이란 여행행위를 위해 체결하는 계약으로서 "당사자 일방(여행자)이 약정한 여행요금을 지급하고 상대방(여행업자)이 운송·숙박 등 여행관련 서비스를 제공함으로써 소기의 여행을 달성할 목적으로 하는 계약이라고 할 수 있다.

---

1) トラベルジャーナル, 最新海外ビジネス出張事典, 1985, p. 76.

1) 계약의 의의 및 작용

사람이 사회생활을 하는 데에는 반드시 행위의 기준이 있어야만 하고, 이러한 생활의 준칙은 자율성에 근원하여 스스로를 합목적적으로 규율하는 이른바 "당위의 법칙" 또는 "규범"인 것이다.

이에는 법을 비롯하여 도덕, 관습, 종교 등이 있으며, 이 가운데 법을 조직적인 사회력, 구체적으로는 국가권력에 의하여 이의 준수가 강제되는 점에서 다른 사회규범과는 구분된다. 특히 법이 규율하는 분야 중에서 사인(私人) 상호간에 발생하는 의사표시를 요소로 하는 법률요건이 법률행위, 특히 이 중에서도 "의사표시의 교환", 즉 계약이 광범위한 영역에 걸쳐서 법률관계를 결정하는 역할을 하게 되는 것이다.2) 따라서 이러한 계약을 법률적으로 정의해 보면 「계약은 사법상(私法上) 일정한 법률효과의 발생을 목적으로 하는 상호 의사표시의 합치3)로서, 적어도 2개의 대립하는 의사표시로 구성된 법률관계의 발생·변동·소멸의 효과를 생기게 하는 하나의 법률요건」이라 할 수 있다.

광의의 계약은 채권의 발생을 목적으로 하는 채권계약과 지상권 또는 근저당의 설정계약 등 물권적 효과의 발생을 목적으로 하는 물권계약, 채권의 양도나 물권 이외의 재산권 변동을 목적으로 하는 준물권계약 및 혼인·입양 등 가족법상의 신분관계의 변동을 목적으로 한 계약에 이르기까지 폭넓게 사용되고 있으나, 협의의 계약으로는 채권계약의 개념만을 의미하게 된다. 그러나 채권계약에 관한 규정이 특히 채권에만 국한되는 것이 아닐 때에는 모든 계약 전반에 대해서도 유추·적용되어야 할 것이다.

2) 계약의 종류

계약은 다양한 기준에 따라 ① 전형계약(典型契約)·비전형계약(非典型契約), ② 쌍무계약(雙務契約)·편무계약(片務契約), ③ 유상계약(有償契約)·무상계약(無償契約), ④ 낙성계약(諾成契約)·요물계약(要物契約), ⑤ 요식계약(要式契約)·불

---

2) 인형무, 예해 계약요론, 삼성상임법률고문실, 1985, pp. 1~2.
   김증한, 법학통론, 박영사, 1983, p. 226에서는 의사표시란 청약과 승낙이라고 규정하고 있다.
3) 김증한, 최신법률용어사전, 법전출판사, 1986, pp. 205~206.

요식계약(不要式契約), ⑥ 계속적 계약·일시적 계약, ⑦ 본계약(本契約)·예약(豫約) 등으로 나눌 수 있다.

그러나 계약을 그 종류에 따라 나누지 않고 무작위적으로 가나다 순으로 배열하여 그 이용가치를 극대화 하고자 하였다. 이는 계약의 형태나 분류가 중요한 것이 아니라 실질적으로 계약서의 작성 및 그 계약에 담긴 내용과 계약 당사자 간의 권익보호에 중점을 두고 손쉽게 해당 계약부분을 찾아 이를 응용하여 계약을 체결하는데 도움이 되고자 함이다.

〈표 4-1〉 계약의 종류

계약의 종류	내　　　　용
① 전형계약·비전형계약	〈표4-2〉의 14가지의 계약을 전형계약(유명계약)이라 하고, 그 밖의 계약을 비전형계약(무명계약)이라고 한다. 후자는 계약자유의 원칙과 거래관계가 복잡해지면서 전형계약의 내용과는 다른 특수한 계약으로 생성되고 있다.
② 쌍무계약·편무계약	계약의 각 당사자가 서로 대가적(對價的) 의미를 가지는 채무를 부담하는 계약을 쌍무계약이라 하고, 당사자의 일방만이 채무를 부담하거나 또는 쌍방이 채무를 부담하더라도 그 채무가 서로 대가적 의미를 가지지 않는 계약을 편무계약이라 한다. 매매·교환·임대차 등은 쌍무계약이고, 증여·사용대차 등은 편무계약이다.
③ 유상계약·무상계약	계약당사자가 서로 대가적 의미 있는 재산상의 출연을 하는 계약이 유상계약이고, 계약당사자 중 한쪽만이 출연하든지 또는 쌍방 당사자가 출연을 하더라도 그 사이에 대가적 의미가 없는 계약은 무상계약이다. 쌍무계약은 모두 유상계약이고 증여·사용임차 등은 무상계약이다.
④ 유인계약·무인계약	유인계약은 계약의 효력이 원인된 사실의 유무에 관계되는(있는) 계약이며, 무인계약은 계약의 효력이 원인된 사실의 유무에 관계없는 계약이다.
⑤ 낙성계약·요물계약	당사자의 합의만으로 성립하는 계약을 낙성계약이라 하고, 합의 이외에 급여를 하여야만 성립하는 계약을 요물계약이라 한다. 현상광고는 응모자가 특정의 행위를 완료함으로써 계약이 성립하는 요물계약이고, 그 이외 민법의 전형계약은 모두 낙성계약이다.
⑥ 요식계약·불요식계약	어음행위와 같이 계약 체결에 일정한 형식을 필요로 하는 계약을 요식계약이라 하고, 계약 자유의 원칙에 따라 아무런 형식을 요하지 않는 계약을 불요식계약이라고 한다.

⑦ 계속적 계약·일시적 계약	계속적 계약이란 고용계약·임대차계약·계속적 물품공급계약 등 계속적 거래관계에서 현재 또는 장래에 발생하게 될 불특정채무에 대하여 책임을 지는 계약을 말하며, 이에 반해 일시적 계약이란 계약기간이 정해져 있는 계약을 의미한다.
⑧ 예약·본계약	예약은 장래에 어떤 계약(본계약)을 체결할 것을 약속하는 예비적인 계약이며, 본계약은 예약을 바탕으로 정식으로 체결하는 계약을 말한다. 예약에는 2가지 유형이 있다. ① 일방이 본계약 체결의 청약을 하면 상대방이 이를 승낙할 의무를 지는 경우이다. 이 경우 청약할 수 있는 권리를 일방만이 가지는 경우를 편무(片務)예약, 쌍방이 가지는 경우를 쌍무(雙務)계약이라 한다. ② 일방이 본계약을 성립시키고자 하는 의사표시(예약완결의 의사표시)를 하면 상대방의 승낙을 요하지 않고 즉시 본계약이 성립하는 경우이다. 이 경우에 예약완결권을 일방만이 가지는 경우를 일방예약, 쌍방이 가지는 경우를 쌍방예약이라 한다.

【자료】 정찬종, 여행사경영실무, 백산출판사, 2003에 의거 재구성.

이밖에도 주(主)된 계약과 종(從)된 계약 및 생전계약과 사인계약이 있으나 이는 말 그대로 주된 계약은 다른 계약에 관계되지 않고 성립하는 계약이고, 종된 계약은 다른 계약에 의존하는 계약으로 보증계약 등이 있다. 또한 생전에 효력이 발생하는 계약을 생전계약이라 하고, 일방 당사자의 사망으로 인하여 효력이 발생하는 계약을 사인(死因)계약이라 한다.

여행업에서 흔히 사용되는 예약(豫約)도 계약을 체결할 것을 미리 약정하는 것이기 때문에 계약의 일종이며, 이 예약에 의해서 상대방은 본계약을 맺을 의무를 부담하게 되는 것이다.

예약은 일정한 계약을 체결하여야 할 채무, 즉 본 계약의 성립에 필요한 의사표시를 하여야 할 채무를 발생케 하는 계약이므로 그 자체는 언제나 채권계약(債權契約)이나[4] 이에 근거하여 장차 체결된 본 계약은 반드시 채권계약에 한정되지는 않는다. 즉 질권(質權)·저당권 등과 같은 물권계약(物權契約)일 수도 있고, 혼인·입양과 같은 친족법상의 계약일 수도 있으며, 본 계약이 불능·불법한 내용의 것이어서 무효인 때에는 그 예약도 무효가 된다.

한편 민법상의 전형계약(典型契約)은 다음 표와 같다.

---

4) 앞의 책, p. 17.

〈표 4-2〉 민법상의 전형계약과 그 내용

재산을 대상으로 하는 계약	재산의 양도를 목적으로 하는 계약	(1) 무상으로 양도······증여(제544~562조)	
		(2) 유상으로 양도	(1) 반대급부(대가)가 금전인 경우 매매(제563~595조)
			(2) 반대급부(대가)가 금전 이외의 경우 교환(제598~608조)
	재산의 이용(대차)을 목적으로 하는 계약	(1) 빌린 물건 자체가 아니라도 동종물(同種物)을 반환하면 되는 경우 소비대차(제598~608조)	
		(2) 빌린 물건 자체를 반환하여야 하는 경우	(1) 무상·····사용대차(제609~617조)
			(2) 유상······임대차(제618~654조)
노무를 대상으로 하는 계약	채권자가 타인의 노동력을 지배하여 이를 이용하는 경우······고용(제655~663조)		
	채권자의 지배에 복종하지 않는 노무의 제공을 목적으로 하는 경우	(1) 노무에 의한 결과의 작품을 목적으로 하는 경우······도급(제664~674조)	
		(2) 광고에 정한 행위를 완료하는 것을 목적으로 하는 경우······현상광고(제675~679조)	
		(3) 일정한 사무처리를 목적으로 하는 경우······위임(제680조~692조)	
		(4) 사물의 보관을 목적으로 하는 경우······임치(제693~702조)	
기타의 계약	(1) 공동조직의 형성을 목적으로 하는 계약 조합(제703~724조)		
	(2) 채무자의 급부의 방법을 특정하는 것을 목적으로 하는 계약······종신정기금(제725~730조)		
	(3) 다툼을 당사자의 호양으로 해결하는 것을 목적으로 하는 계약······화해(제731~733조)		

【자료】 정찬종, 여행사경영실무, 백산출판사, 2005, pp. 275~276.

3) 계약의 성립과 효력발생요건

(1) 계약의 성립

계약의 성립에는 서로 대립하는 당사자 간의 수개의 의사표시의 합치, 즉 합의가 필수불가결한 요소이다. 또한 의사표시의 합치에는 객관적 합치[5]와 주관적 합치가 있어야 한다. 따라서 계약은 서로 대립하는 당사자의 의사표시와 합치(합의)로 성립하고, 그 형태는 일방의 청약에 대한 상대방의 승낙으로 이루어지는 것이 전형적이다.

의사표시의 합치는 수개의 의사표시가 내용적으로 일치하는 객관적 합치와 당사자의 의사표시가 상대방에 대한 것으로 그 상대방이 아닌 타인이 승낙할 경우, 즉 부동산 소유자 A가 본인소유 부동산을 B에게 매도하고자 B에게 매수의뢰 청약을 하였으나 B가 아닌 C가 A 소유 부동산을 매입하고자 승낙한 경우 계약은 성립하지 않는 경우의 주관적 합치가 있다.

(2) 계약의 효력발생요건

계약은 법률행위이므로 계약의 효력이 발생하기 위해서는 법률행위의 일반적 요건이 요구된다. 당사자는 권리능력 및 행위능력이 있어야 하고 계약목적이 확정되고 가능하여야 하며, 적법하고 사회적 타당성이 있어야 하며, 의사표시가 일치하고 하자가 없어야 한다.

4) 계약의 해제·해지

(1) 계약의 해제

계약의 해제(解除 : Cancellation)란 계약성립 후 당사자 일방의 채무불이행으로 계약의 목적을 달성할 수 없는 경우 그 상대방이 의사표시에 의해 그 계약을 처음부터 없었던 것과 같이 처음의 상태(계약 전의 상태)로 회복시키는 것으로 계약해제의 사유로는 당사자의 약정에 의한 약정해제권과 계약일반에 공통되는 법률상의 법정해제권이 있다. 전자는 채무불이행이 발생할 경우를 대비하여 법정해제의 요건을 수정·완화·보충하여 계약해제의 요건이나 계약해제시 손해

---

5) 예컨대, 자동차 매매과정에서 매도인은 자동차를 판다고 하고 매수인은 산다고 할 경우, 당사자의 입장에서 보면 정반대의 얘기를 하고 있으나, 객관적으로는 동일한 내용인 매도인으로부터 매수인에게로의 자동차를 양도하는 것을 일컬음이며, 주관적 합치란 이들 대립하는 의사표시는 서로 다른 의사표시와 합치해서 계약을 성립시키려고 하는 의도 하에서 행하여진 것을 의미한다.

배상 등에 관한 사항을 계약시 당사자 간의 약정으로 정한 사유를 말하고, 후자는 민법에서 규정하고 있는 것으로 그 발생원인은 채무불이행으로 이행지체, 이행불능 등을 규정하고 있다.

① 해제권의 행사

계약을 해제할 것인가 그대로 유지할 것인가는 해제권자의 자유이며 해제권의 행사는 상대방에 대한 의사표시(내용증명우편 등)로 하며, 해제의 의사표시는 상대방의 승낙이 없는 한 철회할 수 없다.

② 해제의 효과

해제의 효과에 대하여 민법에서는 계약을 해제한 때에는 각 당사자는 그 상대방에 대하여 원상회복의 의무가 있다(민법 제548조)고 규정하여 계약이 해제되면 각 당사자는 계약의 전 상태로 복귀하게 할 의무를 지고 계약에 기인하여 이미 이루어진 급부는 계약해제에 의하여 법률상 원인을 잃고 그 수령자는 부당이득으로서 이를 반환하여야 할 의무를 진다고 하고 있다.

계약해제로 인하여 손해배상청구권이 생기는데 채무불이행으로 인한 손해배상은 통상의 손해를 그 한도로 하며, 특약으로 손해배상액이 예정되어 있는 경우에는 그 예정액이 손해배상액의 기준이 된다.

(2) 계약의 해지(解止)

계약의 해지란 계속적 계약에 있어 그 효력을 장래에 향하여 소멸시키는 계약 당사자의 일방적 의사표시로 장래에 향하여 계약관계의 효력이 발생한다는 점에서 해지 이전의 계약관계는 그 효력을 보유하는 것으로 계약이 처음부터 없었던 것과 같이 처음의 상태로 회복시키는 계약해제와는 다르다. 그러므로 계약의 해지로 이미 행하여진 급부에 대하여는 반환할 필요가 없다.

해지권의 발생요인은 해제권과 같이 당사자의 약정에 의한 약정해지권과 법률의 규정에 의한 법정해지권에 의하여 발생한다.

계약을 해지한 때에는 장래에 향하여 그 효력이 상실된다. 그러므로 해지 이전의 계약관계에는 영향을 미치지 아니하고 장래에 향하여 그 계약관계가 소멸하므로 계약의 존속을 전제로 인도한 물건 등이나 기타 보증금 등은 상호 원상 회복하여야 한다.

예컨대, 임대차관계에서 임대차계약 중간에 임대차계약이 해지된 경우 임차 인은 임차물을, 임대인은 보증금을 각각 반환하여야 하고 해지 이전에 지급한 월임료(月賃料) 등은 반환하지 아니한다는 것이다. 해제권이 발생되는 경우는 〈표 4-3〉과 같다.

〈표 4-3〉 해제권의 발생

종 류	내 용	행사방법
1. 약정해제권	・채무불이행	・최고(催告)없이 즉시 계약해제, 행사방법이나 효과에 관한 특약설정
2. 법정해제권	・채무불이행 ・채권불이행 ① 이행지체 ② 이행불능 ③ 불완전이행 및 수령지체	・보통의 이행지체 상당기간을 정하여 최고계약이 정기행위인 경우 의사표시 필요, 채권자가 본래의 급부를 청구, 해제를 문제 삼을 필요는 없다.
3. 사정변경의 원칙에 의한 해제권	・계약성립 당시에 있었던 환경 또는 그 행위를 하게 된 기초가 되는 사정이 현저하게 변경되어 당초의 계약내용을 유지하고 강제하는 것이 신의와 공평의 원칙에 반하는 결과를 가져오게 하는 경우	・최고 불필요, 해제요건에 충족되어야 함. ・손해배상의무 미발생
4. 부수적 채무의 불이행과 해제권	・같은 계약에서 발생하는 수종(數種)의 의무를 부담하는 경우, 채권자는 계약에서 생기는 모든 채무를 이행하지 않는 한, 이른바 채무의 내용에 좇은 이행을 했다고 할 수 없으므로 채무자는 이행되지 않은 채무에 관하여 현실적 이행을 강제할 수 있고, 만일 손해가 있으면 그 배상을 청구할 수 있다.	・채권자가 계약을 해제하여 처음부터 계약을 체결하지 않은 것으로 하여 처리함.

여행계약의 해제권은 여행자의 해제권과 여행업자의 해제권으로 나누어지며, 전자는 다시 임의해제권과 취소료를 수반하지 않는 해제권으로 구분된다. 임의

해제권이란 별도로 정한 취소료를 지불하며 언제나 계약을 해제할 수 있는 해제권을 말하고, 수수료 없는 해제권은 취소료 없이도 해제권이 인정되는 경우로, 이를 제시하면 다음과 같다.

- 배우자 또는 1등친 친족의 사망
- 전란 등에 의한 안전·원활한 여행이 곤란할 때
- 여행업자의 실수로 여행실시가 불가능할 때 등이다.

〈표 4-4〉 여행계약의 해제권

구 분	여행개시 전	여행개시 후
1. 여행자 측	·여행업자의 관리외의 사유로 어쩔 수 없이 여행계약의 중요한 부분이 변경된 때 ·운임요금의 개정으로 여행대금이 증액된 때 ·여행자에게 약속한 기일까지 여행 중의 여행서비스 기관 또는 여행서비스제공자를 특정하지 않았을 때 등 ※상기의 경우 계약 전부의 해제권이 있다.	·서비스가 어떤 이유로 제공 불가능했던 때 등 ※이 경우는 불가능했던 여행서비스 제공에 관계된 부분의 해제권을 행사할 수 있다.
2. 여행업자 측	·여행자가 사전에 정한 여행참가 조건에 위배한 때 ·사전에 명시한 여행의 실시조건이 성취되기 어려운 때 ·모집시에 명시한 최소행사 인원에 충족되지 못한 경우로 여행 출발일 전의 기한까지 통지하지 않은 때 등 ·여행비 지불기일까지 여행에 지불이 되지 못했을 때(이 경우 다음날 자동적으로 해제된 것으로 간주) ※상기의 경우 여행자가 위약료(違約料)를 지불해야 한다.	·여행자가 여행의 계속에 견디기 어려운 때 ·천재·지변 등 여행실시가 불가능한 때 ※상기의 사유에 의해 해제된 때에는 여행자의 귀로의 수배는 여행업자 측에서 맡게 되고 귀로로 인한 발생경비는 여행자 부담이 된다.

5) 계약의 변경

계약의 변경에는 ① 계약내용의 변경, ② 여행대금의 변경, ③ 여행자의 교체 등 크게 3부분으로 압축된다.[6]

계약내용의 변경은 여행업자의 관리 외의 사유가 발생하여 여행자가 안전하면서도 원활한 여행이 불가능할 때 등 어쩔 수 없는 경우로 한정된다.

여행대금의 변경은 내역명시를 불필요로 하는 대신 이를 정액으로 하고 증액 또는 감액할 수 있는 경우를 이하의 사유에 한해, 그 외에 외환시세, 숙박요금의 변동 등에 따른 위험은 여행업자가 지게 된다.

- 여행업자의 관리 밖의 사유
- 교통기관의 운임·요금개정이 있을 때

단, 주최여행의 모집시에 기준으로 한 시점을 명시해 두어야 한다. 또한 증액할 때에는 여행개시일의 전날부터 기산(起算)하여 15일째에 해당되는 날 이전에 여행자에게 통지하여야 한다.

여행자의 교체는 여행자가 여행에 참가할 수 없게 된 경우 계약체결 거부 등의 사유에 해당할 때를 제외하고 여행업자의 승낙을 받아 여행자의 계약상의 지위를 타인에게 양도할 수 있다. 이때 소정의 수수료로는 통신비, 서류대 등의 실비를 말하고, 이러한 비용은 취급요금에 포함되지 않는 것이 일반적이다.

02 여행계약업무

1) 여행계약의 종류 및 설명사항

여행에 있어서의 계약은 주최여행계약, 수배여행계약 및 여행상담계약 등으

---

6) 長谷川修, 旅とレジャーの紛争と解決法、自由国民社、1984, pp. 24~25.

로 대별되며 다음과 같은 절차를 거쳐 계약이 체결된다.[7)]

주최여행계약은 여행업자가 정한 여행일정에 따라 운송, 숙박기관 등의 여행 서비스를 계약한 것을 여행자가 받아들이도록 당해 여행업자가 수배하는 것을 인수하는 계약을 말하며, 여행사가 주도하는 모집여행 즉, 패키지투어로 대표된다.

따라서 여행업자는 여행자로 하여금 소정의 여행서비스를 향수할 수 있는 지 위에 놓기 위해서 필요한 행위를 해야 할 책무를 진다. 즉 스스로 여행서비스를 제공하는 것이 아니라, 여행서비스 제공을 위해 포괄적인 수배를 하는 것을 인수 하는 것이다. 그렇다고 해서 운송, 숙박기관과 행하는 개별적 거래에 대해서 대 리, 중개, 알선 등을 행하는 것을 수탁하는 것도 아니다. 주최여행계약을 체결하 는 데에는 계약 전에 그 계약종별에 따라 다음의 사항을 설명하지 않으면 안 된다.

① 주최여행을 실시하는 여행업자(이하 주최자)의 성명 또는 명칭
② 주최자 이외의 자가 주최자를 대리하여 계약을 체결하는 경우에는 그 취지
③ 여행의 목적지 및 출발일, 기타의 일정
④ 여행자가 여행업자에게 지불해야 할 대가 및 수수방법
⑤ 여행자가 ④에 언급한 대가에 의해서 제공받을 수 있는 여행에 관한 서비 스의 내용
⑥ ④에 언급한 대가에 포함되어 있지 않은 여행에 관한 경비로서 여행자가 통상 필요로 하는 것
⑦ 계약의 신청방법 및 계약성립에 관한 사항
⑧ 계약변경 및 해제에 관한 사항
⑨ 책임 및 면책에 관한 사항
⑩ 여행 중 손해의 보상에 관한 사항 등이다.

수배여행계약은 여행자로부터 위탁된 내용에 따라 여행수배를 하는 계약으로, 여행업자가 행하는 여행자와의 계약 중 주최여행계약 이외의 계약이며, 여행자 가 주도하는 주문여행으로 대표된다(단, 정보제공계약은 불포함).

---

7) 社団法人 全国旅行業協会, 旅行業務マニアル. 1983, p. 246.

수배여행계약에 있어서 여행업자는 운송기관 등과 여행자와의 사이에서 당해 서비스의 제공계약이 성립하는 것을 확약하고 있는 것이 아니라 여행자의 희망 실현을 위해 노력하는 것을 인수하는 것이다. 따라서 여행업자의 책무는 선량한 관리자의 입장에서 주의를 가지고 서비스를 수배하는 것으로, 그것을 수행하면 결과에 관계없이 취급요금을 청구할 수 있다. 또한 여행업자는 적절한 수배를 타 업자(일반적으로 지상수배업자)에게 대행시킬 수도 있다.[8] 이 계약의 여행자에게 설명해야 할 사항은 다음과 같다.

① 계약을 체결하는 여행업자의 성명 및 명칭
② 여행대리점이 소속 여행업자를 대리하여 계약을 체결하는 경우에는 그 취지
③ 여행업무의 취급요금에 관한 사항
④ 여행의 목적지 및 출발일, 기타의 일정
⑤ 여행자가 여행업자에게 지불해야 할 대가 및 그 수수방법
⑥ 여행자가 ⑤에 언급한 대가에 의해 제공받을 수 있는 여행에 관한 서비스 내용
⑦ ⑤에 언급된 대가에 포함되지 않은 여행에 관한 경비로서 여행자가 통상 필요로 하는 것
⑧ 계약의 신청방법 및 계약성립에 관한 사항
⑨ 책임 및 면책에 관한 사항
⑩ 여행 중의 손해보상에 관한 사항

여행상담계약은 여행자의 요구에 따라 여행상담에 응하고 여행일정의 작성 또는 여행대금의 계산을 인수하는 계약을 말하며, 예를 들면 배낭여행이나 에어텔(Airtel), 호텔팩으로 대표된다.

여행상담계약시의 설명사항은 ① 여행자가 여행업자에게 지불해야 할 대가 및 그 수수방법, ② 여행자가 ①에 언급된 대가에 의해 제공받을 수 있는 여행에 관한 서비스의 내용 등이다.

이상의 어떠한 계약도 신청금을 접수한 때에 성립되는 것이지만, 수배여행계

---

8) 吉岡德二, 旅行主任者試驗合格完全対策, 經林書房, 1994, p. 100.

약에 있어서는 그 성립에 특칙(特則)이 있으며, 서면에 의한 특약이 있으면 신청금의 수리가 없다 해도 수배여행계약을 성립시킬 수 있다. 또한 여행상담계약의 성립에는 정해지지는 않고 있지만, 여행자의 요구를 승낙한 때에 성립하는 것으로 간주된다.

2) 약관에 의한 여행계약

약관(Stipulation)이란 정형적인 계약의 내용을 여행사가 미리 정하여 놓은 계약조항을 말하는 것으로서 이미 작성된 계약조항의 전체를 지칭하는 보통거래약관 또는 보통약관과 특약조항이나 면책약관 등이 있다.[9]

약관은 미리 사업자 등에 의하여 계약내용이 정하여져 있고, 계약의 체결을 원하는 타방의 당사자가 약관대로의 계약내용에 동의하든가, 이에 불만이 있으면 계약체결을 거부하든가 양자택일을 하게 된다는 데 그 특색이 있다. 여행업에 있어서도 일반여행업약관이 있으며, 여행관련약관으로는 항공운송약관, 여행공제약관 등이 있다. 이러한 약관계약은 매매처럼 계약내용의 결정에 관하여 쌍방 당사자의 의사와 합치하는 경우와는 달라서 약관에 의한 계약의 경우에는 사업자가 제시하는 약관에 따라야 하므로 이와 같은 예약을 '부종(附從)계약' 또는 '부합(附合)계약'이라고 한다.

약관의 뜻이 명백하지 않은 경우에는 고객에게 유리하도록 해석되고, 면책조항·손해배상·계약해제·채무이행 및 고객의 권익보호에 있어서 불공정한 조항은 무효로 하도록 규정하고 있다. 그러므로 불공정한 약관조항을 계약의 내용으로 해서는 안 되며, 이를 위반한 사업자에 대하여는 공정거래위원회가 해당 조항의 삭제 또는 수정 등 시정조치를 명할 수 있다.

약관은 기업의 독점화와 집단적 거래의 발전에 따라 발생되고 제도화한 것이다. 따라서 약관을 작성하는 사업자측이 유리한 입장을 삽입하게 되므로, 약관의 해석에 있어서는 상대방에게 유리하게 해석하는 것이 공평하다. 이와 같이 약관에 근거한 계약이 본래의 의미에 있어서의 계약인가가 문제이고, 약관 그 자체가 법적 규범성을 가지는가도 문제이다.

---

9) 김증한, 최신법률용어사전, 법전출판사, 1986, p. 307.

3) 여행계약서의 기재사항

여행업을 경영하는 자는 여행자와 여행계약을 체결하는 때에 여행서비스에 관한 내용과 기타 문화체육관광부령이 정하는 사항을 기재한 후 계약서를 교부하고, 이를 여행자에게 설명하도록 하고 있다.

여행계약서에 구체적으로 기재하여야 할 사항은 다음과 같다. 다만, 관광진흥법시행규칙에 명시된 규정에 의해 광고 등에 구체적으로 그 내용을 표시한 경우에는 이를 생략할 수 있다.

① 계약을 체결하는 여행업자의 등록번호·상호·소재지 및 연락처(기획여행을 실시하는 자가 따로 있을 경우에는 그 여행업자의 등록번호·상호·소재지 및 연락처를 포함한다)
② 여행상품의 종류 및 명칭
③ 여행일정 및 여행지역
④ 총여행경비 및 계약금의 금액
⑤ 교통·숙박 및 식사 등 여행자가 제공받을 구체적인 서비스의 내용을 포함한 여행조건
⑥ 국외여행인솔자(TC)의 동행 여부
⑦ 여행보험의 가입내용
⑧ 여행계약의 성립·계약해제 및 계약조건 위반시의 손해배상 등 여행업 약관 중요사항

그러나 여행업으로서는 이외에도 고객과의 분쟁의 소지가 있는 계약내용이 있을 경우에는 그에 대비하기 위하여 그 부분을 특히 부각시켜 계약서상에 언급해 둠으로써 만일의 사태에 대비하는 것이 현명하다 할 것이다.

4) 계약불이행에 관한 행정처분 및 과징금

여행업자는 여행자와 여행계약을 체결하는 때에는 당해 서비스에 관한 내용을 기재한 계약서(약관을 정하여 사용하는 경우로서 약관의 내용이 계약서에 기

재되어 있지 아니한 경우에는 그 약관을 기재한 서면을 포함한다)를 교부하여야 한다고 규정하고 있는 바, 이 규정을 위반한 때에는 다음 표처럼 행정처분이나 과징금부과 대상이 된다.

〈표 4-5〉 위반행위별 행정처분기준

위반행위	행정처분기준			
	1차 위반	2차 위반	3차 위반	4차 위반
· 기획여행의 실시요건 또는 실시방법에 위반하여 기획여행을 실시한 때	사업정지 15일	사업정지 1월	사업정지 3월	취소
· 문화체육관광부령이 정하는 요건에 적합하지 아니한 자가 국외여행을 인솔한 때	사업정지 10일	사업정지 20일	사업정지 1월	사업정지 3월

〈표 4-6〉 위반행위별 과징금 부과기준

위반행위	과징금 부과기준		
	일반여행업	국외여행업	국내여행업
· 기획여행의 실시요건 또는 실시방법에 위반하여 기획여행을 실시한 때	200만원	100만원	
· 문화체육관광부령이 정하는 요건에 적합하지 아니한 자가 국외여행을 인솔한 때	100만원	50만원	
· 여행업자가 여행자에게 여행계약서(약관의 내용이 계약서에 기재되어 있지 아니한 경우에는 그 약관을 기재한 서면을 포함한다)를 교부하지 아니한 때	200만원	100만원	50만원
· 고의로 계약 또는 약관을 위반한 때	200만원	100만원	50만원

【자료】 문화체육관광부, 관광진흥법시행령, 2009에 의거 재구성.

5) 여행계약과 소비자보호 기준

여행사의 소비자 관련 규정으로는 소비자 불편신고제도, 영업보증금, 공제보험, 여행공제회 및 여행업 표준약관 등이 있다. 이를 위해 관광불편신고센터 운영이라든지 영업보증금, 공제보험, 공제회 가입 등의 조치나 여행계약의 민사적

법률관계 규율에 주요역할 수행을 목적으로 만들어진 공정거래위원회 승인의 국내·외 표준약관 등 종합서비스 계약 등이 있으나, 해외여행 중 사업자들이 가장 많이 위반한 계약내용은 여행일정 변경이었으며, 다음으로 숙박지 변경, 식사내용 변경 등으로 나타났다.[10]

〈표 4-7〉 여행사들의 계약내용 변경

구 분	여행일정 변 경	숙박지 변 경	식사내용 변 경	선택(옵션) 관광 강요	가이드팁 강 요	기 타	계
응답자	72명 (49.0%)	23명 (15.6%)	17명 (11.6%)	10명 (6.8%)	9명 (6.1%)	14명 (9.5%)	147명 (100.0%)

【자료】 한국소비자원, 2009. 12. 18, 웹사이트 자료에 의함.

한편 해외여행자들의 겪고 있는 피해유형은 다음과 같이 나타나고 있다고 보고되고 있다.

〈표 4-8〉 해외여행자의 피해유형(단위 : 건, %)

구분	계약 취소	일정·숙박지 임의변경	상해· 질병	항공권 미확보	여권· 비자	부당 요금	가이드 불성실	팁·옵션 강요	기 타	계
'07	114 (28.9)	154 (39.1)	16 (4.1)	11 (2.8)	7 (1.8)	16 (4.1)	17 (4.3)	27 (6.8)	32 (8.1)	394 (100)
'06	161 (33.0)	156 (32.0)	9 (1.8)	39 (8.0)	21 (4.3)	7 (1.4)	20 (4.1)	17 (3.5)	58 (11.9)	488 (100)
'05	172 (50.1)	80 (23.3)	23 (6.7)	14 (4.1)	14 (4.1)	12 (3.5)	7 (2.0)	4 (1.2)	17 (5.0)	343 (100)

【자료】 한국소비자원, 해외여행상품 가격표시 실태조사, 2008, p. 11.

한편 국외여행과 관련한 분쟁이 발생할 경우 소송 등의 법적절차를 제외하고는 대부분 소비자분쟁해결기준을 적용하고 있는데, 여행취소로 인한 피해 여행사의 계약조건 위반으로 인한 피해(여행 후), 여행계약의 이행에 있어 여행종사자의 고의 또는 과실로 여행자에게 손해를 끼쳤을 경우 등 3가지 유형으로 나누

10) 한국소비자원, 웹사이트 자료, 2009. 12. 18.

어 보상규정을 두고 있지만 여행상품가격과 관련된 내용은 없는 실정이며, 그 구체적 내용은 다음과 같다.

〈표 4-9〉 소비자 분쟁해결 기준(국외여행 취소규정)

피해유형		보상기준
여 행 취 소 로 인 한 피 해	· 여행사의 귀책사유로 여행사가 취소하는 경우 · 여행개시 20일 전까지(~20) 통보시 · 여행개시 10일 전까지(19~10) 통보시 · 여행개시 8일 전까지(9~8) 통보시 · 여행개시 1일 전까지(7~1) 통보시 · 여행 당일 통보시	 · 계약금 환급 · 여행요금의 5% 배상 · 여행요금의 10% 배상 · 여행요금의 20% 배상 · 여행요금의 50% 배상
	· 여행자의 여행계약 해제요청이 있는 경우 · 여행개시 20일 전까지(~20) 통보시 · 여행개시 10일 전까지(19~10) 통보시 · 여행개시 8일 전까지(9~8) 통보시 · 여행개시 1일 전까지(7~1) 통보시 · 여행 당일 통보시	 · 계약금 환급 · 여행요금의 5% 배상 · 여행요금의 10% 배상 · 여행요금의 20% 배상 · 여행요금의 50% 배상
	· 여행참가자 수의 미달로 여행개시 7일전 까지 여행계약 해제 통지시 · 여행참가자수의 미달로 인한 여행계약 해제 통지기일 미준수 · 여행개시 1일전까지 통지시 · 여행출발 당일 통보시	· 계약금 환급 · 여행요금의 20% 배상 · 여행요금의 50% 배상
	· 여행참가자 수의 미달로 여행개시 7일 전까지 여행계약 해제 통지시 · 여행참가자수의 미달로 인한 여행계약 해제 통지기일 미준수 · 여행개시 1일 전까지 통지시 · 여행출발 당일 통보시	· 계약금 환급 · 여행요금의 20% 배상 · 여행요금의 50% 배상
· 여행사의 계약조건 위반으로 인한 피해(여행 후)		· 여행자가 입은 손해배상
· 여행계약의 이행에 있어 여행종사자의 고의 또는 과실로 여행자에게 손해를 끼쳤을 경우		· 여행자가 입은 손해배상

【자료】 한국소비자원, 해외여행상품 가격표시 실태조사, 2008, p. 19.

04 계약서의 작성요령

1) 계약서 작성의 의의

계약서란 당사자의 법률행위의 내용을 표시한 문서로서 원칙적으로 계약서의 작성과 계약의 체결 사이에는 불가분의 관계가 있는 것은 아니다. 계약이라 하면 앞서 언급한대로 구두상(口頭上)의 합의만으로 계약이 성립되며, 민법상의 전형계약 가운데서도 현상광고를 제외하고는 대부분 낙성(諾成)·불요식(不要式)계약이기 때문에[11] 편지, 청구서, 전화, 팩시밀리, 이메일 등에 의하여서도 계약은 성립되고 기타 사회질서에 위배되지 않는 한 계약방식에는 제한이 없다.

그러므로 계약서란 당사자의 의사표시에 따른 법률행위의 내용을 문서로 표시한 것으로 당사자 사이의 권리와 의무의 발생 등 법률관계를 규율하고 당사자의 의사표시를 구체적으로 명시하여 어떠한 법률행위를 어떻게 하려고 하는지 등의 내용을 기재하여 특정하고자 하는 것으로 후일 이에 관한 분쟁 발생시 중요한 증빙자료가 된다. 따라서 계약서란 계약한 내용대로의 이행이 어려울 경우에 언제, 어디서, 어떤 내용의 계약을 누구와 체결하였는가를 입증하기 쉽고 또한 분쟁을 사전에 방지하기 위한 예방법학적 차원에서 그 내용을 작성해 놓은 것이다.

2) 작성요령

계약을 체결하기에 앞서 살펴야 할 점으로는 먼저 계약당사자가 계약능력이 있는가, 즉 미성년자나 금치산자 등이 아닌가의 여부와 대리인인 경우 진정한 대리권이 있는 가 등을 살펴보고 계약할 내용을 점검하여야 한다. 예컨대, 도급계약의 경우 도급의 성질과 기간, 일의 양 등을 점검하여 자신이 계약을 체결하

---

11) 낙성계약이란 당사자 사이의 의사표시가 합치하기만 하면 계약이 성립하고 그 밖에 다른 형식이나 절차를 필요로 하지 않는 계약으로서 요물(要物)계약에 대한 용어이다. 한편, 요물계약이란 당사자의 합의 외에 물건의 인도, 기타 급부(給付)의 완료가 없으면 성립할 수 없는 계약을 말한다.

여 그 목적을 달성할 수 있는가를, 매매의 경우 매매목적물의 확인 및 그 가액 등을 확인할 필요가 있다.

계약서는 권리 및 의무의 발생, 변경, 소멸을 꾀하는 것이므로 우선 육하원칙에 따라 간결, 평이, 명료하게 작성하여야 한다. 또한 계약서란 역사적 사실을 모두 나열하는 것이 아니므로 ① 당사자가 누구이며, ② 어떠한 법률관계가, ③ 어떻게 이루어져, ④ 어떻게 이행될 것인가에 관해 요점이 되는 사실만을 어법에 맞게, 그리고 법률용어 및 거래상 명확하게 확정된 용어를 사용하여 작성해야 한다.

계약서에는 붙이는 표제(title), 그것이 계약서라고 되어 있든 혹은 각서, 합의서, 협정서라고 되어 있든 그 표제에 의해 구속력이 발생되는 것은 아니며, 합의된 내용에 의하여 결정되는 것이다.

계약서 작성시에 주의해야 할 사항들을 표로 정리하여 제시하면 〈표 4-10〉과 같다.

〈표 4-10〉 계약서 작성요령

항 목	작 성 방 법
1. 계약서의 편철	・용지 사이의 간인(間印), 계약 쌍방의 날인 및 입회인, 보증인, 중개인이 있는 경우) ・금형(金型)을 가지고 제본한 여러 장의 용지에 압날(押捺 : Press) 후 동일한 표시를 붙임(Seal)
2. 계약서 용지의 질과 크기	・용지나 인쇄는 장기간 보존 가능한 것 ・사내의 통일규격용지 사용
3. 용어 및 문자	・이의소지가 있는 용어 사용억제 ・자구(字句)의 변조방지를 위해 가급적 컴퓨터 사용 ・외국인과의 계약 : 한국어를 원문(Original)으로 작성 　① 계약지가 한국 내일 경우 　② 계약에 기한 경제활동의 반 이상이 한국 내에서 행해질 경우 ・원문과 역문(譯文) 　① 원문과 역문과의 관계를 계약서에 명기 　② 원문상의 문자가 모국어가 아닌 외국인 당사자가 그 계약의 내용을 이해하는데 있어서 원문으로 직접 이해시키는 방법을 택하는 한편 그 뜻을 계약서에 기재

4. 문언의 구체성과 추상성	· 추상적, 간결, 명확·구체적, 상세·면밀의 적절한 조화
5. 계약조항의 항목·부호·단락	· 계약서의 분량에 따라 편, 장, 관, 조, 항, 호 등으로 구분 · 1, 2, 3······ 가, 나, 다······(1), (2), (3)······(가), (나), (다)······ 등으로 나누어 표시 · 마침표(.), 쉼표(,) 등 부호의 적절한 사용
6. 인지의 첨부	· 인지를 첨부하는 경우에는 증서통장 또는 장부의 지면과 인지의 채문(彩紋)에 걸쳐 그 작성자의 인장 또는 서명으로 소인(消印)함 · 해당부문(오자, 탈자) 수정 후 그 뜻을 기재하고 쌍방의 정정인 압날
7. 字句의 수정	· 두 줄로 지우고 추가기입은 해당부분에 알기 쉽도록 병기 또는 삽입기호 사용 · 해당부분의 행 앞 여백에 ○자, 가(첨)자, 가○○자, 정정자○○자 등을 표시 · 대금액의 경우나 확정일부 이행시기, 인도수량 등 중요부분의 정정은 해당조항 전부를 정서함
8. 공증	· 공정증서의 작성 – 정관의 인증 – 의사록 인증 · 사서증서의 인증 – 확정일자의 압날
9. 확정일자	· 확정일자의 증서화
10. 계약당사자의 표시	· 주소, 성명(상호), 대표자, 대리인 등의 표시
11. 대상물건(목적물)의 표시	① 부동산, 자동차, 선박 등 : 해당 공부(公簿)에 표시된 대로 정확하게 표시 ② 보통의 동산 : 제조자, 제조연월일, 형식, 품종, 등급, 품명, 상품명, 중량, 측정치, 수량, 가격 등을 상호 조합하여 표시 ③ 집합물 내지 재산의 유기체 : ②에 따라 구체적 표시 ④ 물건 이외의 재산 : 재산의 존재 목적, 기능, 전달매체 등으로부터 표시
12. 계약서의 서명날인	· 본인, 법인인 경우는 대표기관, 대리인
13. 임의규정, 강행규정	· 강행규정의 여부를 충분히 검토

한편 여행사의 표준계약서 양식은 다음과 같다.

공정거래위원회 약제 42930-240(2003.2.6)의거 승인

해외여행 계약서

당사(갑)와 귀하(귀 단체)는 아래와 같이 (□ 기획, □ 희망)여행 계약을 체결합니다.

여행상품명			여행기간	~ (박 일) (기내 숙박 일 포함)	
보험가입 등	□ 영업보증 □ 공제 □ 예치금, 계약금액 : 만원, 보험기간 : ~				
여행자보험	보험 가입 (□ 여 □ 부), 보험회사 : 계약금액 : 만원,				
여행인원	명	행사인원	최저 : 명 최대 : 명	여행지역	여행일정표 참조
여행요금	1인당 : 원 총 액 : 원		계약금 : 원	잔액 완납일 : . . . 잔액 : 원	
	계좌번호 :			(주)○○투어	
출발/도착일 시 및 장소	출발 : , . 시 분에서 도착 : . . 시 분에서		교통수단	항공기(등석), 기차(등석) 선박(등실), 기타 :	
숙박시설	□ 관광호텔 : 등급 □ 일반호텔 □ 여관 □ 기타, 1실 투숙인원 : 명				
식사회수	□ 조식( )회, 중식( )회, 석식( )회 *기내식포함				
여행인솔자	□ 유 □ 무		현지안내원	□ 유 □ 무 *일정표참조	
현지교통	□ 버스( )인승 □ 승용차 □ 기타		현지여행사	□ 유 □ 무 *일정표참조	
여행요금 포함사항	필 수 항 목		기 타 선 택 항 목		
	□ 항공기·선박·철도 등 운임 □ 숙박·식사료 □ 안내자 경비 □ 국내외 공항·항만세 □ 관광진흥개발기금 □ 제세금 □ 일정표내 관광지입장료 ※희망여행인 경우 해당란에 ☑로 표기		□ 여권발급비 □ 비자발급비 □ 여행보험료(최고한도액 : 원) □ 쇼핑 □ 선택관광 □ 포터비 □ 봉사료 □ 기타 ( )		
기타사항			여권발급비	원	
			비자발급비	원	

위 계약내용과 약관을 상호 성실히 이행 및 준수할 것을 확인하며 아래와 같이 서명·날인한다.
※본 계약과 관련한 다툼이 있을 경우 문화체육관광부고시에 의거 운영되는 관광불편신고처
  리위원회 또는 여행사 본사 소재 시·도청(시·군·구 포함) 문화관광과로 중재를 요청할
  수 있음.

작성일 : 20 . . .

여행업자 상 호 :
　　　　　　주 소 :
　　　　　　대 표 자 :　　　　　　　　　　(인)　　　전 화 :
　　　　　　등록번호 :　　　　　　　　　　　　　　　담당자 :　　　　　(인)

대리판매 상 호 :
여행사　　주 소 :
　　　　　　대 표 자 :　　　　　　　　　　(인)　　　전 화 :
　　　　　　등록번호 :　　　　　　　　　　　　　　　담당자 :　　　　　(인)

여행사　　이 름 :　　　　　　　　　　(인)　　　전 화 :
　　　　　　주 소 :

04 여행업 표준약관

1) 국내여행표준약관[12]

제1조(목적) 이 약관은 ○○여행사와 여행자가 체결한 국내여행계약의 세부이행 및 준수사항을 정함을 목적으로 합니다.

제2조(여행업자와 여행자 의무) ① 여행업자는 여행자에게 안전하고 만족스러운 여행서비스를 제공하기 위하여 여행알선 및 안내·운송·숙박 등 여행계획의 수립 및 실행과정에서 맡은 바 임무를 충실히 수행하여야 합니다.

② 여행자는 안전하고 즐거운 여행을 위하여 여행자간 화합도모 및 여행업자의 여행질서 유지에 적극 협조하여야 합니다.

제3조(여행의 종류 및 정의) 여행의 종류와 정의는 다음과 같습니다.

1. 희망여행 : 여행자가 희망하는 여행조건에 따라 여행업자가 실시하는 여행
2. 일반모집여행 : 여행업자가 수립한 여행조건에 따라 여행자를 모집하여 실시하는 여행
3. 위탁모집여행 : 여행업자가 만든 모집여행상품의 여행자 모집을 타 여행업체에 위탁하여 실시하는 여행

제4조(계약의 구성) ① 여행계약은 여행계약서(붙임)와 여행약관·여행일정표(또는 여행 설명서)를 계약내용으로 합니다.

② 여행일정표(또는 여행설명서)에는 여행일자별 여행지와 관광내용·교통수단·쇼핑횟수·숙박장소·식사 등 여행실시일정 및 여행사 제공 서비스 내용과 여행자 유의사항이 포함되어야 합니다.

제5조(특약) 여행업자와 여행자는 관계법규에 위반되지 않는 범위내에서 서면으로 특약을 맺을 수 있습니다. 이 경우 표준약관과 다름을 여행업자는 여행자에게 설명하여야 합니다.

제6조(계약서 및 약관 등 교부) 여행업자는 여행자와 여행계약을 체결한 경우 계

---

12) 한국일반여행업협회(KATA), 종합자료실, 여행업약관, 2009.

약서와 여행약관, 여행일정표(또는 여행설명서)를 각 1부씩 여행자에게 교부하여야 합니다.

제7조(계약서 및 약관 등 교부 간주) 다음 각 호의 경우에는 여행업자가 여행자에게 여행계약서와 여행약관 및 여행일정표(또는 여행설명서)가 교부된 것으로 간주합니다.

1. 여행자가 인터넷 등 전자정보망으로 제공된 여행계약서, 약관 및 여행일정표(또는 여행설명서)의 내용에 동의하고 여행계약의 체결을 신청한데 대해 여행업자가 전자정보망 내지 기계적 장치 등을 이용하여 여행자에게 승낙의 의사를 통지한 경우

2. 여행업자가 팩시밀리 등 기계적 장치를 이용하여 제공한 여행계약서, 약관 및 여행일정표(또는 여행설명서)의 내용에 대하여 여행자가 동의하고 여행계약의 체결을 신청하는 서면을 송부한데 대해 여행업자가 전자정보망 내지 기계적 장치 등을 이용하여 여행자에게 승낙의 의사를 통지한 경우

제8조(여행업자의 책임) ① 여행업자는 여행 출발시부터 도착시까지 여행업자 본인 또는 그 고용인, 현지여행업자 또는 그 고용인 등(이하 '사용인'이라 함)이 제2조제1항에서 규정한 여행업자 임무와 관련하여 여행자에게 고의 또는 과실로 손해를 가한 경우 책임을 집니다.

② 여행업자는 항공기, 기차, 선박 등 교통기관의 연발착 또는 교통체증 등으로 인하여 여행자가 입은 손해를 배상하여야 합니다. 단 여행업자가 고의 또는 과실이 없음을 입증한 때에는 그러하지 아니합니다.

③ 여행업자는 자기나 그 사용인이 여행자의 수화물 수령·인도·보관 등에 관하여 주의를 해태하지 아니하였음을 증명하지 아니하는 한 여행자의 수화물 멸실, 훼손 또는 연착으로 인하여 발생한 손해를 배상하여야 합니다.

제9조(최저 행사인원 미 충족시 계약해제) ① 여행업자는 최저행사인원이 충족되지 아니하여 여행계약을 해제하는 경우 당일여행의 경우 여행출발 24시간 이전까지, 1박 2일 이상인 경우에는 여행출발 48시간 이전까지 여행자에게 통지하여야 합니다.

② 여행업자가 여행참가자 수의 미달로 전항의 기일내 통지를 하지 아니하고 계약을 해제하는 경우 이미 지급받은 계약금 환급 외에 계약금 100% 상당액을

여행자에게 배상하여야 합니다.

제10조(계약체결 거절) 여행업자는 여행자에게 다음 각 호의 1에 해당하는 사유가 있을 경우에는 여행자와의 계약체결을 거절할 수 있습니다.

1. 다른 여행자에게 폐를 끼치거나 여행의 원활한 실시에 지장이 있다고 인정될 때
2. 질병 기타 사유로 여행이 어렵다고 인정될 때
3. 계약서에 명시한 최대행사인원이 초과되었을 때

제11조(여행요금) ① 기본요금에는 다음 각 호가 포함됩니다. 단, 희망여행은 당사자간 합의에 따릅니다.

1. 항공기, 선박, 철도 등 이용운송기관의 운임(보통운임기준)
2. 공항, 역, 부두와 호텔사이 등 송영버스요금
3. 숙박요금 및 식사요금
4. 안내자경비
5. 여행 중 필요한 각종 세금
6. 국내 공항·항만 이용료
7. 일정표 내 관광지 입장료
8. 기타 개별계약에 따른 비용

② 여행자는 계약 체결 시 계약금(여행요금 중 10% 이하의 금액)을 여행업자에게 지급하여야 하며, 계약금은 여행요금 또는 손해배상액의 전부 또는 일부로 취급합니다.

③ 여행자는 제1항의 여행요금 중 계약금을 제외한 잔금을 여행출발 전일까지 여행업자에게 지급하여야 합니다.

④ 여행자는 제1항의 여행요금을 여행업자가 지정한 방법(지로구좌, 무통장입금 등)으로 지급하여야 합니다.

⑤ 희망여행요금에 여행자 보험료가 포함되는 경우 여행업자는 보험회사명, 보상내용 등을 여행자에게 설명하여야 합니다.

제12조(여행조건의 변경요건 및 요금 등의 정산) ① 위 제1조 내지 제11조의 여행조건은 다음 각 호의 1의 경우에 한하여 변경될 수 있습니다.

1. 여행자의 안전과 보호를 위하여 여행자의 요청 또는 현지사정에 의하여 부

득이하다고 쌍방이 합의한 경우

2. 천재지변, 전란, 정부의 명령, 운송·숙박기관 등의 파업·휴업 등으로 여행의 목적을 달성할 수 없는 경우

② 제1항의 여행조건 변경으로 인하여 제11조제1항의 여행요금에 증감이 생기는 경우에는 여행출발 전 변경 분은 여행출발 이전에, 여행 중 변경 분은 여행종료 후 10일 이내에 각각 정산(환급)하여야 합니다.

③ 제1항의 규정에 의하지 아니하고 여행조건이 변경되거나 제13조 또는 제14조의 규정에 의한 계약의 해제·해지로 인하여 손해배상액이 발생한 경우에는 여행출발 전 발생 분은 여행출발 이전에, 여행 중 발생 분은 여행 종료 후 10일 이내에 각각 정산(환급)하여야 합니다.

④ 여행자는 여행출발 후 자기의 사정으로 숙박, 식사, 관광 등 여행요금에 포함된 서비스를 제공받지 못한 경우 여행업자에게 그에 상응하는 요금의 환급을 청구할 수 없습니다. 단, 여행이 중도에 종료된 경우에는 제14조에 준하여 처리합니다.

제13조(여행출발 전 계약해제) ① 여행업자 또는 여행자는 여행출발전 이 여행계약을 해제할 수 있습니다. 이 경우 발생하는 손해액은 '소비자피해보상규정(재정경제부고시)'에 따라 배상합니다.

② 여행업자 또는 여행자는 여행출발 전에 다음 각 호의 1에 해당하는 사유가 있는 경우 상대방에게 제1항의 손해배상액을 지급하지 아니하고 이 여행계약을 해제할 수 있습니다.

1. 여행업자가 해제할 수 있는 경우

가. 제12조제1항제1호 및 제2호 사유의 경우

나. 여행자가 다른 여행자에게 폐를 끼치거나 여행의 원활한 실시에 현저한 지장이 있다고 인정될 때

다. 질병 등 여행자의 신체에 이상이 발생하여 여행에의 참가가 불가능한 경우

라. 여행자가 계약서에 기재된 기일까지 여행요금을 지급하지 아니하는 경우

2. 여행자가 해제할 수 있는 경우

가. 제12조제1항제1호 및 제2호 사유의 경우

나. 여행자의 3촌 이내 친족이 사망한 경우

다. 질병 등 여행자의 신체에 이상이 발생하여 여행에의 참가가 불가능한 경우

라. 배우자 또는 직계존비속이 신체이상으로 3일 이상 병원(의원)에 입원하여 여행 출발시까지 퇴원이 곤란한 경우 그 배우자 또는 보호자 1인

마. 여행업자의 귀책사유로 계약서에 기재된 여행일정대로의 여행실시가 불가 능해진 경우

제14조(여행출발 후 계약해지) ① 여행업자 또는 여행자는 여행출발 후 부득이한 사유가 있는 경우 이 계약을 해지할 수 있습니다. 단, 이로 인하여 상대방이 입은 손해를 배상하여야 합니다.

② 제1항의 규정에 의하여 계약이 해지된 경우 여행업자는 여행자가 귀가하는 데 필요한 사항을 협조하여야 하며, 이에 필요한 비용으로서 여행업자의 귀책 사유에 의하지 아니한 것은 여행자가 부담합니다.

제15조(여행의 시작과 종료) 여행의 시작은 출발하는 시점부터 시작하며 여행일 정이 종료하여 최종목적지에 도착함과 동시에 종료합니다. 다만, 계약 및 일정 을 변경할 때에는 예외로 합니다.

제16조(설명의무) 여행업자는 이 약관에 정하여져 있는 중요한 내용 및 그 변경 사항을 여행자가 이해할 수 있도록 설명하여야 합니다.

제17조(보험가입 등) 여행업자는 여행과 관련하여 여행자에게 손해가 발생한 경 우 여행자에게 보험금을 지급하기 위한 보험 또는 공제에 가입하거나 영업 보 증금을 예치하여야 합니다.

제18조(기타사항) ① 이 계약에 명시되지 아니한 사항 또는 이 계약의 해석에 관 하여 다툼이 있는 경우에는 여행업자와 여행자가 합의하여 결정하되, 합의가 이루어지지 아니한 경우에는 관계법령 및 일반관례에 따릅니다.

② 특수지역에의 여행으로서 정당한 사유가 있는 경우에는 약관의 내용과 다 르게 정할 수 있습니다.

2) 국외여행표준약관

제1조(목적) 이 약관은 ○○여행사와 여행자가 체결한 국외여행계약의 세부 이행 및 준수사항을 정함을 목적으로 합니다.

제2조(여행업자와 여행자 의무) ① 여행업자는 여행자에게 안전하고 만족스러운 여행서비스를 제공하기 위하여 여행알선 및 안내·운송·숙박 등 여행계획의 수립 및 실행과정에서 맡은 바 임무를 충실히 수행하여야 합니다.

② 여행자는 안전하고 즐거운 여행을 위하여 여행자간 화합도모 및 여행업자의 여행질서 유지에 적극 협조하여야 합니다.

제3조(용어의 정의) 여행의 종류 및 정의, 해외여행수속대행업의 정의는 다음과 같습니다.

1. 기획여행 : 여행업자가 미리 여행목적지 및 관광일정, 여행자에게 제공될 운송 및 숙식서비스 내용(이하 '여행서비스'라 함), 여행요금을 정하여 광고 또는 기타 방법으로 여행자를 모집하여 실시하는 여행

2. 희망여행 : 여행자(개인 또는 단체)가 희망하는 여행조건에 따라 여행업자가 운송·숙식·관광 등 여행에 관한 전반적인 계획을 수립하여 실시하는 여행

3. 해외여행 수속대행(이하 수속대행계약이라 함) : 여행업자가 여행자로부터 소정의 수속대행요금을 받기로 약정하고, 여행자의 위탁에 따라 다음에 열거하는 업무(이하 수속 대행업무라 함)를 대행하는 것

1) 여권, 사증, 재입국 허가 및 각종 증명서 취득에 관한 수속

2) 출입국 수속서류 작성 및 기타 관련업무

제4조(계약의 구성) ① 여행계약은 여행계약서(붙임)와 여행약관·여행일정표(또는 여행 설명서)를 계약내용으로 합니다.

② 여행일정표(또는 여행설명서)에는 여행일자별 여행지와 관광내용·교통수단·쇼핑횟수·숙박장소·식사 등 여행실시일정 및 여행사 제공 서비스 내용과 여행자 유의사항이 포함되어야 합니다.

제5조(특약) 여행업자와 여행자는 관계법규에 위반되지 않는 범위 내에서 서면으로 특약을 맺을 수 있습니다. 이 경우 표준약관과 다름을 여행업자는 여행자에게 설명해야 합니다.

제6조(계약서 및 약관 등 교부) 여행업자는 여행자와 여행계약을 체결한 경우 계약서와 여행약관, 여행일정표(또는 여행설명서)를 각 1부씩 여행자에게 교부하여야 합니다.

제7조(계약서 및 약관 등 교부 간주) 여행업자와 여행자는 다음 각 호의 경우 여

행계약서와 여행약관 및 여행일정표(또는 여행설명서)가 교부된 것으로 간주합니다.

1. 여행자가 인터넷 등 전자정보망으로 제공된 여행계약서, 약관 및 여행일정표(또는 여행설명서)의 내용에 동의하고 여행계약의 체결을 신청한데 대해 여행업자가 전자정보망 내지 기계적 장치 등을 이용하여 여행자에게 승낙의 의사를 통지한 경우

2. 여행업자가 팩시밀리 등 기계적 장치를 이용하여 제공한 여행계약서, 약관 및 여행일정표(또는 여행설명서)의 내용에 대하여 여행자가 동의하고 여행계약의 체결을 신청하는 서면을 송부한데 대해 여행업자가 전자정보망 내지 기계적 장치 등을 이용하여 여행자에게 승낙의 의사를 통지한 경우

제8조(여행업자의 책임) 여행업자는 여행 출발시부터 도착시까지 여행업자 본인 또는 그 고용인, 현지여행업자 또는 그 고용인 등(이하 '사용인'이라 함)이 제2조제1항에서 규정한 여행업자 임무와 관련하여 여행자에게 고의 또는 과실로 손해를 가한 경우 책임을 집니다.

제9조(최저행사인원 미 충족시 계약해제) ① 여행업자는 최저행사인원이 충족되지 아니하여 여행계약을 해제하는 경우 여행출발 7일 전까지 여행자에게 통지하여야 합니다.

② 여행업자가 여행참가자 수 미달로 전항의 기일내 통지를 하지 아니하고 계약을 해제하는 경우 이미 지급받은 계약금 환급 외에 다음 각 목의 1의 금액을 여행자에게 배상하여야 합니다.

가. 여행출발 1일 전까지 통지시 : 여행요금의 20%

나. 여행출발 당일 통지시 : 여행요금의 50%

제10조(계약체결 거절) 여행업자는 여행자에게 다음 각 호의 1에 해당하는 사유가 있을 경우에는 여행자와의 계약체결을 거절할 수 있습니다.

1. 다른 여행자에게 폐를 끼치거나 여행의 원활한 실시에 지장이 있다고 인정될 때

2. 질병 기타 사유로 여행이 어렵다고 인정될 때

3. 계약서에 명시한 최대행사인원이 초과되었을 때

제11조(여행요금) ① 여행계약서의 여행요금에는 다음 각 호가 포함됩니다. 단,

희망여행은 당사자 간 합의에 따릅니다.

1. 항공기, 선박, 철도 등 이용운송기관의 운임(보통운임기준)

2. 공항, 역, 부두와 호텔 이동 등 전세버스 요금

3. 숙박요금 및 식사요금

4. 안내자경비

5. 여행 중 필요한 각종세금

6. 국내외 공항 · 항만세

7. 관광진흥개발기금

8. 일정표내 관광지 입장료

9. 기타 개별계약에 따른 비용

② 여행자는 계약체결시 계약금(여행요금 중 10% 이하 금액)을 여행업자에게 지급하여야 하며, 계약금은 여행요금 또는 손해배상액의 전부 또는 일부로 취급합니다.

③ 여행자는 제1항의 여행요금 중 계약금을 제외한 잔금을 여행출발 7일 전까지 여행업자에게 지급하여야 합니다.

④ 여행자는 제1항의 여행요금을 여행업자가 지정한 방법(지로구좌, 무통장입금 등)으로 지급하여야 합니다.

⑤ 희망여행요금에 여행자 보험료가 포함되는 경우 여행업자는 보험회사명, 보상내용 등을 여행자에게 설명하여야 합니다.

제12조(여행요금의 변경) ① 국외여행을 실시함에 있어서 이용운송 · 숙박기관에 지급하여야 할 요금이 계약체결시보다 5% 이상 증감하거나 여행요금에 적용된 외화환율이 계약체결시보다 2% 이상 증감한 경우 여행업자 또는 여행자는 그 증감된 금액 범위 내에서 여행요금의 증감을 상대방에게 청구할 수 있습니다.

② 여행업자는 제1항의 규정에 따라 여행요금을 증액하였을 때에는 여행출발일 15일전에 여행자에게 통지하여야 합니다.

제13조(여행조건의 변경요건 및 요금 등의 정산) ① 위 제1조 내지 제12조의 여행조건은 다음 각 호의 1의 경우에 한하여 변경될 수 있습니다.

1. 여행자의 안전과 보호를 위하여 여행자의 요청 또는 현지사정에 의하여 부득이하다고 쌍방이 합의한 경우

2. 천재지변, 전란, 정부의 명령, 운송·숙박기관 등의 파업·휴업 등으로 여행
　의 목적을 달성할 수 없는 경우

② 제1항의 여행조건 변경 및 제12조의 여행요금 변경으로 인하여 제11조제1
항의 여행요금에 증감이 생기는 경우에는 여행출발 전 변경 분은 여행출발 이
전에, 여행 중 변경 분은 여행종료 후 10일 이내에 각각 정산(환급)하여야 합
니다.

③ 제1항의 규정에 의하지 아니하고 여행조건이 변경되거나 제14조 또는 제15
조의 규정에 의한 계약의 해제·해지로 인하여 손해배상액이 발생한 경우에는
여행출발 전 발생 분은 여행출발이전에, 여행 중 발생 분은 여행종료 후 10일
이내에 각각 정산(환급)하여야 합니다.

④ 여행자는 여행출발 후 자기의 사정으로 숙박, 식사, 관광 등 여행요금에 포
함된 서비스를 제공받지 못한 경우 여행업자에게 그에 상응하는 요금의 환급
을 청구할 수 없습니다. 단, 여행이 중도에 종료된 경우에는 제16조에 준하여
처리합니다.

제14조(손해배상) ① 여행업자는 현지여행업자 등의 고의 또는 과실로 여행자에
　게 손해를 가한 경우 여행업자는 여행자에게 손해를 배상하여야 합니다.

② 여행업자의 귀책사유로 여행자의 국외여행에 필요한 여권, 사증, 재입국 허
가 또는 각종 증명서 등을 취득하지 못하여 여행자의 여행일정에 차질이 생긴
경우 여행업자는 여행자로부터 절차대행을 위하여 받은 금액 전부 및 그 금액
의 100% 상당액을 여행자에게 배상하여야 합니다.

③ 여행업자는 항공기, 기차, 선박 등 교통기관의 연발착 또는 교통체증 등으
로 인하여 여행자가 입은 손해를 배상하여야 합니다. 단, 여행업자가 고의 또
는 과실이 없음을 입증한 때에는 그러하지 아니합니다.

④ 여행업자는 자기나 그 사용인이 여행자의 수하물 수령, 인도, 보관 등에 관
하여 주의를 해태(懈怠)하지 아니하였음을 증명하지 아니하면 여행자의 수하
물 멸실, 훼손 또는 연착으로 인한 손해를 배상할 책임을 면하지 못합니다.

제15조(여행출발 전 계약해제) ① 여행업자 또는 여행자는 여행출발 전 이 여행
　계약을 해제할 수 있습니다. 이 경우 발생하는 손해액은 '소비자피해보상규정
　(재정경제부고시)에 따라 배상합니다.

② 여행업자 또는 여행자는 여행출발 전에 다음 각 호의 1에 해당하는 사유가 있는 경우 상대방에게 제1항의 손해배상액을 지급하지 아니하고 이 여행계약을 해제할 수 있습니다.

1. 여행업자가 해제할 수 있는 경우

가. 제13조제1항제1호 및 제2호사유의 경우

나. 다른 여행자에게 폐를 끼치거나 여행의 원활한 실시에 현저한 지장이 있다고 인정될 때

다. 질병 등 여행자의 신체에 이상이 발생하여 여행에의 참가가 불가능한 경우

라. 여행자가 계약서에 기재된 기일까지 여행요금을 납입하지 아니한 경우

2. 여행자가 해제할 수 있는 경우

가. 제13조제1항제1호 및 제2호의 사유가 있는 경우

나. 여행자의 3촌 이내 친족이 사망한 경우

다. 질병 등 여행자의 신체에 이상이 발생하여 여행에의 참가가 불가능한 경우

라. 배우자 또는 직계존비속이 신체이상으로 3일 이상 병원(의원)에 입원하여 여행 출발 전까지 퇴원이 곤란한 경우 그 배우자 또는 보호자 1인

마. 여행업자의 귀책사유로 계약서 또는 여행일정표(여행설명서)에 기재된 여행일정대로의 여행실시가 불가능해진 경우

바. 제12조제1항의 규정에 의한 여행요금의 증액으로 인하여 여행 계속이 어렵다고 인정될 경우

제16조(여행출발 후 계약해지) ① 여행업자 또는 여행자는 여행출발 후 부득이한 사유가 있는 경우 이 여행계약을 해지할 수 있습니다. 단, 이로 인하여 상대방이 입은 손해를 배상하여야 합니다.

② 제1항의 규정에 의하여 계약이 해지된 경우 여행업자는 여행자가 귀국하는데 필요한 사항을 협조하여야 하며, 이에 필요한 비용으로서 여행업자의 귀책사유에 의하지 아니한 것은 여행자가 부담합니다.

제17조(여행의 시작과 종료) 여행의 시작은 탑승수속(선박인 경우 승선수속)을 마친 시점으로 하며, 여행의 종료는 여행자가 입국장 보세구역을 벗어나는 시점으로 합니다. 단, 계약내용상 국내이동이 있을 경우에는 최초 출발지에서 이용하는 운송수단의 출발시각과 도착시각으로 합니다.

제18조(설명의무) 여행업자는 계약서에 정하여져 있는 중요한 내용 및 그 변경사항을 여행자가 이해할 수 있도록 설명하여야 합니다.

제19조(보험가입 등) 여행업자는 이 여행과 관련하여 여행자에게 손해가 발생한 경우 여행자에게 보험금을 지급하기 위한 보험 또는 공제에 가입하거나 영업보증금을 예치하여야 합니다.

제20조(기타사항) ① 이 계약에 명시되지 아니한 사항 또는 이 계약의 해석에 관하여 다툼이 있는 경우에는 여행업자 또는 여행자가 합의하여 결정하되, 합의가 이루어지지 아니한 경우에는 관계법령 및 일반관례에 따릅니다.

② 특수지역에의 여행으로서 정당한 사유가 있는 경우에는 이 표준약관의 내용과 달리 정할 수 있습니다.

5

여행수속업무

여행수속업무는 여행계약 체결과 동시에 여행에 관한 제반 수속, 예컨대, 여권 수속을 비롯하여 비자 수속, 외화(外貨) 수속, 국제 예방접종증명서 등의 검역 수속, 여행보험 수속 및 출입국 수속, 세관 수속 등의 업무로 구성된다.[1]

이러한 여행 수속업무는 여행출발 전까지 수속을 완료하지 않으면 안 되는 것과 여행기간 중에 수속을 해야 하는 것 및 여행종료 후 귀국하기 위한 상대국에서의 출국 수속과 국내 입국 수속, 세관 수속 등으로 나누어진다.

따라서 시간적 제약이 있는 수속의 경우에는 각종 서류작성을 비롯하여 필요한 신청이나 인·허가의 소요일수 등을 감안하여 작업예정표를 작성하는 등 계획적인 수속을 진행하여야 하고, 여행기간 중 및 귀국과 관련된 수속은 여권법을 비롯한, 출입국관리법 등 여행관련법규를 숙지하여 지장이 없도록 대비하지 않으면 안 될 것이다.

 01 여권(Passport) 수속

1) 여권(旅券·Passport)의 정의

여권이란 외국을 여행하는 사람에게 각국 정부가 발급하는 증명서류로 여행자의 국적·신분을 증명하고, 해외여행을 허가하며, 외국 관헌의 보호를 부탁하는 문서이다. 즉 해외여행을 하고자 하는 사람이 구비해야 할 여행서류로서 각국 정부가 자국인 또는 국적이 없는 외국인에게 해외여행을 위해 발급해 주는 공식서류이다.

세계의 모든 국가는 여행자들이 이러한 여권 또는 이에 준하는 문서(여행증명서) 소지를 규정하고 있으며, 우리나라도 외국에 여행하고자 하는 국민은 여권법에 나와 있는 규정에 의해 발급된 여권을 소지해야 한다고 명시하고 있다.[2]

여권은 이외에도 환전할 때, 비자신청과 발급 때, 출국 수속과 항공기를 탈 때,

1) Travel Agent Manual, 1989, Travel Journal, 1989, pp. 194~195.
2) 관협자료 87-9. 여행관계법규집, 한국관광협회, 1987. 10, p. 5.

현지 입국과 귀국 수속 때, 면세점에서 면세상품을 구입할 때, 국제운전면허증을 만들 때, 국제 청소년여행 연맹카드(FIYTO)를 만들 때, 여행자 수표로 지불할 때, 여행자 수표의 도난이나 분실 때, 재발급 신청할 때, 해외여행 중 한국으로부터 송금된 돈을 찾을 때 등에도 필요하다.

여권 대용서류(代用書類)로는 국제기구에서 발급하는 "LAISSEZ-PASSER"나 국제적십자사에서 발행하는 "International Red Cross Passports" 등이 있으며, 재일 조선인총연합회(조총련) 소속 재일동포들이 모국방문시 사용하는 여행증명서 (Travel Certificate : 연청색), 선원수첩(Seaman Book) 등은 여권에 준하는 문서로서 간주되고 있다.

종 류	내 용
여행증명서	· 여권대용 서류로 1회에 한하여 사용 가능. 목적지 국가가 표기되어 있는 것이 단수여권과 다른 점이다.
선원수첩	· 승선을 목적으로 하는 선원이 소지하는 신분증명서로 신분증 내 출국을 허락한다는 해운항만청의 도장이 있어야 하며(직인 후 10일 이내 출국해야 함), 부속서류로 Guarantee letter나 Ok to Board를 함께 소지한다. * 캐나다, 말레이시아, 이탈리아는 선원수첩을 대용서류로 인정하지 않기 때문에 여권을 함께 소지해야 한다.
LAISSEZ PASSER	UN 직원 및 그 가족에게 발급한다.
미군 ID CARD	· LEAVE ORDER를 소지해야 그 효력이 발생한다. · 태국, 필리핀, 말레이시아, 대만 등과 같이 미군이 주둔하지 않는 나라는 여권대용으로 인정하지 않기 때문에 반드시 여권 소지해야만 출국이 가능하다.

또한 미국이나 캐나다 등 인근국가 국경통과용 여권대용 패스포트 카드 등도 이용되고 있는데, 이는 정식 여권으로서의 기능은 하지 못하며 협정을 맺은 국가 간에서 이용되는 것으로 알려져 있다.

최근에는 전자여권(ePassport, Electronic Passport)이 발행되기 시작하였는데, 전자여권이란 비접촉식 IC칩을 내장하여 바이오인식정보(Biometric Data)와 신원정보를 저장한 여권을 말한다. 전자여권 또한 기존 여권과 마찬가지로 종이 재질의 책자 형태로 제작된다. 다만 앞표지에는 국제민간항공기구(ICAO)의 표준을 준수하는 전자여권임을 나타내는 로고가 삽입되어 있으며, 뒤표지에는 칩과 안테나가 내장되어 있다.

2008년 8월 25일부터 본인이 직접 신청케 함으로써 여행사에 의한 여권발급신청 대행제도3)가 사실상 폐지되게 되었다. 다만 ① 의전상 사유는 대통령(전·현직), 국회의장, 대법원장, 헌법재판소장 및 국무총리, ② 의학적 사유는 본인이 직접 신청할 수 없을 정도의 신체적·정신적 질병, 장애나 사고 등이 있는 경우, ③ 12세 미만인 사람 등은 친권자, 후견인 등 법정대리인, 배우자 및 본인이나 배우자의 2촌 이내 친족으로서 18세 이상인 사람 등이 대리 신청을 할 수 있다.

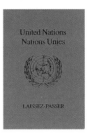

[그림 5-1] 대한민국 전자여권과 라세파세 모형

2) 여권의 종류 및 유효기간

여권의 종류는 일반여권(녹색), 관용여권(황갈색) 및 외교관여권(연청색)이 있으며, 1회에 한하여 외국여행을 할 수 있는 여권(단수여권), 유효기간 만료일까지 횟수에 제한 없이 외국여행을 할 수 있는 여권(복수여권)으로 구분할 수 있다. 여권의 유효기간은 일반여권이 경우 10년 이내로 하고 있으며, 관용여권 및 외교관여권은 5년 이내로 제한하고 있다.

단수여권은 만 25세 이상의 병역을 마치지 아니한 사람으로서 지방병무청장이나 병무지청장이 발행하는 국외여행 허가서의 허가기간이 6개월 미만인 사람에게 발급한다. 다만, 문화체육관광부 장관의 추천을 받은 우수문화예술인과 국

---

3) 여권발급신청대행제도는 여행사에서 여행자들로부터 받은 여행관련서류를 가지고 여권발급관청에 대신 수속을 하여 여권을 발급받는 제도이며, 대리수속을 함으로써 여행사들은 수속에 따른 이익을 챙기고 여행자들은 시간을 절약할 수 있었다.

제경기 참가나 국외 전지훈련을 위하여 연중 여러 차례에 걸쳐 여행을 하여야 하는 국가대표선수에게는 유효기간 1년의 복수여권을 발급할 수 있다.

관용여권은 공무상 국외여행의 경우에 발급되며, 발급대상자의 가족의 경우에는 공무상 동반시에만 발급받을 수 있으므로 가족에 대한 관용여권 발급 요청시 관계부처에서는 그 필요성을 상세히 소명하여야 한다. 여권법 시행령 제7조 제1호의 '공무'에 해당하는 국외여행의 범위는 다음과 같다.

① 공무국외여행규정 제2조제2항의 각호에 해당하는 국외여행 정부대표 및 특별사절의 임명에 관한 법률에 의하여 국외에 파견되는 경우
　– 국제과학기술협력규정에 의하여 국외에 파견되는 경우
　– 군사원조계획에 의하여 파견되거나 긴급을 요하는 군사작전상의 목적으로 국외에 출장하는 경우
　– 공무원교육훈련법 또는 군 위탁규정에 의한 교육훈련을 위하여 국외에 파견되는 경우
② 도시 및 단체 간 자매결연 추진 등 국제 교류업무
③ 국외연수
④ 각종 국제회의, 세미나 참석
　– 외국정부 및 공공기관이 주관하는 국제회의 및 세미나
⑤ 해외시장개척단 파견, 선진기술 벤치마킹, 단 배낭여행, 단순견학, 관광유적지 답사, 자료수집 등 업무와 직접관련이 적은 국외여행은 제외함.
⑥ 의원외교활동 및 지원 등이다.

한편 여행증명서(Travel Certificate)의 발급대상자는 다음과 같다.

① 출국하는 무국적자
② 국외에 체류하거나 거주하고 있는 사람으로서 여권을 잃어버리거나 유효기간이 만료되는 등의 경우에 여권 발급을 기다릴 시간적 여유가 없이 긴급히 귀국하거나 제3국에 여행할 필요가 있는 사람
③ 국외에 거주하고 있는 사람으로서 일시 귀국한 후 여권을 잃어버리거나 유

효기간이 만료되는 등의 경우에 여권발급을 기다릴 시간적 여유가 없이 긴급히 거주지국가로 출국하여야 할 필요가 있는 사람

④ "남북교류협력에 관한 법률" 제10조에 따라 여행증명서를 소지하여야 하는 사람으로서 여행증명서를 발급할 필요가 있다고 외교부장관이 인정하는 사람

⑤ "출입국관리법" 제46조에 따라 대한민국 밖으로 강제 퇴거되는 외국인으로서 그가 국적을 가지는 국가의 여권 또는 여권을 갈음하는 증명서를 발급받을 수 없는 사람

⑥ 상기 '가'항부터 '마'항까지의 규정에 준하는 사람으로서 긴급하게 여행증명서를 발급할 필요가 있다고 외교부장관이 인정하는 사람

〈표 5-1〉 여권의 종류·발급대상 및 구비서류

종 류	발급대상	구비서류
일반여권 (10년)	·대한민국 국적을 보유하고 있는 국민 ·법령에 의한 여권발급 거부 또는 제한 대상이 아닌 자	·여권발급신청서 ·여권용 사진 1매(긴급 사진부착식 여권 신청시 2매 제출 ·국외여행허가서(25세 이상 37세 이하의 남자) ·국외여행허가신청서(18세 이상 24세 이하 남자의 군미필자 및 군복무를 마치치 아니한 자) ·여권발급동의서(18세 미만) ·가족관계기록사항에 관한 증명서(행정전산망으로 확인 불가능시)
관용여권 (5년)	·공무원과 공공기관, 한국은행 및 한국수출입은행의 임원 및 직원으로서 공무로 국외에 여행하는 자와 관계기관이 추천하는 그 배우자, 27세 미만의 미혼인 자녀 및 생활능력이 없는 부모 ·공공기관, 한국은행 및 한국수출입은행의 국외주재원과 그 배우자 및 27세 미만의 미혼인 자녀 ·정부에서 파견하는 의료요원, 태권도 사범 및 재외동포 교육을 위한 교사와 그 배우자 및 27세 미만의 미혼인 자녀	(본인) ·① 여권발급신청서, ② 공무원증 또는 재직을 증명하는 신분증(투자기관), ③ 관계기관 공문(공무국외여행허가권자 또는 위임자의 공문), ④ 여권용 사진 1매, ⑤ 병역관계서류(병역관계항목 참조 : 해당자에 한함), ⑥ 공무 국외여행 계획(일정)서 : 관계기관 공문의 내용 미비시 추가 요청할 수 있음.

관용여권 (5년)	· 대한민국 재외공관 업무보조원과 그 배우자 및 27세 미만의 미혼인 자녀 · 외교부 소속 공무원 또는 외무공무원법 제31조의 규정에 의하여 재외공관에 근무하는 공무원이나 현역군인이 그 가사보조를 위해 동반하는 자	(배우자 또 미혼인 직계자녀) · ① 여권발급신청서, ② 신분증, ③ 공무원증사본 또는 재직을 증명하는 신분증사본, ④ 관계기관 공문(공무국외여행허가권자 또는 위임자의 공문), ⑤ 여권용사진 1매, ⑥ 가족관계증명서, 기본증명서(만 18세 미만 미성년자만 해당), (행정전산망으로 확인 불능시), ⑦ 병역관계서류(병역관계항목 참조: 해당자에 한함)
외교관여권 (5년)	1. 대통령(전직 대통령을 포함), 국무총리와 전직 국무총리, 외교통상부장관과 전직 외교통상부장관, 특명전권대사, 국제올림픽위원회 위원, 외교통상부 소속 공무원, 「외무공무원법」 제31조에 따라 재외공관에 근무하는 다른 국가공무원 및 다음 각 목의 어느 하나에 해당하는 사람 가. 다음에 해당하는 사람의 배우자와 27세 미만의 미혼인 자녀 1) 대통령 2) 국무총리 나. 다음에 해당하는 사람의 배우자, 27세 미만의 미혼인 자녀 및 생활능력이 없는 부모 1) 외교통상부장관 2) 특명전권대사 3) 국제올림픽위원회 위원 4) 공무로 국외여행을 하는 외교통상부 소속 공무원 5) 「외무공무원법」 제31조에 따라 재외공관에 근무하는 다른 국가공무원 다. 전직 국무총리와 전직 외교통상부장관이 동반하는 배우자. 다만, 외교통상부장관이 인정하는 경우에만 해당한다. 라. 대통령, 국무총리, 외교통상부장관, 특명전권대사와 국제올림픽위원회 위원을 수행하는 사람으로 외교통상부장관이 특히 필요하다고 인정하는 사람	· 공통구비서류 · 관계기관 협조요청 공문 · 국외여행계획서 · 비자노트신청서

외교관여권 (5년)	2. 국회의장과 전직 국회의장 및 다음 각 목의 어느 하나에 해당하는 사람 　가. 국회의장의 배우자와 27세 미만의 미혼인 자녀 　나. 전직 국회의장이 동반하는 배우자. 다만, 외교통상부장관이 인정하는 경우에만 해당한다. 　다. 국회의장을 수행하는 사람으로서 외교통상부장관이 특히 필요하다고 인정하는 사람 3. 대법원장, 헌법재판소장, 전직 대법원장, 전직 헌법재판소장 및 다음 각 목의 어느 하나에 해당하는 사람 　가. 대법원장과 헌법재판소장의 배우자와 27세 미만의 미혼인 자녀 　나. 전직 대법원장과 전직 헌법재판소장이 동반하는 배우자. 다만, 외교통상부장관이 인정하는 경우에만 해당한다. 　다. 대법원장과 헌법재판소장을 수행하는 사람으로서 외교통상부장관이 특히 필요하다고 인정하는 사람 4. 특별사절 및 정부대표와 이들이 단장이 되는 대표단의 단원 5. 그 밖에 원활한 외교업무 수행이나 신변 보호를 위하여 외교관여권을 소지할 필요가 특별히 있다고 외교통상부장관이 인정하는 사람	

　한편 여권발급시 추가를 요하는 병역 관련자의 서류에는 다음과 같은 것들이 있다.

〈표 5-2〉 병역관련자의 추가서류

구 분	국외여행허가	신분확인
직업군인	국외여행허가서(소속 부대장 발행)	신분증
복무중 일반사병	국외여행허가서(소속 부대장 발행)	신분증
6개월내 전역예정자	전역예정증명서	신분증
대체의무복무자	국외여행허가서(병무청 발행)	신분증

6개월내 대체의무복무해제예정자	복무확인서	신분증
사관생도	국외여행허가서(소속 생도대장 발행)	신분증
경찰대학생	국외여행허가서(25세 이상/병무청 발행)	

[자료] 외교통상부, 해외안전여행, 2015에 의거 재구성.

병역관계서류는 다음 각 호와 같다.

제1호 다음 각 목의 어느 하나에 해당하는 사람은 ▲향토예비군 편성확인서,
　　▲병적증명서, ▲병역(전역)증사본 또는 읍·면·동의 장이 발행하는 ▲병
　　적증명 서류 등 1부
　　가. 현역 복무를 마친 사람(현역 복무를 마친 것으로 보는 사람을 포함한다)
　　나. 공익근무요원 등 보충역 복무를 마친 사람(공익근무요원 등 보충역 복
　　　　무를 마친 것으로 보는 사람을 포함한다)
　　다. 제2국민역4)
　　라. 병역이 면제된 사람(병적에서 제적된 사람을 포함한다)
　　마. 25세 미만의 병역을 마치지 아니한 사람. 다만, 현역, 상근예비역, 전환
　　　　복무나 보충역으로 복무 중인 사람은 제외한다.

>>> **병역의무자의 국외여행허가**
　　병역의무자로서 아래의 허가대상자가 국외여행을 하고자 할 때에는 지방병
무청장의 국외여행허가를 받아야 하며, 국외여행허가를 받은 사람이 허가기간
내에 귀국하기 어려운 때에는 허가기간만료 15일 전까지, 24세 이전에 출국한
사람은 25세가 되는 해의 1월 15일까지 국외여행(기간연장)허가를 받아야 한다.

　　허가대상은 다음과 같다.
　　- 25세 이상자로서 다음 각 호 어느 하나에 해당하는 사람. 다만, 24세 이하자도
　　　승선근무예비역, 보충역으로 복무 중인 사람은 국외여행허가를 받아야 함.

---

4) 제1국민역 1급~4급 : 현역, 공익, 소방, 의무경찰 등, 제 2국민역 5급~면제대상에 편입된 사람.

- 병역준비역(병역판정검사대상, 현역병입영대상)
- 보충역으로서 소집되지 아니한 사람
- 사회복무요원
- 산업기능요원 · 공중보건의사 · 병역판정검사전담의사 · 공익법무관 · 공중방역수의사 및 승선근무예비역으로 복무 중인 사람

군복무 또는 대체복무중인 사람으로 6개월 이내 전역 또는 의무복무 만료예정인 사람은 국외여행 허가 없이 여권발급이 가능(군부대장이나 소속기관장이 발행하는 전역예정 또는 복무만료예정일이 명시된 복무확인서)하나 단, 전역 또는 복무만료 후에 출국 가능하다.

≫≫ 국외여행허가제한 대상자

허가제한 대상자는 다음과 같다.

- 허가제한 대상자
  - 병역판정검사를 기피 중에 있는 사람 또는 기피 사실이 있는 사람
  - 입영 또는 소집을 기피 중에 있는 사람 또는 기피 사실이 있는 사람
  - 사회복무요원 등의 복무를 이탈하고 있거나 이탈한 사실이 있는 사람
  - 국외여행허가 의무를 위반한 사실이 있는 사람
  - 영주권취득자 등 국외이주자로서 국내 영리활동 등의 사유로 병역면제 또는 병역연기 처분이 취소된 사람
  - 병역의무를 기피하거나 감면 받을 목적으로 신체손상이나 사위행위를 한 사람

≫≫ 병역의무자의 출 / 귀국 신고

병역의무자는 만18세가 되는 해 1월 1일부터 만 35세가 되는 12월 31일까지 병역을 마치지 않은 대한민국 남자로서 국외여행을 하고자 할 때 병무청에 국외여행 허가를 우선으로 받아야한다. 그리고 출국시에는 공항 또는 항만 병무신고사무소에 입국시에는 공항 또는 항만 병무신고사무소이나 각 지방 병무청 민원실 혹은 인터넷 병무청 홈페이지(전자민원창구 : 귀국신고)에 신고하여야 한다.

병무신고사무소의 출국확인 없이는 출국을 할 수 없으며, 만약 출국확인을 받지 않고 출국한 때에는 200만 원 이하의 벌금이나 구류 처분을 받게 된다. 만약 허가를 받지 않고 출국하거나, 허가를 받고 출국한 후 기간이 만료되었음에도 귀국하지 아니 한 경우에는

- 3년 이하의 징역
- 35세까지 병역의무 부과
- 40세까지 사회활동 제한
- 공사업체 임직원으로 채용 제한 및 관·허업, 인·허가 제한 등의 불이익을 받게 된다.

>>> 여권의 사용제한

외교부장관은 천재지변·전쟁·내란·폭동·테러 등의 국외 위난상황으로 인하여 국민의 생명·신체·재산을 보호하기 위하여 특정 국가나 지역을 방문하거나 체류하는 것을 중지시키는 것이 필요하다고 인정하는 때에는 기간을 정하여 해당 국가나 지역에서의 여권의 사용과 방문 및 체류 금지가 가능하다. 만약 외교부장관의 허가를 받지 아니하고 해당지역에서 여권사용, 방문 또는 체류한 경우 1년 이하의 징역 또는 300만 원 이하의 벌금에 처할 수 있다.

다만, 영주, 취재·보도, 긴급한 인도적 사유, 공무, 기업활동 등의 경우에 한해 극히 예외적으로 외교부장관의 허가를 받아 방문 및 체류가 가능하다.

여권의 사용제한은 여권법 및 관련규정에서 정하게 되었으며, 다만 국민의 거주·이전의 자유를 침해하는 측면도 없지 않음을 감안, 국가적 대책이 필요한 국외 위난상황이 있다고 인정되는 국가에 한정하여 극히 예외적으로 여권의 사용제한조치를 취하게 된 것이다.

3) 여권의 신청, 기재사항 변경, 재발급

여권의 신청절차는 여권의 종류에 관계없이 여권신청서류접수 → 신원조회 → 서류심사 → 여권제작 → 여권발급 → 여권수령 절차를 거치게 된다.[5] 즉 각 지방자치단체에서 접수된 여권신청 정보는 대전에 위치한 한국조폐공사 ID센터로

---

5) 외교통상부 여권과, 여권발급신청안내 팸플릿을 참조하여 재구성.

전송되며, ID센터에서는 동 정보를 기반으로 여권을 발급하여, 이를 특수운송차량(현금운송차량) 편으로 각 지방자치단체로 배송하면 각 지방자치단체는 배송된 여권을 직접 또는 우편으로 신청인에게 교부하게 된다.

(1) 사진전사식(寫眞轉寫式) 여권발급

① 여권발급신청서 작성

- 사진전사식 신 여권은 신청서의 내용이 스캐너 및 첨단 발급장비에 의해 제작되기 때문에 아래와 같이 신청서의 내용을 잘못 기재할 경우에는 기계의 오작동으로 발급이 지연될 수 있다는 점이다.
- 신청서상의 서명은 반드시 본인 자필로 하여야 하며 대필하면 안 된다. 대리로 여권서류를 맡길 경우 뒷장의 신청인(여권명의인) 서명도 동일하게 서명해야 된다.
- 신청서상의 서명은 여권의 신원정보지(표지 이면)에 그대로 자외선으로 인쇄되어 육안으로 확인할 수 없으나, 동 서명과 실제 여권상의 소지인 서명이 다를 경우 위조여권으로 오해받을 가능성이 있으므로 필히 여권 교부 후 신청서의 서명과 동일한 서명을 해야 한다.
- 신청서상 여권명의인 서명은 붉은색 테두리선을 벗어날 수 없다. 다만, 만 18세 미만의 경우법정대리인이 대신 서명할 수 있으며 서명시 여권명의인의 이름으로 서명해야 한다.
- 외교부 홈페이지에서 양식을 다운받아 칼라 프린트로 인쇄하여 사용할 수 있으며 반드시 본인 자필(워드로 작성 불가)로 정자체로 기재하여야 한다.
- 신청서를 접거나 훼손을 금한다.
- 글씨를 흘려서 쓰지 말고 꼭 정자로 작성하여야 한다.
- 신청서는 흑색 펜으로 기재하여야 하며 컬러펜이나 연필 사용은 금한다.
- 신청자가 미성년자인 경우 신청서 하단의 법정대리인 란에 동의인의 성명, 주민등록번호, 관계를 기재하여야 한다.
- 해외여행 중 사고발생시 재외국민 보호를 위하여 국내 긴급연락처를 상세하고 정확하게 기재해야 한다.

- 본적지는 신원조사기관의 신원조사 업무와 여권발급기록 관리상 필수항목
  이므로 반드시 기재해야 한다.

2 여권용 사진

- 제출매수 : 2매(신청서에 부착 1장, 스캔 후 즉시 반환 1장)
- 최근 6개월 이내에 촬영한 천연색 정면사진으로 가능한 귀가 보여야 하고,
  얼굴 양쪽 끝부분 윤곽이 뚜렷해야 하며, 어깨까지만 나와야 한다(사진 크기 :
  가로 3.5cm × 세로 4.5cm, 얼굴길이 : 가로 2.5cm × 세로 3.5cm).
- 사진 바탕은 흰색, 옅은 하늘색, 옅은 베이지색 바탕의 무배경으로 테두리가
  나타나지 않아야 하며, 사진의 피부색은 자연스러워야 한다.
  - 사진배경이 청색 등 진한색일 경우 발급장비의 인식불능으로 처리 불가능
- 신 여권은 전사방식처리 등 특수 장비사정 및 사진에 관한 국제규격준수 필
  요성에서 아래와 같은 사 진은 장비의 인식 또는 처리가 불가하다.
  - 모자, 머리띠, 제복, 흰색 계통의 의상(영문글자가 나와 있는 상의)은 불가
  - 눈은 감은 상태로 정면을 응시하지 않은 경우, 머리카락이 눈을 가리고 치
    아가 보이는 사진
  - 색안경 착용, 안경 렌즈의 조명반사로 인한 눈동자의 불선명 할 경우 불가
  - 착용한 안경테가 눈을 가리거나, 넓은 테의 안경을 착용 불가
  - 초점이 불명확하거나 수정된 사진 불가
  - 사진의 얼굴 및 바탕부분에 그림자가 있는 경우 사용 불가
  - 여권사진이 변질될 우려가 있는 즉석사진이나 질이 떨어진 디지털사진 불가
  - 의자, 장난감, 손, 다른 사람이 보이는 유아사진 불가
  - 일반여권 발급시 공적신분을 나타내는 제복 착용 사진 불가

3 여권 명의인(법정대리인)의 서명

- 신청서에 기입한 서명은 여권에 그대로 전사되므로 반드시 본인(여권명의
  인 또는 법정대리인)이 하여야 한다.
- 타인이 여권 명의인의 서명을 대신하는 경우에는 여권법 제13조(벌칙)의 규
  정에 따라 처벌을 받으며, 여권명의인도 불이익을 받을 수 있다.

• 만 18세 미만의 경우에는 법정대리인이 대신 서명할 수 있으나 반드시 여권 명의인의 이름으로 서명하여야 하며, 본인이 직접 서명하였을 경우에는 필히 본인임을 표시하여야 한다.

[별지 제1호서식]
(앞 쪽)

여 권 발 급 신 청 서

※ 흑색 펜으로 굵은선 안에만 기재

001

※ 사진	접 수 번 호		신원조사접수번호	
• 6개월이내 촬영한 천연색 정면사진(귀가 보여야 함)	접 수 년 월 일		신 원 조 사 회 보 일	
• 밝은 하늘색, 밝은 베이지색, 밝은 회색, 흰색 바탕의 무배경 사진(어두운 바탕 제외)	여 권 번 호		신 원 조 사 결 과	
• 색안경과 모자 착용 금지 • 가로 35㎜, 세로 45㎜ (얼굴길이 : 25㎜~35㎜)	발 급 년 월 일		여 권 유 효 기 간	

여권종류	☑ 일반 ☑ 거주 ☑ 관용 ☑ 외교관 여행증명서(☐ 왕복 ☐ 편도)
여권기간	☑ 10년 ☑ 5년 ☑ 5년미만 ☐ 단수(1년) ☐ 기간연장 재발급

※ 영문성명은 해외에서 기준이 되며 개명(改名)이 엄격히 제한되므로 **본인(여권명의인)**이 정확하게 기재하시기 바랍니다.

성 명	영 문 (대문자)	성		※ 영문이름은 붙여 쓰는 것을 원칙으로 합니다.
		이 름		
	한 글		한 자(漢字)	
	남 편 성 (영문대문자)		남 편 성 (한 글)	※ 남편성은 필요시 기재하시기 바랍니다.

주민등록번호	-

현 주 소 (주민등록표상)	※ 주민등록상의 주소를 번지(아파트 등의 경우 동, 호수)까지 정확하게 기재하시기 바랍니다.

여행예정국		여행목적		직장명(직위)	
전화번호	자택 ( )	직장 ( )		휴대 ☐☐☐-☐☐☐☐-☐☐☐☐	
				e-mail	
본 적 지			호 주		관 계

※ 긴급연락처는 해외여행중 각종 사고 발생시 재외국민 보호를 위하여 필요합니다.

국내 긴급연락처	성 명		관 계		전 화 (휴대전화)	( )
	주 소				직장(학교)명	

※ 여권명의인의 나이가 만 18세 미만인 경우는 법정대리인(부모·친권자·후견인)의 인적사항을 기재하시기 바랍니다.

법정대리인	성 명		관 계	
	주민등록번호	-		

여권명의인 서 명		※ 이 서명은 여권에 그대로 전사되므로 반드시 **본인(여권명의인)**이 서명하시기 바랍니다. (만 18세 미만의 경우는 법정대리인이 대신 서명할 수 있습니다.) ☑ 본인 ☑ 법정대리인

※ 해외거주중 재외공관에 신청하는 경우에는 추가로 아래 사항을 기재하시기 바랍니다.

거주지주소						
영 주 권	번 호		구 여 권	번 호	거 주 지	입국일자
	취득일			발급일		체류자격

(뒷쪽계속)

※ 뒷쪽에도 기재하시기 바랍니다.　　　　　　　　　　　　210㎜×297㎜[보존용지 120g/㎡]

④ 여권상 영문명 표기방법

- 여권상 영문성명은 한글성명을 로마자(영어 알파벳)로 음역 표기
- 한글성명의 로마자표기는 국어의 로마자 표기법에 따라 적는 것을 원칙
- 영문이름은 붙여 쓰는 것을 원칙으로 하되, 음절 사이에 붙임표(-)를 쓰는 것을 허용
- 종전 여권의 띄어 쓴 영문이름은 계속 쓰는 것을 허용(예 GILDONG, GILDONG)

⑤ 추가 확인사항

- 여권상 영문성명은 해외에서 신원확인의 기준이 되며 변경이 엄격히 제한 되므로 특별히 신중을 기하여 정확하게 기재하여야 한다.
- 가족간 영문 성(姓)은 특별한 사유가 없는 경우 이미 발급받은 가족구성원 의 영문(성)을 확인하여 일치시키기 바란다.
- 가족관계등록부상 등록된 한글성명을 영어로 표기시 한글이름 음역을 벗어 난 영어이름은 표기할 수 없으며, 반드시 음역을 정확하게 표기하여야 합니 다(예 요셉 → JOSEPH(×)).
- 대리인이 영문성명을 잘못 기재하여 여권이 발급된 경우에도 영문성명의 변 경은 엄격하게 제한되며 이로 인한 불이익은 여권명의인이 감수해야 한다.

⑥ 발급절차

(2) 기재사항 변경

여권법 제15조에 따라 사증란의 추가, 동반 자녀의 분리, 구여권번호의 기재나 거주여권의 명의인에 대한 국내 체류기간의 연장 등을 위하여 여권의 기재사항 변경을 신청하려는 사람은 다음 각 호의 서류를 외교통상부장관에게 제출한다.

① 여권 기재사항 변경신청서

② 기재사항 변경신청의 사유가 발생하였음을 증명하는 서류

③ 기재사항의 변경 중 사증란의 추가는 한 차례만 할 수 있다.

① 국내체재기간 연장

거주여권은 명의인이 국내 입국 후 2년을 경과할 경우(병역의무자 등은 1년) 유효기간이 남아 있더라도 국내 체재기간이 2년(영주권 취득 등의 사유로 병역 연기 또는 국외여행허가를 받은 병역의무자는 1년)이 되는 날에 여권효력이 상실된다(여권법 시행령 제6조제3항). 따라서 이 경우에는 국내 체재기간 연장을 신청하여야 한다.

② 동반자녀 분리

여권기재사항변경등신청서, 여권 및 여권사본 1부를 첨부하여 분리되는 자녀에 대해서는 별도의 여권 신청 필요하며, 또한 유효기간 연장 재발급시 동반자녀는 분리하여야 한다.

③ 사증란 추가

여권기재사항변경등신청서와 여권을 준비하여 신청하면 된다. 단, 1회에 한하여 허용한다.

(3) 여권의 재발급

여권법 제11조에 따라 여권을 재발급 받으려는 사람은 다음 각 호의 서류를 첨부하여 여권 재발급을 신청해야 하며, 여권을 재발급하는 경우에는 특별한 사유가 없으면 여권의 수록정보와 기재사항은 이미 발급한 여권과 동일하여야 한다.

① 여권 재발급 신청서

② 재발급 사유서

③ 재발급 받으려는 여권. 다만, 발급받은 여권을 잃어버린 경우는 제외

④ 여권용 사진 1장

⑤ 그 밖에 병역관계 서류 등 외교통상부령으로 정하는 서류

① 영문 성명의 정정이나 변경으로 인한 여권의 재발급

여권에 영문으로 표기한 성명(이하 "영문성명"이라 한다)을 정정하거나 변경하려는 사람은 다음 각 호의 사유 중 어느 하나에 해당하는 경우에 여권 재발급을 신청할 수 있다.

- 여권의 영문성명이 한글성명의 발음과 명백하게 일치하지 않는 경우
- 국외에서 여권의 영문성명과 다른 영문성명을 취업이나 유학 등을 이유로 장기간 사용하여 그 영문성명을 계속 사용하려고 할 경우
- 6개월 이상의 장기체류나 해외이주 시 여권에 영문으로 표기한 성(이하 "영문 성"이라 한다)을 다른 가족구성원의 여권에 쓰인 영문 성과 일치시킬 필요가 있는 경우
- 여권의 영문 성에 배우자의 영문 성을 추가·변경 또는 삭제하려고 할 경우
- 여권의 영문성명이 명백하게 부정적인 의미를 갖는 경우

여권상 영문성명은 국제규정(ICAO[6] Doc 9303)에 따라 한글성명을 영문 알파벳으로 음역을 표기하여야 하며 영문성명의 변경은 국제범죄 및 테러방지와 우리 여권의 대외신인도 제고를 위하여 여권 법규가 허용하는 경우를 제외하고는 엄격하게 제한하고 있다.

② 헐어 못 쓰게 된 경우의 여권 재발급

이 경우는 여권정보를 식별하는 것이 곤란한 경우와 외관상 여권에는 특별한 문제가 없다 하더라도 전자적으로 수록한 정보가 손상되어 판독이 불가능한 경우를 포함한다.

---

6) 세계 민간항공의 평화적이고 건전한 발전을 도모하기 위하여 1947년에 발족한 국제연합 전문기구로서 국제민간항공기구(International Civil Aviation Organization)의 약자이다.

(4) 여권발급의 제한 및 해제

관계 행정기관의 장은 그 소관 업무와 관련하여 다음 각 호의 어느 하나에 해당하는 사람이 있다고 인정할 때에는 외교통상부장관에게 여권 등의 발급·재발급(이하 "여권발급 등"이라 한다)의 거부·제한이나 유효한 여권의 반납명령(이하 "거부·제한 등"이라 한다)을 요청할 수 있다.

① 여권발급의 제한

여권 등의 명의인이 그 여권 등을 발급받은 후에 다음 사항에 저촉되면 여권발급을 제한할 수 있다.

① 장기 2년 이상의 형(형)에 해당하는 죄를 범하고 기소(기소)되어 있는 사람
② 장기 3년 이상의 형에 해당하는 죄를 범하고 국외로 도피하여 기소중지된 사람
③ 여권 등의 발급이나 재발급을 위해 제출한 서류에 거짓된 사실을 적은 사람
④ 그 밖의 부정한 방법으로 여권 등의 발급, 재발급을 받은 사람이나 이를 알선한 사람
⑤ 다른 사람 명의의 여권 등을 사용한 사람
⑥ 여권 등을 다른 사람에게 양도·대여하거나 이를 알선한 사람으로서 죄를 범하여 형을 선고받고 그 집행이 종료되지 아니하거나 집행을 받지 아니하기로 확정되지 아니한 사람
⑦ 금고 이상의 형을 선고받고 그 집행이 종료되지 아니하거나 그 집행을 받지 아니하기로 확정되지 아니한 사람
⑧ 채무이행의 담보로 여권 등을 제공하거나 제공받은 사람
⑨ 방문 및 체류가 금지된 국가나 지역으로 고시된 사정을 알면서도 허가를 받지 아니하고 해당 국가나 지역에서 여권 등을 사용하거나 해당 국가나 지역을 방문하거나 체류한 사람

② 제한의 해제

외교부장관은 관계 행정기관의 장의 요청을 받아 여권발급 등의 거부·제한 등을 하였던 것을 해제하려는 경우, 미리 요청기관의 장과 협의하여야 한다.

① 관계 행정기관의 장이 해제를 요청하는 경우

② 외국인 또는 국외에 거주할 목적으로 이주한 재외국민과 결혼하여 동거할 목적으로 출국하는 경우

③ 해외이주법 제6조에 따라 해외이주신고를 하여 해외이주신고 확인서를 발급받은 사람의 경우

④ 외국의 영주권 또는 장기체류 사증을 취득하거나 취득하기로 예정된 경우

⑤ 국외에 체류하고 있는 배우자, 형제자매나 직계존비속의 사망 및 이에 준하는 중대한 질병이나 사고로 인하여 긴급하게 출국하여야 할 필요가 있다고 외교통상부장관이 인정하는 경우 등이다.

02 사증(Visa) 수속

1) 사증(Visa)의 정의 및 종류

(1) 사증의 정의

사증(査證)이란 방문하려는 국가의 대사관 또는 영사관이 방문자가 소지하는 여권의 유효성과 방문자의 입국 및 체재에 대해서 심사하여, 입국을 보증하는 일종의 입국허가서이다. 즉 세계 각국은 각각 자기 나라 국내법으로 사증사무에 대하여 규정하고 있는데, 사증의 기능에는 ① 여권이 정식으로 발행된 것이며 유효한 여권임을 증명하고, ② 사증소지자가 그 여권 소지자를 안전하게 자기 나라에 입국시키도록 본국 관리에게 추천한다는 점에 있다.

정식입국에 대해서는 입국지점의 입국심사관이 결정하는 것이므로 사증을 소지했다 해도 입국을 거부할 경우도 있으며,[7] 체재기간 등도 당초 대사관이나 영사관에서의 내용과 기간을 달리하여 결정을 내리는 경우도 있으므로 주의를 요한다. 나라에 따라서는 여권이나 사증 대신 Tourist Card라는 것으로 대체하는 곳도 있는데, 예컨대 미국과 캐나다간, 미국과 멕시코 간 등이 그러한 예에 속한다.[8]

---

7) *Travel Agent Manual*, Travel Journal, 1989, p. 199.

(2) 사증의 종류

사증의 종류에는 여권에 종류에 따라 ① 일반사증, ② 공용사증, ③ 외교사증, 입국횟수 허용에 따라 ① 단수사증(Single Visa), ② 복수사증(Multiple Visa)로, 입국목적에 따라 ① 입국사증(Entry Visa), 통과사증(Transit Visa)로, 방문목적에 따라 관광사증, ② 상용사증, ③ 유학사증, ④ 취업사증, ⑤ 이민사증, ⑥ 문화사증, ⑦ 동거사증 등으로 구분할 수 있으며, 각국의 사정에 따라 그 명칭이 다르다.

2) 사증의 상호 면제협정(Visa Waiver Agreement)

직업에 관련된 자나 영리활동에 종사하는 자를 제외한 일반여행자에 대해서는 국가 간 사증의 상호면제협정을 통해 자유로운 여행활동을 보장하는 제도가 사증의 상호면제협정제도이다.

그러나 각 협정당사국의 법령에 따라 기피인물에 대하여는 자국의 영역에 입국 또는 체류를 거부할 권리를 가지며, 각 협정당사국은 공공질서 또는 국가안보를 이유로 협정규정의 전부 또는 일부를 잠정적으로 정지시킬 권한을 갖고 있다.

우리나라와 사증 상호면제협정을 체결한 국가는 총 63개국에 이르고 있으며 구체적 내용은 〈표 5-2〉에 나와 있다.

사증 면제 프로그램(VWP : Visa Waiver Program)은 미국의 사증 면제 규정이다. 이 규정에 가입된 국가의 국민은 관광, 친지 방문 및 상업 활동의 목적으로 사증 없이 미국에 입국하여 최장 90일까지 체류할 수 있다. 1986년부터 시행되고 있으며, 미국에 불법 체류할 가능성이 낮은 선진국 국민들에게 미국 방문의 편의를 제공하는 것이 목적이다.

사증 면제 프로그램으로 미국을 방문하려는 입국자는 다음 조건을 충족시킨다.

- 각자 자신의 여권을 소지해야 한다(예를 들어, 자녀가 부모의 여권에 동반 기재된 경우).
- 기계 인식 여권과 생체 정보 내장 여권을 소지해야 한다.

---

8) Tourism English Appendix, Tourism Training Institute, *Korea National Tourism Corporation*, 1982, p. 9.

- 여권의 유효기간이 6개월 이상 남아 있어야 한다.
- 사증 면제 협정에 조인한 항공편 및 선박편을 이용해야 하며, 귀국 혹은 제3국행 탑승권을 소지해야 한다(탑승권의 최종 목적지가 캐나다, 멕시코 및 카리브해 지역인 경우 그 국가 또는 지역의 합법적인 거주자이어야 한다).
- 이전의 미국 입국 규정에 동의해야 한다.
- 범죄 기록이 없어야 한다.
- 사증 신청 자격에 부적합하지 않아야 한다.
- 이전에 미국 사증 발급이 거부되거나 미국 입국이 거부된 적이 없어야 한다.
- 방문 목적이 관광, 친지 방문 및 상업활동 이외의 다른 목적이어서는 안 된다.

또한 미국에 입국한 후 미국 내에서 사증을 변경할 수 없으며, 미국에서 출국 후 90일 이내에 미국에 다시 입국한 경우 체류기간 90일이 추가로 부여되지 않는다. 사증 면제 프로그램에 별문제가 없어도 제3국(특히 중동, 아프리카 국가)을 거쳐 미국을 여행하는 경우, 영어(또는 불어 등 기타 국제통용어)로 된 ESTA 여행허가서를 발급받아 지참하는 것이 안전하다.

〈표 5-3〉 사증면제협정 체결국

지역	국가	우리 국민 무사증 입국 가능 여부 및 기간			무사증 입국 근거	비고
		일반여권 소지자	관용여권 소지자	외교관 여권 소지자		
아주지역 (22개 국가 및 지역)	뉴질랜드	90일	90일	90일	협정	
	대만	90일	90일	90일	상호주의	
	동티모르	×	무기한	무기한	일방적 면제	
	라오스	15일	90일(협정)	90일(협정)	일방적 면제 /협정	
	마카오	90일	90일	90일	상호주의	
	말레이시아	90일	90일	90일	협정	
	몽골	×	90일	90일	협정	
	미얀마	×	90일	90일	협정	
	방글라데시	×	90일	90일	협정	
	베트남	15일	90일(협정)	90일(협정)	일방적 면제 /협정	
	브루나이	30일	30일	30일	상호주의	
	싱가포르	90일	90일	90일	협정	

	인도	×	90일	90일	협정	
	인도네시아	30일	14일 (상호주의)	14일 (상호주의)	일방적 면제/ 상호주의	
	일본	90일	90일(협정)	90일(협정)	상호주의/ 협정	
	중국	×	30일	30일	협정	
	캄보디아	×	60일	60일	협정	
	태국	90일	90일	90일	협정	
	파키스탄	×	3개월	3개월	협정	
	필리핀	30일	무제한 (협정)	무제한 (협정)	일방적 면제/ 협정	
	호주	90일	90일	90일	상호주의	전자여행 허가(ETA) 사전 신청 필요
	홍콩	90일	90일	90일	상호주의	
	가이아나	90일	90일	90일	상호주의	
	과테말라	90일	90일	90일	협정	
	그레나다	90일	90일	90일	협정	
	니카라과	90일	90일	90일	협정	
	도미니카(공)	90일	90일	90일	협정	
	도미니카(연)	90일	90일	90일	협정	
	멕시코	90일	90일	90일	협정	
	미국	90일	×	×	상호주의	전자여행 허가(ESTA) 사전 신청 필요
	바베이도스	90일	90일	90일	협정	
	바하마	90일	90일	90일	협정	
	베네수엘라	90일	30일	30일	협정	
	벨리즈	90일	90일(협정)	90일(협정)	일방적 조치/ 협정	
미주지역 (34개국)	볼리비아	×	90일(협정)	90일(협정)	협정	
	브라질	90일	90일	90일	협정	
	세인트루시아	90일	90일	90일	협정	
	세인트빈센트그레나딘	90일	90일	90일	협정	
	세인트키츠네비스	90일	90일	90일	협정	
	수리남	90일	90일	90일	협정	
	아르헨티나	90일	90일(협정)	90일(협정)	상호주의/ 협정	
	아이티	90일	90일	90일	협정	
	안티구아바부다	90일	90일	90일	협정	
	에콰도르	90일	3개월(협정)	업무수행 기간(협정)	상호주의/ 협정	
	엘살바도르	90일	90일	90일	협정	
	온두라스	90일	90일	90일	상호주의	
	우루과이	90일	90일	90일	협정	
	자메이카	90일	90일	90일	협정	
	칠레	90일	90일	90일	협정	

		6개월	6개월	6개월	상호주의	전자여행 허가(eTA) 사전 신청 필요 (2016.3.15.~)
	캐나다	6개월	6개월	6개월	상호주의	전자여행 허가(eTA) 사전 신청 필요 (2016.3.15.~)
	코스타리카	90일	90일	90일	협정	
	콜롬비아	90일	90일	90일	협정	
	트리니다드토바고	90일	90일	90일	협정	
	파나마	90일	90일	90일	협정	
	파라과이	30일	90일(협정)	90일(협정)	상호주의/ 협정	
	페루	90일	90일	90일	협정	
유럽지역 (쉥겐 가입국 26개)	그리스	90일	90일	90일	협정	쉥겐 우선
	네덜란드	90일	90일	90일	협정	
	노르웨이	180일 중 90일	180일 중 90일	180일 중 90일	협정	
	덴마크	180일 중 90일	180일 중 90일	180일 중 90일	협정	
	독일	90일	90일	90일	협정	
	라트비아	90일	90일	90일	협정	
	룩셈부르크	90일	90일	90일	협정	쉥겐 우선
	리투아니아	90일	90일	90일	협정	
	리히텐슈타인	90일	90일	90일	협정	쉥겐 우선
	몰타	90일	90일	90일	협정	
	벨기에	90일	90일	90일	협정	
	스웨덴	180일 중 90일	180일 중 90일	180일 중 90일	협정	
	스위스	90일	90일	90일	협정	쉥겐 우선
	스페인	90일	90일	90일	협정	쉥겐 우선
	슬로바키아	90일	90일	90일	협정	쉥겐 우선
	슬로베니아	90일	90일	90일	상호주의	쉥겐 우선
	아이슬란드	180일 중 90일	180일 중 90일	180일 중 90일	협정	
	에스토니아	180일 중 90일	180일 중 90일	180일 중 90일	협정	쉥겐 우선
	오스트리아	90일	180일	180일	협정	
	이탈리아	90일	90일	90일	협정 및 상호주의	
	체코	90일	90일	90일	협정	
	포르투갈	60일	60일	60일	협정	쉥겐 우선
	폴란드	90일	90일	90일	협정	
	프랑스	90일	90일	90일	상호주의	쉥겐 우선
	핀란드	180일 중 90일	180일 중 90일	180일 중 90일	협정	쉥겐 우선
	헝가리	90일	90일	90일	협정	

	교황청	30일	30일	30일	일방적 면제
	러시아	1회 최대 연속 체류 60일, 180일 중 누적 90일	90일	90일	협정
	루마니아	180일 중 90일	180일 중 90일	180일 중 90일	협정
	마케도니아	1년 중 90일	1년 중 90일	1년 중 90일	일방적 면제
	모나코	90일	90일	90일	상호주의
	몬테네그로	90일	90일	90일	상호주의
	몰도바	180일 중 90일	180일 중 90일(협정)	180일 중 90일(협정)	일방적 면제/ 협정
	벨라루스	5일 (일방적 면제)	90일	90일	일방적 면제/ 협정
	보스니아 헤르체고비나	90일	90일	90일	상호주의
	불가리아	90일	90일	90일	협정
유럽지역 (비쉥겐국 및 지역 29개)	사이프러스	90일	90일(협정)	90일(협정)	상호주의/ 협정
	산마리노	90일	90일	90일	상호주의
	세르비아	90일	90일	90일	상호주의
	아르메니아	×	90일	90일	협정
	아일랜드	90일	90일	90일	협정
	아제르바이잔	×	30일	30일	협정
	안도라	90일	90일	90일	상호주의
	알바니아	90일	90일	90일	상호주의
	영국	6개월	6개월	6개월	협정 및 일방적 면제
	우즈베키스탄	×	×	60일	협정
	우크라이나	90일 (일방적 면제)	90일(협정)	90일(협정)	일방적 면제/ 협정
	조지아	360일	90일(협정)	90일(협정)	일방적 면제/ 협정
	카자흐스탄	30일 (1회 최대 연속 체류 30일, 180일 중 60일)	90일	90일	협정
	코소보	90일	90일	90일	일방적 면제

	크로아티아	90일	90일(협정)	90일(협정)	상호주의/협정
	키르기즈	60일	30일(협정)	30일(협정)	일방적 면제/협정
	타지키스탄	×	90일	90일	협정
	터키	180일 중 90일	180일 중 90일	180일 중 90일	협정
	투르크메니스탄	×	×	30일	협정
대양주 (12개 국가 및 지역)	괌	45일/ VWP 90일	45일/ VWP 90일	45일/ VWP 90일	상호주의
	마샬군도	30일	30일	30일	상호주의
	마이크로네시아	30일	30일	30일	상호주의
	바누아투	1년 내 120일	1년 내 120일	1년 내 120일	일방적 면제
	북마리아나연방	45일/ VWP 90일	45일/ VWP 90일	45일/ VWP 90일	상호주의
	사모아	60일	60일	60일	상호주의
	솔로몬군도	1년 내 90일	1년 내 90일	1년 내 90일	상호주의
	키리바시	30일	30일	30일	상호주의
	통가	30일	30일	30일	상호주의
	투발루	30일	30일	30일	상호주의
	팔라우	30일	30일	30일	상호주의
	피지	4개월	4개월	4개월	상호주의
아프리카 · 중동지역 (24개국)	가봉	×	90일	90일	협정
	남아프리카 공화국	30일	30일	30일	상호주의
	라이베리아	90일	90일	90일	협정
	레소토	60일	60일	60일	협정
	모로코	90일	90일	90일	협정
	모리셔스	16일	16일	16일	상호주의
	모잠비크	×	90일	90일	협정
	베냉	×	90일	90일	협정
	보츠와나	90일	90일	90일	일방적 면제
	세네갈	90일	90일	90일	일방적 면제
	세이쉘	30일	30일	30일	상호주의
	스와질란드	60일	60일	60일	상호주의
	아랍에미리트	90일	90일	90일	협정
	알제리	×	90일	90일	협정
	앙골라	×	30일	30일	협정
	오만	30일	90일(협정)	90일(협정)	일방적 면제/협정

요르단	×	×	90일	협정	
이란	×	3개월	3개월	협정	
이스라엘	90일	90일	90일	협정	
이집트	×	90일	90일	협정	
카보베르데	×	90일	90일	협정	
카타르	30일	30일	30일	상호주의	
쿠웨이트	×	90일	90일	협정	
튀니지	30일	30일	30일	협정	

【알림】
- 미국 : 출국 전 전자여행허가(ESTA) 신청 필요.
- 캐나다 : 출국 전 전자여행허가(eTA) 신청 필요.
- 호주 : 출국 전 전자여행허가(ETA) 신청 필요.
- 괌, 북마리아나연방(수도 : 사이판) : 45일간 무사증입국이 가능하며, 전자여행허가(ESTA) 신청시 90일 체류 가능
- 이탈리아 : 협정상의 체류기간은 60일이나 상호주의로 90일간 체류기간 부여(2003. 6. 15)
- 영국 : 협정상의 체류기간은 90일이나 영국은 우리 국민에게 최대 6개월 무사증입국 허용[무사증 입국시 신분증명서, 재정증명서, 귀국항공권, 숙소정보, 여행계획 등 제시 필요(주영국대사관 홈페이지 참조).

○ 쉥겐협약은 유럽지역 26개 국가들이 여행과 통행의 편의를 위해 체결한 협약으로서, 쉥겐협약 가입국을 여행할 때는 마치 국경이 없는 한 국가를 여행하는 것처럼 자유로이 이동할 수 있다.
쉥겐협약 가입국(총 26개국)
그리스, 네덜란드, 노르웨이, 덴마크, 독일, 라트비아, 룩셈부르크, 리투아니아, 리히텐슈타인, 몰타, 벨기에, 스위스, 스웨덴, 스페인, 슬로바키아, 슬로베니아, 아이슬란드, 에스토니아, 오스트리아, 이탈리아, 체코, 포르투갈, 폴란드, 프랑스, 핀란드, 헝가리
○ 사증면제국가 여행시 주의할 점
- 사증면제제도는 대체로 관광, 상용, 경유일 때 적용된다. 사증면제기간 이내에 체류할 계획이라 하더라도 국가에 따라서는 방문 목적에 따른 별도의 사증을 요구하는 경우가 많으니 입국 전에 꼭 방문할 국가의 주한공관 홈페이지 등을 통해 확인해야 한다(특히, 취재기자의 경우 무사증입국 허용이라하더라도 사증취득 필요).
- 특히, 미국 입국/경유시에는 ESTA라는 전자여행허가, 캐나다 입국/경유시에는 eTA라는 전자여행허가를 꼭 받아야 하고, 영국 입국시에는 신분증명서, 재직증명서, 귀국항공권, 숙소정보, 여행계획을 반드시 지참하여야 한다.

【자료】 외교부, 해외안전여행, 2017.11. http://www.0404.go.kr/consulate/visa.jsp.

위와 같이 사증상호면제협정이 체결되어 있다고 해도 다음과 같은 경우에는 반드시 사증을 득해야 한다.

사증관계	여행목적	주의사항
1. 무사증 입국가능	① 상용, ② 방문, ③ 문화, ④ 관광	· 해당국가에 입국 후 영리행위 금함. · 장기체류 희망자는 출국전 사증을 받음.
2. 사증취득 필요	① 취업, ② 영리적 사업 종사, ③ 상사 주재, ④ 동거, ⑤ 거주(이민), ⑥ 유학(연수), ⑦ 입양, ⑧ 기타장기체류	· 소정의 체류기간 경과 이전에 여행국으로부터 출국하여야 함. · 분쟁지역 국가는 사증 필요 유무 사전 확인함. · 기타 자세한 사항은 여행정보책자(TIM : Travel Information Manual) 최신판을 참조함.

〈표 5-4〉 TIM의 예

AFGHANISTAN

1. Passport : Required except for holders of a U.N. Laissez–Passer issued to UNDP(United Nations Development Program) personnel.
2. **Visa : Warning : Non**–*compliance with the visa regulations will result in deportation of passenger by Immigration authorities*
   Visa required, except for.
   1. nationals of Afghanistan holding an official passport;
   2. nationals of Bulgaria and Turkey;
   3. returning alien residents holding a re-entry permit;

(TWOV)
4. those who continue their journey to a third country by the same aircraft.

Issue :
1. on arrival at Kabul Airport to UNDP (United Nations Development Program) personnel holding a U.N. Laissez Passer.
2. by the representations of Afghanistan established in China People' s Rep. (Beijing), Czechoslovakia(Prague), Egypt (Cairo), France(Paris), Germany-Fed. Rep.(West),(Bonn), India(Mumbai, Delhi), Indonesia(Jakarta), Iran(Teheran), Iraq(Baghdad), Italy(Rome), Japan(Tokyo), Pakistan(Karachi), Saudi Arabia(Jeddah), Turkey(Ankara), United Kingdom(London), U.S.A.(San Francisco, Washington D.C.), Russia(Moscow), Yugoslavia(Belgrade).

Additional information :
1. Nationals of Afghanistan, alien residents and tourists whose visa have been extended by Kabul Visa Office must obtain a "Jawaze Eqamat(Residential Permit)" from the Police Authorities, after arrival;
2. Tourists and journalists are advised to report on arrival to the Tourist Bureau, Press Department, Kabul;
3. For taking photos and cinematographic films previous permission in writing should be obtained from the Tourist Bureau, Press Department, Kabul.

Re-entry permit : Required for alien residents, to be obtained before departure from Afghanistan.

Exit permit : Required for all passengers.

3) 무사증 체류제도(TWOV : Transit Without Visa)

사증의 상호면제 협정과 그 내용은 약간 다르나, 무사증 체류가 가능한 제도도 있으며, 무사증 체류제도는 입국하고자 하는 국가로부터 정식 사증을 받지 않았더라도 여행자가 일정한 조건을 갖추고 있으면 일정 기간 동안 단기체류를 할 수 있는 제도인데 조건이란 다음과 같다.

① 제3국으로 계속 여행할 수 있는 예약이 확인된 항공권을 소지하고 있어야 한다(일부국가는 Return Ticket 소지자에게도 허용).

② 제3국으로 계속 여행할 수 있는 여행서류(Travel Document)를 구비하고 있어야 한다.

③ 일반적으로 외교관계가 수립되어 있는 국가에서만 이러한 규정이 적용되고 있다.

무사증체류 제도도 국가별, 여행자 신분별로 서로 다르게 적용하고 있으므로, 최신(Up-to-Date)의 여행정보책자(Travel Information Manual)를 참고하지 않으면 안 된다.

4) 사증의 분류

사증의 분류는 소지하고 있는 ① 여권에 따라서 일반사증, 공용사증, 외교사증 등으로 구분되며, 또한 ② 방문목적에 따라 통과사증, 입국사증, 관광사증, 상용사증, 유학사증, 취업사증, 이민사증, ③ 체재기간에 따라 영주사증, 임시사증, ④ 방문횟수에 따라 1회 입국에 한하여 유효한 단수사증(single entry visa)과 횟수에 관계없이 입국이 가능한 복수사증(multiple entry visa), ⑤ 인원에 따라 개인사증, 단체사증, ⑥ 형태에 따라 전자사증, 스티커사증, 스탬프사증 등으로 구분하고 있다.

이외에도 공항이나 해항(海港)에 도착하여 사증을 발급받는 도착비자(Arrival Visa) 및 중국에 배로 입국할 경우 선상(船上)에서 받는 선상비자도 있다.

 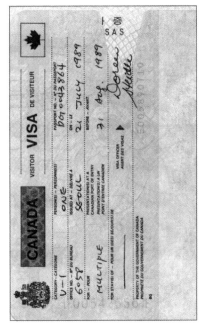

스탬프비자 모형　　　　　　　　스티커비자 모형

5) 사증의 신청

방문하는 나라의 사증이 필요한 경우에는 주한영사관(대사관·공사관 포함)에 신청을 하면 되나, 영사관이 개설되어 있지 않은 경우에는 인접지역 국가의 자국 영사업무를 관할하는 공관에 신청하면 된다. 사증의 신청수속은 나라마다 천차만별로 필요서류, 소요일수, 사증의 종류에 따라 다르다. 게다가 같은 나라의 영사관이라 해도 소재지에 따라 다를 경우도 있다.

사증은 여행 전에 취득하는 것이 원칙이나, 입국공항에서 발급해 주는 나라(예 네팔, 캄보디아)도 있고, 호주 같은 경우에는 이민국으로부터 사증의 사전승인을 받아 탑승수속시 신속한 사증확인 및 호주도착시 신속한 입국심사가 가능하도록 ETA(Electronic Travel Authority)시스템을 실시하고 있다.

```
ETA APPROVAL      ETA REF 14NOV00/1340
FAMILY NAME       HONG..................... AUSTRALIAN GOVT
GIVEN NAMES       GIL DONG..................
PASSPORT          YP1234567.......KOR EXPIRY DATE 12MAY2004
DATE OF BIRTH     23FEB1969  SEX M   COB KOR   ARRIVAL SEL
TYPE OF TRAVEL    V VISITOR ETA .....................
ENTRY STATUS      UD/976 ETA VISITOR(SHORT)..............
                  Authority to enter Australia valid to ...
                  14NOV2001. Grant No 779900100129t.......
                  Period of stay 03Mths.................
                  Multiple Entry.......................
ETA approved
```

[그림 5-2] 호주 입국사증 사전심사 출력화면

또한 불가피한 사정이 발생한 경우에는 여행 중이라도 현지에서 사증신청수속을 할 수 있다. 사증신청시에 일반적으로 필요한 서류는 다음과 같다.

① 신청서 : 각국이 독자적 양식을 정해 사용하고 있으며 동일국가라 하더라도 여행목적, 체재기간 등에 의해 양식, 종이색깔이 다른 경우도 있다.
② 사진 : 원칙적으로 고속촬영사진은 불가하며, 크기는 특별히 명시하지 않는 경우에는 여권신청용과 동일하다.

이외에도 나라에 따라 초청장(사회주의 국가), 영문이력서, 이력서, 출장증명서, 항공권 원본, 재직증명서, 갑근세 납세증명원, 소득금액증명(세무서), 직장의료보험증사본 또는 확인원(직장의료보험증이 없을 경우 국민연금가입내역서), 사업자등록증명원, 성적증명서, 에이즈미감염증명서 등을 요구하기도 한다.

사증을 신청하려면 우선 사증발급신청서를 작성하는데, 미국과 같이 사증발급신청서를 직접 작성하지 않고 웹에서 전자여행허가를 받아 종이서류 대신 입국을 허가하는 나라도 있다.

전자여행허가제(ESTA : Electronic System for Travel Authorization)의 약자로 웹사이트를 통해 여행허가 신청과 여행허가를 받는데 있어서 비용을 청구하지 않고, 만약 비용을 받는 경우, 미승인된 제3자가 전자여행허가에 관한 정보를 제공하고

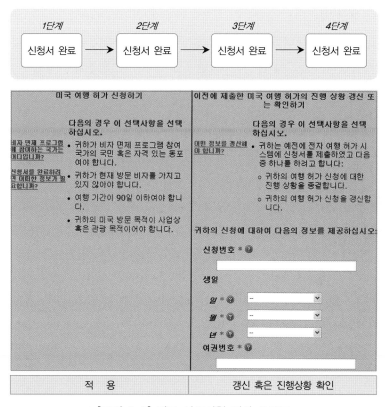

[그림 5-3] 미국 사증신청 절차 흐름도

전자여행허가 신청서를 제출하면서 수수료를 받는 웹사이트를 만든 것이다. 전자
여행허가 신청은 전자여행허가제 웹사이트 http://esta.cbp.dhs.gov에서 할 수 있다.

비자 면제 프로그램에 따라 미국으로 여행하고자 하는 전 세계 여행자들에게
강도 높은 보안 요건이 적용된다. 비자 면제 프로그램에 따라 여행하고자 하는
자격이 있는 모든 여행자들은 다음의 절차에 따라 허가를 신청해야 한다. 모든
응답은 영어로 작성해야 하며, 필수 영역은 붉은색 별표가 표시되어 있다. 또한
전자여행허가 신청조건은 다음과 같다.

· 단기 출장 / 관광의 목적으로 방문
· 유효한 전자여권 소지(2006. 10. 26 이후 발급한 여권은 전자여권이어야 함)
· 등록된 항공 / 선박을 이용하고 왕복항공권 또는 미국 경유시 최종 목적지

항공권 소지
- 미국 입국일로부터 90일 이내에 출국
- 전자여행허가(ESTA) 승인 : 2009년 1월 12일부터 의무적 적용
- 협정항공사를 이용해야 한다(Return Ticket 및 Onward Ticket 필요).

그러나 반드시 비자를 받아야 하는 경우는 다음 그림과 같이 90일 이상 체류, 체류자격 변경, 학업이나 취업 등 장기체재, 전자여권이 아닌 일반여권을 가지고 여행하는 경우, 비자면제프로그램에 미등록된 항공(선박)으로 입국하는 경우, 이전에 비자가 거절된 경우, 범죄기록이나 전염성 질병, 정신적 장애, 약물 중독 등 문제가 있는 경우, ESTA의 승인거절 등 사유에 해당되면 사증을 취득해야 한다. 미국 사증의 종류는 다음과 같다.

TYPE	체류자격	TYPE	체류자격	TYPE	체류자격
A1 / A2	외교관 / 정부관리	G1 / G2	국제기구 정부 대표자	M1 / M2	취업 가능한 유학생
B1 / B2	단기관광 / 상용	H1 / H2	고급인력 / 기능직기술자	O	예체능특기자 및 가족
C1 / C2	경 유	I	언론기구 대표자	P	운동선수 및 연예인
E1 / E2	영업 / 투자 주재원	J1 / J2	교환교수 및 교환학생	Q	문화교환 방문자
F1 / F2	유학생 및 가족	K	미국 시민권자, 약혼한 자	R	종교활동

이외에도 사증발급에 필요한 부속서류에는 다음과 같은 것들이 있다.

VISA	부속서류
C1 / C2	3국행 항공권
F1 / F2	I-20
J1 / J2	DS2019 (IAP-66)
K	I-129F
M1 / M2	I-20M

B1 / B2 사증일 경우 왕복 항공권을 소지하도록 권고하고 있으며, F1 / F2 사증인 경우 첫 입국시 유학생정보추적시스템인 SEVIS의 등록납부영수증을 함께 제시할 것을 요구하는데, 영수증이 없을 경우 장시간 심사시간이 걸리므로 연결편을 탑승하지 못하는 사례가 발생할 수도 있다.

한편 VISA TRANSFER 즉 구여권에 VISA 유효기간이 남아 있고 신규로 여권을 발급한 경우, 2개의 여권을 가지고 있는 것을 번거롭게 여긴 승객이 임의로 VISA를 절취하여 신규여권에 부착하는 경우를 말하는데, 이는 공문서 위조·조작의 사유로 미국입국이 거절되며 미국정부로부터 운송항공사는 벌금을 부과받으며 이는 사증확인시 사증의 여권번호와 여권 앞면에 나타나 있는 여권번호가 일치하는지 대조하면 알아낼 수 있다.

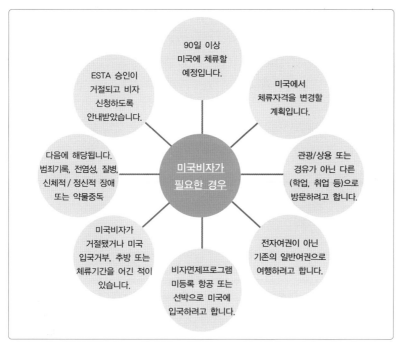

【자료】 주한 미국대사관 웹사이트, 2010. 1.

[그림 5-4] 미국 사증이 필요한 경우

한편 호주처럼 종이비자(일명 딱지비자 혹은 스티커비자)와 더불어 전자비자(ETA : Electronic Travel Authority)를 발급하는 나라도 있다. 사증의 양식은 국가에 따라 다소 차이는 있으나, 대개 여권의 기재내용을 확인하는 내용과 출입국에 따른 입/출국일자, 방문목적, 체재기간, 출/입국 항, 항공(선박)편명, 체재지 주소, 관계인의 인적사항 등을 기입하도록 요구하고 있는 것이 일반적이다(중화인민공화국 사증신청서 참조).

中华人民共和国签证申请表
Visa Application Form of the People's Republic of China

请逐项在空白处用中文或英文大写字母打印填写，或在□打×选择。
Please type your answer in capital English letters in the spaces provided or check the appropriate box to select.

清空重填/Reset Form

一、关于你本人的信息 / Section 1. Information about Yourself

1.1 外文姓名/ Full Name: 姓 / Surname:	中间名 / Middle Name:

名 / Given Name:

1.2 性别 / Sex:　□ 男/ M　□ 女/F

照片 / Photo

请将 1 张近期正面免冠、浅色背景的彩色护照照片粘贴于此。

Please affix one recent passport style color photo, with full face, front view, no hat, and against a plain light background.

1.3 中文姓名 / Chinese Name if Applicable:

1.4 现有国籍 / Current Nationality:

1.5 别名或曾用名 / Other or Former Name:

1.6 曾有国籍 / Former Nationality:

1.7 出生日期 / Date of Birth*(YY-MM-DD)*:　　1.8 出生地点(国、省/市) / Place (Province/State, Country) of Birth:

1.9 护照种类 Passport Type	□ 外交 / Diplomatic　　□ 公务、官员 / Service or Official　　□ 普通 / Regular □ 其他证件(请说明) / Other (Please specify):

1.10 护照号码 / Passport Number:　　1.11 签发日期 / Date of Issue*(YY-MM-DD)*:

1.12 签发地点(省/市及国家) / Place (Province/State, Country) of Issue:　　1.13 失效日期 / Expiration Date*(YY-MM-DD)*:

1.14 当前职业（可多选）/ Your Current Occupation(s):

□ 商人 / Businessman　　□ 教师、学生 / Teacher or Student　　□ 政府官员 / Government Official
□ 乘务人员 / Crew Member of Airlines, Trains or Ships　　□ 新闻从业人员 / Staff of Media
□ 议员 / Member of Parliament, Congressman or Senator　　□ 宗教人士 / Clergy
□ 其他(请说明) /Other (Please specify):

二、你的赴华旅行 / Section 2. Your Visit to China

2.1 申请赴中国主要事由（可多选）/ Major Purpose(s) of Your Visit(s) to China:

□ 旅游 / Tourism　　　　　　　　　　□ 执行乘务 / As Crew Member of Airlines, Trains or Ships
□ 探索 / Visiting Relatives　　　　　　□ 记者常驻 / As Resident Journalist
□ 商务 / Business Trip　　　　　　　　□ 记者临时采访 / As Journalist for Temporary News Coverage
□ 过境 / Transit　　　　　　　　　　　□ 外交官、领事官赴华常驻 / As Resident Diplomat or Consul in China
□ 留学 / Study　　　　　　　　　　　 □ 官方访问 / Official Visit
□ 商业演出 / Commercial Performance　　□ 任职就业 / Employment
□ 其他(请说明) / Other (Please specify):

2.2 计划入境次数 / Intended Number of Entries	□ 一次入出境有效 (3 个月内有效) / Single entry valid for 3 months; □ 二次入出境有效 (6 个月内有效) / Double entry valid for 6 months; □ 半年内多次入出境有效 / Multi-entry valid for 6 months; □ 一年内多次入出境有效 / Multi-entry valid for 12 months.

2.3 首次可能抵达中国的日期 / Date of Your First Possible Entry into China *(YY-MM-DD)*	
2.4 预计你一次在华停留的最长天数 / Your Longest Intended Stay in China	Days

2.5 请按时间顺序列明你访问中国的地点（省及市 / 县）/ Please list Counties/Cities and Provinces to visit in China in a time sequence:

2.6 办理签证通常需要 4 个工作日，你是否想另交费要求加急或特急服务？/ Normally, visa processing takes 4 working days. Do you request express or rush service by paying extra fee?	□ 加急(2-3 个工作日) / Express for 2-3 working days; □ 特急(1 个工作日) / Rush for 1 working day.

三、你的健康状况及以前的国际旅行/ Section 3. Your Health Condition and Previous Overseas Tour

3.1 你是否曾经被拒绝颁发中国签证？ Have you ever been refused a visa for China?	☐ 否 / No ☐ 是/Yes
3.2 你是否曾经被拒绝进入或被遣送出中国？ Have you ever been refused entry into or deported from China?	☐ 否 / No ☐ 是/Yes
3.3 你在中国或其他国家是否有犯罪记录？ Do you have any criminal record in China or any other country?	☐ 否 / No ☐ 是/Yes
3.4 你现在是否患有以下任一种疾病/ Do you suffer from any of the following diseases? ①精神病/ Mental Diseases ②开放性肺结核/ Open Tuberculosis ③性病/ Venereal Diseases ④感染 HIV 或艾滋病/ HIV Positive or AIDS ⑤麻风病/ Leprosy ⑥其他传染性疾病/ Other infectious diseases	☐ 否 / No ☐ 是/Yes
3.5 是否曾经访问中国/Have you ever visited China before?	☐ 否 / No ☐ 是/Yes
3.6 对问题 3.1-3.4 选择"是"并不表示你就无资格申请签证，请说明详细情况/ If you select Yes to any question from 3.1 to 3.4, you do not lose eligibility for visa application. Please give detailed reasons for your answer.	

四、你的联系方式/ Section 4. Your Contact Information

4.1 你的工作单位或学校名称 / Name of Your Employer or School:	4.2 日间电话 / Daytime Phone Number:
4.3 你的工作单位或学校地址 / Address of Your Employer or School:	4.4 夜间电话 / Nighttime Phone Number:
4.5 你的家庭住址 / Your Home Address:	4.6 你的电子信箱 / Your Email:
4.7 在华邀请、联系的单位名称或探亲对象的姓名 / Name of Inviter, Contact or Your Relative in China:	4.8 联系电话 / Phone Number of Your Contact:
4.9 在华邀请、联系的单位名称或探亲对象的地址 / Address of Inviter, Contact or Your Relative in China:	4.10 电子信箱 / Email of Your Contact:

五、其他声明事项 / Section 5.Other Declaration

如有其他需要声明事项，请在下面说明 / If there is more information to declare, please give the information below.

六、他人代填申请表 / Section 6. Application Form Completed by Another Person

如是他人为你填写签证申请表，请其填写以下栏目 / If this application was completed by another person on behalf of you，please have that person complete this section.

6.1 代填人姓名 /Name of Person Completing the Form:	6.2 与申请人关系 / Relationship to the Applicant:
6.3 代填人地址及电话 /Address and Phone Number of that Person:	6.4 代填人签名 /Signature of that Person:

七、重要事项 / Section 7. Important

我已阅读并理解此表所有问题，并对照片及填报内容的真实性和准确性负责。我理解，签证种类、有效期及停留期将由领事决定，任何不实、误导或填写不完整均可能导致签证申请被拒绝或被拒绝进入中国。

I have read and understood all the questions in this application. I shall be fully responsible for the answers and the photo, which are true and correct. I understand that type of visa, number of entries and duration of each stay will be decided by consuls, and any false, misleading or incomplete statement may result in the refusal of a visa for or denial of entry into China.

➡ 申请人签名/ Applicant's Signature: ＿＿＿＿＿＿＿＿＿＿ 日期/Date(YY-MM-DD):

6) 사증 보완서류

(1) 초청장(invitation card)

초청장이란 외국에서 여행을 초청하는 서류로서 국외여행 목적을 증빙하는 중요한 서류의 하나이다. 러시아를 비롯한 사회주의 국가들은 일반적으로 사증 발급신청시 초청장을 첨부하도록 요구하고 있으며, 초청장 발급비용도 만만치 않다. 초청장에는 다음의 사항이 명시되어 있지 않으면 안 된다.

① 초청자와 피초청자의 성명, 주소, 생년월일 및 관계
② 초청자의 국적, 체류자격 및 허가받은 체류기간
③ 초청목적 및 기간
④ 초청자의 체류지국 입국 연월일(동거 또는 방문목적의 경우)
⑤ 초청자의 여권번호, 여행목적, 여권발행지, 여권발급일 및 유효기간(초청자가 대한민국 국민의 경우)
⑥ 초청자의 직업 등이다.

〈표 5-5〉 문서의 확인

공관주재원(영사)가 문서를 확인하는 경우	주재국 공문서 인지 여부를 신속하게 확인하기 힘들어 확인에 장시간이 소요되는 불편이 있어 이러한 불편을 해소하기 위해 도입된 것이 문서발행국가의 권한 있는 당국이 자국 문서를 확인하고 협약 가입국이 이를 인정하는 내용을 골자로 한 '외국공문서에 대한 인증의 요구를 폐지하는 협약(이른바 아포스티유 협약)'이다.
우리나라의 권한 있는 당국에서 문서를 확인하는 경우	문서발행국가의 권한 있는 당국이 자국 문서를 확인하고 협약 가입국이 이를 인정하는 내용을 골자로 한 '외국공문서에 대한 인증의 요구를 폐지하는 협약(이른바 아포스티유 협약))'이다.
외교통상부 및 법무부가 문서를 확인하는 경우	아포스티유가 부착된 우리 공문서는 주한 공관 영사확인 없이 협약가입국에서 공문서로서의 효력을 인정받게 된다.

[자료] 외교부 웹사이트, 2010. 01.

---

9) 아포스티유(apostille)협약이란 당국이 자국문서를 확인하고 협약 가입국이 이를 인정하는 것을 골자로 한 외국 공문서에 대한 인증요구를 폐지하는 협약이다.

국제화가 진행됨에 따라 한 국가에서 발행한 문서가 다른 국가에서 사용되는 사례가 급격히 증가하고 있다. 이처럼 한 국가의 문서가 다른 국가에서 인정을 받기 위해서는 문서의 국외사용을 위한 확인(Legalization)을 받아야만 한다. 일반적으로 문서가 사용될 국가가 자국의 해외 공관에서 영사확인이라는 이름으로 문서 확인을 해주고 있다.

우리나라 문서는 우리나라 외교통상부에서 아포스티유를 받고, 외국 서류는 해당 문서 발급국가에서 공증을 받아야 한다.

아포스티유 확인 대상 문서는 정부기관이 발행한 문서와 공증인이 공증한 문서이다.

- 정부기관 발행 문서(공문서) : 국가공무원법 제2조 또는 지방공무원법 제2조에 규정한 공무원 신분인 자가 공적인 업무 수행을 위하여 발급한 문서(예 호적등본, 납세사실증명서, 이혼판결문, 의약품허가확인서, 국공립학교발행 성적증명서 등)

협약에 의한 APOSTILLE 확인서 양식

APOSTILLE
(Convention de La Haye du 5 octobre 1961)

1. Country : 국가
   This public document
2. has been signed by   (①)
3. acting in the capacity of   (②)
4. bears the seal/stamp of   (③)

Certified

5. at (④)   6, (⑤)
7. by (⑥)
8. No (⑦)
9. Seal/stamp   10. Signature
   (⑧)   (⑨)

① 문서 발급자의 성명, ② 문서 발급자의 직위, ③ 분서발급기관, ④ 발급장소, ⑤ 발급일자, ⑥ Apostille 발급기관, ⑦ 발급번호, ⑧ Apostille 발급기관의 스탬프, ⑨ Apostille 발급 담당자의 서명

• 공증문서 : 상기 정부기관 발행 문서가 아닌 문서로서 공증인법 또는 변호사법에 의해 공증인의 자격을 가진 자가 공증한 문서(예 : 사립학교 발행 증명서, 국공립병원이 아닌 병원 발행 진단서, 회사 발생 문서, 정부기관이 아닌 협회, 공사, 사립학교에서 발급한 문서 등)

우리나라 문서는 우리나라 외교통상부에서 아포스티유를 받고, 외국 서류는 해당 문서 발급국가에서 공증을 받아야 한다.

(2) 바우처(Voucher)

바우처의 사전적 의미는 정부가 특정 수혜자에게 교육, 주택, 의료 따위의 복지 서비스 구매에 대하여 직접적으로 비용을 보조해 주기 위하여 지불을 보증하여 내놓은 전표를 말한다. 그러나 여행업계에서의 바우처에 대한 의미는 여행사들이 호텔, 교통, 식당 등 여행관련업자에게 지불을 보증하여 내놓은 전표를 말한다.

한편 러시아 입국시의 바우처는 "호텔예약증서"를 의미하며, 이 바우처가 러시아입국사증을 발급받는 전제조건이 되기도 한다.

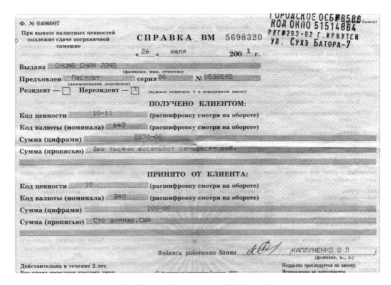

[그림 5-5] 러시아 바우처 모형

(3) 워킹홀리데이 비자

워킹홀리데이(Working Holiday) 사증 또는 복수입국 취업관광 사증, 복수입국 사증은 해외 방문 중 여행과 여행비용을 충당하기 위한 취업을 허가하는 비자이며, 방문하는 각 국가에서 발급한다.

워킹 홀리데이는 각 국가별로 평생 단 한번만 받을 수 있는 비자이며, 학생비자나 관광비자와 같이 어학연수와 관광도 할 수 있으면서 합법적으로 취업 가능한 비자이다. 워킹 홀리데이 비자를 통해 상대방 국가 방문시 통상 12개월 동안 체류가 가능하고, 오스트레일리아 같은 경우 특정 업무에 일정기간 동안 종사할 경우 추가로 12개월 연장해서 체류할 수 있는 비자를 발급한다. 참가자 제한은 협정을 맺은 국가별로 차이가 있다. 참가자가 무제한인 국가도 있는 반면에 최대 200명만 참가할 수 있는 국가도 있다.

우리나라와 워킹홀리데이 협정을 맺은 국가 / 지역은 현재 호주, 캐나다, 뉴질랜드, 일본, 프랑스, 독일, 아일랜드, 스웨덴, 덴마크, 홍콩, 대만, 체코, 이탈리아, 영국, 오스트리아, 헝가리, 이스라엘 등 17개국이다. 이탈리아(2012.4월 체결)와 이스라엘(2013.11월 체결)은 아직 미발효된 상태이다.

워킹홀리데이 비자를 통해 상대방 국가 / 지역 방문시 통상 12개월 동안 체류가 가능하고, 호주 같은 경우 특정 업무에 일정기간 동안 종사할 경우 추가로 12개월 연장해서 체류할 수 있는 비자를 발급해 준다. 참가자 쿼터는 우리나라와 협정을 맺은 국가 / 지역별로 차이가 있다. 참가자가 무제한인 국가도 있지만 최대 100명만 참가할 수 있는 국가도 있다

워킹홀리데이 참가자격은 대부분 18~30세의 청년, 부양가족이 없고, 신체가 건강하며, 범죄경력이 없어야 하는 것 등을 자격조건으로 두고 있지만, 언어 능력으로 참가자격의 제한을 두고 있지는 않다.

03 외화 수속

1) 외국환의 개념과 외환관리

일반적으로 환(Exchange)이라 함은 격지자(隔地者) 간의 채권·채무관계를 현금을 직접 수송하지 않고 제3자를 통한 지급위탁의 방법에 의하여 결제하는 수단을 말한다.[10]

환의 격지가 국내에 국한될 때에는 내국환(Domestic Exchange)이라고 하며, 국제 간에 채권·채무를 결제할 때에는 외국환(Foreign Exchange)이라 하는 바, 외국환은 송금환과 추심환(推尋換)으로 구분되고 있다.

해외여행의 경우에도 여행자와 현지의 여행관련업자 사이에서는 외국환의 국제거래가 생기게 되는데, 한 나라의 경제정책면에서 볼 때 국제수지 균형문제와 대내균형과의 조화문제가 발생하게 된다. 따라서 외국환관리법 제1조에서는 "외국환과 그 거래 기타 대외거래를 합리적으로 조정 또는 관리함으로써 대외거래의 원활화를 기하고 국제수지의 균형과 통화가치의 안정을 도모하여 국민경제의 건전한 발전에 이바지하기 위해" 외국환의 관리를 하고 있다고 규정하고 있다.[11]

그러므로 이러한 외국환관리 규정에 따라 당연히 해외여행자들에게도 해외여행 경비제도가 도입되어 시행 중에 있는 것이다.

2) 여행사와 외국환거래법

(1) 여행사의 해외송금

① 해외여행경비의 지급

해외여행경비라 함은 해외여행자가 지급할 수 있는 해외여행에 필요한 경비를 말한다.[12] 해외여행경비 지급에 대해서는 특별한 규정이 있다. 해외여행자는

---

10) 김영생, 외국환관리법, 무역경영사, 1989, p. 27.
11) 사단법인 한국무역협회, 외국환관리법령집, 1995, p. 17.

다음과 같이 해외체재자, 해외유학생 및 일반여행자를 포괄하고 있다.

〈표 5-6〉 해외여행자의 구분

구　분	범　위
해외체재자	① 상용, 문화, 공무, 기술훈련, 국외연수(6월 미만의 경우에 한한다)를 목적으로 외국에 체재하는 자. 다만, 국내거주기간이 5년 미만인 외국인거주자는 제외. ② 국내기업 및 연구기관 등에 근무하는 자로서 그 근무기관의 업무를 위하여 외국에 체재하는 국내거주기간 5년 미만인 외국인거주자와 외국의 영주권 또는 장기체류자격을 취득한 재외국민
해외유학생	외국의 교육기관·연구기관 또는 연수기관에서 6월 이상의 기간에 걸쳐 수학하거나 학문·기술을 연구 또는 연수할 목적으로 외국에 체재하는 자. 다만, 국내거주기간이 5년 미만인 외국인거주자는 제외한다.
일반여행자	해외체재자 및 해외유학생을 제외한 거주자인 해외여행자

【자료】 외국환거래규정 제1-2조 39의 내용을 토대로 재구성.

　해외여행자는 해외여행경비를 외국환은행을 통하여 지급하거나 휴대수출(외화를 직접 가지고 나갈 수 있다. 13) 즉 해외여행경비는 은행을 통하여 송금하거나 외화로 바꾸어 휴대하여 가지고 나갈 수 있다는 것이다. 그러나 일반해외여행자가 외국환은행을 통하여 송금할 수 있는 경우는 한정되어 있는 것이 보통이다. 일반인이 은행이 통해 송금 가능한 사례는 다음과 같다.

① 정부, 지방자치단체, 정부투자기관, 정부출자기관, 정부출연기관, 한국은행, 외국환은행, 한국무역협회·중소기업협동조합중앙회·언론기관(국내 신문사, 통신사, 방송국에 한함)·대한체육회·전국경제인연합회·대한상공회의소 예산으로 지급되는 금액

② 수출·해외건설 등 외화획득을 위한 여행자, 방위산업체 근무자, 기술·연구목적 여행자에 대하여 주무부장관 또는 한국무역협회의 장이 필요성을 인정하여 추천하는 금액

---

12) 외국환거래규정 제1-2조 38의 내용임.
13) 김근수, 여행업, 호텔업, 골프장업, 외식업의 경영매뉴얼, (주)영화조세통람, 2006. p. 252.

③ 외국에서의 치료비

④ 당해 수학기관에 지급하는 등록금, 연수비와 교재대금 등 교육관련 경비

⑤ 외국인거주자의 위 이외의 미화 1만 달러 이내의 해외여행경비 등이다.

또한 해외여행자나 여행업자가 해외여행경비를 외국에서 직접 지급할 때, 미화 1만 달러 이하인 경우에는 신고의무나 확인의무 없이 자유로이 인출하여 가지고 나갈 수 있으나, 미화 1만 달러 이상을 들로 나가는 경우에는 세관에 신고하여야 한다. 이러한 신고규정을 위반하여 지급 등을 한 자는 3년 이하의 징역 또는 2억 원 이하의 벌금에 처할 수 있다.

② 여행사의 해외여행경비 지급

여행사가 외국으로 여행경비를 지급하는 방법은 ① 휴대반출, ② 은행을 통한 송금, ③ 신용카드 결제 등 3가지 방법이 있다.

휴대반출의 경우는 미화 1만 달러 이하인 경우에는 신고의무나 확인의무 없이 자유로이 인출하여 가지고 나갈 수 있으나, 미화 1만 달러 이상을 들로 나가는 경우에는 은행의 확인을 받아야 한다.

여행업자와의 계약에 의하여 해외여행을 하고자 하는 해외여행자는 해외여행경비의 전부 또는 일부를 여행업자에게 은행을 통해 지급할 수 있으며, 여행업자는 동 경비를 지정거래외국환은행에 개설한 본인 명의의 거주자 계정에 예치한 후 외국의 숙박업자나 여행사 등에 지정거래외국환행을 통하여 지급할 수 있다. 이에 따라 단체해외여행경비를 지급하고자 하는 여행업자는 외국환거래의 신고 및 사후관리를 위해 거래외국환은행을 지정하지 않으면 안 된다.

또한 여행업자가 해외여행자와의 계약에 의한 필요외화 소요경비를 환전하고자 하는 경우에는 지정거래외국환은행의 장으로부터 환전금액이 해외여행자와의 계약에 따른 필요외화 소요경비임을 확인받아야 한다. 더욱이 해외여행자가 외국인거주자인 경우에는 당해 해외여행자의 여권에 매각금액을 표시하여야 한다. 그러나 신용카드로 외국에서의 해외여행경비를 결제하는 경우에는 신고의무가 없다.

(2) 환전요령

여행계획상 기본경비는 현지화폐로 환전하고 추가적인 경비 및 만약의 사태에 대비한 비상금은 여행자수표로 환전하는 것이 좋다. 여행자수표는 언제든지 현지화폐와 동일하게 사용할 수 있고 인근의 다른 국가를 가더라도 현지통화로 쉽게 환전할 수 있다. 무엇보다도 분실시 재발행 받을 수 있다는 것이 장점이다.

① 기간에 따라서

① 여행기간이 장기간일 경우 : 환율의 변동에 직접 노출될 수밖에 없다. 환율 변동을 예측하여 환전하여야 한다. 즉 환율이 상승기(원화가치하락)에 있다면 여행경비를 여행 전이라도 미리 환전하여야 유리하며 하락기(원화가치상승)라면 환전의 시간을 뒤로 미루는 것이 좋다. 하락기라면 신용카드를 사용하는 것도 좋은 방법이다. 편리하게 사용할 수 있으며 사용시기와 결제시기의 차이로 인하여 환율이 하락할 경우 환차익이 발생할 수도 있다.

② 유럽(여러 국가)을 여행할 때의 환전 : 유럽은 유로화가 출범했지만 영국이나 대다수 동유럽은 일반통화로서 사용은 안 되고 있다. 가능한 한 각국의 현지통화로 환전해 가는 것이 환전수수료의 이중부담도 덜 수 있어 좋다. 각국에서의 체류기간, 물가수준 등을 감안하여 기본경비는 현지통화로 환전하고 예비비 등은 여행자수표(미국 달러)로 준비하는 것이 좋다.

② 환전방법에 따라서

① 현찰(Cash) : 어디서나 사용하기 편하게 고액권과 소액권을 고루 준비하는 것이 좋다. 여행시 도난의 위험이 있으므로 여행경비 총액의 30% 이하로 환전하고, 2~3곳에 나누어서 몸에 지니고 다니면 좋다.

② 여행자수표(TC : Traveller's Check) : 현금분실, 도난 등의 위험을 피하기 위하여 은행 자기앞수표 형식(정액권)으로 발행, 판매하는 것으로 전 세계 은행은 물론이고, 호텔, 백화점, 음식점, 상점, 환전상 등에서 현금과 같이 사용된다. 특히 분실, 도난된 경우 여행자수표는 소정의 요건만 갖추면 간편하게 현지에서 즉시 환급받을 수 있어 안전하다. 여행자수표의 장점으로 현금휴대에 따른 분실, 도난의 위험 회피 가능, 세계 주요국 통화표시 T/C

구입이 가능, 다양한 권종(券種)으로 현금과 같이 편리하게 유통 가능, 분실, 도난신고 접수와 환급 가능, 외화현찰보다 유리한 환율로 구입·매각할 수 있다는 점이다.

[그림 5-6] 여행자수표

③ 신용카드(Credit Card) : 사용시점과 결제시점의 차이로 인해 환율의 변동에 예기치 못한 손실이 있을 수 있다. 특히 환율상승기(원화가치하락)에 사용하면 결제시점에 외화사용금액과 환가료(換價料)에 대한 원화를 결제하므로 환차손이 발생할 수 있다. 환율이 안정되어 있거나 환율하락기에 사용하는 것이 유리하다.

사용한도는 없으나 연간 누계액이 2만 달러를 초과하는 경우에는 국세청에 통보하게 되며, 연간 사용누계액은 해외에서 카드사용시 자동으로 체크되지 않으므로 본인의 주의가 필요하다. 주의사항으로는 다음과 같은 것이 있다.

① 카드서명 : 카드 뒷면에 반드시 본인의 서명을 해 놓은 상태에서 사용하여야 함. 만일 서명이 없는 상태에서 사용하는 경우에는 신분증 제시요구 등 번거로운 경우가 있음.

② 매출표보관 : 최소한 6개월 이상 보관하였다가 추후 매출표 변조, 과다청구, 금액상이 등 이의제기에 증거자료로 활용할 수 있도록 하여야 함.

③ 거래금액 확인 : 웨이터 등 제3자를 시켜 매출표를 작성하도록 하지 말 것.

④ 거래의 취소 및 환급 : 신용카드로 물품을 구입한 후 취소할 경우 구입당시 서명한 매출표는 회수하여 파기하거나 회수가 불가능할 경우에는 관련금액을 환불하여 주겠다는 취소(환급)전표를 교부받아 보관하여 둠.

현금(Cash)	장점 : 편리하다. 단점 : 잃어버리면 끝이다. 현금은 보험처리가 안돼서 잃어버리면 보상받을 수 없다. 여행지에서 환전시 TC보다는 수수료가 낮지만(안들기도 함) 한국에서 살 때나 재환전시 환율은 TC보다 안 좋다(물론, TC재환전은 수수료가 필요).
여행자 수표 (Traveler' s Check)	장점 : 잃어버려도 번호만 알면 다시 발행이 됨. 은행에서 살 때 현금보다 유리한 환율, 한국에서 재환전시에도 유리. 단점 : 재환전시 수수료 비싸다. 또한 환전이 안 되는 곳도 있다.
신용카드(Credit Card)	편리하고 무엇보다 혹시나 모를 비상시를 위해 보통 준비해 간다. 해외용 신용카드 국내에서 사용하는 신용카드는 해외에서 사용할 수 없다. 반드시 앞쪽에 International이라고 되어 있고 Visa 또는 Master라고 써 있어야 한다. 긴급한 경우 신용카드를 이용해 현금서비스를 받을 수도 있는데, 현금서비스는 카드뒤쪽에 'Plus'나 'Cirrus'란 글자가 해당 ATM에 똑같이 'Plus'나 'Cirrus'라 써있어야 돈을 찾을 수 있다. 결제환율은 사용한 날의 환율기준이 아니라 해당가게의 전표가 매입되는 날 기준이다. 장점 : 일반적으로 직불카드를 사용해 돈을 찾을 때의 환율보다 신용카드로 결제한 환율이 조금 더 좋아 잘만 사용하면 이득을 볼 수 있다. 단점 : 자꾸 쓰는 버릇이 생긴다.
현금카드(직불카드)	모든 은행에서 해외에서 쓸 수 있는 직불카드를 만들 수 있다. 해외에서 사용할 수 있는 직불카드는 은행당 수수료 무료~2,000원을 내면 그 자리에서 발급가능하다. 장점 : 큰 돈을 들고 다니지 않아도 되고, 필요할 때마다 원하는 만큼의 돈을 찾을 수 있어 편리하다. 단점 : 돈을 찾을 때마다 수수료가 들기 때문에 조금씩 찾는 것 보다는 10일 안팎에 쓸 돈을 한꺼번에 찾는 게 좋다. 직불카드만 믿었다가 카드문제(마그네틱 손상 등)나 분실로 사용이 불가능할 경우 큰 문제가 생기니 직불카드에만 100% 의지해서는 절대 안 된다. ▲ 해외에서 ATM 사용방법 카드넣기→핀넘버(비밀번호)→saving선택→withdraw선택→출금할 금액선택
체크카드	하나은행을 시작으로 비씨, 국민, 농협 등에서 해외에서 사용할 수 있는, 신용카드 기능이 있는 체크카드를 출시. 장점 : 신용카드가 없는 학생들에게 유용한 정보. 자세한 내용은 각 은행의 홈페이지 참조

(3) 환전우대제도 및 외화예금의 활용

우선 은행마다 고시하는 환율이 다르기 때문에 환전하기 전에 각 은행의 환율을 비교해야 한다. 은행의 고시 환율은 각 은행의 홈페이지에서 확인할 수 있다. 각 은행들은 다양한 환전 우대제도를 실시하고 있다. 따라서 한 은행을 집중적으로 거래해 우대제도를 최대한 활용하는 게 유리하다. 은행마다 우대고객 선정 기준이 다르기 때문에 본인이 우대 대상인지 미리 확인해 두는 것이 좋다.

각 은행들은 최근 인터넷 환전을 이용하는 고객에게 수수료를 할인해 주고 있다. 국민은행은 인터넷 환전을 이용하면 수수료를 50% 줄일 수 있다. 공동 환전 이벤트에 참여하는 고객은 최고 80%까지 할인받는다.

환율은 등락을 반복하기 때문에 환차손을 줄이는 것도 중요하다. 환율이 오를 때는 미리 외화를 사서 외화예금 등에 넣어 두는 게 좋다. 학생은 국제학생증을 발급받는 것도 고려할 만하다. 국제학생증이 있으면 각국의 학생 할인 서비스를 이용할 수 있다. 외환은행은 국제학생증을 소지한 학생에게 환전금액에 상관없이 최고 40%까지 수수료를 우대해 주고 있다.

여행을 마치면 대부분 돈이 남는다. 이럴 때 남은 돈은 다시 원화로 바꾸지 말고 외화예금을 이용하는 것이 좋다. 외화예금 통장을 이용하면 다음 해외여행 때 사용할 수 있을 뿐만 아니라 원화로 바꿀 때 내는 수수료를 부담할 필요가 없기 때문이다. 다만 외화 동전은 원화로 바꿀 때 고시환율의 50%만 인정되므로 가급적 남기지 않고 사용하는 게 낫다.

(4) 환전수수료

현재 국내은행들의 수수료를 살펴보면 미달러화와 일본엔화는 환전액의 1.5%, 기타 통화는 환전액의 3.0%이며, 여행자수표의 경우에는 미달러화가 0.7%, 기타 통화 0.9%, 신용카드의 경우에는 미달러화 0.4%, 기타 통화는 카드사용액의 0.6%를 받고 있다.

사용통화	외화현찰	여행자수표	신용카드
미국 달러	1.5%	0.7%	0.4%
기타 통화	3.0%	0.9%	0.6%

예를 들면, 미화 1달러가 770원일 때 1,000달러를 환전하는 경우 환전수수료로 고객이 지불하는 금액은 현찰이 11,550원, 여행자수표 5,390원, 신용카드 3,080원이 들게 되어 신용카드가 가장 유리함을 알 수 있다.[14]

(5) 국가별로 다른 외환제도

해외여행을 하다보면 국가별로 외국환을 신고하도록 하는 나라도 있는데, 이를 게을리 하거나 또는 모르고 신고하지 않을 경우 압수조치를 당하는 경우도 있음을 알아야 한다.

예컨대, 브라질이나 불가리아, 이집트, 아일랜드, 이스라엘 등은 전액신고를 해야 하며, 호주는 미화 5천 달러 이상을 소지하고 입국하는 경우에는 신고하지 않으면 안 된다.

(6) 외환신고제도

해외이주자, 해외체재자, 해외유학생 및 여행업자가 미화 1만 불을 초과하는 해외여행경비를 휴대하여 출국하는 경우와 외국인거주자가 국내근로소득을 휴대하여 출국하고자 하는 경우에는 반드시 외국환은행장의 확인을 받아야 하며(이 경우 별도의 세관 신고는 없지만 세관의 요구가 있을시 확인증을 제시하여야 함), 물품거래대금의 지급, 자본거래대가의 지급 등은 각 거래에 정하는 신고를 하고 휴대·출국할 수 있다(예) 물품거래대가의 지급: 한국은행총재에게 신고).

그러나 거주자나 비거주자가 미화 1만 달러 이하의 지급수단(대외지급수단, 내국통화, 원화표시 자기앞수표를 말함)을 수출하는 경우에는 신고가 필요 없다. 또한, 비거주자가 최근 입국시 휴대하여 입국한 범위 내의 대외지급수단을 휴대·출국하는 경우에도 신고가 필요 없으며, 해외에서 송금받거나 해외에서 발행된 신용카드로 인출, 또는 대외계정에서 인출한 경우로서 외국환은행장의 확인을 받은 경우(확인증 지참)에도 신고가 필요 없다. 또한, 국민인 거주자가 일반해외여행경비로 미화 1만 불을 초과하는 지급수단(대외지급수단, 내국통화, 원화표시 자기앞수표)을 휴대 수출할 경우 관할세관장에게 신고하면 직접 가지고 출국할 수 있다.

---

14) 한국여행신문, 제180호, 1996. 1. 26.

〈표 5-7〉 외화 등 휴대출국 절차

구 분		국민인 거주자	비거주자 등
	모두 합해 미화 1만 달러 상당 이하	자 유	자 유
대 외 지급수단, 내국통화, 원화표시 자기앞수표	미화 1만 달러 초과 / 해외이주자의 해외이주비, 여행업자·해외유학생·해외 체재자의 해외여행경비	외국환은행장의 확인(확인증 지참)	해당사항 없음
	일반해외여행자의 일반해외여행경비	관할세관장에게 신고	해당사항 없음
	최근 입국시 휴대하여 입국한 범위 내의 대외지급수단	외국에서 가지고 온 것과 관계없이 용도에 따라 별도의 신고(외국인 거주자 포함)	신고 불요 (신고증 필요)
	카지노에서 획득하여 재환전한 대외지급수단	해당사항 없음	신고 불요 (증명서 필요)
	물품대금, 증권취득, 부동산 구입, 해외 예금 등 기타자금	외국환은행을 통하지 아니하는 신고 또는 자본거래 신고(세관신고와 별개)	신 고

【자료】 관세청, 웹사이트자료, 2009에 의거 재구성.

04 검역(Quarantine) 수속

1) 여행자에 대한 검역

검역이란 병원체로 인한 전염병을 예방하기 위한 위생조치를 말한다. 검역전염병이란 콜레라·페스트·황열을 비롯하여 제4종 전염병 및 생물테러전염병으로서 보건복지부장관이 긴급검역조치가 필요하다고 인정하는 전염병 등이다. 또한 2003년 중증급성호흡기증후군(SARS)도 거역전염병에 고시된 바 있다.

세계보건기구(WHO)[15]는 매주 가맹국에 대해 전염병 발생상황에 관한 정보를 수집·통보하며, 예방조치로서는 입국자에 대한 예방접종의 요구, 유행지로부터의 선박·항공기의 기항 정지, 기항 직전에 환자·의사환자(擬似患者)가 발견된 경우의 격리·선내소독·물품이동을 금지하며, 잠복기간이 지날 때까지의 여

---

15) World Health Organization의 약어. 보건·위생 분야의 국제적인 협력을 위하여 설립한 UN (United Nations : 국제연합) 전문기구.

객·승무원의 체류를 감시하는 등 가능한 모든 검역을 실시한다.

여행자는 국제검역병이 발생한 지역을 방문·경유할 경우 검역증명서를 휴대하지 않으면 입국이 거부될 수 있다.

최근 들어 세계는 과거 사라졌던 전염병이 재출현하는가 하면, 신종인플루엔자 등 신종전염병이 발생하여 세계를 긴장시키고 있을 뿐 아니라 해외여행자 및 교역량의 지속적인 증가로 국가 간 전염병 확산 기회가 더욱 증대되고 있어서 전염병의 국내 유입 및 국외로의 전파를 방지하기 위해 이러한 검역이 필요하다.

검역을 위한 사이트로는 국립검역소나 세계보건기구의 홈페이지를 이용하여 자세히 알아보면 된다. 특히 질병발발 뉴스(Disease Outbreak News) 등은 가장 최근에 발생된 질병에 관한 뉴스를 제공해 주고 있으므로 참고하면 좋다.

그러나 국가별로 별도의 규정을 두어 예컨대, 인도는 간염, 중동지방의 일부 국가에서는 뇌막염 등의 예방접종을 요구하기도 한다.

(1) 전염병의 종류

전염병의 종류는 5종으로 구분하고 있는데, 즉 제1군전염병, 제2군전염병, 제3군전염병, 제4군전염병 및 지정전염병으로 나뉜다.

〈표 5-8〉 전염병의 종류 및 내용

종 류		내 용
제1군		콜레라·페스트·장티푸스·파라티푸스·세균성이질·장출혈성대장균감염증
제2군		디프테리아·백일해·파상품(破傷風)·홍역·유행성이하선염·풍진·폴리오·B형간염·일본뇌염·수두
제3군		말라리아·결핵·한센병·성병·성홍열·수막구균성수막염·레지오넬라증·비브리오패혈증·발진티푸스·발진열·츠츠가무시증·렙토스피라증·브루셀라증·탄저·광견병·신증후군출혈열·인플루엔자·후천성면역결핍증
제4군		황열·뎅기열·마버그열·에볼라열·라싸열·리슈마니아증·바베시아증·아프리카수면병·크립토스포리디움증·주혈흡충증·요우스·핀타·두창·보툴리누스중독증·중증급성호흡기증후군·조류인플루엔자인체감염증·야토증·큐열·신종전염병증후군
지정전염병	환자 감시 대상	A형간염·C형간염·반코마이신내성황색포도상구균 감염증·샤가스병·광동주혈선충증·유극악구충증·사상충증·포충증·크로이츠펠트-야콥병(CJD)·변종 크로이츠펠트-야콥병(vCJD)

병원체 감시 대상	살모넬라균 감염증·장염비브리오균 감염증·장독소성대장균 감염증·장침습성 대장균 감염증·장병원성대장균 감염증·캄필로박터균 감염증·클로스트리듐 퍼프린젠스 감염증·황색포도상구균 감염증·바실루스 세레우스 감염증·예르시니라 엔테로콜리티카 감염증·리스테리아 모노사이토제네스 감염증·그룹 A형 로타바이러스 감염증·아스트로바이러스 감염증·장내아데노바이러스 감염증·노로바이러스 감염증·이질아메바 감염증·람블편모충 감염증

【자료】 국립검역소, 웹사이트자료, 2009를 토대로 재구성.

(2) 검역전염병의 종류와 치료·예방

검역전염병의 정식 명칭은 국제검역전염병이다. 1970년까지는 발진티푸스·회귀열(回歸熱)을 포함한 6가지였다. 이런 전염병은 보통 풍토병으로서 특정지역에만 존재하지만, 때때로 여행자·화물·선박·항공기 등을 통하여 다른 나라로까지 확대된다. 검역전염병의 종류로는 일반적으로 두창, 황열, 콜레라, 페스트의 4가지 전염병을 말한다.

예방조치로서는 입국자에 대한 예방접종의 요구, 유행지로부터의 선박·항공기의 기항 정지, 기항 직전에 환자·의사(擬似) 환자가 발견된 경우의 격리·선내소독·물품이동을 금지하며, 잠복기간이 지날 때까지의 여객·승무원의 체류를 감시하는 등 가능한 모든 검역을 실시하는 것이다.

여행사로서는 여행자들의 안전을 확보하는 일이 최우선 과제이므로 다음과 같이 전염병의 확산방지에 노력해야 함은 물론이거니와 예방에도 철저를 기하지 않으면 안 될 것이다.[16]

〈표 5-9〉 검역전염병의 종류와 증세·발생지역·치료·예방

종 류	감 염	증 세	발생지역	치 료	예 방
콜레라	환자의 구토물이나 분변 속에 배설된 콜레라균이 경구적(經口的)으로 감염한다. 잠복기간은 1~5일간 정도이다.	대개는 갑작스런 구토와 설사로 시작되며, 복통은 별로 없다. 구토물이나 설사변의 성상(性狀)이 쌀뜨물 모양인 것이 특징이다.	동남아, 서남아, 남미, 중동, 아프리카, 대양주	항생물질이나 술파제(劑)도 유효하지만, 급속도로 상실되는 체액의 보급이 가장 중요하다. 근년에는 수액요법(輸液療法)의 진보로 콜레라의 치명률은	항구나 공항에서 검역(檢疫)을 실시하여 침입을 예방하고, 만약 환자가 발생하면 특정 병원에 격리시켜 치료를 한다. 유행시에는 생수(生水)·날음식

16) 한국문화관광연구원, 관광정책, 제38호, 2009, pp. 40~41.

				격감하였다.	등을 먹지 말아야 한다. 예방주사도 유효하며, 부작용은 적다.
페스트	흑사병(黑死病 : Black Death)이라고도 한다. 원래는 야생의 설치류(齧齒類 : 다람쥐·쥐·비버 등)의 돌림병이며 벼룩에 의하여 동물 간에 유행하는데, 사람에 대한 감염원이 되는 것은 보통 밭다람쥐·스텝마못 등으로부터 벼룩이 감염시킨 시궁쥐(집쥐)·곰쥐 등이다.	갑자기 오한전율(惡寒戰慄)과 더불어 40℃ 전후의 고열을 내고 현기증·구토 등이 있으며 의식이 혼탁해진다. 잠복기는 2~5일이고, 순환기계(循環器系)가 강하게 침해받는다.	인도,남아메리카 중북부, 아프리카 중부, 미얀마·이란·인도·베트남·캄보디아·인도네시아	항생제 투여	감염원이 있는 곳에 접근금지
황 열	흑토병(黑吐病)이라고도 한다. 황열바이러스 환자 및 병원체를 보유하는 원숭이나 주머니쥐의 피를 빨아먹는 모기가 매개하여 전염된다.	오한·떨림과 더불어 고열을 내고 두통·요통·사지통이 일어난다. 이어 혈액이 섞인 흑색의 구토(흑토병의 유래)를 비롯해 코피·피부점막의 출혈, 황달 등이 나타난다.	남미, 아프리카	특별한 치료법은 없다.	병원성을 잃은 생백신의 주사가 유효하며, 유행지로부터 오는 항공기의 소독, 환자의 격리, 모기의 구제

(3) 감염위험이 큰 전염병

감염위험이 큰 전염병에는 A형 간염을 비롯하여 파상풍, 광견병, B형 간염, 일본뇌염, 말라리아 등이 있으며, 자세한 내용은 다음 표와 같다.

백 신	대 상
A형간염	여행국에 단·장기(1개월 이상) 체재하는 사람. 특히 40세 이하
파 상 풍	모험 여행 등으로 다칠 가능성이 높은 사람
광 견 병	개나 여우, 박쥐 등이 많은 지역에 가는 사람동물 연구자 등 동물과 직접 접촉하는 사람
B형간염	혈액에 접촉할 가능성이 있는 사람
일본뇌염	유행 지역에 가는 사람(주로 동남아시아로 돼지를 기르고 있는 지역)
말라리아	모기에 의해서 말라리아 원충이 적혈구 내에 감염되어 주기적(2일열, 3일열)인 오한과 고열이 특징이며, 심하면 뇌부종으로 사망(캄보디아, 미얀마, 라오스)

(4) 법정 전염병의 신고

제1군전염병	환자	의사환자	병원체보유자
콜레라	○	○	○
페스트	○	×	
장티푸스	○	○	○
파라티푸스	○	○	○
세균성이질	○	○	○
장출혈성대장균감염증	○	○	○

제2군전염병	환자	의사환자	병원체보유자
디프테리아	○	○	×
백일해	○	○	×
파상풍	○	×	×
홍역	○	○	×
유행성이하선염	○	○	×
풍진	○	○	×
폴리오	○	○	×
B형간염*(표본감시대상)	○	×	○
일본뇌염	○	○	×
범례	○: 신고대상임 ×: 신고대상 아님		

제3군전염병		환자	의사환자	병원체보유자
말라리아		○	×	○
결핵		○	○	×
한센병		○	×	×
성병	매독	○	×	×
	임질	○	○	×
	클라미디아감염증	○	×	×
	비임균성요도염	○	○	×
	연성하감	○	×	×
	성기단순포진	○	○	×
	첨규콘딜롬	○	○	×
성홍열		○	×	×
수막구균성수막염		○	×	○
레지오넬라증		○	×	×
비브리오패혈증		○	×	×
발진티푸스		○	×	×
발진열		○	○	×
쯔쯔가무시증		○	○	×
렙토스피라증		○	○	×
브루셀라증		○		
탄저		○	○	×
공수병		○	○	×
신증후군출혈열(유행성출혈열)		○	○	×
인플루엔자(표본감시대상)		○	○	×
후천성면역결핍증(AIDS)		○	×	○

제4군전염병	환자	의사환자	병원체보유자
황열	○	×	×
뎅기열	○	○	×
마버그열	○	○	×
에볼라열	○	○	×
라싸열	○	○	×
리슈마니아증	○	○	×
바베시아증	○	×	×
아프리카수면병	○	○	×
크립토스포리디움증	○	×	×
주혈흡충증	○	○	×
요우스	○	○	×
핀타	○	○	×
신종전염병증후군	○	○	×

지정전염병(표본감시대상)		환자	의사환자	병원체보유자
A형간염		○	×	×
C형간염		○	×	○
반코마이신내성황색포도상구균(VRSA)감염증		○	×	○
크로이츠펠트야콥병(v-CJD 포함)		○	○	×
해외유행전염병	샤가스병	○	×	×
	광동주혈선충증	○	×	×
	유극악구충증	○	×	×
	사상충	○	×	×
	포충증	○	×	×

【자료】 국립보건원, 전염병관리사업지침, 2002. p. 80.

(5) 감염으로부터의 대처법

① 음식물로부터 오는 질환

예방법으로는 날것을 입에 대지 않는 것이 중요하다. 특히 열대나 아열대 지역이나 위생상태가 좋지 않은 지방에서는 특히 주의하지 않으면 안 된다.

항 목	예 방 법
물	생수(수돗물)는 마시지 않는다. 수돗물은 3~5분 정도 끓이든가, 염소 소독을 한 미네랄 워터나 병이나 깡통에 든 것을 산다. 수돗물로 만든 빙수도 설사의 원인이 되므로 빙설 등 음료에 주의하고, 위스키의 언더 록 등에도 주의한다.
어패류	끓인 것을 뜨거울 때 시식함. 한국 사람들은 날 것이나 반숙을 좋아하는 사람이 있어 감염 위험이 크다.
야 채	생야채는 피하고, 끓인 것만을 먹는다.
유제품, 알(卵)제품	발병률이 높기 때문에 위생상태가 나쁜 것이나 조리 후 시간이 경과된 것은 피한다.
과 일	과일은 껍질을 벗기기 전까지는 위생적이지만, 껍질을 벗기는 순간 균이 표면에 증식한다. 껍질을 벗기는 즉시 곧바로 먹는다.

② 곤충으로부터 오는 질환

곤충에 물리면 가려울 뿐만 아니라 여러 가지 병을 수반하게 된다. 즉 다음과 같은 질환들이다.

질 환	매 개	유행지	증 상	예방법
말라리아	모기	열대·아열대, 일반적으로 시골에서 유행. 아프리카나 인도에서는 도시부에서도 발생	오한, 식은땀을 수반한 고열 발병. 주기적 발열	주로 시골에서 야간에 활동하는 모기이므로 방충이나 야간외출을 삼가는 것이 상책
뎅기열	모기	열대·아열대 도시부 중심	돌연의 고열, 근육통, 관절통이 심함.	주로 도시부에서 주간에 활동하는 모기이므로 방충에 주의
일본뇌염	모기	열대·온대의 돼지가 있는 지역	증상이 오는 경우는 흔치 않지만 발병하면 마비가 옴.	방충에 주의. 백신접종

황 열	모기	아프리카·남미의 열대 오지	고열과 황달로 발병. 급격히 중증화	예방접종 필수
페스트	쥐	특정국가의 위생상태가 나쁜 지역	임파절이 붓고, 심한 통증 수반. 발열	쥐의 구제. 실내의 위생상태 유지

③ 동물로부터 옮기는 질환

질 환	매개동물	증 상	예방법
광견병	개, 고양이, 여우(유럽), 미국너구리,(미국), 박쥐(미국)	발병하면 마비를 수반하며 100% 사망	야생동물에 함부로 손을 내밀지 말고, 개나 고양이를 함부로 쓰다듬지 말아야 함. 이러한 것들에 물리면 위험이 큼. 유행하는 지역에서 물리게 도면 곧바로 치료를 받아야 함(광견병 백신 접종).

④ 사람으로부터 옮기는 질환

　사람으로부터 옮기는 질환의 감염경로는 직접적인 혈액·체액 등의 접촉 및 성행위가 있다. 혈액에 의해 감염되는 질환으로는 하나의 주사기로 여러 명이 사용하는 경우이다. 해외여행에서의 해방감으로 마약에 손을 대거나 타인과의 혈액접촉은 피해야 한다. 성행위에 의한 감염증으로는 에이즈인데 폭발적으로 증가하고 있으므로 주의가 필요하다.

종 류	감염경로	예방법
성 병	·성행위	·불특정 상대와 성행위를 하지 않음.
에이즈 (AIDS)	·마약(주사기) ·성행위	·마약에 손을 대지 않음. ·주사기를 돌려쓰지 않음. ·불특정 상대와 성행위를 하지 않음. ·콘돔을 올바로 사용함.
에볼라·출혈열	·체액으로부터 감염	·환자에게 직접 접촉하지 않음(손수건, 마스크 등 착용).
B형간염	·성행위, 혈액	·환자의 체액이나 혈액에 접촉하지 않음. 백신접종을 함.

5 피부로 옮기는 질환

종 류	감염경로	예방법
주혈흡충	유충이 있는 강가나 냇가의 모래밭 또는 자갈밭 또는 호반에서 맨발로 걷거나 물에 들어가면 충이 달라붙어 피부를 파고들어 감염됨.	안전이 확보되지 않은 강이나 호소에서는 맨발로 걷거나 수영하지 않음.

6 환경변화에 따른 질환

질 환	대 처 방 법
시차병	1시간의 시차에 몸이 제대로 적응하려면 하루가 걸린다는 말이 있다. 시차에 몸이 적응될 때까지 너무 강행군을 하지 말고 몸이 풀릴 때까지 기다린다.
고산병	극심한 두통이나 숨 막힘, 심장이 두근거림이 나타난다. 폐에 지병이 있는 사람은 특히 주의. 여유 있는 행동을 하고, 수분보급을 충분히 하여 예방한다. 증상이 있는 경우에는 산소투여 등의 치료 외에 저지대로 신속하게 이동한다.
열사병, 일사병	열대지방의 강력한 햇살에서는 전신화상으로 중증화되는 경우도 있으므로 해수욕에서 특히 주의. 또한 고지에서는 햇살이 약하므로 자외선이 강하여 주의가 필요하다.
무좀, 피부염	고온다습한 지역에서는 무좀이 악화되거나 피부가 접촉하는 부분에 피부염이 발생하기 쉽다. 피부를 청결하게 유지하면서 땀을 흘리면 바로 옷을 갈아입는다.

7 질환의 잠복기

질병에는 잠복기가 있으며, 감염되었다고 해도 곧바로 발병하지 않는다. 한국에서는 일반적으로 잠복기가 길지 않으나 열대를 중심으로 한 해외에서는 잠복기간이 긴 질환이 수없이 많다. 이러한 외국의 질환에는 통상적으로 한국에는 존재하지 않기 때문에 상태가 나빠 병원에 가서 진찰을 해도 의사는 외국에서 감염된 병으로 알아채지 못하고 진단이 늦어 목숨과 관련되는 사고로 이어진다.

따라서 해외여행에서 돌아온 후 2개월 후 정도는 몸 컨디션에 이상이 생기면 즉시 의료기관에 가서 진찰을 받고, 해외에 갔다 왔다는 사실을 의사에게 알려 상담을 받도록 한다.

2) 식물검역(plant quarantine)

식물검역이란 식물에 해를 끼치는 새로운 병균과 해충이 외국으로부터 들어오는 것이나 한국의 병해충이 외국으로 나가는 일을 미연에 방지하기 위하여 실시하는 검역으로서 외국에서 식물을 가지고 들어올 경우에는 세관에서 통관수속 전에 식물방역관의 식물검역의 검사가 있게 된다. 식물검역은 식물방역법에 의해 정해져 있기 때문에 외국으로부터 병충해의 침입을 방지하고 농작물, 삼림, 가로수 등의 식물을 보호하기 위하여 모든 식물을 대상으로 하고 있다.

즉 일정한 지역에 유입·정착한 병해충이 다른 지역으로 확산하는 것을 방지하기 위하여, 대상식물의 검사, 이동금지나 제한, 병균·해충이 부착된 식물의 소독(약제살포·훈증·수몰·收沒 등)·폐기(소각·분쇄·매립 등) 등의 조치를 취하는 일을 말한다.

병해충의 이동은 대체로, ① 숙주(宿主)식물과 그 생산물에 잠복하거나 묻어서 이동하는 경우, ② 포장재·용기 및 항공기·선박·자동차와 같은 수송수단에 묻어서 이동하는 경우, ③ 자체비산(自體飛散)과 매개곤충이나 조류 등의 체내에 잠복하거나 몸에 묻어서 이동하는 경우, ④ 바람·물·기류 등에 의하여 이동하는 경우 등이 있다.

그러나 최근에 와서 교통수단과 산업의 발달로 국제교역량이 급증하고 여행자의 왕래가 빈번하게 됨에 따라 많은 종류의 병해충이 인위적인 힘에 의하여 멀리까지 신속하게 이동되고 있다.

(1) 주요 수입금지 식물 및 지역

우리나라를 포함 세계 각국은 식물방역법에 따라, 수출입 식물 및 국내식물의 검역이 실시된다. 유해동물(곤충·진딧물 등의 절지동물, 선충 기타의 무척추동물 또는 척추동물로서 식물에 해를 끼치는 것)과 유해식물(진균·점균·세균·기생식물과 바이러스로서 직접 또는 간접으로 식물에 해를 끼치는 것)이 구제(驅除)된다. 특히, 흙과 흙이 부착된 식물은 수입금지 품목으로 되어 있는 점에 주의하지 않으면 안 된다. 주요 수입금지 식물 및 지역은 다음과 같다.

〈표 5-10〉 수입금지 식물 및 지역

지　　역	종　　　류
전 세계	열대·아열대 생과실, 감자, 고추, 배, 복숭아, 포도묘목
유럽·아프리카·미국·중국·호주	호두열매
아시아·아프리카	고구마, 카사바
일본·중국·대만·베트남·미국·캐나다·멕시코	소나무묘목, 목재류
유럽·북미	보리·밀·호밀의 잎이나 줄기
전 세계(일본·대만 제외)	벼, 왕겨, 볏짚

【자료】 국립식물검역원, 웹사이트 자료, 2009를 토대로 재구성.

　이외에도 우와 같은 식물 등이나 살아있는 병원균이나, 곤충, 번데기, 유충, 알 및 흙이나 흙이 묻은 식물류는 절대 반입이 금지되어 있다.

　여행자가 휴대하는 식물은 식물검역을 실시하지 않는 것으로 인식하고 있는 사람이 있으나 휴대식물도 반드시 식물검역을 실시하고 이상이 없는 경우에만 통관이 가능하다.

　일반적으로는 파인애플·오렌지 등의 과실, 튤립 등의 구근류(球根類), 야채, 풀꽃 등의 종자, 짚 등의 제품에도 주의해야 한다. 또한 사과·감귤·배 등의 과수묘목, 감자·고구마 등은 수입시 검역 이외에도 일정기간 격리·재배하여 바이러스(Virus)병 등의 검사 후가 아니면 수취가 불가능하다.

　더욱이 병충해의 종류에 따라서는 수입시에 검사해도 발견되지 않는 것이 있기 때문에 그것들이 부착될 우려가 있는 식물이나 흙, 흙이 붙어 있는 식물, 병해충 그 자체는 수입이 금지된다.

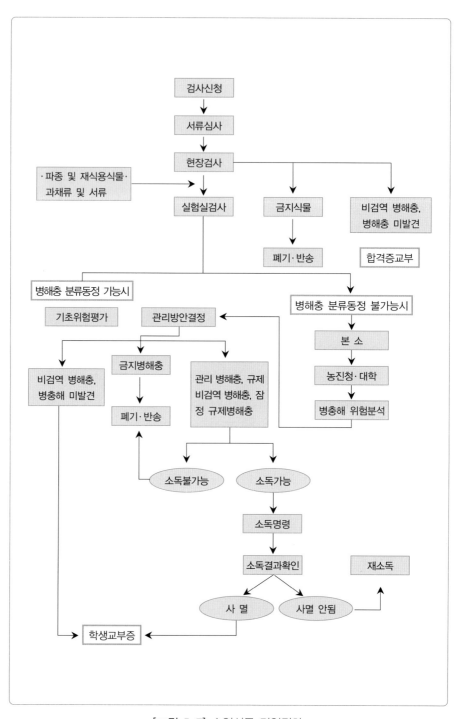

[그림 5-7] 수입식물 검역절차

3) 동물 및 축산물의 검역

(1) 동물검역(Animal Quarantine)

동물검역이란 가축 및 기타 동물을 수출입할 때, 가축의 모든 질병을 예방하기 위해 공항이나 항만에서 실시하는 검역이다. 검역된 동물 및 축산물을 수·출입함으로써 국제신용도를 높이고 궁극적으로는 축산발전에 이바지하는 동시에 인수공통전염병(人獸共通傳染病)을 예방하며 공중위생에 공헌하게 된다.

동물검역을 실시하는 이유는 우리나라에서 발생되지 않고 있는 가축전염병의 유입방지와, 국내에서 현재 발생되고 있으나 새로운 유입을 막아서 국내발생을 점감시켜 가축전염병을 종식시키는 데 있다.

그러나 세계 각지와의 교역확대와 사람들의 빈번한 왕래는 가축전염병의 급속한 전파가능성을 촉진시키고 있기 때문에 완벽한 동물검역을 위하여 축산물의 수입에 많은 제한조치를 취하고 있는 것이다.

수입 동·축산물 검역에는 동물수입계획서 제출(관련규정에 의거 수입 전에 관할소장에게 제출) → 수입도착신고(동물을 수입하는 자는 도착사항과 하역 및 운송계획 등에 대하여 도착지 관할소장에게 전화 또는 서면신고) → 선·기상검사(전용선박의 선상검사는 외항에서 실시, 전용항공기의 기상검사는 가축방역상 합리적인 장소에서 실시) 등의 절차를 거쳐 시행된다.

검사사항으로는 ① 수송경위, ② 수송 중 건강상태 및 임상검사, ③ 수출국 검역증명서 기재사항, ④ 아국이 제시한 위생조건 이행여부 조사 등이다. 한편, 검역신청 제출서류로는 ① 검역신청서, ② 상대국 검역증명서, ③ 예방접종증명서(관계규정 또는 수입상대국과의 협의 위생조건상에 명기된 사항) 등이며, 참고서류(검역관이 요구하면 검역신청인이 제시하여야 할 서류)로는 검역신청서 기재사항 진위여부 조사 또는 수입추천사항 등을 확인하기 위하여 필요한 서류 등이 있다.

동 물	축산물
·역학조사 　－수입금지 지역여부 　－위생조건 이행여부 ·임상검사 　－검역증과 개체확인 　－개체별 임상검사 ·정밀검사 　－미생물학적 검사 　－혈청학적 검사 　－병리학적 검사	·역학조사 　－수입금지 지역여부 　－위생조건 이행여부 ·임상검사(관능검사) 　－컨테이너 상태확인 　－검역증과 현물확인 ·정밀검사 　－이화학적 검사 　－미생물학적 검사 　－잔류물질 검사

[그림 5-8] 수입동물 / 축산물의 검역

한편, 애완동물(Pet)이란 일반적으로 몸집이 작고 귀여운 것, 빛깔·자태·우는 소리가 고운 것, 애교가 있는 것 등이나 넓은 뜻으로는 모든 동물이 애완동물이 될 수 있다. 흔히 개, 고양이, 새 등을 일컫는다. 애완동물의 검역은 일정기간 계류 후 이상이 없을 때 소유주에게 인도되는데, 이를 표로 정리하면 다음과 같다.

〈표 5-11〉 애완동물(개, 고양이, 새)의 검역

계류기간	증 명 내 용
14일	건강증명서 및 광견병 예방주사증명서(주사 후 30일 이상 180일 이내)의 개 (생왁진에 의한 경우에는 1년 이내, 또는 수출국 정보기관이 증명한 유효기간 내)
15~180일	건강증명서·광견병 예방주사 증명서의 유무, 또는 증명내용에 의해 계류일수가 다름.
12시간 이내	아래의 국가 또는 지역에서 직접 수입된 개로, 하기사항이 명기되어 있는 수출국 정부기관에 의해 발행된 증명서가 있는 개 (국 가) 키프로스, 싱가포르, 대만, 아일랜드, 아이슬란드, 스웨덴, 노르웨이, 핀란드, 영국, 오스트레일리아, 뉴질랜드, 피지 (사 항) ① 광견병에 걸리지 않았었을 것. ② 당해 지역에 있어서 과거 6개월간 또는 그 생산 이래 사육되고 있었을 것 ③ 당해 지역에 과거 6개월간 광견병 발생이 없었을 것

한편 지정검역물과 수입금지 지역은 다음과 같다.

1 동 물

구　　　　분	수입금지지역
가. 우제류동물(반추동물을 제외한다)	미국·캐나다·호주·뉴질랜드·일본·덴마크·스웨덴·핀란드·프랑스 이외의 지역
나. 반추동물	호주·뉴질랜드 이외의 지역
다. 가금(애완조류 및 야생조류를 포함한다)·가금 초생추[17]·가금 종란·식용란	호주·뉴질랜드·대만·미국·캐나다·프랑스·덴마크·일본·영국 이외의 지역
라. 타조류(초생추 종란을 포함한다)	호주·뉴질랜드·캐나다·프랑스·덴마크 이외의 지역

2 동물의 생산물중 육류(육가공품 포함)

구　　　　분	수입금지지역
가. 쇠고기	·호주·뉴질랜드·멕시코·미국 이외의 지역
나. 돼지고기	·미국·캐나다·호주·뉴질랜드·일본·스웨덴·덴마크·핀란드·오스트리아·헝가리·폴란드·벨기에·멕시코·칠레·네덜란드·스페인·아일랜드·프랑스·슬로바키아 이외의 지역
다. 산양고기, 양고기	·호주·뉴질랜드 이외의 지역
라. 사슴고기	·호주·뉴질랜드 이외의 지역
마. 가금육	·신선·냉장·냉동 가금육 : 대만·호주·브라질·미국·캐나다·프랑스·칠레·덴마크·일본·영국 이외의 지역 ·열처리된 가금육 : 대만·호주·브라질·미국·태국·중국·캐나다·프랑스·칠레·덴마크·일본·영국 이외의 지역
바. 타조고기	·뉴질랜드 이외의 지역
사. 캥거루고기	·호주 이외의 지역
아. 자비(煮沸)우육[18]	·호주·뉴질랜드·멕시코·아르헨티나·우루과이 이외의 지역

---

17) 부화한 지 얼마 안 되는 병아리.
18) 한번 가공(삶아서)을 하여 수입된 쇠고기.

③ 동물의 생산물중 육류 이외 생산물

구　분	수입금지지역
가. 우제류[19] 동물의 원피	뉴질랜드·덴마크·라트비아·리투아니아·멕시코·미국·스웨덴·우크라이나·에스토니아·일본·캐나다·핀란드·호주·네덜란드·벨기에·독일·이탈리아 이외의 지역
나. 원유	미국·캐나다·호주·뉴질랜드·일본·덴마크·스웨덴·핀란드 이외의 지역
다. 소의 정액	미국·캐나다·호주·뉴질랜드 이외의 지역
라. 소의 수정란	호주·뉴질랜드·캐나다 이외의 지역
마. 산양, 면양의 정액	호주 이외의 지역
바. 사슴의 정액 및 사슴 생산물	호주(정액 제외)·뉴질랜드 이외의 지역
사. 광우병 관련품목 ·반추동물의 뼈·뿔 등(원피 및 우유제외) ·동물성 가공 단백질 제품 : 육골분·육분·골분·발굽분·건조혈장·각분·기타 혈액제품·가수분해단백질(hydrolysed protein)·가금설육분(poultry offal meal)·우모분(羽毛粉·feather meal)·건조굳기름·어분·제2인산칼슘(dicalcium phosphate)·젤라틴 및 혼합물(상기물품이 혼합된 사료, 사료첨가제, premixture 등)	그리스·네덜란드·덴마크·독일·룩셈부르크·벨기에·스페인·아일랜드·영국·이탈리아·포르투갈·프랑스·노르웨이·루마니아·마케도니아·보스니아·불가리아·슬로바키아·슬로베니아·알바니아·유고·크로아티아·폴란드·헝가리·오스트리아·스웨덴·핀란드·스위스·리히텐슈타인·체코·일본·캐나다·이스라엘·미국(34개 국가)

(2) 축산물 검역

축산물의 검역은 수입신고서제출 → 검사대상 결정 → 검사의 적부판정 등의 절차를 거쳐 수입이 결정된다. 다음의 [그림 5-9] 수입 축산물 검역 흐름도 참조한다.

---

19) 유제류 가운데 발굽이 짝수인 동물들을 말한다. 몸집이 크거나 중간 정도인 초식동물로 멧돼지과·페커리돼지과·하마과·낙타과·작은 사슴과·사슴과·기린과·소과·영양붙이과 등이 있다.

```
┌─────────────────┐
│     수입신고     │
└─────────────────┘
```

서류검사 (처리기간 : 3일)	관능검사 (처리기간 : 5일)	정밀검사 (처리기간 : 18일)	무작위표본검사 (처리기간 : 18일)
· 대외무역법시행령 제34조의 규정에 의한 외화획득용으로 수입하는 축산물 · 자사제품 원료용 · 연구·조사목적으로 수입하는 축산물 · 과거 정밀검사를 받은 축산물과 동일한 축산물	· 서류검사 대상중 검역원장이 관능검사가 필요하다고 인정하는 축산물 · 보세구역 안에서 압류·몰수하여 검사 요구한 것으로 시료채취 기준의 10배 이하인 축산물	· 최초로 수입하는 축산물 · 국내·외에서 유해성 물질 등이 함유된 것으로 알려져 문제가 제기된 축산물 · 과거 정밀검사 또는 무작위 표본검사 결과 부적합 판정을 받은 축산물(연속 5회 검사) · 수거 검사결과 부적합 판정을 받은 축산물과 동일한 축산물(연속 5회 검사)	· 과거 정밀검사를 받은 축산물과 동일한 축산물 · 대외무역법시행령 제34조 제1항 제5호의 규정에 의한 관광사업용으로 수입하는 축산물 · 자사제품 원료용 축산물 · 가축전염예방법의 관련규정에 의한 지정검역물

[자료] 국립수의과학검역원, 웹사이트, 2009를 토대로 재구성.

[그림 5-9] 수입 축산물 검역 흐름도

05 여행보험 수속

1) 해외여행보험의 정의

여행자 수가 급격하게 증가되고 있음에 따라 여행과 관련된 제반문제, 예컨대 여행자의 사망, 질병, 조난, 납치, 수하물 및 하물의 도난이나 파손 등 갖가지 사고 또한 급격히 증가하고 있는 추세에 있다. 따라서 관광진흥법에서도 제9조에 "관광사업자는 당해 사업과 관련하여 사고가 발생하거나 여행자에게 손해가 발생한 경우에는 문화체육관광부령이 정하는 바에 따라 그 피해자에게 보험금을 지급할 것을 내용으로 하는 보험 또는 공제(共濟)에 가입하거나 영업보증금을 예치하여야 한다"고 성문화함으로써 관광에 있어서도 보험이라는 용어가 등장하게

되었다.[20)]

즐거운 해외여행을 하는 도중 낯설고, 물설고, 또한 말마저 잘 통하지 않는 이 국땅에서 뜻하지 않는 사고를 당한다는 것은 두려운 일이 아닐 수 없다. 국내에서는 비교적 정확하고 세심한 사람도 해외여행 중에는 국내와는 다른 환경에 접하다 보니 건망증에 의한 수하물사고나 음식물에 의한 소화불량, 설사, 식중독사고, 현지의 깡패나 소매치기 등에 의한 금품강탈사고 등이 빈번하게 발생하고 있다.

따라서 해외에 나가는 여행자는 해외에서의 각종 사고로부터 불안감을 해소하며, 적은 금액의 보험료로 상해, 질병, 배상책임, 휴대품 등 폭넓게 보상할 수 있는 해외여행상해보험에 가입하는 것이 안전하고, 편안한 해외여행에의 지름길이라고 할 수 있을 것이다.

해외여행보험이란 해외여행 중에 입은 신체적·재산적 손상에 대해 보상해 주는 보험이다. 즉 해외여행 중 조난을 당해 사망 또는 부상을 당했을 때나, 탑승항공기 또는 선박의 조난으로 행방불명이 되었을 때 보상해 준다. 또 휴대품의 도난이나 파손 등의 경우나 가입자가 다른 사람에게 법률상 배상책임을 지게 되었을 때 그 손해 등에 대해서도 보상해 준다.

보장하는 보험기간은 첫날 오후 4시~마지막 날 오후 4시(단, 주거지 출발 전과 주거지 도착 후 발생사고는 보상하지 않음에 주의하지 않으면 안 된다. 그러나 여행보험은 비행기 연착, 제3자에 의해 불법적인 지배, 해당국가의 공권력에 의해 구속을 받은 경우처럼 부득이하게 보험기간을 초과하는 경우에는 보험기간이 자동으로 연장되는 다른 보험에서 볼 수 없는 특징이 있다.[21)]

2) 해외여행보험의 이해

(1) 개 요

해외여행보험은 피보험자가 해외여행을 위하여 집을 떠날 때부터 여행을 마

---

20) 정찬종, 한국의 여행보험 정책에 관한 연구, Tourism Research, 제3호, 한국관광발전연구회, 1989, p. 25.
21) 한상윤, 여행보험 바로알기(1), 세계여행신문, 2010. 1. 25.

치고 집에 도착할 때까지의 기간 중 상해로 생긴 손해보상을 기본담보로 하여 해외의 질병으로 인한 사람, 배상책임, 휴대품 및 긴급비용 등을 추가로 담보하는 해외여행자를 위한 일종의 특종보험으로서 상해보험의 범주에 포함되고 있다.[22]

CHARTIS

해외 여행보험 증권
Certificate of Overseas Travel Insurance

(보험료 영수증, 청약서)

주의: (1) 청약서 기재사항은 사실대로 빠짐 없이 작성하고 고서 탈락은 계약자 본인이 자필로 하셔야 합니다.
(2) 약관의 보상받을 수 있는 경우와 보상 받을 수 없는 경우를 확인합니다.
(3) 보험료가 납입되는 경우 손해 발생시 상당을 받을 수 없습니다.
(4) 과거병력 및 다른 보험가약 사항을 사실대로 알려주셔야 합니다. 만일,사실대로 알리지 아니하였을 경우 뒤에는 보통약관 17, 30조에 의거, 그에 상당하는 이익금을 받습니다.

종 권 번 호 POLICY NO.		**TAOP525A00(1104220022)**
피보험자 INSURED	성명 NAME	BAE, SUNG WOO
	주민등록번호 ID NO.	760503-1******
	주소 ADDRESS	
보험기간 POLICY PERIOD		2011/04/27 06:00~2011/05/02 06:00
보험계약자 POLICY HOLDER	성명 NAME	구글 투어
사망보험금 수취인 BENEFICIARY	피보험자와의관계 RELATIONSHIP	법정 상속인
계약일자 DATE		2011/04/22
대리점코드 PRODUCER CODE		02G5532
여행목적 PURPOSE		Tour
현재건강상태및/과거상병 HEALTH CONDITION/SICKNESS HISTORY		양호/없음
여행중 위험한 운동 유,무 SPORTS/OCCUPATION ADDITIONAL PREMM		없음

The Company is liable only for those benefits indicated below and below insured amount is maximum limit of liability per an occurrence.
(우리회사는 보험료를 기재한 아래 항목에 한하여 보상하여 드리며 아래의 보상받는 한 사고당 지급될 수 있는 최고 한도입니다.)

담보 내용 COVERAGE		보험 가입금액 INSURED AMOUNT
상 해 ACCIDENT	사망·후유장해 DEATH OR DISABILITY	₩100,000,000
	의료실비 (해외) MEDICAL EXPENSES	₩20,000,000
질 병 SICKNESS	의료실비 (해외) MEDICAL EXPENSES	₩20,000,000
	면책금액 DEDUCTIBLE	₩0
	사 망 DEATH	₩20,000,000
배상책임 LIABILITY	면책금액 DEDUCTIBLE 10,000원	₩20,000,000
휴대품 BAGGAGE	면책금액 DEDUCTIBLE 10,000원	₩400,000
특별비용 EVACUATION / REPATRIATION		₩5,000,000
항공기납치 SKY JACKING		₩1,400,000
보험가입유형 COVERAGE TYPE	*A4*	합계보험료 TOTAL PREMIUM ₩11,980
		총 피보험자 수　1 명

동반자 명단 INSURED LIST

NO.	성명 NAME	주민등록번호 ID NO.

- 의료실비 (국내)
상해입원: 20,000,000원 외래: 250,000원 처방조제: 50,000원
질병입원: 20,000,000원 외래: 250,000원 처방조제: 50,000원

24시간 긴급지원안내 (24Hours Assistance)
북 미: 1-800-358-2759 (Toll Free)
기타지역: +82-2-3140-1788 (Collect call)

피보험자 필독사항
· 미국에서 병원이용시 UnitedHealthcare 의료네트워크 병원을 이용하셔야지만 병원에서 당사로 직접 청구하게 됩니다.
· 미국 및 기타지역 병원이용시는 치료비를 직접 납부 후 당사 클레임사무소에 청구 하시기 바랍니다.
· 자세한 내용은 **www.travelguard.co.kr**를 참조하시기 바랍니다.

계약서 작성자 PLACE OF ISSUE : KOREA

AMERICAN HOME ASSURANCE COMPANY KOREA
Is the first and only non-life insurance company in Korea to be awarded an A+ Insurer Financial Strength rating from Standard & Poor's

CHARTIS NEW YORK OFFICE (BILLING ADDRESS):
Chartis International New York 32 Old Slip, 6th Floor,
New York, NY10005, USA

KOREA BRANCH : 18TH FL., SEOUL CENTRAL BLDG, #136, SEORIN-DONG, JONGRO-KU, SEOUL, KOREA　TEL : (02)2260-6800 FAX : (02)2011-4805

실명 확인란 | 2011.04.22 | 성명 | (인)

위와 같은 내용을 읽고 사실대로 기재하였으므로, 청약서 사본 및 약관을 받았음을 확인하고 서명 날인합니다.

보험계약자 서명 :
POLICY HOLDER SIGNATURE

위의 보험료 정히 영수(납입)하였습니다.
The above premium is hereby received.
이 보험은 소득세법 시행령 제109조의 제2항 및 제3항의 규정에 의한 보험료소득공제대상입니다.

사업자등록번호 201-86-39437
This policy of insurance witnesses that American Home Assurance Company, Korea Branch has entered into a Overseas Travel Insurance contract with the policyholder as above subject to the conditions expressed in and endorsed within this policy

아메리칸 홈 어슈어런스 캄파니 한국지사
American Home Assurance Company Korea

대표 브레드 베넷
General Manager Brad Bennett

아메리칸 홈 어슈어런스 캄파니 한국지사
아메리칸 홈 어슈어런스 캄파니는 Chartis의 계열회사 입니다.

대한민국정부
수납 2010년 5호
100원
종로세무서장
2010년8월15일

---

22) 대한손해보험협회, 손해보험 초급대리점 연수교재, 1989, pp. 158~162.

(2) 보험인수 대상 보험가입시 유의사항

해외여행보험에는 일반적으로 신분, 연령, 성별의 제한 없이 해외여행을 하려는 모든 여행자가 대상이 된다. 단, 해외여행자라 하더라도 순수한 여행이 아닌 예컨대 해외취업근로자나 해외주재원, 재외공관원 및 전문 등반, 글라이더 조종, 스카이다이빙, 스쿠버다이빙, 행글라이더 또는 이와 비슷한 운동에 참가하는 자와 모터보트, 자동차 또는 오토바이에 의한 경기참가자, 항로의 항공기가 아닌 다른 항공기를 조정하는 여행자들의 경우에는 미리 이에 대한 해당 보험료를 추가하지 않는 한, 해외여행보험 대상에서 제외하는 것이 일반적이다.

따라서 보험가입시에 작성하는 '청약서'에 다음사항을 사실대로 기재하여야 한다.

- 여행지(전쟁지역 등) 및 여행목적(스킨스쿠버, 암벽등반 여부 등)
- 과거의 질병여부 등 건강상태
- 다른 보험 가입여부 등이다.

가입자의 직업, 여행지 등 사고발생 위험에 따라 인수가 거절되거나 가입금액이 제한될 수 있으며, 사실대로 알리지 않을 경우 보험금을 지급받지 못할 수도 있으므로 주의해야 한다. 따라서 보험약관을 반드시 읽어보아야 하며, 특히 보험회사가 다음과 같은 원인에 의한 손해는 보상하지 않으므로 유의해야 한다.

- 전쟁, 외국의 무력행사, 혁명, 내란 기타 이들과 유사한 사태(전쟁 등으로 인한 상해를 보상하는 특약도 운영 중이나 추가보험료 부담이 있음
- 가입자의 고의, 자해, 자살, 형법상의 범죄행위 또는 폭력행위 등
- 가입자가 직업이나 동호회활동 목적으로 전문등반, 스쿠버다이빙 등 위험한 활동
- 질병치료와 무관한 치아보철 비용 등

(3) 중요 보상내용

해외여행보험의 중요 보상내용은 ▲여행 중 사고로 사망하거나 후유장해가 남은 경우, ▲상해나 질병으로 인하여 치료비가 발생한 경우, ▲여행 중 발생한 질병(전염병 포함)으로 사망한 경우, ▲여행 중 가입자의 휴대품 도난 등으로 인하여 손해가 발생한 경우 등이다.

통화, 유가증권, 신용카드, 항공권 등은 보상하는 휴대품에서 제외하며, 휴대품의 방치나 분실에 의한 손해는 보상하지 않는 것이 일반적이다.

〈표 5-12〉 해외여행보험의 중요 보상내용

보장 내용		지 급 사 유
상해	사망 / 후유장해	약관에서 정한 사고로 사고일로부터 1년 이내에 사망하거나, 후유장해가 남았을 경우 가입금액 전액
	치료비용	상해를 입고 그 직접적인 결과로서 의사의 치료를 받은 경우 1사고당 가입금액 한도로 보상(사고일로부터 180일 한도)
질병	사 망	여행 중 발생한 질병으로 보험기간 중 또는 보험기간 마지막날로부터 30일 이내에 사망시 가입금액 전액
	치료비	여행 중 발생한 질병으로 피보험자가 보험기간 중 또는 보험기간 만료 후 30일 이내에 의사의 치료를 받기 시작했을 경우 가입금액을 한도로 보상(의사의 치료를 받기 시작한 날로부터 180일 한도)
휴대품 손해		여행 중 휴대하는 가입자 소유, 사용, 관리의 휴대품에 발생한 손해(1개 또는 1쌍, 1조 당 20만 원 한도)
특별 비용		여행도중 탑승한 항공기 또는 선박의 조난 사고 등 발생시 가입자가 부담하는 비용
항공기 납치		여행도중 비행기가 납치됨에 따라 예정목적지에 도착하지 못한 동안 매일 일정액

(4) 사고발생시의 대처요령

상해사고 또는 질병 발생	· 회사별 현지보상센터 혹은 현지 우리말 상담서비스 전화로 연락 · 의료기관 치료시 진단서, 영수증 등 구비
휴대품 도난사고 발생시	· 도난사실을 현지경찰서에 신고 · 공항 수하물 도난시 공항안내소에 신고 · 호텔에서 도난시 프런트에 신고(확인증 받기) · 경찰서에 신고할 수 없는 상황인 경우 목격자, 여행가이드 등 으로부터 진술서를 받아두기
기타사고 발생시	· 보험금 청구에 필요한 서류를 최대한 현지에서 구비하여 귀 국 후 보험회사에 청구(현지 서비스대행사가 있는 경우 연락)

【자료】 금융위원회, 웹사이트자료, 2009에 의해 재구성.

3) 해외여행보험 약관의 중요내용

(1) 보상하는 손해와 보상하지 않는 손해

피보험자가 보험증권에 기재된 여행을 목적으로 주거지를 출발하여 여행을 마치고 주거지에 도착할 때까지의 여행도중 급격하고도 우연한 외래의 사고(이하 사고라 함)로 신체에 상해를 입었을 때에는 그 상해로 생긴 손해(이하 손해라 함)를 이 약관에 따라 보상한다.

그러나 아래의 사유로 생긴 손해는 보상하지 않는다.

① 보험계약자나 피보험자의 고의
② 보험수익자의 고의. 그러나 사망보험금수익자가 두 사람 이상일 때 다른 사람이 수취할 금액에 대해서는 보상한다.
③ 피보험자의 자해, 자살, 자살미수, 범죄행위, 폭력행위(단, 정당방위로 인정 될 경우에는 보상한다)

④ 피보험자의 무면허운전 또는 음주운전

⑤ 피보험자의 뇌질환, 질병 또는 심신상실

⑥ 피보험자의 임신, 출산, 유산 또는 외과적 수술, 그 밖의 의료처치. 그러나 회사가 부담하는 위험으로 상해를 치료하는 경우는 보상한다.

⑦ 피보험자의 의수, 의족, 의안, 의치 및 이와 유사한 신체보조장구에 입은 손해

⑧ 피보험자의 형의 집행

⑨ 전쟁, 외국의 무력행사, 혁명, 내란, 사변, 폭동, 소요 기타 이들과 유사한 사태

⑩ 핵연료 물질(사용된 연료를 포함) 또는 핵연료물질에 의해 오염된 물질 (원자핵분열 생성물 포함)의 방사성 폭발성 그 밖의 유해한 특성에 의한 사고

⑪ 위 ⑩ 이외의 방사선 조사(照射) 또는 방사능 오염 등에 의한 사고일 경우에는 보험금 지급 대상에서 제외된다.

(2) 책임의 시기 및 종기

보험책임은 보험증권에 기재된 보험기간의 첫날 오후 4시에 시작하여 마지막 날 오후 4시에 끝난다. 그러나 보험증권에 이와 다른 시각이 기재되어 있을 때에는 그 시각으로 한다. 이 규정에도 불구하고 회사는 피보험자가 주거지를 출발하기 전과 주거지에 도착한 이후에 발생한 사고에 대하여는 보상하지 않는다. 또한 피보험자가 승객으로 탑승하는 항공기 선박 등의 교통승용구가 보험기간 마지막 날의 오후 4시까지 여행의 최종목적지에 도착하도록 예정되어 있음에도 불구하고 도착이 지연되었을 경우에는 위 규정에도 불구하고 보험책임의 종기는 자동적으로 24시간을 한도로 연장된다.

(3) 특별약관의 내용

특별약관은 질병사망 위험담보, 질병치료 실비담보, 배상책임담보, 휴대품손해담보, 특별비용 담보, 전쟁비용담보, 여행자수표 담보 등이 있으며, 구체적 내용은 다음 표와 같다.

〈표 5-13〉 특별약관의 종류 및 내용

종 류	내 용
질병사망 위험담보	해외여행 도중 질병으로 사망하거나 여행 도중에 발생한 질병을 직접 원인으로 하여 보험기간 만료 후 30일 이내에 사망할 경우로서 이는 여행 중의 풍토병이나 전염병에 걸려서 사망하는 위험을 담보로 함.
질병치료 실비담보	해외여행기간 중 발생한 질병으로 인하여 보험기간 만료후 30일 이내에 의사의 치료를 받기 시작했을 때 치료비를 보상하며, 치료를 받기 시작한 날로부터 180일을 한도로 함.
배상책임 담보	해외여행 도중 우연한 사고에 따라 타인의 신체의 장해 또는 재물의 멸실, 훼손, 혹은 손괴에 대한 법률상의 손해배상책임을 부담
휴대품 손해담보	해외여행 중 여행자가 휴대하는 개인용품에 입혀진 손해를 보상. 단, 이 약관의 휴대품에는 통화, 유가증권류, 원고, 설계서, 도안 등 장부류, 선박, 자동차 등의 장비류, 동식물 등은 포함되지 않음.
특별비용담보	해외여행 도중 탑승한 항공기 또는 선박이 행방불명 또는 조난된 경우 또는 산악등반 중 조난된 경우
전쟁위험담보	전쟁 또는 기타 변란으로 인해 상해를 입어 사망하거나 후유장해가 남게 된 경우에 사망보험금 및 후유장해보험금을 지급
여행자수표(T/C) 담보	여행자수표의 모조담보특약, 보험료분납특약, 위조변조 등 손해만의 담보
기타 담보	신용카드 이용 보험료 납입, 공동인수, 가족종합담보

06 출·입국 수속

일반적으로 도항(渡航)수속과 출입국수속과는 동의어로서 사용되고 있다. 예컨대, 도항수속이라고 할 경우 협의의 출입국수속을 포함하여 사용되기도 하며, 반대로 출입국수속의 범위 안에 도항수속이 포함되기도 한다. 그러나 도항수속의 범주는 여권수속을 비롯하여 비자수속·외화수속·여행보험수속 등이며, 출입국수속은 출국카운터의 탑승수속과 세관수속·출국심사수속·입국심사수속을 말한다.

이러한 출입국수속에는 일정한 흐름에 따른 절차를 거치도록 하여 여행자로 하여금 대인·대물에 관련한 출입국(Immigration), 세관(Customs) 및 검역(Quarantine) 등 CIQ 과정을 거치게 함으로써 국가안보상, 국민보건상, 또는 범법자 색출 등의 문제와 관련하여 국제왕래의 필수적 절차로 지적되고 있다.23)

1) 출국수속

모든 여행자는 대한민국의 출입국관리법에 의해 유효한 여권 또는 선원수첩 및 기타 여행에 필요한 서류를 구비하여 출국하는 출입국항에서 출입국 관리공 무원의 출국심사를 받아야 한다.24)

출국수속은 [그림 5-10]에서와 같이 탑승수속과 병행해서 병무해당자의 병무 신고를 하게 되고, 탑승수속을 마치게 되면 출국라운지로 입장하게 되는데, 맨 처음 심사를 받는 곳이 보안검색이다. 보안검색은 휴대품의 보안검색과 신체의 보안검색으로 나누어지는데, 이 검색과정을 거치는 이유는 항공기의 납치나 폭 발위험에 대비하기 위한 사전예방을 하고자 함이다. X-Ray 투시기를 통한 수하 물검사와 전자탐지기에 의한 위험물 검사를 하게 되며, 경우에 따라서는 지갑도 조사하여 과다한 외화를 반출하는 자를 색출하기도 한다.

국민의 출국은 출입국관리법 제3조에 의하여 규정된 내용은 앞서의 언급된 내 용과 같다. 다만, 다음과 같은 사람은 출국이 금지된다.

① 범죄의 수사를 위하여 그 출국이 부적당하다고 인정되는 자
② 형사재판에 계속중인 자
③ 징역형 또는 금고형의 집행이 종료되지 아니한 자
④ 대통령령으로 정하는 금액 이상의 벌금 또는 추징금을 납부하지 아니한 자
⑤ 대통령령으로 정하는 금액 이상의 국세·관세 또는 지방세를 정당한 사유 없이 그 납부기한까지 납부하지 아니한 자
⑥ 그밖에 제1호 내지 제5호에 준하는 자로서 대한민국의 이익이나 공공의 안 전 또는 경제질서를 해할 우려가 있어 그 출국이 부적당하다고 법무부령이 정하는 자

---

23) 안영면, "출입국업무에 관한 연구", 관광학, 제7호, 한국관광학회, 1983, p. 173.
24) 법전출판사, 대한민국법전, 1990, p. 286.

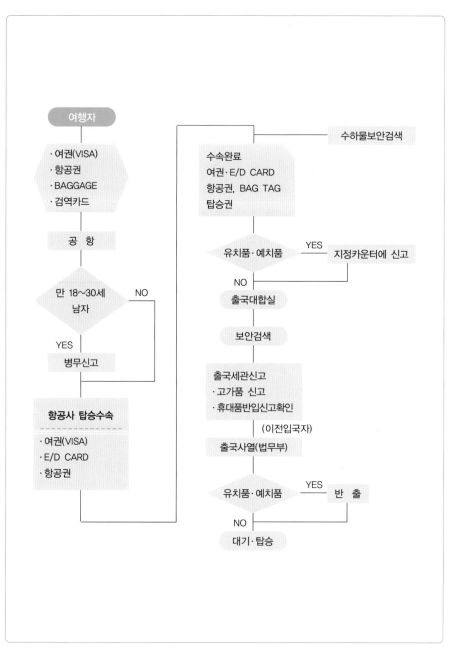

【자료】 관협자료 84-2, 여행대리점업무 참고자료, 1984, p. 9.

[그림 5-10] 출국수속 흐름도

외국인의 출국에도 국민의 출국과 동일한 심사를 받는 것은 말할 필요가 없다. 다만, 외국인이라 해도 다음에 해당하는 자는 출국을 일시 정지하게 된다.

① 대한민국의 안전 또는 사회질서를 해하거나 기타 중대한 죄를 범한 혐의가 있어 수사중에 있는 자
② 조세 기타 공과금을 체납한 자
③ 대한민국의 이익보호를 위하여 그 출국이 특히 부적당하다고 인정되는 자 등이다.

(1) 탑승수속(Check-In)

탑승수속이란 항공기 또는 선박에 타기 위한 수속으로서 주로 항공기의 경우를 일컫는 말이다. 탑승을 하기 위해서는 공항이나 시내에 설치된 출국검사장(City Air Terminal)에서 자신이 탑승할 항공사의 카운터에서 수속하는 것이다.

외국의 공항에는 한 도시에 공항이 몇 개씩 있는 곳도 있으며, 뉴욕의 케네디 공항 같은 곳은 터미널도 9개씩이나 있기 때문에 출발 전에 자신이 탑승할 비행편이 출발하는 공항명과 터미널 번호를 확인하지 않으면 안 된다.

체크인은 통상 출발시각 6~4시간 전부터 개시되어 항공편 출발시각 30분 전에 폐쇄되지만, 항공사나 공항, 노선 등에 따라 다르므로 확인해 두는 게 좋다. 익숙지 않은 곳에서는 공항까지 가는데 예기치 못한 시간이 걸리기도 하고 교통체증 등도 고려하여 가급적 비행기 출발시각 2시간 전에 공항에 도착하는 게 좋다.

인천국제공항 보안검색 혼잡시간대(08 : 30~11 : 00, 17 : 00~19 : 00)이며, 혼잡시간대 보안검색 소요 시간은 40~50분이므로 주말과 성수기에는 탑승수속 및 보안검색 과정이 지체될 수 있음을 감안하여 가급적 빨리 공항에 도착하도록 한다. 국내 항공편 최소연결시간(MCT : Minimum Connection Time)은 다음의 〈표 5-15〉와 같다.

〈표 5-14〉 국내 항공편 최소연결시간

공　　　　　　　항	최소연결시간
국제선(인천공항) → 국내선(김포공항)	150분
국내선(김포공항) → 국제선(인천공항)	130분
국제선(인천공항) → 국내선(인천공항)	100분
국내선(인천공항) → 국제선(인천공항)	70분
국제선(인천공항) → 국제선(인천공항)	45분
국내선(부산 / 김해공항) → 국제선(부산 / 김해공항)	75분
국제선(부산 / 김해공항) → 국내선(부산 / 김해공항)	100분
국내선 → 국내선	60분

도심공항터미널(서울 강남구 삼성동)에서 탑승수속을 마친 여행자는 출국장 측면 전용통로 이용→ 보안검색 실시→ 도심승객전용 출국 심사대통과→ 탑승구 이동→ 탑승 절차를 밟게 된다.

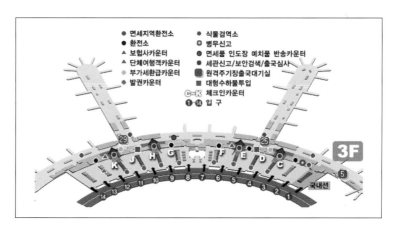

[그림 5-11] 인천국제공항 3층 출국장 배치도

① 체크인 방법

체크인 전에 고객이 어떤 좌석에 앉기 원하는가를 생각한다. 좌석 선정이 가능한 비행편으로 특정좌석을 희망할 경우 가급적 빨리 체크인 하는 것이 필요하다. 항공사에 따라서는 항공기 좌석배열도를 놓은 곳도 있으나, 여행사 직원이라면 대개의 비행기내 좌석구조도와 항공기의 제원(諸元)쯤은 외워두고 있어야 한다.

항공사명(code)	카운터 위치	항공사명(code)	카운터 위치
국내선	A	오리엔트타이항공(OX)	J
가루다인도네시아항공(GA)	H	우즈베키스탄항공(HY)	J
네덜란드KLM항공(KL)	C	유나이티드항공(UA)	K
노스웨스트항공(NW)	H	일본에어시스템(JD)	H
대한항공(KE)	D, E, F	일본항공(JL)	J
루프트한자항공(LH)	K	전일본공수(NH)	K
말레이시아항공(MH)	G	중국국제항공(CA)	H
몽골항공(OM)	G	중국남방항공(CZ)	K
블라디보스톡항공(XF)	G	중국동방항공(MU)	H
베트남항공(VN)	G	중국북방항공(CJ)	H
사할린항공(HZ)	J	중국서남항공(SZ)	H
세부퍼시픽항공(5J)	J	중국서북항공(WH)	H
시베리아항공(S7)	G	중국운남항공(3Q)	H
싱가포르항공(SQ)	K	중국해남항공(HU)	H
아에로플로트러시아항공(SU)	G	캐세이패시픽항공(CX)	J
아시아나항공(OZ)	C, D	콴타스항공(QF)	C
알이탈리아항공(AZ)	D	크라셀항공(7B)	G
에어저팬(NQ)	K	타이항공(TG)	K
에어카자흐스탄(9Y)	G, H	터키항공(TK)	C
에어캐나다(AC)	K	필리핀항공(PR)	G
에어프랑스(AF)	E	하바로브스크항공(H8)	J

기 종	제 원			
	좌석수	운항거리(km)	운항시속(km / h)	운항지속시간
보잉737-800	162	2,997	840	0341
보잉737-900	188	3,758	840	0433
보잉747-400	333	12,821	916	1414
보잉777-200	261	12,538	905	1407
보잉777-300	376	9,352	906	1026
에어버스300-600	276	3,519	840	0422
에어버스330-200	256	10,421	883	1206
에어버스330-300	296	9,560	883	1106

【자료】 대한항공, 웹사이트, 2009에 의거 재구성.

좌석의 선택은 금연석과 흡연석의 구별이 있으며(최근에는 금연석 전용으로 되어가는 추세임), 본인이 원하는 대로 요청하면 되고, 개별여행자들은 본인이 직접 좌석을 골라 체크인을 할 수 있는 항공사도 있다.

좌석배정이 끝나면 수하물 중 위탁수하물(Checked Baggage)을 저울에 올려 달게 되며, 이때 중량이 초과되면 규정에 따라 추가요금을 내게 된다.

계량이 끝난 수하물은 컨베이어 벨트를 타고 운반되는데, 이때 X-Ray 투시기에 짐이 통과될 때까지 카운터에서 대기하지 않으면 안 된다. 이러한 절차가 끝나게 되면 항공사 직원으로부터 탑승권, 짐표(Baggage Claim Tag)를 수령한다.

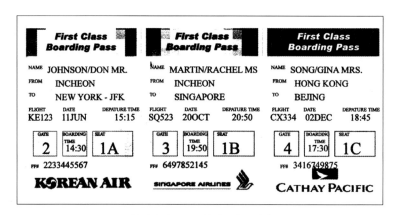

위탁수하물표, 일명 짐표모형

〈표 5-15〉 국제여객공항이용료 / 출국납부금 / 국제빈곤퇴치기여금

구 분	내 용	비 고
납부대상	인천공항에서 출발하는 항공편을 이용하는 국제항공여객	
징수금액	· 국제여객공항이용료 : 출발여객 1인당 17,000원 · 출국납부금 : 출발여객 1인당 10,000원 · 국제빈곤퇴치기여금 : 출발여객 1인당 1,000원	항공권에 포함하여 징수
면제대상	· 외교관 여권 소지자 · 2세 미만의 어린이 · 국외로 입양되는 어린이 및 그 호송인 · 대한민국에 주둔하는 외국의 군인 및 군무원 · 입국이 불허되거나 거부당한 자로서 출국하는 자 · 국비 강제퇴거 외국인	면제대상은 관련 법규에 따라 달라질수 있음

| | ·통과여객 중 다음 경우에 해당되어 보세구역을 벗어난 후 출국하는 여객
  - 항공기접속 불가능으로 불가피하게 당일 또는 그 다음날 출국하는 경우
  - 공항폐쇄나 기상관계로 항공기가 출발 지연되는 경우
  - 항공기 고장, 납치 또는 긴급환자발생 등 부득이한 사유로 불시착한 경우
※상기 면제자 중 외교관 여권 소지자는 국제여객공항이용료 및 출국납부금, 국제빈곤퇴치기여금을 항공권에 포함하여 징수한 후 출국장 내 환불처(리펀드 카운터, 은행 환전소)에서 환불하여 드리고 있으며 타 면제자는 항공권 발권시 면제되어 발권되고 있다. | |

【자료】 http://www.airport.kr, 2009에 의거 재구성.

② 연결수속(Through Check-in)

목적지 또는 최초의 도중 체류지(Stopover Point)까지 항공기를 계속해서 탑승하고 여행할 경우, 어떤 조건을 충족하고 있으면 목적지 또는 최초의 도중체류지까지 수하물을 연결수속(Through Check-in)할 수 있다. 그 조건이란 다음과 같다.

① 계속편에 대한 예약이 확약된 항공권 소지하고 있어야 한다.
② 최소 연결시간(Minimum Connecting Time)이 확보되어 있어야 한다.
③ 연결시간이 최대 당일(24시간 이내)이어야 한다.
④ 동일 공항이어야 한다.

일반적으로 연결수속한 수하물이라도 목적국에서 최초로 입국한 공항에서 세관검사를 받는다. 단, 독일·스위스·이탈리아 등과 같이 최종목적지에서 세관검사를 받는 경우도 있다.

미국의 경우 수하물 연결수속은 가능하지만 국적기-타항공사(국내선) 연결의 경우 경유지점에서 승객은 짐을 회수하여 세관검사를 마치고 타항공사 수하물데스크에 올려놓으면 항공사에서 연결편에 탑재조치한다.
(예) KE805 / AA1207 SEL / BOS / PHL 승객은 BOS에서 세관검사를 받는다.

③ 수하물수속

수하물에는 반드시 이름표(Name Tag)를 부착시키고 이름표에는 성명, 주소, 전화번호 등을 부착시켜 타인과의 구별을 용이하게 한다. 단체의 경우에는 호차별 리본을 여러 색으로 구분하여 부착하면 취급이 용이해질 뿐더러 분실율도 적다.

가. 수하물의 종류

수하물이란 승객이 여행할 때 필요하여 휴대하는 짐(물품)을 말하며, 다음과 같이 구분한다. 수하물 수속을 하기에 앞서 술, 담배, 향수, 외화 등은 여행대상 국에서 엄격히 규제하는 경우가 있으므로 여행사 또는 항공기(선박)승무원의 안내를 받아 상대국 규정을 숙지하여 성실히 신고함으로써 예상치 않은 벌금납부 또는 국위손상의 사례가 없도록 각별히 유의하여야 한다. 또한 특수한 짐은 별도의 짐표를 부착하여 처리하는 것이 원칙이다.

Fragile tag	취급주의가 요망되는 수하물에 부착되며, 항공여객운송약관에 의해 운송 도중 발생되는 파손은 항공사의 면책임을 알리는 고지문에 승객의 서명을 받아 사용한다.	
Heavy tag	수하물의 중량을 보는 이가 알 수 있도록 공란에 중량을 기입하여 사용하며, 실제로 수하물을 탑재하고 하기(下機)하는 작업자의 안전을 도모하기 위해 사용된다.	
Short Connection Tag	이원(以遠)여정 소지 승객의 항공편 연결 시간 단축을 위해 수하물 우선 처리가 필요할 때 사용하여 승객 및 수하물의 연결 촉진을 돕기 위해 사용된다.	

〈표 5-16〉 수하물의 종류와 운송조건

종 류	내 용	운송조건
1. 휴대수하물 (Hand Carry Baggage)	승객 자신의 책임 하에 기내에 지입하는 수하물	① 3면의 합이 115㎝ 이내, ② 총기류, 폭발물, 성냥류, ③ 극약, ④ 압축개스, ⑤ 산화성물질, ⑥ 부식성물질, ⑦ 인화성 물질, ⑧ 방사능물질, ⑨ 수은, 자석류, ⑩ 맹인안내견, 농아보조견 이외의 동물류 2~10번까지는 사전허가 필요

2. 위탁수하물 (Checked Baggage)	항공사에 등록된 수하물	① 3면의 합이 203cm 이내, ② 파손이나 부패성 있는 물품, 현금, 보석, 유가증권 및 기타 고가품, 계약서신용장 등 업무서류 등의 내용품에 대한 제한
3. 동반수하물 (Accompanied Baggage)	승객과 동일편으로 동시에 운송되는 수하물	휴대·위탁수하물 범위 내
4. 비동반수하물 (Unaccompanied Baggage)	승객의 비행편과 관계없이 운송되는 수하물(별송수하물)	① 본인의 사생활에 필요한 신변품과 토산품, ② 해외전근을 위한 이사화물(귀국 포함), ③ 직업상 세관이 필요로 인정한 용구류, ④ 수하물 운송구간은 승객의 Ticket 구간과 일치해야 한다.

① 휴대수하물

승객 좌석 밑이나 선반에 올려놓을 수 있는 물품으로 탑승등급별로 아래와 같이 허용된다. 통상적으로 일반석에 적용되는 수하물의 크기와 무게는 개당 55 × 40 × 20(cm) 3면의 합 115(cm) 이하로써 10~12kg까지이다. 항공사마다 기준이 다르므로 출국 전 이용할 항공사에 미리 문의하는 게 바람직하다.

등 급	개 수	총중량		규격(길이x높이x폭)
P, F, C	2	18kg	40Lbs	55 × 40 × 20(cm)
Y	1+1 추가(예외)	12kg	25Lbs	

【자료】 대한항공, 여객운송초급, 2000, p. 102.

그러나 휴대수하물 항목에 포함되지 않는 품목은 다음과 같다.

• 핸드백, 지갑, 외투, 모포 또는 우산, 지팡이
• 소형 카메라, 망원경
• 기내용 유아식, 유아용 요람
• 환자수송용 의자차(Wheel Chair), 목발
• 고가의 깨지기 쉬운 물품(Fragile Goods) 등

기내 휴대제한 품목(SRI : Security Removed Items)은 기내 반입하거나 수하물로 맡기는 것이 금지되어 있으며, 이의 위반 시에는 항공안전 및 보안에 관한 법률 제 44조에 의거 처벌될 수 있다. 현행 점검 절차 상 각국 공항의 위험품 제한은 아래 사항보다 엄격히 적용될 수도 있으니 수하물을 준비할 때 각별한 주의가 요구된다.

기내 휴대제한 품목은 다음 표와 같다. 이들 품목을 가지고 있는 경우는 항공사의 보관 하에 운송된다.

구 분	세 부 품 목
끝이 뾰족한 무기 및 날카로운 물체	끝이 뾰족한 우산, 면도기, 눈썹 정리용 가위, 가위, 손톱깎이, 수예바늘, 뜨개질 바늘, 화살, 다트, 포크, 송곳, 스키용 폴, 스위스 칼, 드릴, 톱, 렌치/스패너, 해머, 주사 바늘, 코르크 마개뽑이 등
둔 기	골프채, 낚시대, 야구 방망이, 하키스틱, 스케이트보드, 당구 큐대 등
주방용 칼	과일칼, 식칼(길이에 따라 각국 세관 제한 가능)

[주의] ① 타인이 수하물 운송을 부탁할 경우 사고 위험이 있으므로 반드시 거절한다.② 카메라, 귀금속류 등 고가의 물품과 도자기, 유리병 등 파손되기 쉬운 물품은 직접 휴대한다. ③ 짐 분실에 대비 가방에 소유자의 이름, 주소지, 목적지를 영문으로 작성하여 붙여둔다. ④ 위탁수하물 중에 세관신고가 필요한 경우에는 대형수하물 전용카운터 옆 세관신고대에서 신고한다.

〈표 5-17〉 운송 제한품목 및 내용

물 품	구 분	세 부 품 목	취 급 방 법	
			기내수하물 가능 여부	위탁수하물 가능 여부
1. 운송 금지 품목 기내 수하물 또는 위탁 수하물 등 어떤 형태로도 항공 운송이 불가하다.	발화성, 가연성 물질	페인트, 라이터용 연료, 70도 이상의 알코올음료, 석유버너/램프 등 캠핑장비 등	×	×
	고압가스	산소캔, 부탄가스, 프로판가스, 아세틸렌가스 등	×	×
	폭발성 물질	폭죽, 탄약, 발파 캡, 뇌관 및 도화선, 모든 형태의 불꽃, 군사용 폭발물 등	×	×

	각종 스프레이	살충제, 방향제, 에어로졸, 스프레이 파스, 최루가스, 후추 스프레이, 소화기 등	×	×
	인화성 액체연료	석유, 가솔린, 디젤, 알코올, 에탄올 등	×	×
	유독성 물질	산성 및 알칼리성 물질(예 습식 배터리), 부식성 또는 표백성 물질(예 수은, 염소), 전염성 혹은 생물학적 위험 물질(예 감염된 피, 박테리아 및 바이러스), 자연발화 및 자연점화 물질, 독극물류, 방사능 물질(예 의료용 또는 상업용 동위원소) 등	×	×
2. 기내 반입 금지 품목 위탁 수하물 안에 넣어 부칠 수 있으나 기내로는 반입이 불가하다.	끝이 뾰족한 무기 및 날카로운 물체	끝이 뾰족한 우산, 면도기, 눈썹깎이, 가위, 손톱깎이, 수예바늘, 뜨게질 바늘, 화살, 다트, 포크, 송곳, 스키용폴, 스위스 칼, 드릴, 톱류, 렌치/스패너, 해머, 주사 바늘, 코르크 마개뽑이	○	×
	둔 기	골프채, 낚싯대, 야구 방망이, 하키스틱, 스케이트 보드, 당구 큐대 등	○	×
	주방용 칼	과일칼, 식칼(길이에 따라 각국 세관 제한 가능)	○	×
3. 제한적으로 운송이 가능한 품목 제한된 규정에 따르면 운송이 가능한 품목	소량의 개인용 화장용품(헤어스프레이, 헤어무스, 퍼머약, 향수류 등)	용기당 0.5kg(0.5L) 이내, 1인당 품목별 1개 이내	○	○
	라이터 또는 성냥 (기타 지역)	승객 본인이 직접 소지하여 1개 이하	○	×
	라이터 또는 성냥 (미주 지역 해당)	승객 본인이 직접 소지하여 1개 이하	×	×
	포장용 드라이아이스	2kg 이하	○	○(항공사 사전 문의 요망)
	석유 버너, 램프 등 캠핑장비	연료가 완전 제거된 상태	○	○

	가스 머리 인두기	1인당 1개, 안전캡이 부착되어야 하며 여유분 연료는 운송 불가	×	○
	지팡이	의료용 보조 목적, 나이프 등 부착물이 없는 것	○	○
	건전지	MP3, 라디오 등에 삽입되어 있는 건전지 및 소량의 여유분 일반 건전지(2개 이내)	○	○
	수은 체온계	1인당 1개, 의료 목적으로 안전 케이스 안에 지입 포장	○	×

※단 총포, 도검, 화약류 등 단속법에 해당하는 물품은 수출 및 반입 승인을 받은 경우 또는 경찰청으로부터 사전 승인을 받은 것에 한하여 운송 가능(세부 문의 각 지방 경찰청 및 관세청).

미국 교통보안청(Transportation Security Administration)의 강화된 보안절차에 따라 미국 출·도착 편에서는 모든 종류의 라이터 운송이 전면 금지된다. 단, 성냥의 경우 위탁수하물로 부칠 수는 없지만, 소량의 성냥(딱성냥 제외)은 휴대하고 탑승할 수 있다.

② 위탁수하물

위탁수하물이란 항공사에 등록되니 수하물이다. 즉 항공기의 화물칸에 실리는 짐이다. 위탁수하물의 처리에는 중량제(重量制·Weight System)와 개수제(個數制·Piece System)가 있다. 위탁수하물은 무료수하물 허용량의 범위 내에서 요금의 추가 없이 운송할 수 있으나 허용법위를 넘으면 추가요금을 내야 한다.

미주노선의 경우에는 개수제를 적용하므로 다음 표에 준해서 징수하고, 미주노선 이외의 경우에는 kg당 해당구간 이등석 성인 정상운임의 1.5%를 가산하여 징수한다.

구 분	내 용
개수초과시	PC당 1UNIT 징수
23kg 초과 32kg 미만	PC당 KRW50,000 / USD50 / CAD60 징수
32kg 초과 45kg 미만	3UNIT 징수
45kg 이상	10kg마다 1UNIT 추가징수

적용 시스템	중량제(Weight System)				개수제(Piece System)			
적용노선	한/일, 동남아, 유럽, 대양주				미주(미국/캐나다)			
	TB	MC	MP	MMC	TB	MC	MP	MMC
1등석	40kg	50kg	60kg	70kg	2pc(32kg × 2pc)		3pc(32kg × 3pc)	
우등석	30kg	40kg	50kg	60kg				
2등석	20kg	30kg	40kg	50kg	2pc(23kg × 2pc)		3pc(23kg × 3pc)	
소아(Child)	성인과 동일				성인과 동일			
유아(Infant)	115cm, 10kg 이하 1PC와 접는 유모차, 운반용 요람 또는 유아용 카시트 중 1개							
들것(Stretcher)	120kg				12PCS			
GTR	+10kg				탑승등급에 준함			

* TB : Traveler Bonus(일반고객), MC : Morning Calm(회원고객)

MP : Morning Calm Premium(우수고객), MMP : Million Miler(100만 마일 적립고객)

GTR : Government Transportation Request(정부항공운송의뢰서)

[주] 다음 물품은 실제규격과 상관없이 3면의 합이 158cm인 수하물로 간주한다.

· 침낭 또는 휴대용 침구 1개

· 배낭 1개

· 1쌍의 스키 막대와 스키화 1족을 포함하는 스키도구 1벌

· 골프채와 골프화 1족을 포함하는 골프백 1개

· 더플(duffle)백, B-4형 백1개

· 8폭 이하의 병풍 1개

· Surfboard 1개(한국발/착에 한함)

① 위탁수하물의 탁송 제한품목

　· 노트북 컴퓨터, 핸드폰, 캠코더, 카메라, MP3 등 고가의 개인 전자제품

　· 화폐, 보석류, 귀금속류, 유가증권류

　· 기타 고가품, 견본류, 서류, 파손되기 쉬운 물품, 부패성 물품 등이다.

② 위탁가능한 스포츠 장비의 종류와 요금

구 분	스포츠 장비 종류	요 금
중/소형	· 골프클럽, 스키, 스노우보드, 스쿠버다이빙 · 무게 23kg/50lbs 이하, 세변의 합 158cm/62ins 미만 · 완구용 자전거와 같이 무게 및 세 변의 합이 23kg/50lbs, 158cm/62ins 미만인 자전거는 중/소형으로 적용	· 무료 수하물 허용량 포함가능 · 허용량 초과시 일반 수하물과 동일한 초과 수하물요금 징수

대 형	· 자전거, 서핑보드, 윈드 서핑보드 · 무게 23kg / 50lbs~32kg / 70lbs, 세 변 의 합 158cm / 62ins~277cm / 109ins 미만 ※ 최대 허용 사이즈는 2kg / 277cm 미만	· 무료 수하물 허용량 포함불가 · 별도 요금 부과 · 미주지역 초과 수하물요금의 50% 지 불 · 기타 지역 5kg / 11lbs에 해당하는 초 과 수하물 요금

[자료] 대한항공, 웹사이트자료, 2009.12.에 의거 재구성.

③ 스포츠 수하물 운송 시 유의사항

· 골프클럽, 스키, 스노우보드, 자전거 등 무게, 세변의 합이 32kg / 70lbs, 277cm / 109인치를 초과
하지 않는 대부분의 개인 스포츠 장비들은 승객이 탑승하는 항공기에 수하물로 운송 가능하다.

· 스포츠 용품은 모양과 크기가 일반 수하물과 달라 운송 도중 내용물이 휘거나 파손될 가능
성이 높으므로 포장에 특별히 신경을 써야 한다.

· 사냥용 공기총과 경기용 총기류를 수하물로 부칠 경우, 총기소지 허가증 및 관계기관 / 항공
사의 사전승인이 필요하다.

· 엔진이 장착된 동력 자전거나 스쿠터, 오토바이, 제트스키 등 화재나 폭발 가능성이 있는
장비는 수하물로 운반이 불가능하므로, 항공 화물로 운송해야 한다.

나. 무료수하물 합산(Baggage Pooling)

단체여행의 경우에는 IATA Resolution 310a에 의하여 2인 또는 2인 이상의 단
체여행자가 동일편, 동일 목적지로 여행할 경우, 이들에게 허용되는 무료수하물
허용량은 각 개인의 무료수하물 허용량의 전체의 합과 같으며 이들은 각 개인의
수하물량에 관계없이 함께 체크인 할 수 있는데, 이를 'Baggage Pooling'이라 한다.

다. 운송요령

수하물은 항공여행자와 동일한 항공기편으로 운송하는 것이 서비스 측면에서
가장 바람직하다. 즉 Short Check-in, Over Check-in, Cross Check-in을 최대한 방지
하여야 한다. 모든 수하물은 정확히 무게를 달아야 하며, 초과수하물에 대해서는
초과수하물 요금을 징수하도록 되어 있다.

인터라인(Interline)[25]으로 연결되는 수하물은 원칙적으로 여행자의 목적지까
지 연결수속을 하여야 하고, 출발지 항공사에서는 정확히 계량하여 항공여행자

---

25) 동일항공사에 의한 연결.

의 항공권 및 짐에 기재하여야 한다.

포장상태가 불량한 경우 또는 체크인 당시 수하물에 어떤 위험이 있을 때는 체크인카운터는 여행자에게 "항공사에서는 책임을 질 수 없음"을 명백히 밝힌다.

모든 수하물은 조심스럽게 다루어져야 하고, 던진다거나 무리하게 다루지 않도록 하여야 하며, 수하물운송에 필요한 제반지식(수하물 허용량, 금지품목 등)을 사전에 습득하여 여행자나 항공사 입장에서 안전하고 정확하며 초과운임지불이 없도록 여행자 스스로 준비에 만전을 기하여야 한다.

수하물은 여행자의 최종목적지 또는 도중 체류지점까지 체크인하여야 하며, 수하물표는 모든 위탁수하물에 각각에 대하여 부착해야 한다. 또한 수하물의 짐표(Baggage Tag)에는 항공편 일자 및 수하물의 중량이 kg으로 표시되어야 하며, 수하물이 파손된 상태로 체크인하고자 할 경우에는 Cross Mark(×)를 물표의 뒷면에 하고 여행자의 서명을 하도록 되어 있다.

짐표는 항공권에 부착하여 주고 휴대수하물 각각에 대하여도 식별표(Identification Tag)를 부착시켜 준다. 단체에 대해서도 단체별 확인이 쉽도록 Group Tag을 붙여 줌으로써 여행자나 항공사에 식별이 용이하도록 하고 있다.

라. 수하물의 사고

수하물의 사고는 분실사고(Missing)와 파손사고(Damage) 및 지연도착(Delay)으로 구분된다. 이와 같이 사고가 생기는 이유는 다음 표와 같다. 수하물의 사고 시 배상한도액은 위탁수하물의 경우 kg당 USD20 상당액이며, 휴대수하물의 경우에는 USD400 상당액으로 제한된다.

〈표 5-18〉 수하물사고 종류 및 원인

사고유형	발생원인	배상기준
지연도착 (Delay)	· Mis-Loading · Short-Carriage or Over-Carriage · Mis-Tagging · Tag Torn-Off 및 Identification 불가 · Left Behind · Interline Baggage Mis-Connection · ACL(탑재용량) 부족으로 인한 Offload	수하물 1회에 한해 지불(1등석 USD200, 우등석 USD100, 이등석 USD50)

분 실 (Missing or Lost)	· Name Label 미부착 · Tag Torn-Off 및 Mis-Loading의 동시발생 · Unclaimed Baggage의 관리 소홀	분실수하물 중량 × USD20
파 손 (Damage)	· 조업사의 Rough Handling · Fragile Tag 미부착 · 포장 불량	영수증에 근거하여 배상
부분분실 (Pilferage)	· 포장불량으로 인한 내용품 유실 · 의도적인 행위	전체중량에서 실제도착중량을 공제한 도난 중량에 대한 배상가능액과 BIF(Baggage Inventory Form)상 금액과 비교하여 적은 금액적용

수하물사고가 발생되면 승객은 지체없이 사고신고를 함과 동시에 사고보고서 (PIR : Property Irregularity Report)를 작성하여 손해배상청구(Baggage Claim Blank)를 한다. 사고수하물에 대해 World Tracer에서 추적조회를 하여 결과를 알려준다.

수하물 지연 보상금(OPE : Out of Pocket Expense)은 1회에 한해 1등석 USD200, 우등석 USD100, 2등석 USD50 한도 내에서 지급한다.

사고 수하물에 대한 변상절차는 Warsaw Convention에 의거 최초구간 탑승항공사(Initial Carrier)나 최종항공사에 변상을 요구하며, 배상한도액은 위탁수하물의 경우 사고수하물 1kg당 USD20(단, 고가품이 없는 경우)씩, 휴대수하물의 경우 1인당 USD400 한도 내에서 배상받을 수 있다. 배상청구기간은 사고의 종류에 따라

① 파손(부분품 분실신고 포함) : 수하물 접수 후 7일 이내, 영수증 등 근거에 따라 배상
② 지연도착사고 : 수하물 접수 후 21일 이내, 그리고 등급에 상관없이 1인 1건 당 USD200 한도 내에서 배상
③ 분실사고 : 수하물을 접수해야 하는 날로부터 21일 이내로 제한되어 있다.

특히 수하물의 연착으로 인한 사고 발생시에는 일용품구입비(OPE : Out of Pocket Expense)라는 명목으로 1회에 한하여 USD50(국내선 20,000원) 한도 내에서 지급되며, 이외에 교통비, 전화료 등의 경비도 영수증을 첨부하여 청구서를 제출하면

USD50을 초과할 수 있다. 기타 기내에서의 Cleaning Coupon(USD10 이내) 및 Custody Treating 등도 사고 발생시 이용할 수 있는 제도이다.

(2) 특수여행자의 출국

특수여행자(Incapacitate Passenger)란 여행자의 육체적, 의학적 또는 정신적 상태가 정상적인 사람과 동일한 방법으로 여행할 수 없기 때문에 일반여행자에게는 제공되지 않는 개인적인 도움을 필요로 하는 여행자를 말한다. 여기에는 임산부를 포함하여 노인, 병약자, 장애인, 일반 환자 등을 포함한다.

① 병역의무자

병역의무자가 국외를 여행하고자 할 때는 병무청에 국외여행허가를 받고 출국 당일 법무부 출입국에서 출국심사 시 국외여행허가증명서를 제출하여야 한다.

병무신고대상은 25세 이상 병역미필 병역의무자(영주권사유 병역연기 및 면제자 포함) 연령제한 없이 현재 공익근무요원 복무중인 자, 공중보건의사, 징병전담의사, 국제협력의사, 공익법무관, 공익수의사, 국제협력요원, 전문연구요원/산업기능요원으로 편입되어 의무종사기간을 마치지 아니한 자 등이다.

② 임산부(Pregnant Women)

임신 32주 이상의 여행자는 안전한 여행을 위해 필요한 서류들을 준비한다.

필요서류	필요부수	비　　　고
건강진단서	1부	・항공기 출발시간 기준 72시간 이내 발급 ・산부인과 전문의가 작성 및 서명 ・필수 기재사항 　- 임산부의 여행 가능 여부 　- 임신 일수(탑승일 기준) 　- 초산 여부 　- 출산 예정일
서약서	2부	・항공사 제공 양식 사용 ・탑승 수속 시 작성

또한 항공여행 가능여부는 다음 표와 같다.

임신 기간(탑승일 기준)	항공기 여행 가능 여부
32주 미만	· 일반인과 다름없이 자유롭게 여행할 수 있음.
32주~36주	· 예약시 임신일수와 출산 예정일을 밝혀야 함. · 탑승수속시 항공기 출발시간 기준 72시간 이내 발급된 건강진단서 제출
37주 이상	· 임산부과 태아의 건강을 위해 되도록 여행을 피하는 것이 좋음.

[주] 만 5세 미만은 어떠한 경우에도 혼자 여행할 수 없음.

③ 비동반 소아(UM : Unaccompanied Minor)

국내선은 만 5세~만 13세 미만 어린이, 국제선은 만 5세~만 12세 미만 어린이가 보호자 없이 단독으로 여행하는 경우가 그 대상이다.

이들은 출·도착 시 보호자가 반드시 공항에 나와야 하며, 도착지에서 어린이를 인수받는 보호자가 없을 경우 어린이는 최초 출발지로 되돌아오게 되며, 그에 따른 모든 비용은 출발지 보호자가 부담하여야 한다. 도착지 보호자가 항공기 도착 예정시간 전에 공항에 나와 있도록 하는 것이 안전하다.

이들은 항공기 출발 24시간 전까지 해당항공 서비스 센터를 통해 서비스를 신청한 후 운송확약을 받아야 한다. 이 때 출·도착지에서 어린이를 인계, 인수할 부모나 보호자의 정확한 인적 사항과 연락처(주소, 전화번호)를 알려 주어야 한다. 또한 서비스신청 후 '비동반 소아 운송 신청서'를 작성하고 필요 부수만큼 출력하여 출발 당일 탑승수속 카운터에 제출하여야 한다.

연 령	서약서	운송신청서	1일전 예약	운 임
5세 미만	운송불가			
5세~12세	○	○	○	성인정상운임
12세 이상	성인과 동일하게 운송			

* 주의사항 : 2개 이상의 항공사가 연결될 경우에는 항공사의 각각의 허가를 받아야 함.

④ 유아동반 여행자

유아는 국제선의 경우 생후 14일, 국내선은 생후 7일 이상이어야 항공기 탑승이 가능하다. 유아는 보호자와 함께 착석하며, 별도의 좌석은 제공되지 않으며, 소아 운임을 지불하고 항공권을 구입한 경우에는 성인과 동일하게 좌석이 제공된다. 1명의 승객이 2명 이상의 유아를 동반할 경우, 1명 이상의 추가되는 유아는 소아 항공권을 구매해야 하며, 소아운임이 적용된 유아에게는 좌석이 제공된다.

유아와 함께 여행하는 경우 수하물을 추가로 가져갈 수 있으며, 자세한 사항은 아래 표를 참고하면 된다. 기내 반입 가능한 유모차는 바구니와 덮개가 없는 접이식 유모차거나 혹은 접었을 시, 100×20×20cm 규격 이내면 가능하다.

국제선	국내선
접이식 유모차, 손수레, 유아 운반용 바구니, 유아용 카시트 중 1개	
가로×세로×높이의 합이 115cm 이하, 10kg 미만인 수하물 1개	–

⑤ 도움이 필요하거나 몸이 불편한 여행자

시각/청각 장애인 여행자들의 편리하고 안전한 여행을 위하여 예약 시 미리 얘기해 두면 보다 빠른 서비스를 받을 수 있다. 필요한 경우, 맹인 안내견(Seeing Eye Dog)과 함께 기내에 동반 탑승할 수도 있다.

의학적 도움이 필요한 여행자(Incapacitated Passenger)[26] 즉 육체적, 의학적, 정신적 상태로 인해 항공 여행 중 개인적인 도움이 필요한 승객(노약자, 임산부, 병약자, 장애자, 일반환자)이 여기에 해당되며 항공사가 제공할 수 없는 특별한 도움을 필요로 하거나 타 승객에게 불편을 주거나 위험을 초래할 경우 탑승을 거절할 수 있다. 단순 휠체어 승객이나 시청각 장애자 및 약한 장애(Handicaps)의 경우에는 여기에 해당되지 않는다.

안전하고 편안한 항공여행을 위하여 들것(Stretcher) 및 의료용 산소를 제공한다. 이들은 '병약승객 운송 신청서'를 제출하고 탑승 가능 여부를 확인하여야 한다. 요금 및 수하물 관련규정은 아래 표와 같다.

---

26) 움직일 수 없는 마비가 있는 승객, 비행 중 의학적 조치가 필요한 승객, 정신 질환자, 약물 중독자, Stretcher passenger, 32주 이상 임산부/합병증인 경우 등이다.

구 간	승 객	운 임	수 하 물
국내선	환 자	성인 일반석 편도 정상운임의 6배	일반석 항공권 기준 무료 수하물 허용량의 6배
	동반자	동반 1인에 한해 무료	무료 운임의 경우 무료 수하물 허용량 없음
국제선	환 자	성인 일반석 편도 정상운임의 6배	일반석 항공권 기준 무료 수하물 허용량의 6배
	동반자	적용가능 운임(판매가 적용 가능)	일반 승객의 무료 수하물 허용량과 동일

6 애완동물(Pet) 동반여행자

동반 가능한 애완동물은 개, 고양이, 새에 한정하며, 애완동물과 운송 용기의 무게를 합쳐 5kg 이하인 경우에는 기내반입이 가능하나, 애완동물과 운송 용기의 무게를 합쳐 5kg 초과 32kg 이하인 경우에 위탁 수하물로 탑재해야 한다. 어떠한 경우에도 승객 1인당 1마리의 애완동물만이 허용된다.

토끼, 햄스터, 페릿(Ferret), 거북이, 뱀, 병아리, 닭, 돼지 등 모든 종류의 동물은 여객 항공기를 통한 운송이 불가하므로 화물대리점으로 문의하여야 한다.

7 예기치 못한 여행자(Unexpected Passenger)

예기치 못한 여행자란 사전에 의학적 고려가 없었던 여행자로서 갑자기 공항 또는 해항에 나타난 여행자를 말한다. 이런 사람은 탑승구간 / 병명, 과거력, 투약, 현재의 상태를 파악하여 의사소견서 소지 여부를 확인한 다음 필요시 공·해항 의료진 또는 인근의사에게 소견을 구해 운송의 적부판단을 하게 한다.

8 식사에 대한 터부가 있는 여행자

종교적 또는 신체적 이유로 음식에 터부가 있는 여행자들을 위해 각 항공사들을 이들을 위한 특별식을 준비하고 있는데 여기에는 다음과 같은 것들이 있다.

구 분	종 류
아동식(3종)	Infant Meal / Baby Meal / Child Meal
야채식(5종)	Vegetarian Lacto-Ovo Meal / Vegetarian Vegan Meal / Vegetarian Hindu Meal / Vegetarian Hain Meal / Vegetarian Oriental
종교식(3종)	Hindu Meal / Moslem Meal / Kosher Meal(Ready_Made 제품)
식사조절식(11종)	Low Fat Meal / Diabetic Meal / Low Calorie Meal / Low Protein Meal / High Fiber Meal / Bland Meal / Gluten Intolerant Meal / Liquid Die Meal / Low Salt Meal / Low Lactose Meal / Low Purine Meal
기타 특별식(3종)	Seafood Meal / Fruit Platter Meal / Anniversary Cake

(3) 휴대품 신고

여행자가 출국시 가지고 나가는 물건에 대해서는 세금을 징수하지 않는다. 다만, 일시 입국하는 자가 입국할 때 재반출조건으로 면세통관한 물품을 출국시에 반출하지 않는 경우에 한하여 면세받은 세금 및 가산세를 추징하고 있다. 거주자인 여행자가 해외여행 중에 사용하고 재반입할 고가의 귀중품 등은 출국시 세관에 신고하여 확인증을 받아두었다가 입국시 제출해야만 면세를 받을 수 있다.

① 반출 / 입 제한물품
- 국헌, 공안, 풍속을 저해하는 서적, 사진, 비디오테이프, 필름, LD, CD, CD-ROM 등의 물품
- 정부의 기밀을 누설하거나 첩보에 공하는 물품
- 위조, 변조, 모조의 화폐, 지폐, 은행권, 채권 기타 유가증권
  - 반출입금지물품을 휴대·반입할 경우 몰수되며, 세관의 정밀검사 및 조사를 받은 후 범죄혐의가 있을 경우에는 관세법위반으로 처벌될 수 있다.
- 총기, 도검, 화약류 등 무기류(모의 또는 장식용 포함)와 폭발 및 유독성물질류
  - 총포, 화약류를 수출입하고자 하는 사람은 그 때마다 경찰청장의 허가를 받아야 한다.
- 앵속, 아편, 코카잎 등 마약류, 향정신성 의약품류, 대마류 및 이들의 제품
- 멸종위기에 처한 야생동·식물종의 국제거래에 관한 협약(CITES)[27]에서 보

27) Convention on International Trade in Endangered Species of Wild Flora and Fauna)의 약어로 세계

호하는 살아있는 야생 동·식물 및 이들을 사용하여 만든 제품, 가공품
- 호랑이, 표범, 코끼리, 타조, 매, 올빼미, 코브라, 거북, 악어, 철갑상어, 산호, 난, 선인장, 알로에 등과 이들의 박제, 모피, 상아, 핸드백, 지갑, 액세서리 등
- 웅담, 사향 등의 동물한약 등
- 목향, 구척, 천마 등과 이들을 사용하여 제조한 식물한약 또는 의약품 등
• 미화 1만 달러 상당액을 초과하는 대외지급수단(약속어음, 환어음, 신용장 제외)과 내국통화(원화)및 원화표시여행자수표(반출입제한물품)
• 자기앞수표, 당좌수표, 우편환 등(반출입제한물품)
• 귀금속(일상적으로 사용하는 금반지, 목걸이 등은 제외) 및 증권(반출입제한물품)
• 문화재(반출제한물품)
- 문화체육부장관의 국외반출허가증 또는 시·도지사의 비문화재 확인증을 제출하여야 한다.
• 수산업법, 수산동식물 이식승인에 관한규칙 제5조 및 제6조 해당물품(반출제한물품)
- 국내의 수자원 보호유지 및 양식용 종묘확보에 지장을 초래할 우려가 있는 물품
- 천연기념물로 지정된 품종
- 우리나라의 특산품종 또는 희귀품종 수산자원보호령 제10조에서 정한 몸 길이 이하의 것(해양수산부장관의 이식승인서를 제출해야 한다)
• 폐기물의 국가 간 이동 및 그 처리에 관한 법률 해당물품(반출입제한물품)
- 유해화학물질관리협회장의 수출신고서를 제출해야 한다.
• 식물, 과일채소류, 농림산물류(반출입제한물품)
- 국립식물검역소장의 식물검사합격증을 받아야 한다(식물방역법 제11조).

2 휴대품반출신고

해외여행시 사용하고 입국시 재반입할 고가(통상적으로 미화 400불 이상)의

적으로 멸종 위기에 처한 야생 동·식물의 상업적인 국제거래를 규제하고 생태계를 보호하기 위하여 채택된 협약이다.

골프채·보석류·시계·카메라·모피의류·전자제품 등(외국산, 국산 불문)은 최초 출국시 "휴대물품반출신고서"에 모델, 제조번호 등 상세한 규격을 기재하여 세관에 신고하여야만 입국시 면세통관이 가능하며, 한 번 신고한 동일한 물품은 재출국시 세관신고절차가 생략된다.

이 신고서는 귀국시 재수입물품으로 간주되어 과세대상에서 제외되는 효력을 갖게 되므로 보관에 주의하여야 하며, 만약 신고서를 분실하거나 신고를 하지 않고 출국한 경우에는 모든 휴대물품에 대하여 외국에서 구입한 물품으로 간주되어 과세대상이 된다.

또한 일시 입국하는 여행자가 현품을 분실하였거나 반출하지 않으면 해당세금을 납부한 후에야 출국이 가능하다. 다만, 일 년에 수차례씩 골프관광을 위해 방문하는 외국관광객 등의 경우 입국시 휴대·반입한 골프채를 국내에 보관해 두고 사용하겠다는 의사를 세관에 신고하면 1년의 범위 내에서 국내골프장 또는 3급 이상 호텔대표가 보관·확인한 "재반출조건 일시반입골프채보관증"을 제출하는 것으로 출국시 휴대반출의무를 1년간 유예해주고 있다.

만일 질병 등 부득이한 사유로 기한 내 반출이 어려울 때에는 타인을 통하여 대리반송할 수 있는 위임 반송제도를 이용하면 된다.

(4) 법무부 출입국관리(출국사열)

출국장 내에 있는 출국사열대에는 세관당국에 휴대품반출신고를 마친 모든 여행자가 출국을 위한 자격을 받기 위해 여행관련 구비서류를 제시하게 된다. 이때 출입국관리관은,

① 여권의 유효기간 및 위조여권 조사
② 여권소지인의 실물확인 대조
③ 목적국의 사증확인
④ 외국인의 체류기간확인
⑤ 국제범죄자 명단(Black List)의 대조 등의 확인절차를 하고 이상이 없으면 서류를 돌려준다.

No.

휴대물품반출신고서

품 명	규 격	수 량

위와 같이 반출함을 확인하여 주시기 바랍니다.

20   .   .

신고인   .

1. 이 확인서는 휴대반출한 물품을 재반입하는 때에 관세를 면세받을 수 있는 근거 가 되는 것이므로 소중히 보관하시기 바랍니다.
2. 본 신고서는 입국시 세관에 제출하시기 바랍니다.

(5) 출국라운지

출국라운지란 출국절차를 마친 여행자가 항공기 탑승 전에 대기하는 장소로서 이 장소는 국내에 위치한 사실상의 외국이나 다름없다. 이 라운지 안에 면세점(DFS : Duty Free Shop)이 있어 출국하는 여행자에게 시중가격보다 저렴하게 각종 상품들을 판매하고 있다. 이 출국장 한 부분에 시내의 면세점에서 주문한 상품을 인도하는 인도장이 있으므로 시내에서 면세품을 구입한 사람은 이 곳 인도장에서 인환증(Exchange Order)과 상품을 교환하여야 한다.

또한 입국시에 보세구역에 보관중인 유치품이나 예치품도 이 곳 출국장에서 물품을 반환받게 된다. 유치품이란 휴대품의 수출입통관을 일시 유보하고 세관에서 관리하는 장소에 그 물건을 보관하는 것으로서[28] ① 수출입의 허가를 받지 못한 경우, ② 법령에서 요구하는 조건의 구비를 증명하지 못하는 경우, ③ 통관은 가능한 물품이나 관세를 납부하지 않은 경우에 발생된다. 유치품의 유치기간은 3개월이며 3개월이 경과하도록 찾아가지 않으면 세관장이 이를 공고 1개월 후에 국고에 귀속시킨다.

예치품(Bond)이란 여행자가 그 휴대품을 입국시 세관에 일시 보관시키는 물품으로서 예컨대 여러 나라를 여행하는 사람이 한 나라를 들어갈 때마다 모든 물건을 들고 입국했다가 그 물건을 다시 수출통관하려면 번거로운 절차가 필요하므로 이러한 절차를 생략하기 위하여 입국시 세관에 신고하여 보관시켜 두었다가 출국시 찾아가는 물품을 말한다.

(6) 면세점의 이용

면세점의 경우 일반적으로 두 가지 형태로 분류하고 있다. 보세판매장(외국물품판매장) 외국인 관광객 면세판매장이 그것이다.

① 보세판매장

보세판매장은 외국물품을 외국으로 반출하거나 주한 외국외교관이 사용하는 조건으로 물품을 판매하는 구역으로 세관장이 지정하며, 그 종류로는 외교관 면

---

28) 장병철, 관세법, 무역경영사, 1990, pp. 501~503.

세점, 출국장 면세점, 시내 면세점, 모피류 면세점, 귀금속류 면세점이 있다.

외교관 면세점은 국산품은 취급하지 않으며 주한외교관 신분을 가진 사람만 이용 가능하고 판매 물품은 일상생활용품으로 외교통상부장관이 발행하는 면세 통관의뢰서를 제시하여야 한다.

기타 보세판매장은 외국인과 재외한국인은 구입한도가 없으나 내국인은 출국 시에만 이용이 가능하고 1인당 구입한도가 $2,000이며 출입시에 반드시 여권을 소지하여야 한다.

시내면세점에서 구입시 물품 교환권을 받아 공항에서 세관, 법무부 심사를 마친 후 출국장 내 인도장 해당 면세점 파견 근무자에게 제시하면 물품을 인수할 수가 있다.

보세판매장 물품은 세금이 유보된 상태에 있는 물품으로서 입국시 재반입할 경우 세금을 납부한다. 따라서 입국시 신고하지 않고 재반입하려다 적발되면 밀수로 간주되어 관세법 위반으로 처벌받을 수 있으므로 주의하지 않으면 안 된다.

② 외국인 관광객 면세 판매장

외국인 관광객 유치차원에서 세무서장이 지정한 장소로서 외국인 관광객이 구입한 물품을 외국으로 반출하는 경우에 한하여 내국간접세(부가가치세, 특별 소비세)를 환급받을 수 있도록 제도화한 곳을 말한다.

국내에서 물품을 구입한 외국인관광객은 판매장에서 외국인관광객 물품판매 확인서를 교부받아 출국시(3개월 이내) 현품과 함께 세관직원에게 신고해야 한다. 반출방법으로는 출국시 휴대반출하는 방법 이외에 국제소포나 일반수출로도 가능하다. 이 경우 반출자는 판매자로부터 해당세액에 상당하는 금액을 차후에 송금 받을 수 있다.

인솔자는 여행자들이 자주 구매하는 술, 담배, 향수, 핸드백, 화장품 등의 브랜드에 따른 대략적인 가격을 기억하여 고객들의 질문에 대답하도록 하여야 한다.

(7) 탑승(Boarding)

여행자는 출국장내에서 대기하다가 대개 항공편 출발 30분 전에 탑승 안내방송이 나오면 자신이 타고 갈 항공편의 탑승구(Bording Gate)에서 탑승수속을 받

아야 한다. 탑승구에서는 탑승이 진행중인 항공편이 사인보드(Sign Board)에 표
시되기 때문에 식별이 가능하다. 이 때, 짐의 부피가 너무 큰 것은 기내 휴대가
어려우므로 이러한 때에는 항공사 직원에게 이를 제시하고 위탁수하물로 처리
할 수도 있다.

> 🔈 **안내방송**   「대한항공 702편 호놀루루 경유 로스앤젤레스행 승객께서는 8번 게이트
> 에서 탑승하여 주시기 바랍니다.」
> 「Korean Air Lines Flight No.702 bound for Honolulu and Los
> Angeles, now boarding gate No. 8. Thank you.」
> 「대한항공 702편 손님께서는 빨리 탑승하여 주십시오.」
> 「Final Boarding Korean Air Lines Flight No. 702. Thank you.」

(8) 출 국

여행자는 탑승 후 지정좌석에 앉아야 하며, 탑승이 완료되면 탑승수속자 수와
탑승자 수의 확인이 있게 되고, 검역관에 의한 항공기의 이상 유·무를 서면으로
제출하여 승인받는 절차를 밟는다. 마지막으로 항공기의 국제선 출항을 위해서
는 세관의 승기(乘機)직원에 의한 출항허가를 얻어야 비로소 항공기의 출항이
가능해져 출국이 허용된다.

출국 후 목적지 공항에 도착하기 전에 여행인솔자들이 가장 어려운 부분이 경
유(Transit)와 환승(Transfer)이다. 이하에서는 경유와 환승시 인솔자들이 업무를
처리하는 과정을 설명한다.

① 경유(Transit)

① 기내 안내방송 또는 승무원을 통해 기내에서 대기인지, 기내 밖의 경유구역
(Transit Area)에서 대기인지, 경유에 따른 소요시간 및 항공기 출발예정시
간 등을 미리 확인해서 여행자들에게 알려줘야 한다.

② 경유구역 대기일 경우 수하물은 기내에 두고 내린다(여권, 귀중품은 반드
시 지참).

③ Transit Card(스티커 형식의 배지로 붙여주는 항공사도 있음)를 반드시 받아
서 나가고 나중에 탑승시 반환해야 한다는 것을 알린다.

④ T／C는 항공기에서 미리 내려서 여행자들이 현지 입국승객을 따라 나가지 않도록 통제해야 한다.

⑤ 경유구역 안에서 공항면세점을 이용 시에는 재 탑승시간 전에 지정된 장소에 모일 수 있도록 주지시켜야 한다.

⑥ 탑승시간이 되면 탑승구에서 인원을 확인 후 제일 나중에 탑승해야 한다.

② 환승(Transfer)

① 항공기에 두고 내리는 물건이 없는지 주의시킨다.

② 항공기에서 먼저 내려 단체를 한 장소에 모아 인원 파악 후 "Connecting Flight(연결편)" 카운터로 신속하게 이동한다.

③ 단체를 한곳에 모아 두고 탑승수속을 한 다음 탑승권을 받는다.

④ 수하물은 "Through Check-In(연결수속)"을 한 경우에는 별도 수속 없이 짐 숫자만 알려주면 된다.

⑤ 탑승권을 나누어 주고 탑승구(Boarding Gate) 번호와 탑승시간을 알려 준 다음 탑승한다.

　　＊ 연결편 탑승시 시간이 늦어질 경우

　　　－ 기내 승무원에게 부탁하여 적절한 조치를 요청한다.

　　　－ 연결편 항공사 직원이 마중 나오게 한다.

　　　－ 연결 항공편 측에서 사전에 통보하면 어느 정도는 기다려 주는 것이 상례이다. 그러나 무작정 연락도 없이 늦으면 기다리지 않는다.

⑥ 탑승한 항공권을 개인별로 나누어 준다.

③ 공항 및 터미널 빌딩이 다른 경우

① 동일도시에 두개 이상의 공항이 있어서 국내선, 국제선이 별도일 경우

② 동일 국제선, 동일 국내선이라도 항공편에 따라 다른 공항에서 이륙하는 경우

　　＊ 공항이 다를 경우 사전에 그런 상황을 알고 있어야 한다. 그렇지 않을 경우 비행기를 놓칠 수 있기 때문에 특히 주의한다.

③ 다른 공항을 이용할 경우 환승시간이 많이 소요된다. 항공예약시 최소연결

시간(Minimum Connecting Time)을 감안하여 신속하게 처리해야 한다.

④ 동일공항에서도 터미널 빌딩이 다른 경우에는 연결버스를 이용해야 한다.

⑤ 공항 간의 이동, 터미널 간의 이동을 모르고 쇼핑이나 자유시간을 할애하는 경우가 있어서는 안 된다.

2) 입국수속

입국에 즈음해서는 입국 항공기내 또는 선내에서 입국에 필요한 서류를 미리 작성해 두면 입구수속이 간편해지므로 항공사의 관계자들로부터 미리서류를 받아 작성해두는 것이 중요하다. 입국에 필요한 서류는 그림에서 보는 바와 같이 검역질문서와 여행자휴대품신고서 등이다. 과거에는 출입국신고서(E / D Card)가 있었으나 내국인에 한해서 2006. 8. 1. 이후 폐지되었다.

검역질문서	· 콜레라, 황열, 페스트 오염지역(동남아시아, 중동, 아프리카, 남아메리카 등)에서 입국하는 승객, 승무원

여행자휴대품신고서	· 개인당 1장, 가족인 경우 가족당 1장 · 신고물품이 없는 경우에도 반드시 작성 · 2005년 10월 1일부터 모든 입국자는 반드시 작성 / 제출해야 함

입국수속은 보기의 그림처럼 진행되는데, 항공기에서 하기하면 경유여객(Transit Passenger)은 경유여객 라운지로, 목적국에서 체류하고자 하는 경우에는 도착로비로 향하게 된다. 입국수속은 검역 → 입국사열 → 세관 순서로 진행되며, 자새한내용은 [그림 5-11]과 같다.

(1) 여행자 검역

해외여행중 설사, 복통, 구토, 발열 등의 증세가 있으면 입국시 즉시 검역관에게 신고하여야 하며, 귀가 후에 설사 등의 증세가 계속될 때는 검역소나 보건소에 신고한다. 콜레라, 황열, 페스트 오염지역(동남아시아, 중동, 아프리카, 남아메리카)로부터 입국하는 여행자들은 검역질문서를 작성한 후 입국시 제출한다.

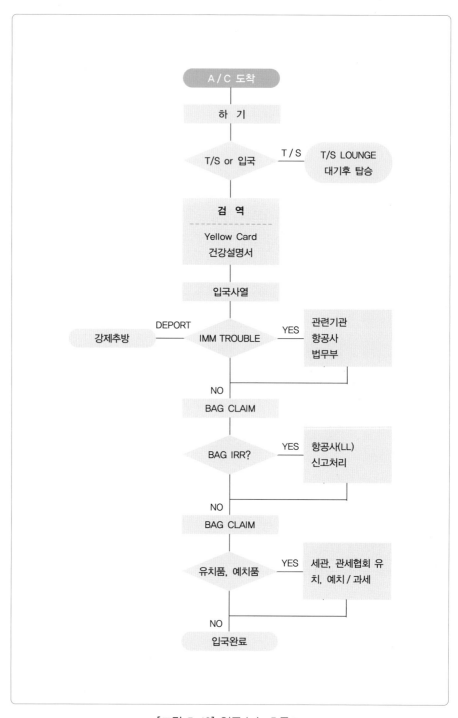

[그림 5-12] 입국수속 흐름도

별지 제8호 서식

검역질문서 응답지(檢疫質問書 應答紙)
(HEALTH QUESTIONNAIRE)

연월일(年月日)
Date　/　/

이 질문서는 「검역법」 제8조에 따른 검역조사를 간소화하기 위한 것이오니 정확하게 기입하여 주십시오.
(這是爲 了簡化 檢疫次序 淸寫正確一点)
(You are kindly requested to complete this form to facilitate the quarantine procedures)

선박·항공기·열차·자동차명(船舶·航空機·列車·車輛名)
No of vessel·flight·train·car :
좌석번호(座位號碼) No of seat :

성명(姓名)
Name in full :

주민등록(여권)번호
Identification (Passport) No. :

국적(國籍)
Nationality :

성별(性別) 남(男)여(女)
Sex : Male 　Female

연령(年齡)
Age :

한국 내 연락처(韓國內 連絡處)
Contact address in Korea.

전화(電話)
(Tel.　　　　　　　)

과거 10일 동안의 체재국명을 기입하여 주십시오.
(請塡寫過去十天之內停留的 國家)
Please list the countries where you have stayed during the past 10 days before arrival.

과거 10일 동안에 아래 증상이 있었거나 있는 경우 해당란에 「∨」 표시를 하여 주십시오.
(過去十天之內如有以下症狀, 請在症狀前劃「∨」)
Please check a mark 「∨」, if you have or have had any of the following symptoms during the past 10 days before arrival.

검역질문서 작성을 기피하거나 거짓으로 작성하여 제출하는 경우 「검역법」 제8조 및 제39조에 따라 1년 이하의 징역 또는 500만 원 이하의 벌금 처벌을 받을 수 있습니다.
If you make a false statement concerning your health or fail to fill out the Health Questionnaire, you may face a sentence of up to one year of imprisonment or up to 5 million won in fines, in accordance with Articles 8 and 39 of the Quarantine Act.
回避或虛假地塡寫衛生檢疫單時, 依据檢疫法弟八條及第三十九條的規定, 可被判以一年以下的徒刑或 500万元一下的罰款。

□ 설사(腹瀉·下痢)　　□ 구토(嘔吐)　　　□ 복통(腹痛)　　　□ 발열(發熱·發燒)
　 Diarrhea　　　　　　 Vomiting　　　　　 Abdominal pain　　 Fever

□ 기침(咳嗽)　　　　　□ 호흡곤란(呼吸困難) □ 잦은 호흡(頻呼吸)
　 Cough　　　　　　　 Difficulty breathing　 Shortness of breath

국립○○검역소
○ ○National Quarantine Station
Ministry of Health & Welfare
Republic of Korea

148㎜ × 210㎜ 황색용지

(2) 입국심사

입국심사대는 내국인과 외국인 심사대로 분리되어 있다. 입국심사대 앞 대기선(Stop Line)에서 여권, 입국신고서 등의 서류를 들고 있다가 순서가 되면 심사관에게 제출하여 입국심사를 받는다. 이때 모자(선그라스)는 벗고, 다소 불편하더라도 입국심사관의 얼굴 대조, 질문 등에 적극 협조하여야 한다. 최근에는 우리나라 여권을 위·변조하여 입국을 시도하는 외국인이 급증하고 있으므로 입국심사가 좀 길어지는 경향이다.

외국에서의 입국심사를 받을 경우에는 출·입국카드를 작성하여 제출하고, 대개는 출국용을 여권에 호치키스로 첨부해 주는데 이를 잘 보관하지 않으면 출국시 새로 작성해야 하는 불편을 겪게 된다.

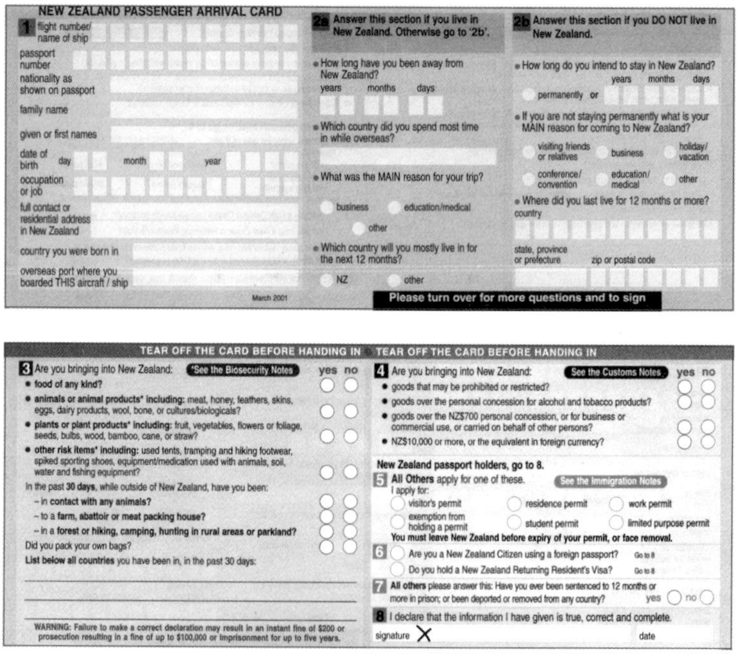

NEW ZEALAND PASSENGER ARRIVAL CARD

1 flight number/ name of ship
passport number
nationality as shown on passport
family name
given or first names
date of birth day month year
occupation or job
full contact or residential address in New Zealand
country you were born in
overseas port where you boarded THIS aircraft / ship
March 2001

2a Answer this section if you live in New Zealand. Otherwise go to '2b'.
- How long have you been away from New Zealand? years months days
- Which country did you spend most time in while overseas?
- What was the MAIN reason for your trip? business education/medical other
- Which country will you mostly live in for the next 12 months? NZ other

2b Answer this section if you DO NOT live in New Zealand.
- How long do you intend to stay in New Zealand? permanently or years months days
- If you are not staying permanently what is your MAIN reason for coming to New Zealand? visiting friends or relatives business holiday/vacation conference/convention education/medical other
- Where did you last live for 12 months or more? country
state, province or prefecture zip or postal code

Please turn over for more questions and to sign

TEAR OFF THE CARD BEFORE HANDING IN TEAR OFF THE CARD BEFORE HANDING IN

3 Are you bringing into New Zealand: *See the Biosecurity Notes yes no
- **food of any kind?**
- **animals or animal products* including:** meat, honey, feathers, skins, eggs, dairy products, wool, bone, or cultures/biologicals?
- **plants or plant products* including:** fruit, vegetables, flowers or foliage, seeds, bulbs, wood, bamboo, cane, or straw?
- **other risk items* including:** used tents, tramping and hiking footwear, spiked sporting shoes, equipment/medication used with animals, soil, water and fishing equipment?

In the past **30 days**, while outside of New Zealand, have you been:
- in **contact with any animals?**
- to a **farm, abattoir or meat packing house?**
- in a **forest or hiking, camping, hunting in rural areas or parkland?**

Did you pack your own bags?
List below all countries you have been in, in the past 30 days:

WARNING: Failure to make a correct declaration may result in an instant fine of $200 or prosecution resulting in a fine of up to $100,000 or imprisonment for up to five years.

4 Are you bringing into New Zealand: See the Customs Notes yes no
- goods that may be prohibited or restricted?
- goods over the personal concession for alcohol and tobacco products?
- goods over the NZ$700 personal concession, or for business or commercial use, or carried on behalf of other persons?
- NZ$10,000 or more, or the equivalent in foreign currency?

New Zealand passport holders, go to 8.

5 **All Others** apply for one of these. See the Immigration Notes
I apply for:
visitor's permit residence permit work permit
exemption from holding a permit student permit limited purpose permit
You must leave New Zealand before expiry of your permit, or face removal.

6 Are you a New Zealand Citizen using a foreign passport? Go to 8
Do you hold a New Zealand Returning Resident's Visa? Go to 8

7 **All others** please answer this: Have you ever been sentenced to 12 months or more in prison; or been deported or removed from any country? yes no

8 I declare that the information I have given is true, correct and complete.
signature X date

[그림 5-13] 뉴질랜드 출·입국신고서

외국에서 입국심사시에는 목적국별 유의사항을 참고하여 그 나라의 법률에 저촉되지 않도록 주의해야 한다.

〈표 5-19〉 중요 외국의 통관내역

국가	휴대품	통관기준	비　　고
일본	술	·3병	·1병 760ml 정도의 것
	담배	·궐련 200개비(일본제, 외국제)	·외국 거주자가 수입하는 담배는 면세수량이 각각 2배
		·엽궐련 50개비	
		·기타 담배 250g	
	향수	·2온스	·1온스는 약 28ml(오데콜롱, 오데뚜왈렛은 불포함)
	면세한도금액 (일반면세기준)	·기타의 경우 20만엔(해외시가 합계액)	·합계액이 20만 엔을 초과하는 경우에는 20만 엔 이내 물품이 면세되고, 그 나머지 물품은 과세(세관은 여행자에게 유리하도록 면세될 물품을 선택한 후 과세함) ·1품목에 20만 엔을 초과하는 물품, 가령, 25만 엔짜리 가방은 25만 엔 전액에 대해 과세 ·1품목당 해외시가의 합계액이 1만 엔 이하인 것은 원칙적으로 면세(가령, 1개 천 엔짜리 초콜릿 9개와 1개에 5천 엔짜리 넥타이 2개는 면세임)
중국	술	·주정 12도 이상 1.5리터 이하 면세 ※홍콩과 마카오지역 왕복여행자는 12도 이상 술 1병(0.75리터 이하) 면세 ※당일 왕복 등 단기간 내 수차례 홍콩 및 마카오지역 왕래여행자는 면세 없음	
	담배	·궐련(cigarette) 400개피, 엽궐련(cigar) 100개피, 씹는 담배 500g 면세 ※홍콩과 마카오지역 왕래 여행자 : 궐련(cigarette) 200개피, 엽궐련(cigar) 50개피, 씹는 담배 250g ※당일 왕복 등 단기간 내 수차례 홍콩 및 마카오지역 왕래여행자는 궐련(cigarette) 40개피, 엽궐련(cigar) 5개피, 씹는 담배 40g	
	향수	·별도 기준 없음	
	기타	·거주자인 경우 해외취득 총가치가 인민폐 5,000위안 이하의 자용물품 ·비거주자인 경우 해외취득 총가치가 인민폐 2,000위안 이하의 자용물품 ·여행 중 사용할 카메라, 비디오카메라, 카세트, 휴대용컴퓨터 각 1대 ·기타 세관이 여행 중 필요하다고 인정하는 물품 과세통관시 세율 : 품목별 10~50%	

태 국	술	·1리터	
	담 배	·200개피, 엽연초의 경우는 250g까지	
	면세한도금액	·1인당 태국화 10,000baht(한화 30만 원 상당)이며, 별도의 품목별 수량 기준은 정해져 있지 않음. ·휴대품으로 상용에 공하여지지 않는 물건으로 특별히 제한을 받거나 금지품목 등이 아닌 경우, 태국화 80,000baht까지 현장에서 과세통관 가능 ·자동차·오토바이 및 관련부품 등은 사용유무에 관계없이 면세대상에서 제외됨. ※태국 역시 면세적용을 위한 기본조건은 개인 또는 직업상 용품으로서, 수량이 합리적인 범위이고, 금지 또는 제한품목이 아니어야 함.	
	외국환신고	·그동안 외화 휴대 반·출입에 대해서는 특별히 제한을 하고 있지 않았으나, 2008. 3. 1부터 20,000달러 상당액 이상의 외화를 소지하는 경우는 세관에 신고토록 규정하고 있어 유의하여야 함. ·또한, 태국 baht화는 50,000baht를 초과하여 반출입할 경우 태국은행장에게 신고토록 하고 있음. ※인접국인 라오스, 미얀마, 캄보디아, 베트남, 말레이시아로 여행하는 경우는 500,000baht까지 휴대 반출 가능	
인 도	술	·주류 또는 와인 2리터 이하	
	담 배	·궐련 200개비 또는 시가 50개비 또는 기타 담배제품 250그램	
	면세한도금액 (일반면세기준)	·사용 중인 개인휴대품 및 여행기념품으로 - 여행자 개인사용 목적의 물품이고 - 인도 체류 중 사용한 물품을 제외하고는 출국 시 재반출 되어야 하며 ·선물용으로서 8,000루피 이하의 물품이어야 함.	
	외국환신고	·미화 5,000달러 또는 이에 상응하는 금액을 초과하는 경우 ·외환(현금, 수표, 여행자수표 등) 총액이 미화 10,000달러 또는 이에 상응하는 금액을 초과하는 경우	
영 국	술	·2리터의 무탄산 반주용 포도주(still table wine), 그리고 ·1리터 증류주(spirits) 또는 22도 이상 혼성주 (liqueurs), 또는 ·2리터의 주정 강화 포도주(port, sherry 등 fortified wine), 발포성 포도주 (sparkling wine) 또는 여타 혼성주(liqueurs)	17세 이하 통관 불허
	담 배	·궐련(cigarette) 200 개비, 또는 ·소형 엽궐련(cigarillo) 100 개비, 또는 ·여송연(cigar) 50 개비, 또는 ·담배(tobacco) 250g 이하	17세 이하 통관 불허

	향　수	· 향수(perfume) 60cc, 그리고 · 오드뜨왈레(향수가 섞인 화장수) 250cc	
	면세한도금액 (일반면세기준)	· 상기 술, 담배, 향수 이외의 여타 상품(선물, 기념품 포함)의 경우, (동 상품의 가격이) 145파운드까지 면세 반입 허용 · 이 경우 145 파운드를 공제한 후 과세하는 것이 아니라, 145 파운드를 포함한 전체 물품가격에 대해 과세	
	술	· 22도 이하 : 2리터 · 22도 초과 : 1리터 · 포도주 4리터, 맥주 16리터	면세 한도 금액 산정시 동 가치가 제외되지 않음
	담　배	· 궐연(cigarette) 200개비 · 엽궐연(cigar) 50개비	〈상동〉
프 랑 스	면세한도금액 (일반면세기준)	· 여행 중 사용할 물품 　- 수량, 용도가 상업적 성격을 띠지 않아야 함 　- 보석, 카메라, 비디오카메라, 휴대폰 등 고가 물품의 경우 프랑스세관 당국이 물품구매 영수증 제시를 요구할 수 있음 · 외국에서 구매하거나 선물받은 상품의 경우, 총액이 300유로 이하(항공·해상 여행객은 430유로 이하) 　- 15세 미만의 경우 90유로 이하 · 직업상 휴대가 필요한 물품, 전시회 상품견본, 성능시험용 제품 등 일시적 반입이 필요한 물품의 경우, '재반출 조건부 일시반입 물품확인서(admission temporaire de marchandise)'를 입국시 세관당국에서 받아야 면세 통관이 가능	
	외국환신고	· 총액 기준 10,000유로 상당액 이상의 현금 및 수표, 현금지불권, 주식·채권 등 유가증권, 신용장은 입국시 세관 신고대상	
	외국환신고	· EU 이외의 국가에서 영국으로 입국하는 경우, 여행자가 10,000유로 이상의 현금(cash)을 반입시, 외국환 신고 필요 · 상기 현금(cash)의 개념에는 은행 어음 및 수표(bankers' drafts and cheques)도 포함(여행자수표 포함)	
독 일	주　류	· 22% 초과 술 1 ℓ 또는 22% 이하 술 2 ℓ · 포도주(샴페인 등 발포성포도주 제외) 2 ℓ · 맥주 16 ℓ	* 17세 이상
	담　배	· 담배(Cigarette) 200개비 또는 궐련(Cigar) 50개비 또는 여송연(Small Cigar) 100개비 또는 엽연초 250g	* 17세 이상

	향 수	· 수량제한 없음(면세한도금액 이내)	
	면세한도금액 (일반면세기준)	· 술, 담배가 아닌 물품의 경우 물품가액 300 유로(기차, 자동차) / 430유로(항공, 선박)까지 면세(15세 이상의 경우) – 가공되지 않은 금, 백금 제품은 제외 – 개별반입물품이 면세한도를 초과하는 경우 전체 금액에 대해 과세	* 15세 이하의 경우 175유로까지 면세
스위스	술	· 2ℓ(알코올 15%까지), 1ℓ(알코올 15% 이상) · 초과량 금액에 대해 부가가치세 7.6% 부과	
	담 배	· 궐연(cigarettes) 200개비, 여연송(Cigar) 50개, 절단담배 (cut tobacco) 250그램, 담배종이 200개	
	향수, 귀금속	· 품목에 대한 별도제한은 없고, 여행자 반입상품의 총 금액 300SFR 안에서 면세	※SFR : 스위스 화폐단위
	면세한도금액 (일반면세기준)	· 여행자 반입 일반상품 총 가치금액 : 300SFR · 초과 금액에 대한 부가가치 7.6% 부과 · 생활용품 및 개인소지 전자제품 비과세	1USD : 약 1.065SFR
	외국환신고	· 신고의무 및 입출금액 제한 없음	
이탈리아	술	· 와인 4리터 · 맥주 16리터 · 알코올 함량 22% 이상 주류(증류주 포함) 1리터 또는 알코올 함량 21% 이하 주류(스파클링 와인 포함) 2리터	* 18세 이상 * 3개 품목 동시 허용
	담 배	· 궐연(cigarette) 200개 또는 · 가는 엽궐연(cigarillo : 개당 3g 이하) 100개 또는 · 엽궐연(cigar) 50개 또는 · 가루담배(tabacco) 250 그램	* 18세 이상 * 4개 품목 중 1개 허용
	향수 및 차	· 향수, 화장수 · 커피, 커피 에센스 · 차, 차 에센스 ※면세 한도금액 내에서 수량제한 없이 반입 가능	08. 12부터 반입 수량 제한 폐지
	면세한도금액 (일반면세기준)	· 18세 이상 – 공항 또는 항만 이용시 : 430 유로 – 육로 이용시 : 300 유로 · 15세 미만 : 150 유로	
	외국환신고	· 통화 및 증권, 동산의 반입과 반출은 최대 12,500유로까지 가능	

러시아		- 동 금액을 초과할 경우 신고양식을 작성하여 도착 후 또는 출국 전 48시간 이내에 은행, 세관, 우체국, 재정 경찰국에 제출하여야 함 - 신고하지 않고 적발된 경우 통화 관련 규정 위반으로 간주되어, 12,500유로 초과 분의 40%에 해당되는 금액을 압류하고 벌금 부과	
	술	· 21세 이상 1인당 2ℓ 이하 반입시 신고 불요	
	담 배	· 18세 이상 성인 1인당 궐련(cigarette) 200개비, 엽궐련(cigar) 50개비, cigarillo 100개비, 담배잎 0.25kg 이하 반입시 신고 불요 ※상기 담배 중 1개 종류만 반입하는 경우 상기 기준치의 2배까지 세관 신고 불요(예 궐련 400개비)	
	향 수	· 규정 없음.	
	면세한도금액 (일반면세기준)	· 65,000루블 이하 금액 및 50kg 이하 면세 반입 가능 - 동 기준 초과시 30% 관세 부과(1kg 당 최저 4 EURO 부과) · 650,000루블 및 200kg이상 반입 금지	
	외국환신고	· 미화 10,000불 이상의 현금(루블화 및 기타 외화, 유가증권, 여행자 수표 등) 반입시 신고 필요 · 미화 3,000불 이상의 현금 반출시 신고 필요 - 입국시 신고한 금액을 제외하고, 미화 10,000불 이상 반출 불허 · (입국시 신고하지 않은) 유가증권, 여행자 수표(미화 10,000불 이상) 반출시 신고 필요	
이스라엘	주 류	· 1리터, 와인의 경우 2리터	18세부터
	담 배	· 250그램	18세부터
	향 수	· 0.25리터(1/4리터)	
	면세한도금액 (일반면세기준)	· NIS 90,000 세켈($23,000 상당) 이하 현금, 은행수표, 여행자수표 · 여행용 의류, 신발, 개인용품 · 총 US$ 200을 초과하지 않는 개인용품 또는 선물용품 · 여행중 사용할 카메라, 비디오카메라, 컴퓨터, 라디오 수신기, 텔레비전 수신기, 녹음기, 쌍안경, 악세서리용 보석류, 악기, 유모차, 여행용 텐트(1개), 등산용 장비, 스포츠용 도구, 모터 없는 자전거 · 잠수기구, 새 비디오 카메라, 새 VCR 기계, 새 컴퓨터, 동물, 식물 등은 신고대상이며, 출국시 동시반출을 요함. 또한 물건에 해당하는 세금액을 보증금으로 지불해야 하며, 출국시 반환받게 됨.	

터키	술	· 1병(1리터) 또는 2병(0.75리터 이하) * 18세 이하 여행자는 제외
	담 배	· 궐련(cigarette) 200개비 · 작은엽궐련(Cigarillo) 50개비 · 엽궐련(Cigar) 10개비 · 코담배(Snuff) 50g · 담배가루 200g · 씹는 담배 200g
	향수, 화장품	· 0.12리터 이하 용기 5개
	면제한도금액 (일반면세기준)	· 일반용품 및 선물 : 300유로(단, 15세 미만 여행자는 145유로) · 비상업 목적의 귀금속 : 15,000불(15,000불 이상은 입국시 신고하거나 국내에서 구매한 것을 입증해야 반출 가능) · 300유로 초과 1,500유로 이하 물품은 10% 관세 적용(휴대물품 총액 또는 한 품목이 1,500유로를 초과한 경우 현행 수입정책에 따른 관세 부과)
	외국환신고	· 5,000불 및 이에 준하는 현금(외국 거주자인 경우 입국시 신고, 내국 거주자인 경우 은행 매입을 입증해야 함) · 은행을 통한 내외국환 송금은 자유
이집트	술	· 1ℓ
	담 배	· 담배(cigarettes) 200개비 또는 시가(Cigar) 25개비
	향 수	· 0.25ℓ
	면세한도금액 (일반면세기준)	· US$ 200 미만 물품
	외국환신고	· 이집트 화폐 LE(기니) 1,000 이상의 반입, 반출 금지
모로코	주 류	· 2병(1리터)
	담 배	· 200개비
	향 수	· 2병(150ml/1병+250ml/1병)
	면세한도금액 (일반면세기준)	· 선물 및 여행 기념품(2,000디람 $250 정도 이하의 가치) · 여행 중 사용할 카메라, 비디오카메라, 휴대용컴퓨터, 음악기구 등 각 1대
	외국환신고	· 휴대반출입시 신고대상외화는 현금, 여행자 수표 및 모로코 내에서 유통이 가능한 수표 · 15,000디람($1,875 상당) 휴대반출 가능 · 미성년자는 7,000디람($875 상당)까지(단, 보호자와 동반) ※외화 등 지급수단의 반출입시 유의사항

미 국		– 한도 초과 외화의 휴대 반입 시에는 반드시 세관당국에 신고하여야 하며, 한도 초과 외화의 휴대반출 시에는 모로코 은행에서 여권에 발급받아야 초과 외화를 반출할 수 있으므로 이로 인한 재산상 손실을 받지 않도록 유의하여야 함.
	술	·150ml 이하의 주류. 단, 21세 이상, 자가소비용 및 선물용에 한함.
	담 배	·궐련(Cigarette) 200개비와 엽궐련(Cigar) 100개비 ※단, 쿠바산 시가는 사전 허가를 받아야 함.
	향 수	·150ml 이하의 향수

	면세한도금액
	(일반면세기준)
		·미국 방문자(비거주자) : US$ 100까지 면세(미국에서 72시간 이상 체재 요구)
		  환승객 : US$ 200까지 면세
		·미국 거주자 : 외국체류기간, 방문국가(지역)에 따라 US$ 200, 800, 1,600으로 차등 적용
		  – 빈번 여행자(US$ 200)
		  – 사모아, 괌, 미국령 버진제도 여행자(US$ 1,600)
		  – 기타 국가 여행자(US$ 800)

	면세기준 초과 물품에 대한 과세	·면세초과 물품에 대해 US$ 1,000까지 구입지 시장가격을 기준으로 3% 단일세율로 과세 ·US$ 1,000 초과 물품은 관세율표상 세율로 과세
	외국환신고	·출입국시 휴대금액에 대한 제한은 없으나 US$ 10,000 이상인 현금, 수표 등 통화수단은 신고 필요

캐 나 다	주 류	·다음 중 단 한 가지 사항만 면세로 반입 가능
		  – 1.5리터 와인
		  – 1.14리터 위스키류(liquor)
		  – 와인과 위스키류를 합쳐 1.14리터
		  – 맥주 355ml 24병 혹은 24캔
		  ※알버타, 마니토바 및 퀘벡주는 만 18세 이상, 여타 주는 만 19세 이상이어야 반입 가능
		  ※단위당 알코올 도수가 0.5%를 초과하지 않는 와인이나 맥주의 경우 주류에 해당하지 않음
		  ※Nunavat주와 Northwest Territores주의 경우 통관기준을 초과하는 주류는 반입 불가능

	담 배	·아래 모두 면세품목으로 반입 가능
		  – 궐연(cigarette) 200개비
		  – 엽궐연(시가, cigar) 50개비
		  – 가공담배류 200g
		  – 흡연에 필요한 관모양의 기타 기구들 200개(tobacco stick)

	면세한도금액 (일반면세기준)	· 60캐나다 달러 이하의 선물은 면세반입 가능 · 주류나 담배류, 사업용 물품들은 선물의 범주 아님
	외국환신고	· 현금 또는 기타 형태의 금전문서가 10,000캐나다 달러(혹은 이에 상응하는 외국환)를 초과할 경우 신고 필요(자금세탁, 테러단체 자금지원 방지법)
멕시코	주 류	· 와인은 6리터 위스키는 3리터 이하 ※병 수량과 상관없음
	담 배	· 궐련(Cigarette)은 20갑, 엽궐련(Cigar)은 25개비 또는 200그램의 살담배(Cut Tobacco)
	향 수	· 개인용으로 미화 300불 이내 상당
	면세한도금액 (일반면세기준)	· 미화 300불 이내의 생활용품(신제품 또는 중고품) 　- 의류, 신발, 모자, 가방, 선물 등 기타 생활용품 　- 상기와 별도로 여행중 사용이 필요하고 판매용이 아닌 다음 신제품 　　또는 중고품 사진기 2대, 비디오카메라 2대, 망원경 1대, 휴대폰 2대, 　　라디오 1대, 타자기 1대, 노트북 1대(미화 4천불 이하), 녹음기 1대 　- 무전기겸용 휴대폰 2대, 전자수첩 1대 　- 캠핑용 텐트 1세트, 오디오 2대 　- 카메라 필름, 비디오 카셋트 각 12개 　- 휴대용 스포츠용품 2개 　- DVD 레이져 디스크 5개 　- CD 30개 　- DVD 10개 　- 장난감류 5개
	외국환신고	· 미화 1만불 이상(현금, 외국환, 여행자수표 등 유통이 가능한 수표) 　- 휴대물품 및 외화신고서에 기재하여 세관에 신고 　- 한도를 초과한 외화를 신고하지 않고 반출입하다가 세관에 적발될 경우에는 초과금액의 15%를 벌금으로 부과(벌금결정에 소요되는 기간도 3개월 이상이 소요되며 벌금이 결정되면 벌금 납부후 유치된 외화를 찾을 수 있음)
브라질	주 류	· 상업용이 아닌 이상 반입 가능하나, 해외 수출만을 목적으로 생산된 브라질산 주류는 반입 불가 · 별도의 수량제한은 없으나 다량의 주류를 반입할 경우 상업용이 아님을 세관원에게 증명해야 함.
	담 배	· 원산지가 표시되지 않은 경우와 해외 수출만을 목적으로 생산된 브라질산 담배는 반입 불가 · 주류와 마찬가지로 별도의 수량 제한은 없으나 다량을 반입할 경우 세관원에게 상업용이 아님을 증명해야 함.

	향 수	·상동	
	면세한도금액 (일반면세기준)	·물품의 총가가 500달러를 넘지 않아야 함. ·면세점내 구입수량 제한(※면세점 물품임 증명시) 　- 주류 24병 　- 담배 20갑, 시가 25개, 파이프용 담배 250그램 　- 화장실용품 10개 　- 시계, 기계류, 장난감, 전자제품 중 총 3개	
	외국환신고	·브라질에 입국하는 외국인이 10,000 헤알 상당의 외화를 휴대할 경우 세관에 신고하여야 함.	
아 르 헨 티 나	술	·면세품의 경우 1인당 미화 US$s 300까지 구입가능(단, 만 16세 미만은 US$ 150 이하이며 내국인이나 거주민들은 1달에 1번만 가능) ·상동 금액의 초과 구입시는 초과되는 용품에 한하여 50% 상당의 벌금 을 국가은행(Banco Nacion)에 납부한 후 세관직원에게서 확인서를 발급 받아야 함(지불 시 신용카드도 가능).	
	담 배		
	향 수		
	면세한도금액 (일반면세기준)	·미화 US$ 2,000 이하, 상동금액의 타 외국환에 해당되는 생활용품 등을 구입한 영수증을 필히 지참 및 신고 ·여행 중 사용할 카메라, 비디오카메라, 휴대용컴퓨터나 기타 수입품들 은 출국 전 세관에 신고를 필히 하며, OM121양식에 등록을 해야 함.	
	외국환신고	·입국 시 미화 u$s 10,000이나 상동금액의 타 외국환 소유 시 세관에 신 고 및 OM 2087 양식에 등록을 마쳐야 함. ·미화 u$s 10,000 이상(또는 상동금액의 타 외국환이나 금품 류)의 휴대 반출을 금지함(단, 금융업체 관계자는 사전에 관련 허가서 지참) ·상기 금액은 1인당에 해당하며, 만16~21세 사이는 US$ 2,000까지 또 만 16세 미만 US$ 1,000까지의 현금이나 여행자 수표의 휴대가 가능	
페 루	술	·3리터	18세 이상
	담 배	·궐련(cigarette) 20갑 ·엽궐련(Cigar) 50개비 ·기타 담배잎 가루 250g	18세 이상
	향 수	·개인사용용	
	면세한도금액 (일반면세기준)	·$300, 여행객이 필요한 품목 또는 선물(상업적 용도가 아 닌 경우) ·개인물품은 일회 여행시 최고 $1,000까지이며 일 년에 $3,000까지만 가능	

호주	외국환신고	· $ 10,000 이상이나 소유품 중 $10,000 이상의 물품이 있다면 신고해야 함.	
	주 류	· 2.25리터 (1인당)	
	담 배	· 궐연(cigarette) 250개비 또는 엽궐연(cigar) 250g(1인당)	
	향 수	· 아래 면세한도금액 참조	
	면세한도금액 (일반면세기준)	· 호주달러(A$) 900(18세 미만은 A$ 450) (선물, 기념품, 전자기기, 가죽제품, 향수, 보석류, 시계, 스포츠용품 포함) ※상업적 용도의 물품은 불허 · 신발류, 개인위생용품, 미용용품(모피, 향수는 제외)과 같은 개인 용품은 면세로 반입 가능	
뉴질랜드	술	· 와인 4.5리터 또는 맥주 4.5리터 · 기타 주류 3병 (한 병당 1,125ml 이하 용량)	
	담 배	· 궐련(Cigarette) 200개비, 250g의 타바코(tobacco) 또는 시가(Cigar) 50개비 ※위의 세품목을 합한 총량이 250g 미만	
	면세한도금액 (일반면세기준)	· 총 반입물품 NZ$700 이하 · 여행 중 사용할 유모차, 망원경, 계산기, 휴대폰, 간단한 악기, 휴대용컴퓨터, 라디오, 운동기구, 비디오카메라, 휠체어 등의 물품은 여행 후 출국시에 다시 반출한다는 조건으로 관세 없이 반입 가능	
	외국환신고	· NZ$10,000 또는 그 상당의 외국환	
남아공	술	· 와인 2리터 이하 · 위스키 등 일반주류 1리터 이하	18세 이상
	담 배	· 200개비 · Cigar 50개비 · 파이프 담배 250g	18세 이상
	향 수	· 50ml(보통 향수 1병)	
	면세한도금액 (일반면세기준)	· 신품과 사용물품에 상관없이 3,000Rand(약 US$ 380상당) 이하 생활용품	
	외국환신고	· 외국환 반입 금액한도는 없으나 도착 즉시 입국세관에 신고 ※남아공 현지화는 5,000Rand까지 반입이 허용되며, 출국시 500Rand 이상 휴대시 초과액수에 대해 20%의 반출세 부과	

짐바브웨	술	· 위스키 2리터(2병), 와인 3리터(4병) 이하
	담 배	· 개인 수요범위 내 면세
	향 수	· 50ml 이하 면세
	면세한도금액 (일반면세기준)	· 여행 중 사용할 (비디오) 카메라, 노트북 컴퓨터, 캠코더 등 비상업용 휴대 가능 · 의류 및 신발 등에 대한 특이 규정 없음.
	외국환신고	· 입국시 미신고한 미화 5,000불 이상에 대해서는 출국시 반출 불가
케냐	술	· 와인 2리터 또는 알콜도수 21% 이상 주류는 750ml
	담 배	· 궐련 200개비, 엽궐련 50개비(250g 이하)
	향 수	· 1pint
	면세한도금액 (일반면세기준)	
	외국환신고	· 5,000 미불 이상 소지시 출처 및 목적 등을 세관에 신고

(3) 수하물 수취

입국심사를 마치고 전면 전광판을 통해 수하물 수취대(Turn Table) 번호를 확인한 후 만약 기다려도 자신의 수하물이 나오지 않을 때는 분실수하물 카운터를 찾아서 문의해야 하며, 대형수하물은 대형수하물수취대에서 찾도록 한다.

(4) 동·식물 검역

동물·축산물을 가지고 입국할 경우에는 국립수의과학검역원에 출발국가에서 발행한 검역증명서를 제출하고 검역을 받아야 한다. 수입금지국가에서 동물 및 축산물 반입을 절대 금지되어 있으며 미신고시 범칙금이 부과된다.

식물을 가지고 입국할 경우에도 수출국에서 발행한 식물검역증을 제출하고 식물검역소에서 검역을 받아야 한다. 살아있는 곤충, 대부분의 생과실, 과채류, 호두와 흙이 부착된 식물은 수입이 금지되며, 휴대한 식물류 미신고시 과태료가 부과된다.

(5) 여행자휴대품 신고

해외에서 우리나라로 입국하는 모든 여행자는 세관에 여행자휴대품 신고서를 제출해야 한다. 기내에서 배부받은 세관휴대품신고서에 세관신고대상물품을 기재하고 여행자의 이름, 생년월일 등 인적사항을 기재하면 된다. 입국장에서도 세관휴대품신고서를 작성할 수 있으나 신속한 휴대품 통관을 위해 기내에서 미리 작성하면 편리하다. 직접 소지하고 기내로 반입한 물품(Handy Carry)인 경우에는 문형 게이트 옆에 설치된 X-ray 투시기를 통과해야 하며 여행객은 문형(紋形)금속탐지기를 통해 신변검색을 받는다.

(1면)

여행자(승무원) 세관 신고서		
성 명		직 업
주민등록번호		–
여행목적	□ 관광 □ 사업 □ 친지방문 □ 공무 □ 교육 □ 기타	
항공편명		여행기간 _____ 일

한국에 입국하기 전에 방문했던 국가 (총   개국)
1.   2.   3.   4.

한국내 주소(거소) :
전화번호 : ☎(   )

※가족여행인 경우에는 대표로 1인이 신고 가능 (동반가족수   명)

이 신고서 기재내용은 사실과 같습니다.

년   월   일

신고인 :   (서명)

(2면)

세관신고 사항

[1] 다음 물품을 가지고 있습니까?

해당 □에 "V"표시를 하여 주시기 바랍니다.	있음	없음
① 총포·도검 등 무기류, 실탄 및 화약류, 유독성 또는 방사성 물질, 감청설비	□	□
② 아편·헤로인·코카인·대마 등 마약류		
③ 미화 1만불 상당을 초과하는 외화, 원화, 유가증권 등	□	□
(총 금액 : 약 _____)	□	□
④ 동·식물, 축산물, 과일·채소류 등		
⑤ 멸종위기에 처한 야생동식물 및 관련 제품(호랑이, 코브라, 악어, 산호,	□	□
웅담, 사향 등)	□	□
⑥ 위조상표 부착물품 등 지적재산권 침해물품		
⑦ 위조지폐 및 위·변조된 유가증권	□	□
⑧ 판매 목적으로 반입하는 물품, 회사용품	□	□
⑨ 휴대품 면세범위("우측면 참조")를 초과한 물품	□	□
⑩ 다른 사람의 부탁으로 대리 운반하는 물품	□	□
	□	□

07 세관 수속

통관(Customs Clearance)이란 "세관(Customs House)을 통과하는 것"으로서 오늘날 세계의 모든 나라들은 화물의 국제 간 이동에 세관이라는 관문을 통하도록 국가가 여러 가지 규제를 이 관문에서 실현하고 있다. 그러므로 통관이란 화물이 국경선을 넘어갈 때 세관의 규제에서 통과되는 것을 의미한다고 말할 수 있다.[29]

관세법상의 통관은 이와는 내용이 약간 다른데, 이 법에서의 통관의 의미는 "수출의 면허, 수입의 면허 및 반송의 면허"라고 정의하고 있다.[30] 따라서 모든 해외여행자들은 각국에서 정한 수출·수입·반송·반입 등의 통관절차를 밟도록되어 있으며, 이와 같은 통관절차를 통해 각국은 자국의 무역관리를 하고 있다.

1) 물품의 종류

관세법에 의한 물품의 종류와 내용은 〈표 5-20〉과 같다.

〈표 5-20〉 물품의 종류

종 류	내 용
1. 신변품	양복, 와이셔츠, 내의, 서적, 화장품, 화장용구 등 여행자가 휴대하는 것이 통상 필요하다고 인정되는 것으로 현재 사용 중인 것과 입국 후 본인이 사용할 것으로 인정되는 것 중 세관장이 타당하다고 인정되는 물품
2. 신변장식품	지환(반지), 목걸이, 카프스 단추 등 여행자가 휴대하는 것이 통상 필요하다고 인정되는 것으로서 사용 중인 것과 여행 중 상당한 정도 사용한 예비품으로서 세관장이 타당하다고 인정하는 물품
3. 직업용구	비거주자인 여행자가 반입하는 물품으로서 본인의 직업상 필요하다고 인정되는 물품

29) 장병철, 앞의 책, p. 533.
30) 수입의 면허란 우리나라에 인취(引取)하는 것을 허용하는 세관장의 처분을 말하고, 수출의 면허란 내국물품을 외국으로 반출하는 것을 허용하는 세관장의 처분을 말하며, 반송의 면허란 외국으로부터 우리나라에 도착된 물품으로서 수입면허를 받지 않은 물품을 외국으로 다시 돌려보내는 것을 허용하는 세관장의 처분을 말한다.

4. 재반입물품	여행자가 우리나라에서 출국할 때 휴대반출 확인받은 물품으로서 입국시 다시 반입하는 물품
5. 주류, 향수, 담배 등 기호품	알코올류, 궐련, 엽궐련, 파이프담배, 기타 담배, 향수
6. 기타물품	여행자의 해외 총취득가격 미화 400달러 이하의 물품

2) 세관검사와 통관

세관검사는 여행자의 휴대품 정도에 따라 손가방 정도만 가지고 입국하는 자진신고검사대(백색), 면세검사대(녹색)와 과세검사대(적색)로 나누어 검사를 받게 되며, 면세 및 과세의 범위는 다음과 같다.

〈표 5-21〉 면·과세 통관의 범위

면세통관	과세통관		
· 여행 중 필요한 일상 신변용품 · 출국시 휴대반출 확인을 받은 물품	· 신고대상 물품을 소지한 경우 · 휴대품 총중량이 20kg을 초과하는 경우 · 검사대 선택에 의문이 있는 경우		
· 술 1병, 담배 1보루, 향수 2온스 · 기타 외국에서 구입하였거나 선물로 받은 물품의 합계액이 미화 600달러 이하인 경우	해외 총취득 가격	50만원+신변 용품 등	60만원 이하(면세범위 초과)	60만원 초과
	적용세율	면세	30%	50% 이상

농·축·수산물의 경우는 참기름, 참깨, 꿀, 고사리, 더덕의 경우 5kg, 기타 농산물은 품목당 5kg, 쇠고기 10kg(미국, 일본, 캐나다, 뉴질랜드, 호주 검역증명서가 첨부되어야 함), 녹용 150g(세금을 내더라도 150g 이상은 반입이 안 됨), 인삼(수삼, 백삼, 홍삼 등 포함) 300g, 기타 한약재는 3kg 등이다.

〈표 5-22〉 한약의 면세통관 범위(10개 품목 이내)

품 명	규 격	단 위	면세통관기준
모발재생제	100㎖	병	2
제 조 환	8g	병	20
녹용복용액	12앰플入	갑	3

활 락 환		알	10
다 편 환	10T入	갑	3
소 염 제	50T入	병	3
구 심 환	400T入	병	3
소 갈 환	30T入	병	3
인삼봉황	10T入	갑	3
삼 편 환		알	10
백 봉 환		알	30

3) 여행자휴대품 자진신고제도

우리나라는 여행자 스스로 세관통로(세관검사, 면세)를 선택할 수 있는 DCS (Dual Channel System)제도를 도입·운영하고 있으며, 특히 여행자의 자발적인 법규준수를 위해 여행자가 휴대품신고서를 성실하게 작성, 세관에 신고하면 신속통관, 신고가격 인정, 세금사후납부 등 각종편의를 제공하는 자진신고제도를 시행하고 있다. 신고대상물품은 다음 각호와 같다.

① 해외에서 취득한 물품(선물 등 무상물품 및 국내면세점에서 구입후 재반입 물품 포함)으로서 전체 구입가격 합계액이 US$600을 초과하는 물품

② 1인당 면세기준을 초과하는 주류, 담배, 향수. 다만, 만 19세 미만인 자(날짜 계산을 하지 않고, 출생년도를 기준으로 한다. 이하 이 고시에서 같다)가 반입하는 주류 및 담배

③ 판매를 목적으로 반입하는 상용물품과 긴급수리용품·견본품 등 회사용품

④ 총포·도검·화약류·분사기·전자충격기·석궁(모의 또는 장식용 포함) 및 유독성 또는 방사성 물질류

⑤ 앵속·아편·코카잎 등 마약류, 향정신성 의약품류, 대마류 및 이들의 제품, 오·남용우려 의약품류

⑥ 국헌·공안·풍속을 저해하는 서적·사진·비디오테이프·필름·LD· CD·CD-ROM 등의 물품

⑦ 정부의 기밀을 누설하거나 첩보에 공하는 물품

⑧ 위조·변조·모조의 화폐·지폐·은행권·채권 기타 유가증권

⑨ 동물(고기·가죽·털 포함)·식물·과일채소류·기타식품류·농림축수산물

⑩ 멸종위기에 처한 야생동·식물종의 국제거래에 관한 협약(CITES)에서 보호하는 살아있는 야생 동·식물 및 이들을 사용하여 만든 제품·가공품 (예시)

　• 호랑이·표범·코끼리·타조·매·올빼미·코브라·거북·악어·철갑상어·산호·난·선인장·알로에 등과 이들의 박제·모피·상아·핸드백·지갑·액세서리 등

　• 웅담·사향 등의 동물한약 등

　• 목향·구척·천마 등과 이들을 사용하여 제조한 식물한약 또는 의약품 등

⑪ 외국환거래규정 제6-2조 제2항에서 정한 세관신고대상. 즉 미화 1만 불 상당액을 초과하는 지급수단(대외지급수단과 내국통화, 원화표시여행자수표 및 원화표시자기앞수표)

⑫ 외국환거래규정 제6-3조 제1항에서 정한 한국은행총재 또는 세관장허가대상. 즉 내국통화(원화)·원화표시여행자수표·원화표시자기앞수표를 제외한 내국지급수단(예 당좌수표, 우편환 등)과 귀금속 및 증권

⑬ 일시출국하는 여행자가 출국시 휴대반출신고하여 반출했다 재반입하는 물품

⑭ 일시입국하는 여행자가 체류기간동안 사용하다가 출국시 재반출할 신변용품, 신변장식용품 및 직업용

⑮ 우리나라에 반입할 의사가 없어 세관에 보관했다가 출국시 반출할 물품

모든 입국여행자 및 승무원이 제1항에 해당하는 물품을 신고하지 아니한 경우 관세법 제241조제5항제1호에 의거 당해물품에 대하여 납부할 세액(관세 및 내국세를 포함한다)의 100분의 30에 상당하는 금액을 가산세로 징수한다. 다만, 신고서를 작성하여 세관공무원에게 자진신고한 여행자 및 승무원의 경우 신고사항 이외에 추가로 신고대상물품이 발견되더라도 고의적인 은닉혐의가 없는 한, 가산세 부과를 하지 아니할 수 있다.[31]

---

31) 관세청, 여행자 및 승무원 휴대품통관에 관한 고시, 2005, pp. 6~7.

(1) 여행자휴대품의 간이통관

무역업자가 아닌 일반인이 개인용으로 사용하기 위해 구입하여 휴대품 등으로 반입하거나 외국의 친지 등으로부터 송부받는 물품은 정식수입신고절차와 달리 간단한 통관절차와 간이 세율을 적용받으며 다음 표와 같은 종류로 나눌 수 있다.

여행자휴대품 또는 별송품	· 여행자가 개인용품이나 선물을 휴대하여 반입하는 경우 · 여행자 개인용품을 화물로 탁송하여 반입하는 경우
우편물	· 외국의 친지나 친구로부터 우편을 통해 송부된 선물 · 국내거주자가 대금을 송부하고 자가사용(自家使用)으로 구입하여 반입한 우편물(이 경우 일반수입에 제한사항이 있거나 600불을 초과하는 경우 정식수입신고절차에 따라야 함)
탁송품 또는 특급탁송품	· 외국의 친지, 친구 및 관계회사에서 기증된 선물 또는 샘플이나 하자보수용 물품 등 · 국내거주자가 개인용으로 사용하기 위하여 인터넷 등 통신을 통하여 대금을 지불하고 구입하여 반입한 화물

[자료] 관세청, 웹사이트자료, 2009에 의거 재구성.

여행자가 휴대·반입한 물품 중에서 통상적으로 여행자의 신분, 직업, 연령, 성별, 여행목적, 체류기간 등을 감안하여 여행자가 통상적으로 휴대하는 것이 타당하다고 세관장이 인정하는 물품에 대해서는 전체과세가격에서 1인당 US$400을 면제해주는 한편 통관절차를 간소하게 함으로써 신속한 통관이 이루어지도록 하는 것이 간이통관제도이다. 또한 소액물품의 자가사용 인정기준이란 여행자 자신이 사용할 것으로 인정하는 물품으로서 다음 표와 같은 물품을 말한다.

〈표 5-23〉 소액물품의 자가사용 인정기준

종 류	품 명	면세통관범위 (자가사용인정기준)	비고(통관조건 및 과세 등)
농림산물	참기름, 참깨, 꿀, 고사리, 버섯, 더덕	각 5kg	· 식물방역법 또는 가축전염병예방법 대상 · 세통관범위 초과의 경우에는 요건확인대상
	호두	검역 후 5kg	
	잣	1kg	
	소, 돼지고기	10kg	

	육포	5kg	
	수산물	각 5kg	
	기타	각 5kg	
한약재	인삼(수삼, 백삼, 홍삼 등)	합 300g	· 녹용은 검역후 500g(면세범위 포함)까지 과세통관 · 면세통관범위 초과의 경우에는 요건확인대상
	상황버섯	300g	
	녹용	150g	
	기타 한약재	각 3kg	
	뱀, 뱀술, 호골주 등 혐오식품		· CITES규제대상
	비아그라 등 오·남용우려의약품		· 처방전에 정해진 수량만 통관
	건강기능식품	총 6병	· 면세통관범위인 경우 요건확인 면제. 다만, 다음과 물품은 요건확인대상 – CITES규제물품(예 사향 등) 성분이 함유된 물품 – 식품의약품안전청장의 수입불허 또는 유해의약품 통보를 받은 품목, 외포장상 성분표시가 불명확한 물품 – 에페드린, 놀에페드린, 슈도에페드린, 에르고타민, 에르고메트린 함유 단일완제의약품 · 면세통관범위를 초과한 경우에는 요건확인대상. 다만, 환자가 질병치료를 위해 수입하는 건강기능식품은 의사의 소견서 등에 의거 타당한 범위 내에서 요건확인 면제
	의약품	총 6병(6병 초과 경우 의약품 용법상 3개월 복용량)	
생약 (한약) 제제	모발재생제	100ml × 2병	
	제조환	8g入 × 20병	
	다편환, 인삼봉황	10T × 3갑	
	소염제	50T × 3병	
	구심환	400T × 3병	
	소갈환	30T × 3병	
	활락환, 삼편환	10알	
	백봉환, 우황청심환	30알	
	십전대보탕, 사분(蛇粉), 녹태고(鹿胎膏), 추풍(秋風)투골환(透骨丸), 추사(朱砂), 호골(虎骨), 잡골(雜骨), 웅담, 웅담분, 잡담(雜膽), 해구신, 녹신(鹿腎), 사향, 남보(男寶), 여보(女寶), 춘보(春寶), 청춘보(靑春寶), 강력춘보(强力春寶) 등 성분미상 보신제		· 약사법 대상
마약류	분기납명편(苏氣拉明片), 염산안비납동편, 히로뽕, 아편, 대마초 등		· 마약류관리에 관한법률 대상
야생동물 관련제품	호피, 야생동물가죽 및 박제품		· CITES 규제대상
기호물품	주류	1병(1L 이하)	· 과세가격 15만 원 이하 관세 면제

궐련	200개비	·주류는 주세 및 교육세 과세
엽궐련	50개비	
기타담배	250g	
향수	2온스 × 1병	
기 타	·기타 자가사용 물품의 인정은 세관장이 판단하여 통관 허용 ·세관장확인대상물품의 경우 각 법령의 규정에 따름	

【자료】 관세청 특수통관과, 웹사이트자료, 2009에 의거 재구성.

4) 원격지 통관제도

원격지 통관제도란 여행자가 휴대·반입한 물품 중 현장통관이 여의치 못한 물품으로서 지방에 소재한 기업체 등에서 긴급을 요하는 경우에 원격지 통관요청을 하면 원하는 목적지로 보세운송하여 소재지 관할 세관에서 통관할 수 있는 제도로서 지방소재기업 및 무역업자가 납기 준수 및 시장개척 등의 사유로 긴급히 해외에서 직접 구입 휴대·반입하는 물품 중 입국현장에서 바로 통관이 어려운 경우 원하는 목적지로 즉시 보세운송하여 현지세관에 신속통관할 수 있도록 도와주는 민원인 위주의 휴대품 통관제도이다.

5) 골프채 휴대반출입절차 간소화 제도

골프채 휴대반출입절차 간소화 제도는 골프관광차 1년에 수차례씩 우리나라를 방문하는 외국인 관광객이 매번 출입국시 골프채를 휴대·반/출입 신고해야 하는 불편을 해소하기 위해, 골프채 휴대·반출/입절차 간소화 제도의 이용을 희망하는 여행자가 처음 입국할 때 세관에 신고하고 국내 보관장소(골프장 또는 3급 이상 호텔)에 보관해 놓으면 1년의 범위 내에서 골프채의 휴대반출 의무를 유예할 수 있는 제도이다.

6) 면세허용범위

우리나라에 입국하는 여행자(승무원 제외)는 동등하게 일정한 면세권(免稅權)을 가지며, 면세 종류로 ① 무조건면세, ② 조건부 면세, ③ 1인당 면세 등이 있다.

〈표 5-24〉 무조건 면세 내역

품 목		내 용
주 류		· 1병(1ℓ 이하의 것으로 해외취득가격 미화 400 달러 이하) · 1ℓ를 초과하는 경우에는 전체에서 1ℓ를 공제하지 않고 전체구입 가격에 대해 과세
담 배	궐 련	· 200개비
	엽궐련	· 50개비
	기타담배	· 250g
* 다만, 만 20세 미만의 여행자가 반입하는 주류 및 담배는 제외함		
향 수		· 2온스
기 타		· 여행자가 휴대하는 것이 필요하다고 인정되는 것으로서 현재 사용 중이거나 여행 중 사용한 의류, 화장품 등의 신변용품과 반지, 목걸이 등 신체장식용품(총구입가격이 미화 600달러를 초과할 경우에는 과세)
		· 여행자가 출국할 때 반출한 물품으로서 본인이 재반입하는 물품
		· 정부, 지방자치단체, 국제기구 간에 기증되었거나 기증될 통상적인 선물용품으로 세관장이 타당하다고 인정되는 물품

한편, 조건부 면세란 본인이 사용하고 재수출할 물품으로 직접 휴대하여 수입하거나 별도로 수입하는 신변용품 및 직업용품으로서 세관장이 재반출 조건으로 일시반입을 허용하는 물품을 말한다. 또한 1인당 면세란 여행자 1인당 현지구입가격이 미화 400달러를 과세가격에서 면세하는 것이다.

7) 반출입금지물품(통관불가)

① 국헌·공안·풍속을 저해하는 서적·사진·비디오테이프·필름·LD·CD ·CD-ROM 등의 물품
② 정부의 기밀을 누설하거나 첩보에 공하는 물품
③ 위조·변조·모조의 화폐·지폐·은행권·채권 기타 유가증권

반출입금지물품을 휴대반입할 경우 몰수되며, 세관의 정밀검사 및 조사를 받은 후 범죄혐의가 있을 경우에는 관세법위반으로 처벌될 수 있다.

8) 반출입 제한물품 및 제한요건

① 총기·도검·화약류등 무기류(모의 또는 장식용 포함)와 폭발 및 유독성 물질류

- 총포·화약류를 수출입하고자 하는 사람은 그 때마다 지방경찰청장의 허가를 받아야 한다.

② 마약류관리에관한법률에서 규제하는 아편, 대마초, 마약류 및 이들의 제품

- 보건복지가족부장관의 허가를 받아야 한다.

③ 멸종위기에 처한 야생 동·식물종의 국제거래에 관한 협약(CITES)에서 보호하는 살아있는 야생 동·식물 및 이들을 사용하여 만든 제품·가공품

- 호랑이·표범·코끼리·타조·매·올빼미·코브라·거북·악어·철갑상어·산호·난·선인장·알로에 등과 이들의 박제·모피·상아·핸드백·지갑·액세서리 등
- 웅담·사향 등의 동물한약 등
- 목향·구척·천마 등과 이들을 사용하여 제조한 식물한약 또는 의약품 등
- 시장, 도지사(권한위임을 받은 시장, 군수, 구청장 포함)의 조수 등 수입(반입)허가증 또는 산림청장의 멸종위기에 처한 조수 등의 수입(반입)허가서를 제출해야 한다.
- 미화 1만 불 상당액을 초과하는 대외지급수단(약속어음, 환어음, 신용장 제외)과 내국통화(원화) 및 원화표시

④ 일반해외여행자의(외국인 거주자 제외) 미화 1만불초과 해외여행경비 : 출국시 세관에 신고하여야 한다.

⑤ 문화재(반출제한물품) : 문화체육관광부장관의 국외반출허가증 또는 시·도지사의 비문화재 확인을 제출해야 된다.

⑥ 수산업법, 수산동식물 이식승인에 관한규칙 제5조 및 제6조 해당물품(반출제한물품)

- 국내의 수자원 보호유지 및 양식용 종묘확보에 지장을 초래할 우려가 있는 물품
- 천연기념물로 지정된 품종

- 우리나라의 특산품종 또는 희귀품종
- 수산자원보호령 제10조에서 정한 몸길이 이하의 것 등은 국토해양부장 관의 이식승인서를 제출해야 된다.
⑦ 폐기물의 국가간 이동 및 그 처리에 관한법률 해당물품(반출입제한물품)
- 유역(지방) 환경청장의 폐기물 수출(입)허가 확인서를 제출해야 된다.
⑧ 식물·과일채소류·농림산물류(반출입제한물품)
- 농림축산검역본부장의 식물검사합격증을 제출해야 한다.
- 반출입제한물품 등 식물검역에 관한 자세한 사항은 농림축산검역본부 홈페이지(www.qia.go.kr)를 참고하기 바란다.
⑨ 동물(고기·가죽·털 포함)·축산물 (반입제한물품)·애완동물 사료
- 농림축산검역본부장의 동물검역증명서등을 제출해야 된다.
- 반출입제한물품 등 동물검역에 관한 자세한 사항은 농림축산검역본부 홈페이지(www.qia.go.kr)를 참고하기 바란다.

9) 여행자 휴대품범위를 초과한 물품의 통관

상업용견품류 등 무역관련물품의 휴대통관은 무역업자 등이 수출상담차 판촉용·주문용 견본물품을 휴대반출입하는 경우 수량과다 등으로 상용물품으로 오인되어 검사에 장시간 소요될 우려가 있어 세관에서는 상업용 견품류 등을 신속히 통관할 수 있도록 별도의 전담검사대를 운영하는 등 편의를 제공하고 있다.

① 상업용견품류 등 무역관련물품의 휴대통관
- 상업용 견품 또는 광고용 물품으로서 면세통관이 가능한 물품의 범위
  - 물품이 천공 또는 절단되었거나 통상적인 조건으로 판매할 수 없는 상태로 처리되어 견품으로 사용될 것으로 인정되는 물품
  - 판매 또는 임대를 위한 물품의 상품목록·가격표 및 교역안내서 등
  - 과세가격이 미화 250불 이하인 물품으로서 견품으로 사용될 것으로 인정되는 물품
  - 물품의 성상·성질 및 성능으로 보아 견품으로 사용될 것으로 인정되는

물품

② 통관절차

상업용견품 등을 반입한 여행자는 세관직원에게 신고하여 견본품 통관 안내를 받아야 한다. 지방소재 기업체에서 반입하는 긴급 상업용견품 등은 원격지통관제도를 이용하면 편리하다.

10) 반출입금지 및 제한물품의 통관

음란물, 화폐·채권 기타 유가증권의 위조품·변조품 또는 모조품 등은 반출입이 금지되어 있으며, 총기, 마약, 멸종위기의 야생동식물보호에 관한 국제협약(CITES)에서 규정한 동식물 및 이들의 제품 등 반출입제한물품은 세금납부와 관계없이 통관에 필요한 제반요건을 구비해야 통관이 가능하다.

11) 통관할 의사가 없는 물품

휴대품 중 우리나라 여행에 필요치 않아 통관할 의사가 없는 물품은 세관에 일시 보관하였다가 출국시 반출할 수 있으며, 이때 소정의 보관수수료를 납부해야 한다.

12) 밀수 및 부정무역

밀수(Smuggling)는 관세법을 비롯하여 기타법령에 의하여 수출입이 금지된 물품을 수출입하거나 면허를 받지 않고 물품을 수출입하는 것이다. 관세법에 의하면, ① 국헌(國憲)을 문란하게 하거나 공안 또는 풍속을 해할 서적·간행물·도화·영화·음반(音盤)·비디오물·조각물 기타 이에 준하는 물품, ② 정부기밀을 누설하거나 첩보(諜報)에 공하는 물품, ③ 화폐·지폐·은행권·채권 기타 유가증권의 위조품·변조품 또는 모조품(模造品)은 수출입이 금지되어 있고, 이러한 수출입 금지물품을 수출입한 사람은 10년 이하의 징역 또는 2,000만 원 이하의 벌금에 처하게 되어 있다.

또한 밀수행위를 교사하거나 방조한 사람은 정범에 준하여 처벌하며, 이상의 밀수행위를 범할 목적으로 그 예비를 한 자와 미수범은 각각 해당하는 죄에 준하여 처벌한다.

밀 수	① 해외여행자들이 외국에서 구입한 물품을 세관에 신고하지 아니하고 신변이나 휴대품 속에 숨겨서 몰래 밀반입하는 행위 ② 외국을 왕래하는 선박의 선원 등이 외국에서 취득한 물품을 세관에 신고없이 몰래 밀반입하는 행위 ③ 정상 수입화물 속에 다른 물품을 숨겨서 들어오는 행위 ④ 수출입이 제한되는 것을 가능한 품목으로 위장 수입하는 행위 ⑤ 미군부대의 면세물품을 국내로 **빼돌리는** 행위 ⑥ 밀수품을 취득하여 시중에서 판매하거나 보관, 운반, 알선, 감정하는 등의 행위 ⑦ 마약·총기류 등을 밀수출입하는 행위 ⑧ 외화, 수표 등을 수출입하는 행위
부정무역	① 수입가경을 저가로 신고하여 관세를 포탈하는 행위 ② 수출가격을 저가로 조작하거나 수입가격을 고가로 조작하여 외화를 해외로 유출하는 행위 ③ 가짜상표를 부착하여 판매하는 행위 ④ 원산지를 허위표시하거나 확인하기 어렵게 표시한 행위 ⑤ 수출용 원재료를 국내시장에 판매처분하고 다른 물품으로 수출물품을 제조하여 위장수출하고 부정환급 받는 행위

13) 해외부가세 환불제도

여행자들이 외국여행서 쇼핑을 할 때 혼란을 겪게 되는 것은 관세면제쇼핑(Duty Free Shopping)과 부가세면세쇼핑(Tax Free Shopping)이다. 전자는 우리가 흔히 알고 있는 국제공항내의 면세매장이나 시내의 면세백화점에서 하는 쇼핑이다.

그러나 후자는 시내상점들 중 면세쇼핑표시가 있는 상점 어느 곳에서나 상품가격에 포함된 부가가치세를 면제받을 수 있는 쇼핑을 말하며 취급품목도 다양하다.[32] 이 제도의 경우 세금을 면제받으려면 별도의 신청을 해야 하기 때문에 환불자체를 귀찮아하거나 언어장벽으로 인해 대다수 여행자는 이를 포기하고 있는 실정이다. 이 제도가 잘 발달한 지역은 유럽을 비롯하여 캐나다 및 아시아의 싱가포르 등이다.

---

32) 여행정보신문, 제6호, 1997. 5. 30, p. 5.

유럽에서는 유럽 택스프리쇼핑(ETS)과 같은 부가세 환급회사들이 부가세 환급대행서비스를 해주고 있다. 여행자들은 우선 유럽면세쇼핑 로고가 붙어 있는 점포인지를 확인하고 쇼핑을 할 후 계산대에서 여권을 제시하고 면세쇼핑전표(Tax Free Shipping Cheque)를 달라고 요구한다. 전표에 간단한 인적사항을 기재하고 서명을 하면 된다.

면세쇼핑전표는 본인이 잘 보관해 두었다가 유럽 내 최종여행지에서 출국할 때 국경접경지점이나 폐리터미널 및 국제공항 등에 있는 세관에 물품과 함께 제시하면 확인도장을 찍어주는데, 바로 근처의 환불창구(Cash Refund)에 이를 제시하면 해당 환불금액을 현금으로 환불받을 수 있다. 주의할 것은 면세쇼핑이라고 하더라도 상품의 최소 구매액이 있다는 점이다. 이를 표로 정리하면 다음과 같다.

〈표 5-25〉 부가세 환불을 위한 최소구입가격

국 가	부가세율(%)	최소구매금액	최대환불금액	수수료 제외 환급금(%)	Cheque 유효기간	비 고
Argentina	21	70 Peso				
Australia	20	300 AUD			60일	
Austria	20	75.01€(Euro)	1,000€	15		1일 기준
Belgium	21	125.01€	1,000€	11.5~15.5	3개월	
Bulgaria	20					
Canada	7.15	200 CAD			60일	1매 50CAD 이상
Croatia	22	501 HRK		16.8	3개월	1개 점포 기준
Cyprus	15	100 CYP		10.5	"	"
Czech Rep	19	2,000 CZK			"	
Denmark	25	300 DKK	5,000 DKK	19	"	제한 없음
Estonia	18	2,500 EEK		12	"	
Finland	22	40€	1,000€	18	6개월	
France / Monaco	19.6	175.01€	1,000€	12~13	3개월	
Germany	16	25€	1,000€	12.6	"	4개월
Greece	18	120€	1,000€	13	"	4개월
Holland	19	50€	1,000€	13.75	"	Netherlands
Hungary	25	45,000 HUF		15	"	

Iceland	24.5	4,000 Krona		15	"	
Ireland	21	10€	1,000€		"	
Israel	18					
Italy	20	154.94€	1,000€		"	
Japan	5	10,500 JPY				소비세
Korea(한국)	10	220만원	-	8	"	
Latvia	18	29.50 LVL		12	6개월	
Lebanon	10	15만 LBP		8	3개월	약 100USD 상당
Lithuania	18	200 LTL		12	"	
Luxembourg	15	74€	1,000€		"	
Macedonia	18					
Malta	18					남지중해
Norway	25	285~315 NOK		12~19	1개월	
Poland	22	200 PLN		16.5	3개월	
Portugal	19	57.36~60.35€	1,000€	10.5 or 14	"	
Singapore	5	100 SGD	-		2개월	
Slovakia	19	5,000 SKK	-	14	3개월	
Slovenia	20	15,000 SIT	-	15	"	
Spain	16	90.15€	1,000€	13.79	"	
Sweden	25	200 SEK	-	17.5	"	
Swiss	7.6	400 CHF			30일	07년 12월 EU가입
Taiwan	5	3,000 TWD	-		"	
Thailand	7	5,000 THB	-		60일	1일 2,000THB
Turkey	18	118 TRY	-	12.5	3개월	
UK(영국)	18	30 GBP	500 GBP	13.9	"	
USA	4.16~8.25				약1년	판매세

* 수수료를 제외한 환급금(%)는 글로벌 리파운드사의 환급수수료를 기준으로 한 것임.
【자료】 http://www.glovalrefund.com/

유의사항으로는 ▲통상 구입 후 3개월 내에 물품을 소지하고 출국해야 하며, 국가별 최소구매가격 조건에 부합해야 한다. ▲"Global Refund Cheque" 양식만 하나은행 월드센터에서 매입이 가능하며 Tax Refund나 CashBack 양식은 매입이 불가능하다. 영국의 경우에는 "Global Refund Form" 양식도 매입이 가능하다. ▲ 가급적 물품을 구입한 영수증을 지참하는 것이 좋다. ▲현지 공항 통과시 구입한 물품을 제시하고 세관에서 확인 Stamp를 받아야 한다.

환급절차는 ▲Tax Free for Shopping로고가 부착된 상점에서 물품을 구입하고 Global Refund Cheque를 수령한다. ▲출국시 공항에서 구입물품을 제시하고 Global Refund Cheque에 확인 Stamp를 받은 후 짐을 부친다(EU국가 여행 시는 최종 출국국가의 공항에서 시행) ▲공항 내 위치한 환불창구(Cash Refund)에 Global Refund Cheque를 제출하고 현금으로 환불을 받는다.

한편 현지에서 환급받지 못한 경우에는 국내 귀국 후 월드센터지점에서 환급이 가능하다. 방문하기 전에 Global Refund Korea로 연락하여 서류에 대해 사전 확인을 받은 후 가는 것이 좋다. 수도권 이외 거주자는 인근 하나은행을 방문하여 위 서류 외에 [해외 부가세 환급의뢰서]를 작성하여야 하나 월드센터로 의뢰하면 된다. 그러나 현지 공항의 세관에서 환급절차를 거쳐 외화수표를 수령한 경우는 부가세환급이 아닌 외화수표 매입절차를 받아야 하므로 국내 거래은행에 의뢰해야 한다.

14) 북한지역의 출·입경

북한지역에 출 / 입하기 위해서는 여행사에서 발급받은 "관광증"을 소지하고 본인임을 증명하는 서류(주민등록증, 운전면허증 여권 중 하나)를 지참하면 된다. 단, 영주권자, 시민권자, 외국인은 반드시 여권을 지참하지 않으면 안 된다.

북한지역은 외국과 마찬가지로 각종 CIQ업무가 진행되나 특수한 관계이기 때문에 출입국이라고 하지 않고 그냥 출입이라고 한다.

(1) 관광시 유의사항

① 북한이라는 호칭은 우리나라에서 사용하고 있는 용어로서 북한 관광 중에는 북측이라는 용어를 사용하는 것이 바람직하다.

② 폐쇄사회이므로 버스 이동 중에 또는 허가 받지 않은 곳에서 사진촬영을 하면 카메라를 압수당하거나 벌금을 물 수 있으므로 주의한다.

③ 관광증은 외국에서의 여권과 같은 효력을 지니게 되므로 보관에 만전을 기한다.

④ 관광해설원, 환경순찰원, 각 영업장의 접대원 등 북측 사람들과 대화는 하되, 체제문제 등 정치적인 얘기는 하지 않는 것이 좋다.

(2) 통관업무

① 반입허용물품

북한산 물품으로서 다음의 특정물품을 포함하여 전체 취득가격 총액이 USD300 이내 물품. 특정물품(북한산에 한함)

- 주류 : 1병(1리터 이하)
- 담배 : 1보루(엽궐련 50개비, 기타 담배 250g)
- 향수 : 2온스
- 농산물 : (전체 취득가액 총액 10만원 이내에 한함), 참기름, 참깨, 꿀, 고사리, 더덕 각 5kg 이내(품목당)
- 한약재 : (전체 취득가격 총액 10만원 이내에 한함), 인삼 300g 이내, 녹용 300g 이내, 기타 3kg 이내(품목당)

② 반입금지물품

- 국헌과 국익을 저해하는 물품
- 화폐, 수표, 어음, 채권, 기타 유가증권의 위·모조품
- 총포(모의 총포 포함), 도검, 화약류
- 기타 법령에서 반입을 금지하는 물품

③ 반입제한물품

- 북한산이 아닌 외국물품
- 반입허용물품의 범위를 초과하는 물품
- 판매목적의 상용물품
- 동·식물 및 식품류 등 검역대상 물품

- 호도, 감자, 고구마, 묘목류(소나무, 과일나무 등)를 가져올 때는 북한에서 생산되었다는 증명서(식물검역증 등)를 제출해야 한다(※흙에는 여러 종류의 병원균과 해충이 부착되어 있으므로 검역을 실시하는 데 1주일 이상 소요됨).
- 멸종위기에 처한 야생 동·식물 및 이들을 사용하여 만든 제품
- 외국환 관리법령에서 정한 일정한도액 초과의 지급수단
- 기타 법령에서 반입을 제한하는 물품

④ 신고대상물품

- 북한지역에서 취득(무상포함)했거나 구입한 물품으로서 1인당 휴대품인정범위(전체 취득가격 총액 US $300 상당액)를 초과하는 물품
- 특정물품의 반입허용범위를 초과하는 주류·담배·향수·농산물·한약재
- 판매를 목적으로 반입하는 상용물품
- 국헌을 문란하게 하거나 국가안보·공안 또는 풍속을 해할 서적·간행물·도서·영화·음반·조각물·사진·비디오테이프·기타 이에 준하는 물품
- 정부의 기밀을 누설하거나 첩보에 공하는 물품
- 화폐·수표·어음·채권 기타 유가증권의 위조품·모조품
- 총포·도검·화약류 및 유독성 물질류
- 동물(고기·가죽·털 포함)·식물·과일·채소류·기타 식품류·농림축산물
- 「멸종위기에 처한 야생 동·식물종의 국제거래에 관한 협약(CITES)」에서 보호하는 살아있는 야생 동·식물 및 이들을 사용하여 만든 제품·가공품(예) 웅담·사향 등의 동물한약, 매·올빼미 등과 이들의 박제·모피·핸드백 등)
- 외국환거래법령 등에서 정한 일정한도액(US$10,000상당)을 초과하는 지급수단 등 출경시 휴대반출 신고한 후 재반입하는 물품
- 남한지역으로 일시 입경하는 자가 체류기간 동안 사용한 후 출경시 재반출할 신변용품 또는 작업용품
- 남한으로 반입할 의사가 없어 세관에 보관 후 출경시 반출할 물품 등이다.

15) 외국인의 국내입국

(1) 외국인을 위한 전자정부(하이코리아)

하이코리아(http://www.hikorea.go.kr)는 대한민국을 찾는 외국인이 필요한 투자, 고용, 거주, 생활편의 정보를 하나의 창구로 제공하기 위해 구축한 외국인을 위한 전자정부(Government for Foreigners)의 대표 사이트로서 다음과 같은 서비스를 제공하고 있다.

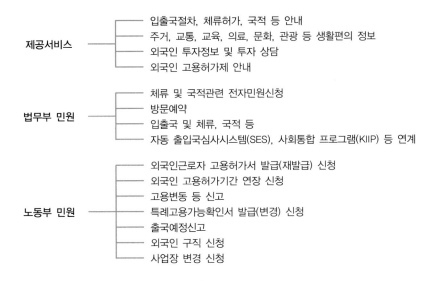

제공서비스
- 입출국절차, 체류허가, 국적 등 안내
- 주거, 교통, 교육, 의료, 문화, 관광 등 생활편의 정보
- 외국인 투자정보 및 투자 상담
- 외국인 고용허가제 안내

법무부 민원
- 체류 및 국적관련 전자민원신청
- 방문예약
- 입출국 및 체류, 국적 등
- 자동 출입국심사시스템(SES), 사회통합 프로그램(KIIP) 등 연계

노동부 민원
- 외국인근로자 고용허가서 발급(재발급) 신청
- 외국인 고용허가기간 연장 신청
- 고용변동 등 신고
- 특례고용가능확인서 발급(변경) 신청
- 출국예정신고
- 외국인 구직 신청
- 사업장 변경 신청

(2) 사증 및 입국심사

한국에 체재하고자 하는 외국인은 입국 전에 사증을 발급 받아야 한다. 사증발급은 재외 한국대사관이나 총영사관에 신청하여야 하며, 사증을 발급 받을 시는 다음 수수료를 지불하여야 한다. 또한 대한민국에 입국하는 모든 외국인은 입국심사시 지문 및 얼굴정보 제공절차를 거쳐야 하나 다음에 해당하는 외국인은 면제된다.

- 17세 미만인 사람
- 외국정부 또는 국제기구의 업무를 수행하기 위하여 입국하는 사람과 그 동반가족

• 외국과의 우호 및 문화교류증진, 경제활동 촉진 또는 대한민국의 이익 등을 고려하여 지문 및 얼굴에 관한 정보의 제공을 면제하는 것이 필요하다고 대통령령으로 정하는 사람 등이다. 다만, 면제자에 해당하더라도 여권의 훼손, 타인여권 사용 등 위변조 혐의가 있는 경우 지문 및 얼굴정보 제공이 요구될 수 있다.

6

발권업무

01 발권업무의 정의 및 효용

1) 발권업무의 정의

대·내외적인 환경변화로 인하여 여행업의 사업환경이 급속하게 변하고 있다. 인터넷의 등장, 저가항공사의 출현과 저가선호 고객의 압력 등의 영향으로 세계의 항공사들은 비용절감을 위한 방법으로 항공권 발권수수료 지급률을 축소 또는 폐지하고 있다.

국적항공사 또한 2010년부터 항공권 발권수수료를 자율화하겠다고 발표하고 있고, 항공사뿐 아니라 여행상품 공급업체인 호텔, 렌터카 등 공급업체들의 연속적인 수수료 제도 변화가 예상되고 있는 상황에서, 고객과 공급업체 간의 '알선' '계약대리'를 통한 수수료 수입 의존도가 높은 여행사로서는 서비스피(Service Fee)[1]의 개발 등 새로운 비즈니스모델 확립의 필요성이 대두되고 있다.[2]

발권업무란 승·차·선권류, 각종 쿠폰류를 발행·교부하는 업무로서 여행사 수입 중 상당부분을 차지하고 있는 중요한 업무인 동시에 특히 항공권 발권분야는 고도의 기술 직중에 속한다고 할 만큼 여행사 업계에서 차지하는 매우 비중이 매우 분야이기도 하다.

2) 발권업무의 효용

발권업무는 다음과 같은 효용을 가지고 있다.[3]

① 여행자가 제공받는 서비스의 내용이나 조건이 명확해진다.
② 여행자가 서비스를 제공받을 권리와 의무가 명확해진다.
③ 여행 중에 금전관리가 간소화된다.

---

1) 일반적으로 예약 수수료로 통용되는 용어. 여행사가 실제로 상품, 호텔, 항공권 등을 구매하는 고객(개인 또는 기업)에게 부과하는 금액을 의미한다.
2) 서선, 항공권 발권수수료 효율화 방안 및 서비스수수료 타당성 연구, 한국일반여행업협회, 2009, p. 7.
3) 社團法人 全国旅行業協会, 旅行業務マニュアル, 1983, p. 255.

- 시간적 절약
- 작업능률 향상
- 다액인 현금 등을 운반할 필요가 없어짐.
- 도난, 분실 등에 의한 위험도가 낮아짐.

④ 여행 중의 불안감이 줄어든다.

⑤ 여행사의 수수료 대상이 된다.

이상의 효용으로 미루어 보아 발권업무는 여행사의 수익을 향상시키는 동시에 업무능률도 향상시키는 이중적 효과를 가지는 업무라고 할 수 있다.

 ## 02 발권업무의 종류

1) 직접적 발권업무

직접적 발권업무는 여행사가 승차·승선권류 및 쿠폰을 직접 발권하는 업무로서 교통기관이나 숙박시설, 기타 관광시설이 본래 발행해야 할 것을 여행업자와의 대매(代賣)계약에 의해 여행업자 자신이 각종 권류(券類)를 발행하는 것이다.

일반적으로 대리점이 되어 있는 여행업자는 전국의 총 여행업자수에서 볼 때 매우 적은 편이나 최근 지방의 군소업체를 중심으로 서울의 유명여행사의 대리점체제로 개편되어 가고 있는 중이다. 따라서 거의 중·소여행사에서는 패키지여행상품이나 숙박권 등의 각종 쿠폰류의 발권이 중요한 업무이다.

여행업자가 사용하는 쿠폰에는 숙박권, 승선권, 승차권, 관광권, 적립식 여행권 등이 있으며, 주최여행의 경우에는 회원권 등의 명칭으로 발권되고 있다.

① 숙박권, 여관권, 호텔권 : 숙박시설에 대해서 발권된다. 각각의 양식이나 명칭은 각 여행사에 따라 다르나, 숙박권으로 여관·호텔·민박 등에 통용되고 있는 경우도 있다.

② 승차·선권 : 정기관광버스, 관광택시, 렌터카, 관광유람선 등을 대상으로 사용된다.

이들의 쿠폰(회원권 제외)은 협정계약 혹은 대매계약에 의해 여행사가 수용기관을 대신하여 발권하는 것이다. 따라서 쿠폰은 한정된 범위에서 유통되기 때문에 대다수는 숙박기관, 교통기관, 식사, 휴양시설 등 일부에 한정된다.

단지, 여행업계의 현상으로는 수용기관에 대하여 쿠폰계약 없이 쿠폰을 발행하여 아무런 지장 없이 유통되고 있는 사례도 없지 않다. 이 때문에 여행자에 대하여 불이익이 있기도 하여 채권·채무의 보증이 불명확해지는 일이 발생되기도 한다. 그러므로 업계 전체의 문제로서 신용을 확보할 수 있는 제도를 따르는 쿠폰발행이 요구된다.

2) 간접적 발권업무

이것은 교통기관 등의 사업소나 그 대리점 등으로부터 필요한 승차선권 등을 구입하여 고객에게 알선하는 업무를 말한다. 철도승차권 등을 역이나 철도승차권 판매 대리점에서 구입하는 것이 좋은 예라 하겠다. 요컨대 여행업자가 직접적으로 발권하지 못하는 권류를 고객의 요청에 따라 중개하는 업무라고 말할 수 있다.

이 업무는 노력이 비싼데 비해 수익이 낮기 때문에 가능한 한 피하고 싶은 것이 본심일 것이나, 고객확보를 위해서는 어떻게 해서라도 처리하지 않으면 안 되는 중요한 업무인 것이다.

승차선권류를 여행사가 쿠폰화하기 어려운, 또는 할 수 없는 이유는 여러 가지 있지만, 숙박권·관광권처럼 획일적인 기재내용이 아니라, 교통기관 등 그 이용방법에 있어서 기재사항이 서로 다르고, 또한 수종류의 권류를 발행하지 않으면 안 되기 때문이다.

예를 들면, 철도승차권처럼 승차권의 종류가 많고, 각각의 이용방법에 의해 각종의 권류처리가 다르기도 하고 또한 페리처럼 여객에게 발권하는 권류와 자동차를 선송(船送)할 때에 발권하는 권류와는 그 내용이 전혀 다른 것처럼, 획일화하기 어려운 것도 그 이유의 하나이다. 그 때문에 각 교통기관에서는 발권작업을 하는데 특별한 기계를 도입하기도 하고 전문인력을 배치하기도 한다.

같은 교통기관이라도 정기관광버스, 관광택시, 케이블카, Rope-Way 등은 이미 쿠폰화되어 있는 곳도 많으며 장래에는 보다 폭넓게 '선차권(船車券)'이 유통되게 될 것이다.

 03 항공권의 발권

1) 항공권의 정의

일반적으로 운송권류란 "운송계약을 증명하기 위해 발행되는 항공운송권의 총칭"으로 항공권(Passenger Ticket and Baggage Check)과 지불증표(MCO : Miscellaneous Charges Order), 영수증표(Excess Baggage Ticket) 및 전세여객운송증표(Collective Ticket for Passenger) 등을 말한다.

〈표 6-1〉 항공권의 종류

종 류	내 용
Passenger Ticket and Baggage Check	발행인 각각의 구간에 관련하여 승객의 운송 및 해당 승객의 위탁수하물의 수송에 관한 증표류
Miscellaneous Charges Order	추후 발행될 항공권의 운임 또는 해당 승객의 항공여행 중 부대(附帶)서비스 요금을 미리 징수한 경우 등에 발행되는 지불증표
Excess Baggage Ticket	승객으로부터 징수된 초과수하물 요금에 대해서 발행되는 영수증표
Collective Ticket for Passenger	전세여객기에 의해서 운송되는 승객 당사자와 항공사 사이에 계약과 관련하여 발행되는 운송증표

[자료] 직무입문(여객발권), 대한항공, 2009, p. 7.

그러나 BSP[4])의 발권용어로서는 항공권과 MCO만을 지칭하고 있다. 따라서 항공권이란 항공사가 여객에게 대하여 그 운송계약의 성립과 내용을 증거하기

---

4) Billing and Settlement Plan의 약어로서 IATA에서 시행하는 항공여객판매대금 집중결제 및 판매 보고 절차 표준화로서 항공사와 여행사(대리점) 간의 거래에서 발생하는 국제선 항공 여객운임을 은행을 통해 결제하는 방식이다.

위해, 교부를 의무화하고 있는 운송증권이 항공권(Passenger Ticket and Baggage Check)이라고 정의할 수 있다.[5]

2) 전자항공권[이티켓(e-Ticket)]

전자항공권은 여객의 운송 또는 여객 관련 서비스에 대한 판매 방식의 하나로서 기존의 종이항공권의 형태로 발권하지 않고 해당 항공사의 컴퓨터 시스템(Data Base)에 항공권의 모든 세부사항을 저장하여 여행, 변경, 환불, 재발행 등을 전산으로 조회하고 사용자의 요구에 맞게 처리할 수 있는 항공권이다.

일반적으로 종이티켓은 승객이 같은 여정으로는 한 항공권만 소지하게 되지만, 전자티켓은 실물이 없으므로 이러한 항공권 발행이 이중으로 발생되더라도 승객이 이 사실을 사전에 알 수 없다는 점이다. 그러므로 이러한 일을 방지하기 위해서도 반드시 실제 항공권번호가 포함돼 있는 여정운임안내서(Passenger Itinerary Receipt)를 손님에게 전달해 이중으로 발권되더라도 항공사에서 공항수속 업무시 정확한 티켓번호를 확인해 처리할 수 있도록 하기 위함이다.[6]

5) Travel Agent Manual, Travel Journal, 1989, p. 129.
6) 이희란, 전자티켓 발권주의사항, 여행신문, 2006. 5. 8.

이티켓의 장점은 기존의 페이퍼 티켓으로 발권하던 비싼 수입지를 쓰지 않아 절약의 효과가 있다. 전 세계 어디에서나 편리하게 받아볼 수 있다(이메일 혹은 팩스 등), 분실했을 경우 재인쇄가 가능하며, 항공권을 환불할 경우 발권한 여행 사 혹은 항공사에 페이퍼 티켓을 반납할 필요 없이 티켓 번호만 알려주면 된다 는 점을 들 수 있다.

※BSP제도 : 항공사와 여행사 사이에 업무의 간소화를 위해 도입된 제도로 다수의 항공사와 다수의 여행사 사이에 은행이 개입하여 중립적인항공권 양식의 배포, 판매대금 및 판매수 수료 결제 등의 업무를 담당하는 제도이다.
※ATR여행사 : 여행사중 담보능력의 부족으로 항공권을 자체적으로 보유하지 못하고 승객 으로부터 요청받은 항공권을 해당항공사 발권 카운터에서 발권받는 여행사를 말한다.

---

3) 국제항공운송약관[7]

(1) 항공권의 유효성

① 항공권은 유효인(Validation)이 날인되었을 때에 항공권에 기재된 경로를 거 쳐 출발지 공항으로부터 도착지 공항까지의 운송과 적용 등급에 대한 운송 을 위하여 효력을 가지며 하기 "②"항에서 정하는 기간 내에 유효하다.

② 통상 운임으로 발행된 항공권의 유효기간은 운송 개시일로부터 1년, 또는 일부도 사용되지 아니한 경우에는 항공권의 발행일로부터 1년이다.

③ MCO 유효기간은 발행일로부터 1년간이다. MCO는 발행일로부터 이내에 제시하지 아니하면 항공권과 교환될 수 없다.

④ 항공권은 항공권 유효기간 만료일의 24시에 실효된다. 적용 약관 규정에 별도로 정하여 있지 아니하는 한, 항공권의 최종 탑승용 쿠폰에 의한 최종 구간의 여행은 유효기간 만료일의 24시 이전에 개시되어야 하며, 이 경우 는 만료일을 경과하여 여행을 계속할 수 있다.

⑤ 유효기간이 만료된 항공권 또는 MCO는 정하는 바에 따라 환불된다.

---

7) 국제여객운송약관(대한항공), 2009. p. 8.

(2) 항공권의 유효기간 연장

① 당해 유효기간을 초과하여 30일까지 연장
- 당해 유효기간 중에 여객의 좌석이 확약되어 있는 항공편을 취소 또는 지연한 경우
- 여객의 출발지, 목적지 또는 도중 체류지로서 지정된 지점에 기항치 아니한 경우
- 운항시간표에 따라 정상적으로 운항하지 못한 경우
- 항공사 사정에 의하여 여객이 타 항공편에 접속되지 못한 경우
- 항공사가 객실 등급을 변경한 경우
- 항공사가 사전에 확약한 좌석을 제공할 수 없는 경우

② 유효기간이 1년인 항공권을 소지한 여객이 예약을 요청할 시 좌석예약이 불가능할 경우, 당해 유효기간을 초과하여 7일까지 연장

③ 질병으로 인한 여행 중단 적용 태리프(Tariff)에 별도 규정이 없는 한, 여객이 여행 개시 후 임신을 제외한 발병으로 항공권의 유효기간 내에 여행을 완료하지 못하는 경우에, 대한항공은 건강 진단서에 따라 여행이 가능하게 되는 날까지 또는 그러한 날로부터 운임이 지불된 등급에 탑승이 가능하며, 여행이 재개되는 지점 또는 최종 접속 지점을 출발하는 첫 항공편까지 유효기간을 연장한다.

④ 여객이 여행 중에 사망한 경우에 당해 여백의 동반 직계가족 또는 기타 동반자의 항공권 유효기간은 사망일로부터 45일까지 연장될 수 있다.

⑤ 유효기간이 1년인 항공권의 잔여 탑승용 쿠폰이 1개 지점 이상의 도중체류지(Stop Over Point)를 포함할 경우에, 당해 항공권의 유효기간은 당해 건강 진단서 상에 표시된 여행 가능 일자로부터 3개월간 연장될 수 있다. 이 경우 항공사는 환자를 실제로 동반하는 자의 항공권 유효기간도 동일하게 연장한다.

(3) 비양도성

항공권은 양도하지 못한다. 운송을 제공받을 권리를 가진 자 또는 환불받을

권리가 있는 자 이외에 자에 의해 항공권이 제시된 경우, 항공사가 그러한 항공권에 의해 운송을 제공했거나 환불한 것에 대해서, 운송을 제공받을 권리가 있는 자 또는 당해 환불을 받을 권리가 있는 자에게 항공사는 책임을 지지 아니한다.

항공권이 피발행자 이외의 자에 의하여 사용된 경우에는 피발행자의 인지 또는 동의 여부를 불문하고 항공사는 이러한 부당사용으로부터 기인하는 부당사용자의 사망, 상해 또는 그의 수하물 또는 기타 휴대품의 분실, 파손 또는 지연에 대하여 책임을 지지 아니한다.

04 기타 발권업무

1) PTA업무

선불항공권통지(PTA : Prepaid Ticket Advice) 또는 선불증이란 타 지역에 거주하고 있는 여행자를 위하여 항공운임을 사전에 지불하고 타지역에 거주하고 있는 여행자에게 항공권을 발급하여 주도록 하는 제도로서 운임을 지불하는 사람을 구입자(Purchaser 또는 Pre-payer)라고 한다.

구입자는 타 지역에 거주하고 있는 여행자의 항공권을 구입하는데 필요한 금액을 지불하고 금액에 해당하는 지불증(MCO)을 구입한다. 지불증을 구입한 구입자는 지불증을 여행자가 거주하고 있는 지역으로 송부의뢰를 항공사에 하게 되며, 항공사는 지불증을 구입자로부터 받은 후 전문으로 지불증의 내용을 여행자가 거주하고 있는 지역의 항공사로 보낸다.

여행자가 거주하고 있는 지역의 항공사는 전문을 받은 후 여행자에게 연락하여 전문에 명시된 지불증의 내용에 따라 항공권을 여행자에게 발행하여 주는데, 이것은 지불증에 의거 항공권을 재발행하여 주는 절차가 되는 것이다. 이와 같은 일련의 절차가 선불증의 주요업무가 되며, 여기에서 가장 중요한 것은 전문 취급업무가 된다.

선불증은 일반적으로 타 지역에 거주하고 있는 여행자의 항공권을 구입하는데 이용되지만, 여행에 관련하여 발생된 세금, 초과 수하물요금, 관련 부대비용 등을 위하여도 사용된다. 그러나 어떠한 경우에도 선불증이 송금을 목적으로 하는 경우에는 사용될 수 없다.

【자료】 항공예약발권, 대한항공, 2009, p. 247.

[그림 6-1] PTA의 업무절차

PTA의 일반적 사항은 다음과 같다.

① PTA 취급 대상은 항공 운임 및 관련 서비스에 대한 경비이다.
② PTA는 송금 수단으로 이용 불가하며, 환불은 Pre-payer에게만 가능하다.
③ PTA의 유효기간은 MCO 발행일로부터 1년이다.
④ 한국 지역에서는 PTA Service Charge로 PNR 당 KRW 30,000 을 징수한다.
⑤ 승객 수만큼 PTA MCO(ATB2)를 발행한다.
⑥ 타 항공사와도 PTA 업무가 가능하다.
⑦ 여정 변경, Endorsement 등은 Prepayer의 사전 승인이 필요하다.
⑧ 승객이 PTA 항공권을 발급 받고자 할 경우 Prospective PTA 전문을 발송한다.
⑨ 지역별 제한 사항은 있으나 NTBA(Name To BE Advised)에 의한 PTA 발송
   가능하다.
⑩ 지불지와 출발지가 상이하므로 운임 계산 및 기타 규정을 숙지해야 한다.
⑪ 지역별 제한사항은 있으나 출발지 국가에 지불할 세금은 사전 징수한다.
⑫ 관련 데이터의 작성, 보관에 유의하여야 한다.

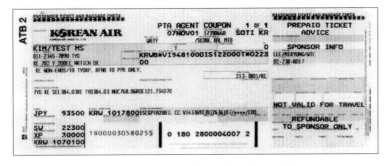

[그림 6-2] PTA 여행사(대리점) 쿠폰의 발권 예

2) 환불(Refund) 업무

(1) 환불신청

환불 신청은 당해 항공권 또는 MCO의 유효기간 내에 행해져야 하며, 항공권
또는 MC 유효기간 만료일로부터 30일이 경과한 후 불이 신청되는 경우에 항공

사는 환불을 거절할 수 있으므로 주의한다.

아래 경우를 제외하고는 환불은 항공권 또는 MCO에 여객으로서 성명이 기재된 자에게 행한다.

- 선불항공권통지(PTA : Prepaid Ticket Advice) → 항공사에 운임을 지불한 자에게 환불
- 유니버샬에어트래블플랜(UATP : Universal Air Travel Plan) → 에어 트래블 카드(Air Travel Card)에 명기된 자의 구좌로 환불
- 정부운송청구서(GTR : Governnment Transportastion Request) → 당해 GTR을 발행한 정부기관에 환불
- 크레디트 카드(Credit Card) → 당해 크레디트카드에 명기된 자의 구좌로 환불
- 구입자가 구입시에 환불받을 자를 지정한 경우 → 당해 지정된 자에게 환불
- 환불 신청시 특정 회사가 그 직원을 대신하여 항공권 또는 MCO를 구입했거나 또는 대리점 그의 고객에게 환불했다는 충분한 증거가 제출될 경우 → 그 직원의 회사 또는 대리점에 직접 환불

(2) 통 화

환불은 항공권 또는 MCO가 최초로 구입된 국가 및 환불이 행해지는 국가의 법령, 규정 또는 명령에 따라 행한다. 상기 규정에 따라 환불은 운임지불시 사용한 통화, 한국 또는 환불이 행하여지는 국가의 법정 통화, 또는 항공권 또는 MCO가 구입된 국가의 통화로서 운임이 당초 징수된 통화 금액에 상당하는 금액으로 한다.

(3) 분실 항공권의 환불

분실 항공권에 대한 환불은 서면 신청의 접수 및 분실 사실에 대해 충분한 증거접수 후, 분실 항공권의 유효기간 만료일로부터 30일 내에 행해져야 한다.

① 항공권이 일부도 사용되지 않은 경우

① 여행자가 대체 항공권을 구입하지 아니한 경우에는 지불된 운임 전액을 환

불한다.

② 여행자가 분실 항공권과 동일한 등급, 유효기간, 여정, 발행 조건으로 별도
의 대체 항공권을 구입한 경우에는 여객이 당해 항공권 구입을 위하여 지
불한 운임을 환불한다.

2 항공권의 일부를 사용한 경우

① 여행자가 대체 항공권을 구입하지 않았을 경우에는 지불된 운임 총액과 항
공권이 실제로 사용된 구간에 적용되는 운임 및 요금의 총액과의 차액

② 여행자가 분실 항공권과 동일한 등급, 유효기간, 여정, 발행 조건으로 별도
의 대체항공권을 구입한 경우에는 여객이 당해 항공권 구입을 위하여 지불
한 운임을 환불한다.

3 분실항공권 환불 구비서류

① 배상동의서 2부(여행사 개입시 직인+명판)

② 여행자의 여권사본

③ 티켓 데이터

〈표 6-2〉 항공권 환불 접수화면

3) 여정변경 및 이서(endorsement)

일단 발행된 항공권의 예약상황, 항공사, 여정은 승객의 요청에 따라 전체 Flight Coupon의 사용완료 전에 변경할 수 있다. 이와 같은 항공권의 변경은 아래의 2가지 종류로 대별된다.[8]

(1) 자의적 여정변경(Voluntary Rerouting)

여행자의 요청에 의하여 항공권상에 명시된 여정상의 지점, 목적지, 항공사 기내 서비스등급, 운임종류 등을 변경함을 의미하며, 다음의 항공권 변경방식에 따른다.

- 재발행스티커(Revalidation Sticker)에 의한 처리방식
- 항공권 재발행(Reissue)에 의한 방식
- 기타 방식(MCO 이용, Stamping, Stampling 등)

① Revalidation Sticker를 이용한 방식

항공운임의 변경이 발생하지 않는 항공사, 항공편, 여행일, 시간, 예약상황 등의 예약관련사항 변경시에 이용하는 방법이다.

① Sticker상에는 Sticker 발행점소 및 발행자의 서명이 반드시 기재되어야 한다.
② Sticker에 의한 예약변경이 항공권에 명시된 유효기간에 영향을 주는 경우에는 항공권상의 기재사항도 수정 기재해야 하며, 동일 내용의 Sticker를 여행자 쿠폰에도 부착해야 한다.
③ 어떠한 경우에도 Sticker는 Endorsement 권리 항공사로부터 Endorsement를 받은 후 Sticker처리를 하여야 한다.

② 항공권 재발행(Reissue)에 의한 방식

항공권 재발행은 항공권의 변경 중 구간변경, 적용운임 변경 등 Revalidation

---

8) 아시아나항공, 대리점여객 예약발권, 아시아나항공, 1993, p. 135~145.

Sticker에 의한 처리가 불가능한 경우에 실시함을 원칙으로 한다.

① 운임의 변화가 없는 여정변경 : 최초 여정에 여행도시가 추가 또는 삭제되는 경우 미사용 탑승표를 절취한 후 새 여정에 대한 항공권을 발행한다.

② 운임의 변화가 일어나는 여정 변경

  – 목적지가 변경되지 않는 경우 : 여정 변경이 개시되는 지점이 속한 운임마디부터 최초의 적운임계산이 적용되는 운임마디 이전까지만 재계산한다.

  – 목적지가 변경되는 경우 : 여정 변경이 개시되는 지점이 속한 운임마디로부터 새로운 목적지까지 운임을 재계산한다.

③ 항공권 재발행의 경우, 다음 항공권 기재사항에 특히 유의한다.

  – ISSUED IN EXCHANGE FOR

  – ORIGINAL ISSUE

  – FORM OF PAYMENT

  – FARE / EQUIV, FARE PD / TAX / TOTAL

  – FARE CALCULATION

③ 기타 방식

① MCO를 이용한 상향등급(Upgrade) 이용

  – 여정의 변경 없이 여러 구간 중 단구간의 등급을 상향조정할 경우 해당하는 MCO를 발행하여 간단히 처리할 수 있다.

  – 발행된 MCO의 교환쿠폰을 해당 탑승표의 후면에 부착하며, 조정된 예약상황(SVC등급의 변경)은 Sticker를 통하여 반영한다.

  – 해당 탑승표의 ENDS / RESTRICTION BOX란에는 다음 문구를 기재하여 A / C가 징수되었음을 표시한다.

> VOLUNTARY U / G / DIFFERENTIAL COVERED BY
> MCO··········(MEO NBR기재)

② Stamping을 이용한 하향등급(Down-Grade) 이용

- 운송구간중 Down-Grade가 일어난 경우, 각 공항점소에서는 해당 탑승표
와 여객표상에 Stamp로 해당 사항을 명시하고, 담당자의 서명 및 해당 점
소의 유효인(Validation) 날인으로 간단히 처리할 수 있다.

> VOLUNTARY DOWNGRADING TO……CLASS FROM
> (CITY NAME)
> TO(CITY NAME) FLIGHT / DATE
> GOOD FOR REFUND, IF ANY

③ 탑승표 Stampling을 이용한 직행편 이용

- 최초 복수 쿠폰으로 발행된 여정을 무시하고 중간지점 경유 없이 직행편
을 이용하고자 할 경우, 복수의 탑승표를 Stampling하여 사용할 수 있다.
- 해당 탑승표상에 다음과 같은 사항을 기재한 후 Validation처리하며, 직행
편 예약사항은 스티커를 이용한다.

> DIRECTLY FROM TOBY(FLT / DATE)

- 상기 방법은 직행편 이용에 따른 운임 변동이 없을 경우에만 사용이 가
능하다.

(2) 비자의적 여정변경(Involuntary Rerouting)

아래에 명시된 사유에 의하여 승객의 의도와 관계없이 항공사, 여정, 기내등급
등을 변경하는 경우를 의미한다.

- 항공사에 의한 항공편 취소
- 항공사의 사유로 여정상에 명시된 대로의 운항이 불가한 경우
- 항공사의 사유로 승객의 하기 예정지점까지 운항치 못한 경우
- 항공사의 사유로 사전 확인된 좌석을 제공하지 못하는 경우
- 항공사의 사유에 의한 도착지연으로 확인된 연결편을 탑승하지 못한 경우

이와 같은 사항의 발생시 책임항공사(Forwarding Carrier)는

- 관련규정에 의거 비자발적 환불을 조치하거나
- 승객의 불편 및 여행지연이 극소화하는 한도 내에서 자사 및 타사의 항공편을 이용케 하여 항공권상에 명시된 하기 지점까지의 항공 운송편을 제공한다.

유 형	주 요 원 인
지연(delay)	기상, 정비, 공항시설, 스케줄, 조정, 연결승객 접속
결항(cancel)	기상, 정비, 공항시설
경로변경(diversion)	기상, 정비, 응급환자
회항(return)	기상, 정비

(3) 이서(裏書·Endorsement)

항공사가 변경되는 여정변경의 경우에는, 해당 항공권의 권리항공사로부터 '이서' 즉 Endorsement의 절차를 거쳐야만 새로 운송하는 항공사(또는 항공권 재발행 항공사)에서 해당 항공권을 영수할 수 있다. 이때, Endorsement 권리항공사는 다음과 같다.

- 최초 발행항공사(Original Issuing Carrier)
- 발행항공사(Issuing Carrier)
- 해당 구간 Carrier Box에 명시된 항공사
- 잔여구간 첫 번째 탑승표의 Carrier Box에 명시된 항공사(단, 잔여구간에 최초발행항공사 또는 발행항공사가 없는 경우에 한함)

Endorsement는 해당 비행편 쿠폰에 다음과 같은 사항을 기재하고 Validation 처리를 함으로써 이루어진다.

ENDORSED TO(AIRLINE) BY(AIRLINE)

해당 권리항공사가 여정변경지점에 소재하지 않을 경우에는 항공사간의 전신수단을 이용하여 Endorsement를 받을 수도 있다.

05 기타 서류발행업무

1) 국제운전면허증

국제운전면허증(International Driving License)이란 도로교통에 관한 국제협약에 의거하여 일시적으로 외국여행을 할 때 여행지에서 운전할 수 있도록 발급되는 운전면허증을 말한다.

국제운전면허증의 소지자는 가맹국 내에서 운전할 수 있다. 국제운전면허증을 외국에서 발급받은 사람은 입국한 날부터 1년간 국내에서 운전할 수 있고, 운전할 수 있는 차종은 소지한 면허증에 기재된 종류로 비사업용 자동차에 한한다.

국내에서 운전면허를 발급받은 사람이 국외에서 운전하기 위하여 국제운전면허증을 교부받고자 할 때에는 지방경찰청장에게 신청하여야 하고, 신청을 받은 지방경찰청장은 국외출국 예정 사실을 확인한 후 지체 없이 국제운전면허증을 교부하여야 한다.

유효기간은 교부받은 날부터 1년이며, 국내운전면허의 효력이 없어지거나 취소된 때에는 그 효력도 없어지고, 국내운전면허의 효력이 정지된 때는 그 정지기간 중 효력이 정지된다.

제출서류는 ▲국제운전면허증교부신청서 천연색 사진 1매, ▲신분증명서(여권) 등이며 운전면허 시험장에 접수하면 당일 발급해 준다.

유의사항으로는 갱신이 되지 않으므로 유효기간 만료 후에는 재발급을 받아야 한다는 것이고, 1년 이상 외국에서 체류할 경우에는 한국에 돌아와 재발급을 받든지 아니면 그 곳 현지에서 면허증을 재발급받아야 한다는 점이다.

특히 가짜 국제운전면허증이 있어 주의해야 하므로 국제운전면허 / 신분카드를 사칭하는 국제운전면허증은 해외에서 전혀 신분보장을 하지 않으며, 단지 IDP(International Drive Permit)로 해당국가에서 출신국의 운전면허와 함께 사용될 수 있는 범용의 운전자격면허를 말한다. IDP가 효력을 발휘하기 위해서는 반드시 출신국의 운전면허증도 함께 소지해야 한다.

〈표 6-3〉 한국 자동차운전면허 인정국가

지 역	국 가 명
아 주 (26개국)	네팔, 말레이시아, 몰디브, 몽골, 미얀마, 바누아투, 베트남, 부탄, 브루나이, 사모아, 솔로몬군도, 스리랑카, 인도, 홍콩, 인도네시아, 캄보디아, 타이페이, 태국, 통가, 파키스탄, 파푸아뉴기니, 필리핀, 일본, 라오스, 아프가니스탄, 동티모르
미 주 (14개국)	니카라과, 도미니카공화국, 브라질, 아이티, 엘살바도르, 온두라스, 우루과이, 캐나다, 코스타리카, 파나마, 가이아나, 세인트루시아, 세인트빈센트그레나딘, 바베이도스
구 주 (34개국)	네덜란드, 아이슬란드, 독일, 러시아, 루마니아, 스위스, 룩셈부르크, 벨기에, 리히텐슈타인, 스페인, 아일랜드, 영국, 오스트리아, 세르비아-몬테네그로(구유고), 산마리노, 이탈리아, 카자흐스탄, 터키, 포르투갈, 폴란드, 프랑스, 크로아티아, 핀란드, 보스니아-헤르체고비나, 에스토니아, 체크, 몰도바, 우크라이나, 그리스, 헝가리, 사이프러스, 그루지야, 타지키스탄, 우즈베키스탄
중 동 (7개국)	레바논, 바레인, 아랍에미리트, 카타르, 수단, 오만, 요르단
아프리카 (44개국)	가나, 가봉, 감비아, 기니, 카보베르데, 나미비아, 나이지리아, 남아프리카(남아공), 니제르(니이제), 라이베리아, 르완다, 리비아, 마다가스카르, 모리셔스, 모잠비크, 말라위, 말리, 모로코, 보츠와나, 부룬디, 부르키나파소, 세이쉘, 알제리, 적도기네, 중앙아프리카, 짐바브웨, 코모로, 코트디브와르, 콩고, 탄자니아, 튀니지, 레소토, 스와질랜드, 세네갈, 지부티, 에티오피아, 앙골라, 에리트리아, 시에라리온, 기네비사우, 카메룬, 쌍토메프린시페, 쿠웨이트, 케냐

2) 국제학생증

국제학생증 ISEC는 International Student & Youth Exchange Cards의 약자로 학생, 26세 미만의 젊은이(유스 · Youth)들을 위한 전 세계 학생 & 유스 할인 프로그램이다. 배낭여행, 어학연수시 여행경비 및 생활비를 절약시키는 필수품으로 배낭여행 협의회 소속 여행사나 주요 여행사 및 유학원에서 발급대행판매하고 있다. 2종류가 있다.

항 목	ISIC	ISEC
유 래	· 1951년 ISTC(국제학생여행연맹)에 의해 창안	· 1958년 미국 일리노이에서 시작

가맹국	· 전세계 120여 개국 450여만 명의 학생들이 발급	· 현재 50여 개국에서 발급
종 류	1. 국제 현금카드 2. The one 국제학생증 3. 대학 제휴 국제학생증	1. 일반국제학생증 : 국제학생증 기능+SOS서비스 2. 후불 국제전화카드 겸용 국제학생증 : 국제학생증 기능+SOS 기능+국제전화
유효기간	· 한국의 경우는 매년 12월에 시작하여 다음 다음해 3월 말까지로 1년 4개월간 유효하므로 출국 전 유효기간을 확인함.	· 발급 일로부터 1년 / 2년
신청자격 및 유의사항	· 정부기관이 인정하는 교육기관(중·고등, 대학 / 대학원 등)에 재학중인 만 12세 이상의 학생(졸업생 및 수료생은 발급 불가) · 해외 교육기관의 승인을 받은 연수/유학생	· 만 14세 이상의 Full Time Student(중고생 / 대학생 / 대학원생 / 박사과정 / 휴학생 / 유학생) 만 12세 이상부터 만 14세 미만의 학생은 일반 국제학생증 발급만 가능
구비서류	· [Step 1] 인터넷 신청서를 작성→ [Step 2] 원하는 ISIC 타입의 발급 방법 및 발급처를 확인하여 발급 받음 · 재학생은 1개월 이내의 재학증명서(중고생은 학생증), 휴학생은 1개월 이내의 휴학증명서, 연수 / 유학생은 유학생비자 또는 해외 교육기관에 등록한 증명서(입학허가서+학비 송금증명서) * 공통으로 신분증(주민등록증, 운전면허증, 여권 중 하나 필요)	1. 통장개설을 위한 실명확인 신분증 2. 학적증명서 : 재학증명서 또는 휴학증명서 또는 유학생 비자 3. 반명함판 사진 1매(3cm × 4cm) – 당일발급지점 방문시에는 사진파일(jpg 또는 bmp)로 가져감.
발급절차	· 국제 현금카드 ISIC : 키세스(우편 신청가능) · The one 국제학생 : 전국 외환은행 지점(외환은행방문 후 계좌개설, 별도의 체크카드 신청서 작성) · 대학 제휴 국제학생증(ISIC) : 재학 중인 학교의 서비스센터	· 우리은행 본사 및 우리은행 유학이주센터 · 발급 소요기간 : 당일발급(100개 지점) 또는 1주일
혜 택	· 유럽 기차 예약 서비스 수수료 무료	· 유레일패스 할인 등등 혜택

【자료】 http://www.isic.co.kr/pack2/index.html 및 http://www.isecard.co.kr/를 토대로 재구성.

3) 유스호스텔 회원증

유스호스텔(Youth Hostel)이란 청소년이 자연과 친숙해지고 건전한 야외활동을 갖게 하기 위하여 비영리적인 숙박시설을 갖추고 적극적으로 자연과 사귐을 촉진하는 운동, 또는 그 숙박시설을 말한다.

[그림 6-3] 유스호스텔 회원증 모형

유스호스텔에는 여행 호스텔, 휴가 호스텔이 있으며, 후자는 해수욕·하이킹 등을 위한 하계 호스텔과 스케이트 등의 윈터 스포츠를 위한 동계 호스텔, 개인·학생 등이 이용교실로 이용하는 주말 호스텔 및 도시 호스텔의 4종류가 있다. 호스텔 안에서 활동은 모두 셀프서비스이며, 같은 날 같은 호스텔에 유숙하게 된 자는 페어런츠(Parents)로 불리는 관리자를 중심으로 미팅이나 레크리에이션을 통해 우의를 다지게 된다. 그래서 유스 호스텔은 단순한 숙박장소가 아니라 야외활동의 근거지이다. 회원증의 종류는 다음 표와 같다.

종 류	자 격
청소년	만 24세 이하
성 인	만 24세 이상
가 족	부부 및 16세 이하의 자녀 부부(2장)에게 발급, 가족관계증명서 첨부
그 룹	교사 및 청소년 지도자가 24세 이하의 학생 및 청소년을 인솔시(10인 기준) 교사자격증 사본첨부. 그룹 회원증 불가한 유스호스텔이 있음.
평 생	만 25세 이상, 가족 평생일 경우 가족관계증명서 첨부

【자료】 한국유스호스텔연맹 웹사이트, 2010에 의거 재구성.

4) 국제예방접종증명서

[그림 6-4] 국제예방접종증명서 모형

국제예방접종증명서(International Certificates of Vaccination)는 국내 또는 국외로 검역전염병(콜레라·페스트·천연두·황열)이 전염되는 것을 방지하기 위하여 국내로 들어오거나 국내에서 떠나는 선박·항공기 및 그 승객과 승무원에 대한 검역증명서이다. 외국에서 들어오거나 외국으로 떠나는 선박·항공기 및 그 승무원·승객은 일정한 검역항·검역비행장에서 검역관의 검역을 받아야 한다.

질병이 발생한 국가에 입국하거나 그 국가를 경유하려면 검역증(국제예방접종증명서·증명서 색깔이 노랗다고 하여 일명 Yellow Card)을 소지하지 않으면 입국 또는 출국할 수 없게 되어 있다.

또 전염병 유행지에서 온 선박과 항공기의 기항정지, 환자와 의사환자의 격리·소독, 물품의 이동 금지, 잠복기간 내의 여객·승무원의 정류 등도 실시한다.

동식물의 경우에도 동물검역증명서와 식물검역증명서 등과 같이 해당 물품 각각에 대한 별도의 증명서가 발급된다. 개나 고양이 등 애완동물을 반입할 때에는 이외에도 광견병 예방접종증명서를 첨부해야 한다.

〈표 6-4〉 여행지역별로 접종이 권장되는 백신의 우선순위(주로 성인)

구 분	황열	A형간염	B형간염	파상풍	광견병	일본뇌염	디프테리아	폴리오(Polio)	장티부스*	수막염균*
동아시아		◎	◎	◎	○	○			○	
남아시아		◎	◎	◎	○	○		○	◎	
중근동		◎	○	○	○			○		●
아프리카	●	◎	◎	◎	○			○	○	◎
동유럽		○	○	○	○		○			
중남미	●	◎	◎	◎	○				○	

●: 예방접종증명에 요구되는 나라나 지역이 있음. ◎: 강력 추천, ○: 추천

* 단 장티부스와 수막염균의 백신은 국내에서는 인가되어 있지 않음.

【자료】 日本旅行医学会, 旅行医学質問箱, Medical View, 2009, p. 50.

7

여정관리업무

01 여정관리업무의 정의

종래에는 해외·국내여행을 불문하고 단체여행에 동행하는 인솔자[1]의 업무에 대해서 하등의 자격이 요구되지 않았다. 그러나 여행이 주문생산에서 기획생산으로 전환되는 동시에 패키지여행이 여행상품의 주종을 이루게 되자 여행사에서는 여행 상품을 철저히 관리하려는 움직임이 나타나기 시작하였고, 급기야는 1983년에 여정 전반을 관리하게 될 국외여행인솔자제도가 도입되어 실시되고 있다.

여행사에서 여행상품의 품질을 관리하기 위해서는 여행사 내 모든 사원의 참여가 필수적이나, 그 가운데에서도 현장에서 고객을 인솔하고 여행일정을 관리하는 여정관리자(旅程管理者, TC : Tour Conducrtor) 역할이야말로 더욱 중요한 위치에 있다 할 것이다.[2]

여정관리자의 새로운 등장은 여행업의 사회적 책임을 강조하는 한편, 여행자 측면에서 볼 때에는 소비자보호라는 내용도 강하게 작용된다고 하겠다. 즉 여정관리업무란 다음의 네 가지 사항이 주된 내용임을 알 수 있다.[3]

① 소정의 여행서비스를 확실히 제공하도록 여행개시 전의 예약 등을 정확히 행할 것
② 여행지에서의 여행서비스가 당초의 계획대로 이루어지도록 필요한 수속을 실시할 것
③ 당초의 여행서비스를 변경하지 않을 수 없는 사유가 발생한 경우에는 대체 서비스의 수배나 그에 필요한 수속 등을 행할 것
④ 복수의 여행자가 동일행동을 하는 여정에 있어서는 집합시간이나 장소 등

---

1) 영어로는 Tour Conductor, Tour Guide 또는 Tour Leader, Tour Director, Tour Manager 등으로 일본에서는 텐조인(添乘員) 또는 Tour Escort로 주로 불린다. 또한 업무의 책임 경중에 따라서 Chief Conductor와 Sub-Conductor(Baggage Master)로 나뉜다.
2) 정찬종·신동숙, 국외여행인솔실무, 대왕사, 2004, p. 18.
3) Travl Agent Manual, Travl Journal, 1989, pp. 238~239.

에 관한 필요한 지시를 할 것

이와 같이 여정관리업무는 판매결과의 최종단계의 업무이다. 그리고 그 마무리는 고객이 그 여행에 대한 기대를 당초의 기대대로 충족시킬 때 처음으로 완전한 것이 된다. 그러므로 고객에게는 낯설고 또한 풍속습관이 다른 외국에서 여행을 매끄럽게 그리고 유효하게 하기 위해서는 적극적으로 협력하고 도와줌으로써 보다 좋은 운영을 도모하는 것이라고 할 수 있다.[4]

 여정관리자의 요건

1) 인솔학(引率學)의 확립과 자유자재의 응용

"여행의 좋고 나쁨은 인솔자로 결정된다"는 말이 있는데, 이미 몇 번 인솔을 해 본 중견 인솔자라면 충분히 느끼는 말일 것이다.

여행업은 바야흐로 근대적 산업으로서 확립되어 가고 있다. 그러나 상품기획, 상품조성, 유통 등의 면에서는 급속하게 근대화를 이루고 있음에도 불구하고 여행상품에서도 가장 중요한 품질관리, 그 중에서도 여행업의 특질에서 품질결정에 중요한 역할을 담당하는 인솔자라는 직무에 관해서는 아직까지 확고한 이론이 설정되어 있지 못한 것이 실상이다.

국내여행의 인솔은 이제 인솔자가 없어서 운전기사 혼자서 고객을 인솔하는 처지가 되었으며, 무자격 인솔자들이 지식이 결여된 채로 해외여행을 인솔하고 자기 나름의 아류로 여행을 종료시켜 그것을 반복하는 가운데 자기 자신의 독자적인 인솔이론이 최선인 양 행세하는 자가 상당수 발견되고 있다.

여행업계의 다수회사가 거의 비슷한 상품을 팔고 있는 현상에서 그 상품에 대한 자사의 특징을 인상지우기 위해서는 A사는 A사의, B사는 B사의 인솔 특색을 나타내야만 하는 것이다. 즉 각 여행사 인솔자의 업무추진방법에서도 통일된 사

4) 近畿日本ツーリスト, エスコトマニュアルガイドライン, 1999, p. 14.

상 및 수법이 담겨져야 하며, 이러한 견지에서 업계통일의 인솔학 개론이 빨리 확립되어 그에 기반을 둔 각 여행사의 독자적인 기술론이 완성되는 것이 바람직할 것이다.

학문이 확립된다 해도 인솔자라는 직무가 응용의 연속이기 때문에 그를 위해서는 일상생활에서의 게으름 없이 확고한 기초 위에 독자적인 기술을 가미하지 않으면 안 된다.

2) 인솔자와 전인격(全人格)판매

인솔자는 여행기간 중 매일 24시간 모든 생활을 고객과 함께 하게 된다. 따라서 일상의 사회생활에서 타인에게 보여 주지 않은 전인격을 고객에게 속속들이 드러내게 된다. 즉 자신의 전인격을 고객에게 보여줌으로써 재생산에 연결하고 있는지도 모른다.

그러므로 인솔자는 가능한 한 자신의 좋은 인격을 팔도록 노력하지 않으면 안된다. 인격을 판다는 말은 온당한 것이 아닐지 모르지만, 일단 판매로 보아 인격의 상품가치를 생각해 보자는 것이다.

인솔자의 직무분석은 [그림 7-1]에 나타난 바대로 각종의 직무에 자신의 인격을 반영시키면서 그 가치를 고객에게 인식시키는 셈이다.5)

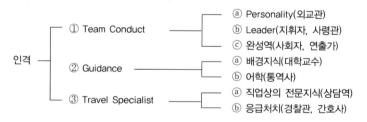

[그림 7-1] 인솔자의 직무분석

이 가운데 ①은 자질적 요소가 강하고, ②는 후천적 획득형, ③은 직업적 경험 요소가 강하다고 말할 수 있다. 인간은 누구나 완전할 수 없기 때문에 각각의

---

5) Travel Agent Manual, Travel Journal, 1974, pp. 203~204.

결점을 보완하려는 노력이 필요하다.

인솔이라는 업무는 아주 전문적인 것은 아니기 때문에 다른 전문가(목수, 야구선수, 바둑의 명인, 외과의사 등)처럼 여러 가지가 조화된 종합적 전문가여야한다. 여기에 업무의 어려움이 있는 것이며, 누구나 할 수 없는 자랑과 즐거움이 생기는 것이다. 천부적인 것 이외에 노력으로써 달성되는 것이 꽤 많이 있으므로 꾸준한 자기연찬(自己研鑽)이 있어야 한다.

3) 인솔자의 덕목

앞에서도 언급했지만 인솔자의 개성에는 선천적 자질요소가 강하기는 하나 노력에 의해서 개선할 수 있다. 인솔자가 갖추어야 할 덕목으로 5S란 것이 있다. 즉 성실·명랑·세련·신속·확실이 그것이다. 모름지기 여정관리자란 고객입장에서 친절하게 봉사하려는 마음, 원만한 인격과 풍부한 인간성, 심신의 건강, 고객을 장악할 수 있는 리더십, 정확한 판단과 분명한 대응처리 능력, 풍부한 업무지식, 충분한 어학력, 일반적인 생활매너 등이며,[6] 갖추어야 할 덕목으로는 다음과 같은 것이 있다.

(1) 성실(Sincerity)

여행에만 국한되지 않고 모든 상품판매의 기본은 성실이다. 결함상품, 속임수 상품은 기업의 불성실에서 파생된다고 해도 과언이 아니다. 인솔자라는 상품의 중요부품이 성실하지 않으면 여행상품은 불량상품으로 간주되어도 별 수 없다.

소비자는 일견 무지해 보이나 뛰어난 비평가이며 인솔자의 사소한 실수까지도 간파하고 있기 때문에 고객에 성실히 복무해야 한다.

미숙한 인솔자가 실수를 연발하면서도 최선을 다해 성실하게 복무한 결과 다음 여행의 지명(指名) 인솔자가 된 경우가 허다하며, 그와 반대로 소위 베테랑 인솔자로 자처하는 사람이 적당히 눈속임을 해 자기이익을 챙기려다 후에 들통이 나 귀국 후 불평을 자아냄은 물론, 심한 경우 소송까지로 비화되는 예도 있었다. 성실의 중요성이 재삼 강조되는 사례라고 생각된다.

---

6) JHRS, ハートフルビジネス, ジェイティビ能力開発, 2005, p. 103.

(2) 명랑(Smile)

여행업은 꿈을 파는 직업이다. 대다수 고객은 즐거움을 추구하여 여행을 하고 있는 것이다. 그 여행에 함께 연출하는 인솔자가 우울한 모양을 해서는 즐거운 여행이 될 수 없다는 것은 자명하다.

인솔자 자신이 명랑한 것은 물론이거니와 고객 간 팀워크를 이루는 것도 필요하고, 방문지에서 만나는 현지가이드나 운전기사, 거리의 사람들과의 접촉에 있어서도 밝은 분위기를 연출하는 기술도 필요하다.

부처님의 가르침에 "재산이 있는 자는 그것을 베풀고(財施), 재산이 없는 사람은 불법의 지혜를 베풀고(法施), 그리고 이것 둘다 없는 사람은 상대방에게 두려움을 주지 않기 위해 미소를 베풀어라(無畏施)"는 말이 있다.[7] 이 말이야말로 대인관계의 기본적 가르침은 아닐는지.

(3) 세련(Smartness)

해외여행이 지니는 이미지는 제트기로 대표되듯 세련됨 그것이다. 해외여행과 관련하여 여행사의 내근사원, 인솔자 할 것 없이 근대적인 센스와 넘치는 직업 이미지를 고객에게 전해 주고 있다. 따라서 인솔자는 용모, 복장, 태도, 매너, 동작, 언어구사 등에 있어서 세련미가 있도록 주의하지 않으면 안 된다.

(4) 신속(Speed)

당황하지 말고 서두르라는 말이 있다. 서두르는 면에서는 아마 우리나라 사람이 세계 제일이 아닐까 싶다. 순간적인 동작이나 판단이 요구되는 경우 결코 당황해서는 안 되며, 차분하면서도 민첩하게 행동을 함으로써 고객에게 불안감을 주지 않도록 해야 한다.

(5) 확실(Sureness)

여행은 반복실시가 불가능하다고 일컫는다. 소수의 예외를 제외하고 같은 장소를 여러 번 찾는 사람도 드물다. 따라서 인솔자는 여행계획에 따라 섬세한 재

---

7) 香川昭彦, 添乗人間学, トラベルジャーナル, 1988, p. 77.

확인 등을 하여 하나하나의 확실한 여행을 만들어 나가지 않으면 안 된다.

이상의 5가지 덕목은 인솔자에게는 기본이고 사람에 따라서는 이외에 여러 항목을 추가 확대함과 동시에 매회의 여행이 처음이라는 기분으로 여행인솔에 임하는 자세가 필요하다 하겠다.

4) 인솔자의 자세

(1) 고객입장에서의 인솔

인솔자는 어떤 관광지에 자주 가게 되므로 마음이 이완되기 쉽다. 그러나 고객은 처음으로 가는 곳이 대부분이므로 아침부터 밤늦게까지 시간이 있는 한, 체력이 허용하는 한, 정력적으로 몸을 움직여 되도록 많은 곳을(것을) 보고 싶어 한다. 그러므로 여행인솔자는 고객의 이러한 점을 잘 파악하여 고객입장에 선 인솔에 임하지 않으면 안 된다.

물론 여행업도 비즈니스이기 때문에 일단의 업무시간은 명확히 할 필요가 있다. 인솔자의 근무시간은 원칙적으로 오전 8시부터 오후 8시까지이므로 선은 분명히 하고, 그 위에 높은 차원에서의 고객의 입장에서 생각하는, 고객과 마음의 접촉을 유지한다는 정신을 잊어서는 안 된다.

(2) 인솔자와 고객과의 인간관계

친근감이 가는 손님에게 친절을 베푼다거나 매력 있는 이성에게 마음을 쓰는 것은 인지상정이다. 그러나 인솔자는 그러한 개인적 감정을 억제하지 않고는 근무할 수 없다. 오히려 친근감이 안가는 사람에게 인솔자 자신이 적극적으로 접근해야 하는 것이다. 거기에서 의외의 인생의 한 면에 눈을 뜨게 되어 인솔자 개인의 인간적 성장에도 크게 도움 되는 결과가 되는 동시에 단원 상호간의 인간관계도 인솔자를 접촉매체로 하여 친화의 도를 높이게 되는 것이다.

그러므로 인솔자는 고객 상호 간의 친화에 주의하면서 성격이 다른 사람끼리, 젊은 층과 중·장·노년층 간, 이성 간 어느 편에 서지 않는 중간 입장에서 모든 고객이 자신들이 소외되었다고 생각이 들지 않도록 부단한 주의를 하지 않으면 안 된다.

(3) 인솔자와 건강유지

인솔자는 늘 혼자 단체를 운영해나가는 중책을 지고 있다. 여행지에서 감기라도 걸리면 손님은 물론 많은 사람에게 손해를 끼치게 된다. 만약 업무수행이 곤란하여 한국에서 다른 인솔자를 파견하는 경우라도 생기게 되면 이만저만한 경비가 드는 게 아니다.

회사 측으로서는 단체의 이익은 고사하고 대체 인솔자 경비로 인해 적자 발생도 감수해야 하는 것이다. 더구나 교체 인솔자가 오기까지 손님들은 각종 불편을 겪지 않으면 안 된다. 따라서 인솔자는 평소 체력을 단련하여 어떠한 악조건에서도 견딜 수 있는 체력을 유지하도록 힘써야 하며, 지병이 있는 경우에는 이를 퇴치해야 한다.

(4) 인솔자 간의 팀워크

2인 이상이 한 조가 되어 업무를 수행할 때 한 사람이 수석인솔자, 나머지 인솔자가 보조인솔자(Sub-Conductor)가 된다. 이러한 경우 동등의 책임과 의무가 있는 것은 변함없지만, 각각의 분담은 명확히 해두지 않으면 안 된다.

선임인솔자(Chief Conductor)는 단체 전체의 운영을 통괄하는 입장에 있으며, 그만큼 업무가 많고 정신적 부담도 크다. 보조인솔자는 수석인솔자의 업무진행 방법을 가능한 한 빨리 파악하여 수석인솔자의 방침에 맞추도록 노력하지 않으면 안 된다.

선임인솔자는 보조인솔자를 신뢰하고 필요한 때에 충분한 지시를 한 후에는 가능한 보조인솔자에게 맡긴다. 작은 일까지 일일이 얘기하면 보조인솔자는 의욕이 감퇴되어 일할 마음을 잃게 되는 것이다. 특히 고객의 면에서 보조인솔자를 꾸짖거나 모욕을 주어서는 보조인솔자의 입장은 물론이거니와 고객에게도 불쾌감을 주게 된다. 서로 협조체제를 발휘하여 상대방을 존중하고 마음을 합치는 자세가 쌍방에게 필요하다 할 것이다.

(5) 인솔자와 어학

인솔자의 업무는 어학으로 성립되어 있는 부분이 대단히 크다. 현지가이드 및 운전기사와의 협의, 예약재확인, 호텔종사원과의 교섭 등 그 어느 것 하나도 어학을 필요로 하지 않는 것이 없다. 특히 교통기관의 파업이나 비상사태 발생 시에 효과적인 대처를 위해서는 어학이 절대적 요건이 된다.

특히 중남미 및 아프리카지역과 같은 특수지역처럼 한국어가이드를 구할 수 없는 지역에서는 현지가이드의 설명을 한국어로 통역 · 해설하지 않으면 안 되기 때문에 이와 같은 점에서도 외국어(영어, 일어) 등의 실력 배양은 필수적 과제가 된다.

외국어 구사능력과 인솔자의 신뢰도와는 밀접한 관계가 있으며, 이것은 인솔자의 존재이유와도 직 · 간접적으로 관련되는 중요한 문제이다.[8]

(6) 재판매 촉진을 위한 연구

여행의 기획과 실행 사이에는 그 격차가 항상 존재하기 마련이다. 이러한 격차를 해소하기 위해 자료를 제공하는 사람은 다름 아닌 인솔자이다. 따라서 인솔자는 여행일정의 단순한 진행 이외에도 고객이 진정 희망하는 것, 흥미와 관심을 가지고 있는 것, 새로운 관광지의 등장 등을 예리하게 파악하고 관찰하여 이를 메모하고 투어 보고서를 제출할 때에는 구체적으로 기록하여야 한다.

또한 여정내용, 수배방법 등 개선사항이 있을 때에는 기탄없이 의견을 회사측에 제출해야 한다. 이러한 자세가 있어야 비로소 인솔자의 업무도 창조적인 것이 되며 한층 더 높은 차원이 된다. 아울러 단체를 구성할 만한 능력이 있는 사람과 특히 친분관계를 유지하여 재판매의 기회로 삼는 한편, 꾸준한 연락으로 판매성과 고양에 적극적 자세가 요청된다.

(7) 인솔자와 여행도우미(총무)

인솔자가 인솔업무를 원활히 하기 위해서는 여행 중 인솔업무에 협조적인 인솔도우미, 즉 총무를 잘 뽑아야 한다. 총무는 대개 다음과 같은 사람을 뽑아 도움을 받으면 아주 좋다.

---

8) 관협자료 82-15, 국외여행인솔실무, 한국관광협회, 1982, pp. 27~29

① 착하면서도 여행경험이 있는 사람 : 돈을 관리하는 일이라서 간혹 사고가 생길 수도 있으니 가급적이면 성실한 사람을 뽑는다. 여행경험이 많은 사람보다 적당한 여행경험이 있는 사람이면 좋다.

② 30~40대가 적당하다 : 이 정도 나이라면 건강하며, 적당한 인생경험과 생활의 여유가 있다. 또한 인생의 중년으로서 위·아래 연령대와 대화가 가능하기 때문이다.

③ 남자 인솔자일 경우는 아주머니 총무가 좋다 : 어느 정도 생활의 여유가 있다. 그리고 이런 분일수록 인솔자의 처지를 많이 생각하려고 노력한다.

④ 해당 여행사 팬들을 적극 활용하라 : 규모가 큰 여행사는 단골손님을 많이 보유하고 있다. 여행 중에 이런 사람들은 뒤에서 인솔자들의 업무를 많이 도와주는 편이다. 팬들을 활용하면 어려운 일을 피해갈 수 있다.

⑤ 수도권에 사는 사람들이 비교적 이해심이 많다 : 수도권에 사는 사람들은 각 지역에서 상경한 사람들이 많으므로 지방색이 비교적 적고, 한 곳에서 줄곧 살아온 사람들보다 이해심과 합리성을 보유하고 있다.

그러나 ① 쫀쫀하고 이해심이 적은 사람, ② 남을 배려할 줄 모르는 사람, ③ 젊은 연령대의 사람, ④ 나이가 너무 많은 사람, ⑤ 가족을 데리고 여행하는 사람 등은 인솔자 도우미로서 피해야할 대상이다.

〈표 7-1〉 일반적으로 여행자가 알고 싶어 하는 정보

항 목	세부내역	비 고
1. 비용(가격)	◎ 판매가격(이 중 무엇이 포함이며 무엇이 불포함인가) ◎ 판매가격 이외의 여행자의 필요경비 • 어느 정도의 용돈이 필요한가 • 외국화폐와의 교환비율	- 판매가격 이외의 필요경비 등 명확한 설명이 적다. - 현지화폐에 대해서도 정보 불충분
2. 교통기관	※화폐단위, 일용품 등의 현지 가격 ◎ 항공사의 명칭 ◎ 탑승시간(탑승소요시간) • 기타 교통기관의 종류와 회사명 • 승차구간, 시각, 승차예정 등급	- 발착시간은 명시되어 있지만 소요시간의 기재는 드물다.

	※환승장소·횟수 ※현지 택시 등의 이용방법과 요금 ※도보의 경우 거리와 환경 ※구경 장소까지의 교통기간	
3. 언어	◎ 무슨 말을 사용하고 있나. • 통역이 나오는가(상시 또는 임시) ※간단한 용어의 지식	- 어떤 여행사의 팸플릿에 각국의 인사 말이 기재되어 있는데, 이는 친절한 표 시이다.
4. 식사	• 식사의 내용(기내식의 내용과 횟수, 시간) • 어디서 식사하는가 ※자유행동시의 식사장소와 가격 ※한국식사가 되는가. ※빵 등을 간단히 살 수 있는가	- 식사의 질, 양 모두 마음에 걸리는 점 이다. 개략적으로 그 내용을 알고 싶다.
5. 하물	◎ 반드시 지참해야 하는 것 ◎ 하물의 취급방법	- 불필요한 것을 의외로 가지고 가는 사 람이 많다.
6. 치안·범죄	• 짐의 도난 방지법 • 범죄 등의 위험은 없는가. 그 방지책 ◎ 출입금지장소의 명시 ※정정(政情) 불안은 없는가(현지정보)	- 목적지의 상황판단 필요
7. 복장	◎ 기후에 필요한 복장 • 매너에 필요한 복장	- 기후풍토를 잘 알고 준비해야 한다.
8. 건강	◎ 건강보전의 주의사항 • 의료관계는 어떻게 되어 있는가 • 지참해야 할 의약품 ※의사, 간호사의 동행 유무	
9. 기타	• 쇼핑의 장소와 주의점 • Tip관계의 주의점 • 인솔자에 대해서의 설명 • 어린이 동반에의 주의 ※미술관 등 견학장소의 입장료 ◎ 한국에의 전화방법 • 한국에서의 연락방법 등	

【주】 ◎ : 꼭 알고 싶다 • : 알고 있으면 안심 ※ : 참고사항
【자료】 宮内輝武, "旅行商品の品質表示", トラベルジャーナル, 1984, p. 9.

03 여정관리업무의 실제

여정관리업무의 기본적인 것은 국내·해외·외국인 여행업무를 통해서 거의 변화가 없다는 것은 앞서의 언급대로이다. 단지 인솔환경이 국내냐 해외냐의 문제와, 인솔대상이 한국인이냐 외국인이냐에 따른 것으로 기술적인 면에서의 차이는 조금씩 있는 게 사실이다.9)

여기서는 여정관리업무를 진행하는 순서에 따라 여행출발 전, 여행 중, 여행종료 후의 3부분으로 나누어 설명한다.

1) 여행출발 전의 준비

운송·숙박서비스를 비롯하여 여정을 구성하는 기타의 여행서비스 내용이나 수배상황을 잘 확인한다. 일반적으로 여행서비스의 예약·수배 등은 인솔자 자신이 하는 것이 아니기 때문에 여행내용을 충분히 숙지하고 확인을 확실히 해야 한다. 이 작업의 가부(可否)가 여행실시 과정에 지대한 영향을 가져오는 것이다. 일반적으로 확인해야 할 항목은 다음과 같다.

〈표 7-2〉 여행출발 전 확인사항

항 목	내 용
1. 여행계약 내용과 여행조건	·모집을 위한 팸플릿, 광고 등의 기재사항 ·계약성립의 경우 ·계약책임자의 의향
2. 여행일정과 수배내용	·여행자와의 계약내용 실현을 위한 운송·숙박·식사·관광 등 여정변경 가능성 부분에 대한 대체수단 ·숙박시설의 등급, 위치, 객실수 ·여행대금에 포함되는 식사횟수와 내용 ·송영(送迎)대절버스의 대수, 서비스요원, 관광시찰 등에 포함되는 견학개소

9) 長谷川巖, 旅行業通論, 東京観光専門学校出版局, 1986, pp. 120~121.

3. 운송서비스	· (항공기, 선박, 열차, 버스 등)의 운송조건, 제약 등
4. 여행참가자	· 여행자의 성별, 연령, 직업, 경력, 성격(가끔은 국적), 취미, 기호 등
5. 여행지의 정보	· 현지의 최신정보구득(대사관, 영사관, 항공사, 무역상사, 여행자)
6. 도항서류	· 여권, 사증, 항공권, 기타 각종 권류(券類), MCO, Voucher 등

[자료] 日本交通公社, 海外旅行添乘員養成基礎敎材, 1976, p. 12에 의거 재구성.

(1) 현지정보의 정리

해외여행의 자유화에 따라 참고서적이나 각국별 상세한 인솔서 등이 속속 출간되고 있으므로 참고하는 한편, 이러한 자료가 도움이 되기는 하나 내용은 이미 오래된 것이 많으므로 주의를 요한다.

최신판으로 소개된 자료라도 이미 그 자료를 인쇄하기까지는 수개월 이전에 원고가 작성되었기 때문이다. 현지정보 중 중요한 것을 정리하면 다음과 같다.[10]

① 방문하고자 하는 국가의 역사, 지리, 종료, 미술 등 일단 모든 분야에 걸쳐 상세히 알아둔다.
② 신문이나 참고자료를 통해서 그 나라와 한국과의 정치·경제상의 관계 등을 충분히 이해해 둔다.
③ 최근 화제가 되었던 뉴스라든지, 안내서(Guide Book)에 없는 현지정보 등을 가능하면 많이 수집해 둔다.
④ 이용항공기의 기종, 도중기착지, 실제소요시간, 기내식사의 유무 등을 여정표(Itinerary)에 메모해 둔다.
⑤ 기후와 시차, 출입국 수속시의 특별규제, 통화 및 교환비율 등에 관해서 최신의 자료에 의한 조사를 해둔다.
⑥ 시가 지도를 참고로 해서 숙박예정 호텔의 소재지를 확인해 두고 그 부근의 여건도 조사해 둔다.
⑦ 가급적이면 시내관광의 코스, 주된 관광 중 하차장소, 소요시간 등을 조사해서 메모해 둔다. 이와 같은 점은 선배에게 배우는 것이 가장 바람직하다.

---

10) ジェィティビ能力開発, 旅行業入門, 2005. p. 92.

⑧ 자유시간의 유효한 이용방법을 충분히 연구해 둔다. 가장 적당하다고 생각되는 선택관광(Optional Tour)을 몇 개 정도 설정해 두는 것이 바람직하다. 여행자가 만족할 수 있는 쇼핑가, 미술관, 식당, 나이트클럽 또는 쇼 등에 관해서도 조사해 두고 여행자의 요망에 따라서 인솔할 수 있도록 준비한다.

⑨ 풍속·습관의 차이라든지, 한국에 대한 감정 등에 관해서 여행자가 특별히 유념해야 할 사항, 또한 소매치기·도난 등의 범죄 다발유무도 조사해 둔다. 또한 사진촬영금지 구역의 유무에 관해서도 조사해 둔다.

⑩ 업무방문(공장, 기타 산업시설, 전시장, 연구소, 병원 등의 방문)이 있을 때에는 그에 대한 개요를 조사하고, 한국에 있어서의 상황, 통계수치, 방문시기 등 기본적인 것도 메모해 두면 좋다.

(2) 기획·판매담당자와의 협의

인솔자 자신이 상품을 기획하고 판매한 경우라면 별문제이겠으나, 대부분의 경우에는 기획 및 판매담당자와 여행인솔자가 서로 다르기 때문에 인솔에 즈음해서는 단체의 기획 및 판매사항의 경과에 대해서 정확하게 숙지하고 있어야 하며, 특히 다음 사항에 대해서는 협의가 있어야 할 것이다.

① 지금까지 그 여행조직자는 어느 지역에 몇 회 정도의 투어를 내보내고 있는가

② 여행조직자와 회사와의 지금까지 관계는 어떠한가

③ 여행조직자는 투어와 어떤 면을 가장 중요시하고 있는가

④ 여행조직자(Travel Organizer)측에서 동행하는 사람의 과거 해외여행 경력, 어학력, 성격, 취미, 현지에서의 진행방법, 자기 고집대로 진행하는 유형인가, 인솔자에게 완전히 위임하는가, 그렇지 않으면 상호 협의해서 진행하는 유형인가 등등

③, ④항에 대해서는 그 여행조직자의 단체에 인솔자로서 함께 다녀온 경험이 있는 사람에게서 듣는 것이 가장 참고가 된다. 여행조직자 이외의 일반 여행자에 대해서도 귀빈(VIP : Very Important Person), 즉 회사로서 특별히 신경을 써야할

중요한 고객은 없는가. 일부 여행자와 판매담당자 간에 무슨 특별한 약속사항은
없는가도 확인해 두어야 한다.

(3) 수배 담당자와의 협의

① 최종 일정의 체크
② Operator의 정확한 명세 확인
③ 바우처(voucher)와 티켓의 수령
④ 예약된 호텔
   • 숙박(Room Only 또는 European Plan)
   • 숙박과 아침식사(Room and Breakfast Only)
   • 2식 조건(Half Pension, Half-Board)
   • 3식 조건(Full-Pension, Full-Board)
⑤ 지불방법
⑥ 여행인솔자의 지참금 내역
⑦ 선택관광(Optional tour)의 계획과 지불
⑧ 이탈자(deviator · 여행도중 단체와 이탈하거나 합류를 하는 사람)에 대한
   처리
⑨ 미예약, 즉 예약된 상황의 것(항공편, 호텔, 기타)
⑩ 항공권의 인수(영문명의 여권대조)
⑪ 항공운임의 규칙 숙지
⑫ 비자 취득유무(여권의 개별적으로 확인)

(4) 일반여행자의 여행준비물

여행자나 여행인솔자 모두에게 적용되는 일반적 준비물은 다음 표와 같다.

체크항목	준비물 내용
여권 / 비자	해외여행의 필수품, 분실의 사고를 대비해 사진이 있는 1면은 복사해서 여권과 다른 곳에 보관해 둔다.
비상시 연락처	대사관, 영사관, 현지 한인회 등 연락처 확보
항공권	출국, 귀국날짜, 여정, 유효기간을 확인하고, 분실사고를 대비해 복사본을 보관한다.
한국 돈	공항 간 이동시 교통비, 공항세 지불 등에 필요한 돈
현지 돈	팁, 쇼핑, 선택관광, 기타 개인적인 경비 등에 필요한 돈
신용카드	해외에서 사용가능한 카드로 만일의 경우를 대비해 1장 정도 준비한다.
여행자수표	반드시 서명을 하고, 현금과의 비율은 7 : 3 정도로 환전한다.
여행자보험증	단체여행의 경우 준비하지 않아도 되며, 개별여행인 경우에는 사고를 대비해 준비해 가는 것이 좋다.
국제학생증	해당자는 할인혜택도 있기 때문에 준비해 가는 것이 좋다.
국제운전면허증	렌터카로 여행을 할 사람은 국내면허증과 함께 준비해 간다.
예비용 사진	여권 분실의 사고를 대비해 2~3장 정도 준비한다.
소형계산기	환율계산이나 쇼핑, 예산 산출 등에 편리하게 사용할 수 있다.
전화카드	한국으로 전화할 일이 많은 사람들은 구입해서 준비하는 것이 좋다.
작은 가방	큰 가방과 분리해서 휴대할 수 있는 작은 가방이 있으면 편리하다.
필기도구 / 수첩	여권번호, 여행자수표번호, 신용카드번호, 현지주요기관 등의 번호를 메모해 두고, 현지에서 얻은 유용한 정보를 메모할 수 있는 필기도구를 가져간다.
카메라와 필름	여행에 있어서 카메라는 필수품, 필름은 세계적으로 한국이 가장 저렴하므로, 한국에서 구입해가는 것이 좋다. 디지털 카메라도 좋다.
칫솔과 치약	해외호텔에는 없는 경우가 대부분이므로 준비해 가는 것이 좋다.
수건과 비누	호텔에 숙박하는 경우에는 필요 없으며, 그렇지 않은 경우 여행용으로 간단하게 준비해 간다. 특히 거품(목욕)수건과 때수건은 해외에는 거의 없다.
모자 / 선글라스	여름이나 열대기후 여행시에는 필수품
수영복	열대기후나 수영장, 해변이 있는 여행지에서는 필수품
자외선 차단크림	여름이나 열대기후 여행시에는 필수품
편한 신발	여행에는 걷는 시간이 많으므로 편한 신발이나 운동화를 준비하는 것이 좋다.
비치샌들	열대기후나 해변이 있는 여행지에서는 운동화보다 낫다.
휴대용 우산	비가 올 경우나 우기인 국가를 여행할 경우 휴대가 편리한 접이식 우산이 좋다.
화장품	여행용이나 소포장용을 가져가는 것이 좋다.
빗 / 드라이어	호텔에 없는 경우도 있으므로, 가져가는 것이 좋으며, 전압과 플러그를 확인하고 가져간다. 플러그는 호텔에서 대여해 주는 경우가 많다.

면도기	호텔에 1회용이 비치되어 있는 경우도 있지만, 그래도 준비해 가는 것이 좋다. 전압과 플러그를 꼭 확인한다.
셔츠 / 바지	편한 것으로 여행기간에 맞게 준비하며, 되도록 적게 가져가는 것이 좋다.
재킷 / 가디건	냉방차, 비행기, 비올 때, 밤에는 기온차가 생기므로 가벼운 것으로 준비하는 것이 좋다.
속 옷	호텔 등에서 세탁을 할 수도 있으므로, 여행기간에 맞게 준비한다.
편한 신발	여행에는 걷는 시간이 많으므로 편한 신발이나 운동화를 준비하는 것이 좋다.
생리용품	현지에서 구입하기가 쉽지 않고, 비싼 경우가 많으므로 미리 준비해 가는 것이 좋다.
비상약	평소에 복용하는 약, 지사제, 소화제, 신경안정제, 진통제, 멀미약, 감기약, 피로회복제, 1회용 밴드 등
비닐봉투	빨래할 옷, 젖은 옷, 잡동사니를 넣기에 편리하다.
물 통	휴대용으로 준비하거나, 생수는 현지에서 쉽게 구입할 수 있다.
침 낭	장기 배낭여행자의 경우 야외에서 숙박할 경우 필요하다.
세제와 손세척제	장기 배낭여행자의 경우에는 소포장으로 가져가는 것이 좋다.
선 물	현지에 친지가 있는 경우나, 우리의 문화를 알리는 작은 답례품을 가져가는 것이 좋다(인삼차, 한국인형, 열쇠고리, 핸드폰 줄 등).
손톱깍이 / 귀이개다용도칼	휴대용으로 작은 것을 가져가면 요긴하게 쓰이는 경우가 많다. 귀이개는 수영장이나 해변이 있는 경우 요긴하게 쓰인다.
알람손목시계	바쁜 일정 중에 스케줄 관리에 편리하다.
사전과 회화집	한 / 영, 영 / 한사전 및 간단한 회화집
한국음식	이국음식에 잘 적응하지 못하는 사람은 튜브나 진공포장된 고추장, 멸치, 김 정도를 가져가면 좋다.
인솔자 용품 (서류)	단원명부, 알선대장사본, 국문일정표, 현지여행사일람표, 현지버스회사일람표, 긴급연락처일람표, 버스용 스티커, 그룹 수하물표, 호치키스, 자명시계, 하물구분용 리본, 단원용 배지, 매직펜(적, 흑)약품 세트, 게시용지, 나침반, 여행보험증, 출·입국에 필요한 양식, 구급의약품 등

그리고 자택에 남겨 놓아야 할 것으로는 여행보험증사본, 여행일정표, 항공사 또는 외국의 지상수배업자 전화번호 등이다.[11]

---

11) 대한항공, 해외여행인솔서, 발행연도 불명, p. 20.

2) 출국준비

(1) 공항에의 접근방법

시내로부터 공항까지는 시내버스를 비롯하여 공항버스·택시·지하철 등을 이용하여 접근할 수 있다. 외국에서는 모노레일이나 헬리콥터서비스까지 있으므로 항공편 출발시각을 고려하여 적어도 2시간 이전에 공항에 도착하는 것이 좋다.

인천국제공항에의 접근방법은 인천국제공항고속도로나 공항철도를 이용하는 것이다. 인천국제공항 고속도로는 공항 이용자를 위한 공항전용 고속도로이다. 즉 공항진출 목적 외의 차량진출이 제한되어 공항이용자가 제 시간에 공항을 이용할 수 있도록 운영되고 있다.

인천국제공항의 여객터미널은 지하층을 포함하여 총 5개 층으로 구성되어 있는데, 공항에 도착하면 3층 출발층에 있는 운항정보안내모니터에서 탑승할 항공사와 탑승수속카운터(A~M)를 확인한 후 해당 탑승수속카운터로 이동하여 탑승수속을 받으면 된다.

2018년 1월 18일부터 인천공항 제2여객터미널은 대한항공, 델타항공, 에어프랑스, KLM 네덜란드 항공이 우선 사용을 하며, 추후 2023년 이전까지는 'Sky Team'의 동맹 항공사의 이용을 확대할 예정이다.

(2) 항공사 카운터에서

여행인솔자는 회사에서 정해진 시각(통상적으로 고객의 집합시간보다 적어도 30~60분 전까지 공항에 반드시 도착한다. 고속도로 등의 혼잡상황을 고려하여 지연가능성은 미리 계산에 넣어 둔다. 출발업무관리의 확인사항은 다음과 같다.[12]

① 항공사 카운터 책임자와 협의한다.
- 여권(사증), 예방접종증명서의 확인은 항공사가 하는지 이쪽에서 대행해도 되는지
- 혼잡상황
- 흡연석·금연석의 비율
- 비행소요시간, 도중체류횟수, 기내식에 대해서의 확인

---

12) Tour Conductor Manual, Travel Journal, 1983. pp. 13~15.

① 고객의 만남을 위한 표시가 되는 깃발 등 게시

② 여행서류를 항공사 담당자에게 인도함. 예방접종증명서는 국립검역소의 확인필요. 없는 경우 즉시 검역소에서 취득할 것

③ 체크할 하물을 손님으로부터 수령함. 그 사이 현금, 귀금속류, 깨지기 쉬운 물건(Fragile Goods), 외국제품, 면세구입품이 들어 있지 않은지를 확인. 열쇠를 채우고 있는지도 확인. 고객마다의 하물(荷物)수 확인

④ 고객의 기내 지입하물 가운데 큰 가위 등 도검류가 들어 있지 않은지 확인. 혹 들어 있는 경우 위탁수하물로 처리. 또한 항공납치(Hijacking) 방지검사 필요상 기내 지입하물이 1인 1개로 제한되어 있는 경우에는 그 취지를 확인

⑤ 항공사 담당자로부터 여권, 예방접종증명서, 항공권, 수하물표, 탑승권을 수령하여 매수를 확인

⑥ 수하물표(Claim Tag)의 목적지 잘못은 없는지(접속편의 Through Check인 경우에는 접속편도), 권편(券片)마다 확인. 이 두 가지는 한국출발시보다 오히려 단체진행 중의 공항 출발시에 잘못이 많으므로 모든 여행일정에 걸쳐 권편마다 확인을 잊지 말아야 한다.

⑦ 일행 중 외국의 영주권소지자가 있는지의 여부를 확인하여 영주권이 있는 자는 체크인 시 영주권을 제시하게 하고 출국에 문제가 없는지 확인한다.

⑧ 일행 중 어린이를 동반하고 있는 경우 어린이와 보호자가 옆자리로 배치되어 있는지를 다시 한 번 점검한다.

⑨ 일행이 복수국적(국내거주 외국인)인 경우에는 목적국의 입출국이 한국인과 다르므로 세심한 주의를 한다.

>>> 주 의

좌석배정 : 좌석번호는 블록(Block)[13]으로 수취하여 여행안내원이 배정한다. 항공사에 일임하면 적절한 배정이 안 된다. 게다가 단체가 큰 경우에는 전날에 사전수속(Pre Check-in)도 가능하므로 이 제도를 활용하면 좋다. 좌석배정의 원칙은 다음과 같다.

---

13) 블록이란 좌석이 여기 저기 흩어진 것이 아니라 한 구역을 몽땅 차지하는 것이다. 그래야 인솔하기 쉽다.

① 고령자는 가급적 창문 쪽에

② 부부, 가족, 친구끼리는 반드시 병렬적으로, 신혼부부는 가급적 안정된 장소에

③ 기타 단독여행자는 가능한 한 연령층이 비슷한 병렬석(옆자리)에

④ 기타 조건이 같을 때에는 Rooming List에 의해, 동실자(同室者) 끼리는 옆 좌석에

⑤ 단장이 단원 전반을 잘 알고 있는 경우에는 단장의 의견을 들어 가급적 단장의 의견대로 배정

⑥ 여행인솔자는 마지막 자리의 통로 측에

Boeing 747이나 DC-10 등에서는 기내의 중간에 있는 서비스실이나 화장실에 가까운 자리는 사람들의 출입이 많기 때문에 불안정하므로 좌석배정 시 주의를 요한다.

단원의 연령, 조건이 모두 비슷할 때에는 전원을 3명 1조로 나누어 단원끼리, 조원끼리 좌석을 배정하도록 하는 방법도 합리적이다.

이후 여행도중 좌석배정마다 환자나 고령자는 항상 창문 쪽에 앉도록 해도 다른 사람에게는 가능한 한 순번을 정해 공평을 기한다.

행선지에 따라서는 신혼여행자가 많이 이용하는 노선도 있어 좌석배정에 어려움을 겪게 되는 바, 이때에는 ① 추첨, ② 사정을 설명하여 납득시킴, ③ 항공사에 재차 교섭하여 좌석번호를 바꾸는 등의 방법이 있다. 좌석배정표를 만들어 관리하면 기내에서 고객의 성명을 외우기 좋고 차후의 여정에 좌석배정시 참고가 된다.

(3) 출국심사시

여행인솔자는 맨 선두에서 출국심사를 받은 후 단원이 전부 수속을 끝마쳤는지를 확인한 다음 면세구역에서 간단한 쇼핑을 하도록 인솔한다. 이때 단원에게 확인할 사항은 다음과 같은 것이 있다.

① 시내의 면세점에서 구입한 면세품의 수취여부
② 귀중품(보석류, 비디오, 고급시계 등)의 세관신고 여부(신고필증의 안전보관)
③ 탑승시간(Boarding Time) 및 탑승구(Boarding Gate)의 위치

여행인솔자는 탑승개시 시간 전에 탑승 카운터에 미리 도착하여 단원의 탑승을 유도하고 단원의 탑승을 확인한다. 이 때 쇼핑에 몰두하여 탑승이 늦어지는 고객이 있을 경우에는 항공사로 하여금 방송을 하게 하거나 핸드폰으로 해당고객을 호출한다.

3) 기내(機內)에서

기내는 인솔자가 드디어 실질적으로 혼자서 단원에의 서비스를 개시하는 장소인 동시에, 여기서의 첫인상이 고객이 인솔자에 대한 인솔자관(引率者觀)을 크게 좌우한다.

여행인솔자가 만사에 신경을 써주고 있다는 신뢰감을 단원에게 심어 놓으면 이후의 인솔이 매우 편해진다. 단지 객실승무원의 수칙범위를 필요 이상으로 침범하지 않도록 주의해야 한다. 기내에서의 확인사항으로는,

① 전원 착석했는지를 확인한다.
② 좌석이 뒤죽박죽 배정되어 있을 경우 다른 한국인 단체가 있을 때 수석사무장(Chief Purser)과 상담하여 교체를 부탁한다.
③ 객실승무원에게 자신이 여행인솔자라는 취지를 알리고 기내식이 나오는 대체적인 시각을 문의해 둔다. 목적지의 출입국카드(Embarkation Disembarkation Card)를 미리 작성한 때에는 그 사실을 알려 둔다.
④ 벨트착용 사인이 꺼진 후 객석을 둘러본다. 수하물의 보관상태가 서툴러 불편하게 앉아 있는 고객이 있으면 수하물을 좌석의 밑에 넣거나, 기종에 따라서는 선반에 올리거나 객실승무원에게 부탁하여 별도의 장소에 보관시킨다. 다음의 착륙지점까지의 소요시간, 시차, 기내식과 음료, 제반설비의 위치나 이용법에 대해서 객실승무원이 한국어로 인솔이 없을 경우 이를

통역해 주고 상의나 신발을 벗고 편안하게 여행하도록 유도한다.

⑤ 야간비행의 경우, 기내식이 끝나면 시간을 보아 좌석을 젖히고 베개나 모포를 할당, 전원이 빨리 수면할 수 있는 태세로 들어가도록 유도한다. 방치해두면 여행에 익숙하지 못한 고객은 좀처럼 자지 못한다.

⑥ 도중 기항지에서는 여권, 예방접종증명서, 귀중품만(희망자는 카메라도) 휴대하고 나머지 물건은 쇼핑백 등에 넣어 좌석 위에 놔두던지, 위의 선반에 넣어 두도록 유도한다. 좌석의 포켓(그물)에 넣어두면 청소원이 버리는 물건으로 취급하는 수가 있으므로 주의해야 한다.

⑦ 목적지에 다다르면 이후 어느 정도 후에 도착한다고 알려주고 용변을 빨리 마치도록 한다.

⑧ 목적지에 도착하여 하기(下機) 사인이 나오면 분실물이 없도록 소리를 내어 알리고 인솔자가 선두에 서서 내린다.

⑨ 분실물-특히 좌석의 포켓, 선반 위 등을 점검한다.

▶▶▶ 주 의

입국서류 : 아시아, 아프리카 일부국가, 사회주의국가들처럼 소지외화, 귀금속, 보석, 카메라, 테이프레코더 등의 신고가 필요한 국가에 대해서는 반드시 정직하게 신고하도록 지도한다. 특히 외화신고는 정확하게 해야 하며 불성실신고의 경우 출국시에 몰수당하는 경우가 있다.

공항도착 후에 신고하도록 되어 있는 나라에서는 기내에서 금액을 세어 각자 메모해 두면 빨리 마칠 수 있다($, ¥, £ 등 각각의 금액). 많은 나라에서는 소지외화, 카메라 등의 일괄신고를 인정하고 있으며, 여행인솔자가 Rooming List를 이용하여 전원의 소지외화, 카메라 등의 일람표를 만들어 검인을 받는다. 외화 등의 신고서 또는 그 반권(返券)은 외화환전을 위해 필요하며 출국시에 제출하지 않으면 안 되는 매우 중요한 서류이므로 보관에 주의한다. 카메라 등을 신고하는 이유는 그것을 자국 내에서 매각·증여하는 것을 방지하기 위해서이며, 만약 매각·증여하여 입국시보다 품목이 적어지면 출국시에 과세하게 된다.

4) 목적국(경유국) 공항도착까지

(1) 통과(Transit)

여행도중 항공기의 접송 등으로 통과여객으로 되는 경우에는 기내에서 나와 타고 온 항고사의 지상담당자와 연락을 취하여 연결편 카운터에선 재차 체크인한다. 그때 한국에서 Through Check로 보낸 짐의 개수, 탑승구(Gate Number), 출발시각, 터미널이 바뀌는 경우에는 이동방법을 확인해 두어야 하는데, 처음 나가는 여행인솔자가 업무처리의 어려움을 최고로 실감하는 부분이 이 부분이 아닌가 생각된다.

도중기착지에서는 아랍권 국가처럼 그대로 기내에서 대기하는 국가도 있지만, 대개는 통과카드를 배부받아 공항청사의 Transit Lounge로 유도되어 비행기의 청소 및 기름주유, 정비, 객실승무원의 교대, 기내식의 적재 등 업무가 끝날 때까지 대기하게 된다.

따라서 내릴 때에는 반드시 시계를 현지시각으로 고치고 경유카드(Transit Card)를 휴대하고 하기한 다음 Transit Lounge에서 간단한 음료수나 경양식, 면세점을 이용하며 쉬게 된다. 재탑승은 대기 30~60분 정도 지나면 어나운스 멘트가 있게 마련이므로 이때에 배부받았던 트랜지트 카드를 반환해야 한다.

여행인솔자는 가급적 단원의 집합시각을 사전에 알려주고 최종적으로 탑승이 확인된 다음에 맨 마지막에 탑승한다.

(2) 환승(Transfer)

국제선에서 국내선으로 갈아탈 때에는 입국수속이 필요하지만, 국제선에서 국제선으로 갈아탈 때에는 Transit Area에서 연결편의 탑승수속만으로 끝난다. 비행기에서 내리면 단원을 한 곳에 모여 있게 한 다음, 항공회사의 접속편의 카운터에 가서 수속을 한다.

탁송한 짐은 처음 탑승할 때 연결수속(Through Check-in)하여 탁송했으므로 항공사에 그 내용을 전하고 총 개수를 보고하는 것으로 족하다. 항공권을 주고 탑승권을 받으면, 그것을 단원들에게 배부하고 탑승인솔을 기다린다.

비행기가 연착되어 접속편(Connecting Flight)을 갈아타는 시간에 위험이 예상

되었을 때는 객실승무원에게 연락을 취해 항공회사의 직원이 마중 나와서 신속한 행동으로 갈아탈 수 있도록 수배하여야 한다.

단체여객의 경우 접속편 쪽에서 기다려 주는 것이 상례이기 때문에 그다지 염려할 필요는 없다. 그러나 만약 모든 수단을 강구해도 불가항력으로 그 접속편의 시간에 대지 못했을 때는 항공회사 측에서 반드시 최단시간 내의 다음 접속편을 수배해 주기 때문에 그 때에는 그에 필요한 후속대책을 강구해 두어야 한다.

(3) 비정상(Irregularity) 운항

① Flight Irregularity

항공기의 비정상 운항은 다음과 같은 경우이다.

유 형	주요 원인	공통조치사항
지연(delay)	기상, 정비, 공항시설, 항공기 스케줄 조정, 연결승객(T / S passenger), 접속	안내문게시, 안내방송실시, 필요시 승객 핸들링 전담인력운영, 특수여행자 핸들링 계획수립, 연결편 승객 포함 스케줄 재조정, 필요시 환불조치
결항(cancel)	기상, 정비, 공항시설	
경로변경(diversion)	기상, 정비, 기내응급환자	
회항(return)	기상, 정비	

【자료】 여객운송초급, 대한항공, 2002. p. 154.

② Passenger Irregularity

Passenger Irregularity로는 초과예약, 기종변경, 탑재량 부족 등이 그 원인으로 알려져 있다. 이와 같은 상황이 발생하면 항공사로서는 비자발적 등급상향조정(Involuntary Upgrade)이나 자발적 등급하향조정(Voluntary Downgrade) 또는 탑승불가결정을 내리게 된다.

항공사의 사정으로 연착 등이 발생한 경우에는 그로 인한 비용은 일절 항공사에 의해서 지불되는 제도가 있는데, 이들의 서비스는 크게 의무서비스(Obligatory Service)와 우대서비스(Complimentary Service)가 그것이다. 의무서비스가 제공되는 상황은 다음과 같은 경우이다.

① 항공기의 지연운항

② 항공편의 운항취소

③ 반란이나 전쟁상태

④ 사회적 소요상태

⑤ 정부의 법령이나 규정에 의한 상황. 단, 기상관계로 인한 상황일 때에는 24
시간 한도 내에서 서비스를 제공할 수 있다.

서비스의 제공한도는 다음과 같다.

지연시간	서비스 내용 및 한도
1~2시간	· 음료수 혹은 간이음식
2~3시간	· 상동
3~6시간	· 음료수, 식사 혹은 간이 음식, 시내관광, 지상교통 음료수, 식사, 호
6시간 이상	텔 주간사용 혹은 숙박, 지상교통, 시내관광

【자료】표준업무절차, 대한항공 김포국내여객운송지점, 1993. p. 2.

한편, 우대서비스제도는 전문용어로 STPC(Stopover On Company Account)라고
부르며, 타 항공사와의 연결편이 있는 승객들의 도중 체류지에서의 숙박·식사
등을 항공사경비로 지불케 되는 제도이다.

STPC의 내용

구 분	내 용
1. 서비스 내용	· 호텔무료사용(day use) · 숙박의 무료제공(custody layover) · 식사 · 음료수 · 지상교통편 · 공항세
2. 제한사항	· 연결편에 대한 예약이 확인된 항공권 소지자 · 도착 후 24시간 이내에 출발하는 해당구간의 첫 항공편(first available flight) 이어야 한다. · 승객의 고의적인 중간체류의 경우 혹은 출발지로 되돌아가기 위한 체류 (backhaul trip)의 경우여서는 안 된다. · 탑승구간 요율이 NUC350 이상이어야 한다.

3. 적용조건	·도중 하기 지점으로 항공권상에 표시되어 있을 것 ·환승편이 항공권상 예약필이라든가 RQ중이라는 것이 확인되어야 한다.
4. 지역제한	·호주 ·뉴질랜드 등의 남서태평양 발착여행으로 이들 지역에서의 체재비 ·제1지구 내의 여행 ·유럽지역에서의 여행 ·한국-유럽 간의 북미지역에서의 환승에 따른 체재비 　※상기의 요건인 경우 STPC는 적용되지 않음.

5) 목적지 공항에서

대다수 국가에서는 입국수속을 하는 창구가 자국민(거주자)와 외국인(비거주자)로 구분되어 실시하는 곳이 일반적이다. 이때 하는 것은 여행목적이나 체재예정일수, 항공권이나 출·입국카드 등이다. 입국수속 전 단원에게 항공권을 나누어 주고 입국수속이 끝난 다음 회수하도록 한다. 통역 등 필요에 따라 입국관리관을 거들어 준다.

세관구역 내에서 위탁수하물을 수령한다. 통관방식은 나라에 따라 큰 차가 있지만, 우선 검사관의 책임자를 만나 단체의 성격, 인원수, 체재일수 및 과세품 소유 유무를 설명해 두면 통관이 비교적 쉬워진다. 수하물이 나오기까지 시간을 기다리는 시간에 고객들에게 화장실 등의 용무를 마치도록 유도한다.

개인단위로 통관하지 않으면 안 되는 곳에서는 인솔자는 고령자, 여성 등의 하물 운반을 도와주고 손수레(Cart)가 있는 곳에서는 그 이용을 권하고(요금을 내야하는 곳도 있음), 또한 전반의 운반에 신경을 쓰면서 필요한 경우 통역도 하여 신속하게 전원이 통관할 수 있도록 한다. 통관 종료 후 전원의 하물을 모아 개수를 확인하고 현지수배대리점의 직원에게 인도한다.

단체로 통관할 수 있는 곳에서는 포터(Porter)에게 짐의 개수를 알리고 수하물표(Claim Tag)를 인도한다. 포터에게 운반시키는 경우에도 반드시 각자에게 자기의 하물이 있는 지를 확인하도록 한다. 이때 한국인은 같은 종류의 가방을 가지고 있는 사람이 많기 때문에 다른 사람의 가방을 자기 것으로 오인하지 않도록 주의시킨다. 이 확인은 타인에게 부탁하면 비록 숫자는 맞아도 다른 짐이 혼입되기도 한다.

현지수배대리점의 직원이 세관구역 내까지 들어오는 나라와 출입을 시키지 않는 나라가 있는데, 출입을 안 시키는 나라에서는 인솔자가 포터에게 현지수배 대리점 명(만약 변경된 경우에는 버스회사명)을 알려 하물을 밖에 가지고 나가 도록 하고 자신은 고객을 유도하여 밖으로 나간다.

서구제국에서는 과세대상이 되는 짐을 가지고 있지 않은 사람은 녹색램프, 가 지고 있는 사람은 붉은색의 관문을 통과하는 방식을 취하고 있는 곳이 많다.

⟫⟫ 주의 1

Bond

면세허용한도를 초과하여, 더구나 그 나라에 체재 중 필요 없는 물건, 혹은 그 나라에 지입이 금지된 물건을 보세예치(Bond)로 하고 인솔자가 일괄해서 예치증 을 받아둔다. Bond는 통상 동일공항에서 재차 출발하는 경우에만 적용되나, 일 부 국가에서는 항공사의 책임보관(일종의 Checked Baggage)으로 하여 그 나라를 출발하고 나서 최초 도착공항에서 수취하는 경우도 있으므로 그러한 경우에는 다른 공항에서 출발한다 해도 별지장이 없다.

Bond에 대한 보세보관료(Bonding Fee)는 무료인 나라도 있는 반면, 요금을 받 는 나라도 있고 적당한 팁을 주는 곳도 있다. 동일공항에서 출발시에 짐을 수령 할 때에는 항공사 체크인 시에 본드가 있다는 것을 반드시 알려두지 않으면 수 취불가능하다.

특히 토·일요일이나 야간 출발시에는 수취에 지장을 주지 않도록 항공사를 통해서 사전에 확인해 두는 것이 무난하다. 나라에 따라서는 보관이 느슨한 곳도 있으며, 출발시에 하물이 부족한 경우도 생기기 때문에 주의하지 않으면 안 된다.

⟫⟫ 주의 2

공항에서의 진로

처음, 게다가 큰 공항에서 진로를 잘 알 수 없는 경우에는 우선 Arrival(또는 그 도시명)의 표시가 있는 방향으로 나가면 거기에 입국관문이 있다. 미국의 국 내선 등에서는 공항청사가 광대하여 출입구가 다수 있으며, 어느 방향으로 나가 면 좋은지 모르는 경우가 허다하다. 그러한 때에는 침착하게 주위를 살피면 →

Baggage Claim이라는 표지가 반드시 있으므로 갈림길에서 그 표지가 있는 방향으로 나간다. 버스는 반드시 Baggage Claim에 가까운 곳에 대기하고 있다. 출구를 제대로 못찾아 공항에서 허둥대면 고객의 신뢰는 저하되기 십상이다.

>>> 주의 3
하물수 확인
하물의 수령 실수가 일어나는 원인 중 중요한 것은 ① 다른 단체, 개인객의 하물 혼입, ② 고객이 휴대수하물(Hand Carry Baggage)을 수령이 끝난 위탁수하물 속에 놓아둔 채 딴전을 피우는 경우이다. 그것으로 총 개수는 맞는다 해도 정당한 하물개수는 맞지 않는다.

①의 경우에는 포터에게 일임한 때에 많이 발생하고, ②는 단체의 초기에 많이 발생된다. 이를 막기 위한 확실한 방법은 인솔자가 하나하나 자신의 단체의 Tag을 확인하면서 개수를 세는 것이다. ②에 대해서는 휴대수하물은 항상 위탁수하물과 분리하여 자신이 관리하도록 고객에게 요청하고 그러한 습관을 길들이도록 유도한다.

>>> 주의 4
분실·유실물
고객의 짐이 분실된 경우에는 공항의 유실물데스크(Lost & Found)에 신고하고 호텔명과 전화번호를 알려두는 한편, 만약 발견되면 전화연락 해주도록 의뢰해 둔다. 동일공항에서 출발하는 경우에는 조금 일찍 공항에 나가 유실물데스크에 들리도록 한다.

위탁수하물(Checked Baggage)이 도착하지 않은 때에는 항공사에 신고(Claim)하고, 이때 하물의 대체적인 형태(항공사에 일람표가 있다), 색, 기타 특징이나 기명(記名)의 유무, Claim Tag Number의 신고가 필요하다. 위탁수하물의 오배(誤配)사고는 상당히 많지만, 1, 2일이나 늦어도 3일 정도면 거의 확실히 항공사의 손에 의해 호텔에 도착된다. 공항소재지 도시에서 즉시 이동하는 여정인 때에는 하물을 어디로 보내면 좋은지를 항공사의 담당자에게 일러둔다. 이때 영문의 일정표 사본을 건네주고 항공사의 담당자의 전화번호를 확인해 두어야 한다.

⟩⟩⟩ 주의 5

공항에서의 환전

세관구역 내에서 환전소가 있고 하물수령까지 시간의 여유가 있는 때에는 여기서 고객에게 외화의 환전을 하도록 한다. 단, 그 때문에 시간이 너무 걸려 공항에서 호텔로의 출발이 너무 늦어지는 경우가 있어서는 안 된다. 예를 들면, 전원이 30분의 시간을 쓸데없이 사용하는 손실은 호텔에서 환전할 때 약간의 금전적 불리와도 바꿀 수 없는 것이다.

대체로 은행에서의 환전이 호텔에서의 환전보다 교환비율이 높으나 일부국가에서는 시내환전상(Cambio)이 훨씬 비싼 곳도 있고, 암달러상이 공공연한 남미국가에서는 비공식적이긴 하나 그들에게 환전하는 것이 교환비율 면에서 훨씬 유리하다.

버스 승차시에는 통상적으로 현지대리점의 직원이 세관의 출구 또는 세관구역 내에 나와 있기 때문에 그 유도에 따르면 좋다. 인솔자는 버스에 실을 하물수의 재확인과 고객수를 확인한다. 가능하면 버스에 짐을 싣기 이전에 재차 고객으로 하여금 짐을 확인시키는 것이 안심이지만, 이 경우에는 인솔자가 짐의 총수를 확인하는 것이 시간 절약상 좋다.

미국에서는 원칙적으로 직원은 공항에 나오지 않고 버스운전수만 온다. 운전수는 ① 세관출구 또는 Baggage Claim에서 기다리고 있는 경우, ② Baggage Claim 가까이에 주차한 버스 안에 있는 경우, ③ 주차불능으로 차를 돌리고 있는 경우가 있으므로 예단을 해서는 안 된다. 자신의 버스도 운전수도 발견되지 않을 때에는 가까이에 있는 다른 버스의 운전수(Dispatcher) 또는 포터에게 물으면 상황을 알 수 있는 경우가 많다.

상황을 전혀 모르는 경우에는 일단 대기하고 있는 관광버스 중 호텔까지 시간적으로 왕복할 수 있는 차량이 있는지를 조사하고, 그래도 안 되면 택시에 분승하여 일단 예정호텔까지 유도해야 하는데, 이때에는 맨 처음 차에 현지 언어 또는 영어가 통하는 고객을 선두차에 태워 호텔 도착 후 환전을 하여 요금을 지불한 다음 차례차례로 차량이 도착하는 것을 기다려 요금을 계산해 준다.

이때 주의해야 할 것은 택시 뒤의 트렁크에 실은 짐의 수취이다. 인솔자는 맨 뒤차에 고객과 함께 타고 호텔에 도착하여 선두차(先頭車)에서 택시비용을 계산한 요금의 합계를 지불하고 현지 여행사와의 연락을 취한다.

6) 공항에서 호텔 도착까지(버스안)

공항↔호텔 간의 버스 안에서 마이크를 사용할 수 있는 시간은 여행전반에 대해서 고객에게 해설할 수 있는 귀중한 기회이기 때문에 체크리스트에 따라서 얘기를 해 나간다.

특히 단체의 초기에 있어서는 해외여행의 생활의 지혜라고 해야 할 사항에 대해서 간결하게 해설해주면 좋아한다. 단지, 고객이 매우 피로해 있을 때에는 필요 최저한의 정보만으로, 후에는 고객의 심신을 쉬도록 하는 게 좋다.

단장이 있을 때에는 단체의 최초 도착지에서 인사를 부탁하며 여행기분을 돋구어 줌과 동시에 단체행동에 협력 등도 요청한다. 단장이 없을 때에는 인솔자가 이러한 취지의 인사를 한다. 인솔자가 해설해야 할 요점은 다음과 같다.

① 공항의 명칭(정식명과 통칭(通稱). 예 로마국제공항→ 레오나르도다빈치공항, 대구국제공항→ 동촌공항)
② 호텔까지의 소요시간
③ 현지시간(한국과의 시차)
④ 통화(기본단위와 보조단위, 교환율, 한국까지의 우편료, 외화신고를 하는 국가에선 신고서를 분실하지 않도록 주의)
⑤ 쇼핑(특산품, 싸고 운반에 편리한 토산품, 호텔에 가까운 상점가, 상점영업시간, 상점에서의 외화사용가능 여부, 가격의 교섭방법 등)
⑥ 생활상의 주의(방법, 사기, 사진촬영금지, 외화의 암시장교환, 음료수 등 주의)
⑦ 그 나라와 그 도시의 일반적 설명(간단하게, 자세한 것은 관광 중에)
⑧ 이후의 일정(해외여행 중에는 주의력·기억력이 산만하기 때문에 행사예정은 명확하게, 행사예정에 한해 같은 것을 3회 이상 반복하여 얘기해 주는 것이 좋다. 필요한 경우에는 복장에 관한 것도 언급해 주는 것이 좋다.
⑨ 호텔(명칭, 시가지인솔도 등이 있으면 지도상의 위치를 알려주면 좋으며, 외출시의 호텔명함 휴대를 권고해 주는 것이 바람직하다)

[주의] : 호텔 명칭

㉠ 호텔 명칭이 현지어로 불려야 현지인들이 알아듣기 때문에 가능한 호
텔명을 현지어로 소개한다. 예를 들면,

함부르크 : Reichshof(라이히스호프), Virjahreszeiten(휘아야레스자이텐)

베를린 : Am Zoo(암쥬)

베니스 : Londres Beau Rivage(론도로 보르뷰쥬), -Baglioni(바리오니)

㉡ 힐튼, 홀리데이인 등의 체인호텔이 동일시내(혹은 공항 등)에 2개소 이
상 있는 경우라든가 Grand Hotel ○○○○라든가, 단지 간단히 Grand
Hotel이라는 것이 동일시내에 있는 경우에는 택시운전수가 혼동하기 쉬
우므로 특히 주의해야 한다.

⑩ 호텔 도착시 : 버스에서 내릴 때 물건을 잊고 내리는 일이 없도록 선반이나
의자 뒤 그물 등을 확인함과 동시에 신속하게 로비에 유도한다. 그 사이
운전기사에게는 자신이 돌아올 때까지 버스에서 이탈하지 않도록 부탁하
고, 고객을 앉힐 곳까지 유도한 후 돌아와 분실물의 점검, 하물의 적재에
이상이 없는지를 확인한다. 종종 짐가방이 1~2개 버스의 Baggage Room에
남아 있는 수가 있으므로 인솔자가 스스로 개수를 확인하는 게 좋다.

7) 호텔과 식사

(1) 호텔의 프론트(Front Desk) 업무

세계 호텔의 프론트(Front) 업무분장 형식은 유럽형과 미국형으로 2대별 된다.
인솔자는 이 형식의 차이를 알고 업무내용에 따라서 적절한 부서와 교섭하지 않
으면 안 된다.

대개 아시아지역은 미국형, 오스트레일리아·중미지역도 미국형, 남미지역은
혼재, 중근동 및 아프리카에서는 대부분 유럽형인데, 일부 아프리카형식도 있다.
러시아는 독특한 형식을 취하고 있다.

유럽형은 다음과 같이 업무분장이 이루어지고 있다.

• Reception : 방의 예약과 배정을 취급한다. 방에 관한 교섭 및 고충은 여기에

문의한다. 그러나 전등이 켜지지 않는다. 더운물이 나오지 않는다는 등의 잡용(雜用) 및 정보 서비스적인 것은 모두 다음의 꽁쉐르쥬(concierge)에게 요청한다.

Reception의 한쪽 구석에는 회계계(Cashier, Caisssier＝佛, Kassa＝獨)가 있으며, 회계나 외화환전을 취급한다. 별도로 회계계가 없으면 이것도 Reception에서 취급한다. 단, 호텔에 따라서는 세탁, 전화, 전보대 등을 Porter's Bill이라 칭하고 그것만을 분리하여 Concierge가 취급하고 있는 곳도 있다.

• 컨시어지(Concierge) : 불어로는 꽁쉐르주, 영어로는 Hall Porter라고 한다. 통상적으로는 소매에 열쇠모양이 있는 제복을 입고 있다. 수하(手下) 포터의 감독, 열쇠, 우편물, 전보 등을 취급, 교통시각, 극장이나 나이트클럽의 개최 인솔, 극장・나이트클럽・레스토랑, 관광버스, 관광선 등의 예약, 그밖에 숙박객이 필요로 하는 모든 정보나 서비스를 제공할 수 있는 고도의 숙련가이다. 생소한 지역에서 인솔자가 항상 부탁할 수 있는 곳이 이 꽁쉐르주이며 언제나 친밀관계를 가지면 좋다.

꽁쉐르주에 대한 팁은 회사의 규정에 따르지만, 규정이 없을 때에는 낮 당번, 밤 당번 각각이 팁에 대해서 1박에 대해 3~5달러, 도착시 또는 출발시에 함께 전한다(금액은 적절하게 증감 가능).

미국형은 다음과 같이 업무분장이 이루어지고 있다.

• Front Desk : Registration, Rooms, Reception 등의 표시가 있다. 그 기능은 한국의 프론트와 아주 꼭 같으며 객실배정, 열쇠나 우편물의 취급, 기타 숙박객이 필요로 하는 여러 가지 정보나 서비스의 제공 등을 행한다. 후자는 Mail Desk, Information Desk로 구분된 곳도 있지만, 유럽형과 같이 구별되어 있지 않다. 또한 큰 호텔에서는 로비의 한쪽 구석에 Assistant Manager가 Desk를 갖추어 고객의 상담에 응하거나 고충처리를 하고 있는 곳도 있다.
• Cashier : 분리하고 있는 것이 보통
• Bell Captain : 로비의 한쪽에 Desk를 설치 Porter의 감독, Baggage의 취급만을 전담한다.

(2) 체크인

① 객실배정

인솔자는 우선 Reception에 가면서 고객은 로비에서 기다리고 있도록 인솔한다. 이 사이 보조인솔자가 있으면 보조인솔자는 짐의 개수를 확인한다. 보조인솔자가 없을 때에는 객실배정이 끝나는 대로 짐의 개수를 확인해 둔다.

로비가 협소한 곳이나 의자가 없는 곳에서는 그에 따른 장소가 있나 없나를 호텔측에 확인해 둔다. 가능한 한 기다리게 하는 곳은 앉아서 기다리는 곳을 선택하는 것이 좋다.

객실배정에 있어서는 다음의 제반사항을 확인해야 한다.

① 객실수는 계약대로인가. 호텔측이 일방적으로 2싱글 룸을 1트윈 룸으로 하지는 않았는지.

② 방의 위치는 계약대로인지. 신관과 구관, 바다 쪽과 산 쪽, 층수 등이 포인트. 계약이 Run of the House(여러 종류의 방을 혼합하여 얼마)로 하는 경우 혼합비율은 만족할 만한가. 악조건의 방만으로 구성돼 있지는 않은가.

③ 욕조가 있는 방. 기타 객실설비는 계약대로인가. 유럽에서는 전실(全室)에 욕조가 달린 방으로 예약했음에도 일부는 샤워뿐이거나 혹은 No Facility라는 예가 많다. 유럽이나 북아메리카에서는 샤워만 있는 객실도 With Bath라는 경우가 흔하기 때문에 반드시 Bath Tub가 있는지 어떤지를 확인하는게 좋다. 계약과는 달리 욕조가 없는 경우 호텔 측에 강력하게 요구하여 계약대로 욕조가 있는 방으로 교환시킨다. 호텔이 현지대리점에 의해서 수배된 것이라면 현지대리점도 불러서 교섭시킨다. 여하한 방법을 동원해도 안되는 것이라면 그러한 취지를 바우처(Voucher)에 쓰도록 하여 클레임(claim)을 제기한다.

④ 2인용 더블베드가 섞이지 않았는지, 혹 있다면 트윈베드의 객실로 바꾼다. 그것이 불가능하다면 더블베드는 처음부터 부부에게 배정한다. 이것도 모른 채 남자끼리 더블베드에 배정하면 반드시 클레임이 제기된다. 부부가 없을 때에는 사이가 좋은 젊은 여성에게 배정하는 게 차선책이다. 유럽에서는 트윈이라도 더블이라고 하므로 주의를 요한다.

⑤ 보행이 곤란한 손님은 로비 또는 엘리베이터 가까운 곳에, 가족 등 소그룹 단체는 가능한 한 옆방으로 배정한다. 도시호텔에서는 바깥쪽은 자동차소음이 많기 때문에 소음에 약한 고객은 안쪽에 있는 객실에 배정한다.

⑥ 이상의 배려에 의해 호텔 측에서 만든 방 배정에 일부변경을 추가하여 호텔 측에 건네준다. 변경의 기입은 명료하게 하고 숫자 등이 잘못 기록되거나 글씨가 불분명한 경우에는 짐의 배달에 착오가 생기므로 주의해야 한다 (* 외국식 숫자표기에 주의할 것).

② 식사시간의 협의

객실배정과 동시에 Reception에서도 가능하지만, 대개는 레스토랑의 지배인을 불러 메뉴와 시각을 정한다. 그때 음료대는 각자 지불인지, 인솔자가 종합하여 지불할 것인지를 확인해 두고, 디저트 후의 커피는 요금에 포함되어 있는지, 별도 요금인지를(특히 유럽의 경우) 확인해야 한다.

식당의 위치도 문의해 둔다. 또한 대형호텔인 경우에는 식당이 2개 이상 있는 곳도 있고 자신의 단체는 어디서 식사를 하는지 확인해 둔다.

③ 고객에의 전달

로비의 일각에 기다리도록 하여 다음 사항을 전달한다.

① 다음 행사를 위한 집합장소와 시각, 식사는 로비 집합인지 직접 식당에 가는지, 복장에 대해서, 식사 후의 예정

② 곧 자유행동인 경우에는 상점가라든가 산보에 좋은 장소 등에 가는 방법, 희망자만 모집하여 인솔자와 함께 외출계획을 할 때에는 그 집합장소와 시각

③ 시계를 현지시각으로 맞추고 있는지 다시 한 번 주의를 환기시킨다. 종종 한국시각이나 도중체류지의 시각을 그대로 사용하여 집합시각에 못 오는 사람이 있다.

④ 외화의 환전은 어디서 하는가.

⑤ 귀중품 보관소(Safety Deposit Box)의 사용방법

⑥ 고객이 팁을 줄 필요가 있는 경우에는 그 액수와 주는 방법

⑦ 방에서 방으로 전화 거는 방법 및 외선(外線)의 사용법

⑧ 인솔자의 객실번호

⑨ 고객의 전화번호, 필요한 경우 층수(오래된 호텔에서는 객실번호로 층수를 알지 못하는 경우가 있음), 열쇠를 건네준다. 또는 열쇠가 있는 장소를 이야기해 주고 열쇠를 맡기는 장소도 전달한다.

이와 같이 고객의 객실번호와 열쇠에 대한 것은 최후에 하는 것이 상책이다. 이것을 맨 처음 얘기하면 전달이 철저하게 진행되지 않는 가운데 고객의 정신상태가 산만해지게 된다. 손님에 따라서는 외출하여 호텔에 돌아올 때 미아가 되지 않도록 호텔명함이나 성냥, 팸플릿, 봉투 등을 지참시키는 게 좋다.

≫≫주의 1

Registration

원이 숙박등록(Regisration Card)의 기입제출을 요하는 경우에는 다음과 같은 3종류의 기입방법이 있다. 이때에도 부부의 경우 한 장에 쓰는 것이 통례이다.

① 인솔자가 일괄하여 카드를 수령하여 대리기입 후 제출. 이 경우도 고객자신의 서명이 필요한 경우가 있으므로 주의를 요한다.

② 호텔 측에 고객명, 여권번호 등의 일람표를 건네주고 기입하게 한다.

③ 전원에게 카드를 나누어 주고 인솔자가 지도하면서 본인이 쓸 수 있는 고객에게는 가능한 한 자신이 쓰도록 한다. 쓸 수 없는 고객의 것은 인솔자 및 고객의 친구가 대리 기입하도록 한다.

호텔측에서 승낙한다면 ②의 방법이 가장 간편하며 또한 ①의 방법도 고객에게는 좋은 것이지만, 카드를 제출하지 않으면 체크인할 수 없는 시스템인 곳에서는 인솔자가 전부 대리기입하려고 고객을 기다리게 함에 따라 ③의 방법보다 조금이라도 빨리 체크인을 마치는 편이 좋다.

>>> 주의 2

욕조가 없을 때의 객실 배정

고령자, 부부, 여성의 우선원칙. 단지 고령자가 욕조 없는 것을 싫어하는 이유는 목욕을 못한다. 복도의 화장실에 가는 게 괴롭다는 두 가지인 것에 대해, 여성에 있어서는 외부의 화장실에 가는 것에 따르는 곤란이 최대의 문제점이다.

또한 남녀를 불문하고 일반적으로 젊은 사람은 샤워만으로도 불만이 없는데 반해, 나이가 많은 사람들은 욕조에 대한 욕구가 강하다. 따라서 선배남성(先輩男性)을 욕조달린 방에, 젊은 여성을 샤워만의 방에 배정하는 것이 적절한 경우도 있다. 여하튼 Rooming List에 With Bath Tub, Shower Only, No Facility별로 기록한 것을 보존해 두고 다음 차례의 객실배정에 가능한 공평을 기한다.

샤워만 혹은 No Facility의 객실에 들어간 고객에는 이유를 얘기하고 양해를 구한다. 아무 얘기도 없이 그러한 객실을 배정받은 고객은 화를 내지만 사전에 양해를 얻고 또한 다음에 공평을 기한다는 것을 약속하면 반드시 납득해 준다. 이러한 객실에는 사과표시로 호텔측으로 하여금 과일바구니를 서비스하도록 하는 것도 고객의 불만을 누그러뜨리는 하나의 방법이다. 따라서 인솔자는 배정된 전실(全室)의 조건을 입실(入室) 전에 확실하게 파악하지 않으면 안 된다. 일단 들어가 버린 객실을 재배정하면 보다 악화되는 고객이 반드시 있게 마련이다.

남성끼리, 여성끼리, 부부끼리 몇 개의 소그룹으로 나누어 "오늘은 A씨가 욕조가 없는 방이니까 B씨가 혹은 C씨가 들어가 주세요" 하는 등의 방법을 쓰면 원활하게 진행되는 경우가 많다. 여름에 유럽 등에서는 전 일정 욕조달린 방에서 잠을 잔다는 것이 사실상 불가능에 가깝기 때문에 방 배정에 대해서 인솔자의 세심한 배려가 필요한 것이다.

객실배정에는 욕조 이외에도 방의 크기나 위치 등에도 이와 유사한 신경을 쓰면서 순환(Rotation) 배려가 바람직하다.

>>> 주의 3

인솔자의 객실

호텔 측이 정책적으로 인솔자에게 딜럭스 룸을 배정해 주는 경우가 있다. 고객의 객실은 보통객실이면서 전실이 욕조가 달린 것, 인솔자는 스위트룸이라는 정도라면 괜찮으나 손님은 욕조가 없는 방에 투숙되어 있는 상황에 인솔자는 욕조가 있는 방에 투숙되는 경우는 바람직하지 않기 때문에 이러한 상황은 가급적 피하는 게 좋다.

≫≫ 주의 4

체크아웃 시간 전 도착

아직 객실이 비어 있지 않을 때에는 비록 2~3실 정도라도 확보하여 거기에 고객의 수하물을 정리하여 넣어 두고 필요하다면 옷을 갈아입도록 하여 쾌적한 상태에서 행동을 하게끔 유도한다. 로비에서 무작정 고객을 기다리게 하는 것은 곤란하다.

≫≫ 주의 5

Rooming 재확인

현지대리점이나 호텔 측의 실수에 의해 호텔예약탈락, 오취소(誤取消), 객실숫자 부족 등의 사고발생을 예방하기 위해 현지에 도착하고 나서 최신의 투숙자명부(Roming List)를 예약 재확인을 겸해 순차방문지(順次訪問地)의 호텔에 전화 또는 텔렉스로 연락해 두는 것은 매우 좋은 방법이다. 한국출발 전에 투숙자명부가 변경되어 있는데, 그 변경된 투숙자 명부가 호텔 측에 도착되지 않은 사태도 이에 의해 방지된다.

≫≫ 주의 6

호텔에서 식사시의 집합장소

원칙적으로 식당에 직접 집합시키는 게 좋다. 이유의 첫째는, 먼저 온 고객은 식당에서 자리에 앉을 수 있어서 기분도 안정되며 습관이 붙으면 먼저 음료수의 주문도 가능하다. 둘째로, 로비에 집합할 경우 최후에 늦게 오는 고객이 도착할 때까지 기다리지 않으면 안 되고 시간이 비경제적이다. 식사의 주문도 식당집합 쪽이 빨리 할 수 있다. 셋째로, 인원확인이 용이하다. 단, 호텔 내에 식당이 여러 개 있어 장소의 착각이 생기기 쉬운 때에는 로비에 집합하는 것이 좋다.

4 하물의 처리

도착 후 하물에 대한 개수확인은 반드시 여행인솔자가 한다. 가능하면 객실번호의 기입 등 업무도 도와주면 하물이 정확히 배당된다. 같은 성(同姓) 혹은 로마자로 쓰면 까다로운 이름이 있어, 특히 그러한 때에는 도와주는 게 좋다(실제로 외국인들은 한국 사람의 가방분류 시에 김씨, 이씨, 박씨 등 머리글자만 보고 김씨 가방을 전부 한 객실에 넣어 두는 경우도 있었다).

최고로 좋은 방법은 처음부터 고객마다 Key Number를 설정하여 그 넘버를 루밍리스트의 고객명에도 또한 체크한 수하물에도 붙여두는 방법이다.

5 기타 업무

① 현지대리점과의 협의사항 중 공항 또는 버스 가운데에서 불가능했던 것은 체크인 종료 후 가능하면 빨리 마치는 것이 좋다. 다음날이 토·일·휴일 등이 되면 특히 주의한다. 또한 Night Contact의 전화번호를 반드시 확인하도록 한다.

② 하물처리 후 시간이 허용되면 객실을 순회하여 객실상황을 관찰함과 동시에 필요에 따라 객실정비의 사용법 등도 설명한다. 여행의 초기에 고객이 호텔생활에 익숙하지 못한 때, 혹은 낡은 호텔로 객실조건에 차이가 큰 경우에는 특히 이러한 배려가 필요하다.

③ 객실을 순회하지 않을 때에는 하물처리 후 적어도 30분 또는 자기 방에서 있어야 한다. 왜냐하면, 체크인 직후에는 왕왕 고객으로부터 다음과 같은 연락이 온다.

- 하물이 도착 안 된다.
- 다른 사람의 짐이 들어왔다.
- 방에 다른 손님이 투숙 중이다.
- 매우 나쁜 방이다(있어야 할 욕조가 없다. 더운 물이 나오지 않는다. 전기가 안 들어온다. 열쇠가 고장났다. 베드가 1개밖에 없다. 소음이 심하다. 베드에 관해서는 Twin Bed를 붙여놓아 그 위에 1장의 Bed Spread를 덮어놓은 경우와 1개의 베드가 주간에는 소파가 되어 있는 경우가 많고, 어느 것이든 전화로 해결 가능하다).

- 방문이 안 열린다.
- 텔레비전이 안 켜진다.
- 방의 청소가 아직 덜 되었다.
- 다음 집합장소와 시간을 다시 한 번 확인해 달라.
- 현지의 지인(知人)이나 한국에 있는 가족에게 전화하고 싶다. 편지, 소포를 부치고 싶다. 어디어디에 가고 싶은데 가는 길을 알려 달라는 등이다.

8) 호텔생활

(1) 생활의 지혜

① 외출할 때 열쇠는 반드시 프론트(러시아에서는 각층의 열쇠당번 여성인 에 타쥬나야)에 맡긴다. 그렇지 않으면 같은 방의 다른 룸메이트가 곤란을 겪게 된다. 그때 객실카드를 가지고 있지 않으면 다음에 열쇠를 수령할 수 없는 경우도 있으므로 주의한다. 특히 구미의 경우 도난방지를 위해, 증명을 위해 카드를 가지고 있지 않는 경우 수령시 프론트 직원과 상당한 마찰을 빚게 된다.

② 자동걸림장치(Spring Rock)의 경우 멍청히 실내에 열쇠를 둔 채 문을 닫지 않도록 주의한다. 만약 그러한 상황이 되면 컨시어지에게 말하여 열어주도록 요청한다.

③ 야간에는 반드시 객실 안에서 열쇠를 잠그고 열쇠는 Night Latch가 있는 호텔에서는 나이틀랫치까지 철저히 걸어서 밖에서 누가 노크해도 나이틀랫치가 걸린 채로 누구인지를 확인한다.

④ 가방(Suit Case)에 현금을 넣고 열쇠를 채우는 것은 도난의 씨앗이 된다. 현금은 항상 몸에 지니는 것이 좋으며 가능하면 귀중품 보관소(Safety Deposit Box)를 이용하는 것이 좋다. 좀 번거롭기는 하지만 인솔자가 단원 모두의 귀중품을 일괄해서 귀중품 보관소에 맡기는 것이 안전하다. 그때 각자에게 반드시 내용물을 확인시켜, 가능하면 1개씩 봉투에 넣어 큰 봉투에 넣어 맡기는 것이 바람직하다. 체크아웃 전에 잊지 말고 수령하는 것은 기본이나 가끔 출발공항에서 허둥대는 인솔자도 있다.

⑤ Extra 음료대는 식당에서도 자기 방에서도 그 현장에서 현금으로 지불하는 것이 좋다. 사인을 마치면 금액의 잘못, 동실자(同室者)의 두 사람 중 어느 사람의 음료대인지 불분명해지기 때문에 이것이 차후 분쟁의 원인이 되는 경우가 많다. 자기 방에서 먹은 경우 현금으로 지불하고 게다가 사인도 했기 때문에 현금은 팁으로 수령하고 청구서는 별도로 프론트에 보내는 경우도 허다하다.

⑥ 미국의 많은 호텔에서는 복도의 한쪽 모퉁이에 무료 제빙기(ice cube)가 있어서 알코올을 좋아하는 사람에게는 편리하다. 또한 근대적인 호텔에서는 객실의 텔레비전으로 영화를 볼 수 있도록 되어 있으며, 그 경우 손님이 모르는 사이에 채널을 돌리면 그 요금이 컴퓨터에 의해 자동적으로 회계처리가 되어 엑스트라로 간주, 체크 아웃시 요금을 추가부담하게 되므로 주의해야 한다.

⑦ 1~2할 정도의 Extra Charge를 내면 식사의 Room Service도 가능하다. 병자나 아침 일찍 출발할 경우에는 적합한 방법이며 유럽 등지에서는 No Extra Charge로 조식의 룸서비스가 가능한 호텔도 있다.

(2) 호텔 내의 에티켓과 한국인에게 잘 발생되는 사항

에티켓이란 예의·예식·예법 등으로 표현되는 말로서, 요컨대 타인에게 불편을 주지 않는 행동과 몸가짐이라 할 수 있다. 그러나 이러한 에티켓도 국가마다 서로 다르기 때문에 어떤 국가에 입국하면 그 나라의 예절을 따르는 게 좋을 것이다. 서양속담에도 로마에 가면 로마의 법을 따르라는 말이 있는데, 이는 위의 예를 두고 일컫는 말이다.

예를 들면, 서양인을 수프나 차를 마실 때 소리를 내지 않고 먹는 것이 예의이다. 또한 식탁에서 코는 풀 수 있어도 트림을 하는 것은 지극히 싫어한다. 이와 같이 동서양에서는 서로 다른 에티켓이 존재하므로 그 나라의 예절에 맞추어 행동하는 것이 무엇보다 중요하다 하겠다. 한국인에게 매우 많이 일어나는 해외에서의 국가이미지 실추사례는 다음과 같다.

〈표 7-3〉 해외에서의 국가 이미지 실추사례

구 분	이미지 실추사례
국외관광자	공중도덕 위배 · 호텔·비행기 등에서 큰 소리로 떠들기 · 공공장소에서의 고스톱 · 줄 안서기, 고성방가, 쓰레기의 무단투기, 무임승차(특히 배낭여행자) · 사진촬영 금지구역에서 촬영, 흡연금지구역에서의 흡연 · 유명 관광지에서의 낙서 · 호텔 내에서의 취사, 도박, 속옷차림의 외출, 슬리퍼차림의 로비활보, 술이나 반찬의 지입, 욕조사용의 미숙, 객실사용 후 뒤처리가 제대로 안됨. · 골프장 내에서의 소란, 돈내기 게임 현지인에 대한 우월감·과시욕 표현 · 주로 국민소득이 낮은 지역을 여행시 관광인솔자나 현지 종업원들을 비하하는 언행 · 후진국에서는 멋대로 행동해도 된다는 의식 팽배 · 술집이나 쇼핑센터에서의 졸부행세 현지종교의 무시 · 타종교를 이단시하는 태도 · 타국의 규범이나 관습에 대한 몰이해(고급식당에서의 복장이나 식사예절 결여)
국외진출 기업체 임직원	현지근로자에 대한 잘못된 노사관리 · 인종차별적 언행 · 저임금을 바탕으로 한 열악한 근무환경 · 현지인에 대한 처벌 기합 등 학대 국제 상거래 질서 문란 · 수입가격 허위신고, 위조상표 부착, 밀수, 뇌물제공 등 위법 · 유해 폐기물 밀수출 · 수출품에 대한 애프터서비스 부재 · 기업체 간 각종 계약신청 위반 및 약속불이행 한국 기업체 간 과당경쟁 · 한국 기업체 간 상호비방 · 기업체, 교포 상인 간 영업권 또는 상권 침해분쟁 · 현지진출 한국 기업체 간 가격 덤핑경쟁
시찰·연수 공직자	시찰·연수목적 왜곡 · 시찰이나 연수보다 일반 구경에 비중을 더 두는 일정계획 방문·면담시 결례 · 방문일정의 일방취소 · 수준 이하의 질문이나 사진 찍기에 대부분 시간을 할애 · 고위급 인사 외의 불요불급한 면담을 고집하는 사례

해외교포·유학생· 장기 체류자	해외교포의 현지인과의 부조화·불화 ·경제적으로 성공한 교포들의 현지사회에 대한 기부 기피경향 ·현지인의 생활방식에 대한 이해부족 또는 무시로 인한 마찰 해외유학생들의 물의 야기 ·부유층 유학생들의 호화·사치생활, 도박 ·학업능력이 부족한 학생들의 유학으로 학업태만 및 적응실패 ·현지불법취업 ·공공요금을 납부하지 않고 귀국
기 타	외국인 혐오식품의 식용 ·보신탕이나 뱀탕 등 외국인 혐오식품의 식용 ·야생동물의 밀렵

【자료】 http//www.homeminwon.go.kr/opengo/tour/에 의거 재구성.

9) 식 사

(1) 식사의 예약

호텔식당책임자와 식사의 일시에 대해서 협의한다. Half-Pension의 경우, 예고만 해두면 석식을 그날 또는 별도의 날에 중식으로 대체가능한 경우가 통례이므로 결국 Half-Pension이면 석식 또는 중식을 합계하여 숙박수(宿泊數)에 준하는만큼 예약하면 좋을 것이다.

① Meal Plan의 정석
고객에 대한 식사조건에 중식이 포함되어 있지 않을 때,

① 도착 직후의 식사는 호텔에서, 강요해서 밖에서 식사하려면 시간적으로 손해가 크다.
② 고객이 피로해 있을 때의 식사는 호텔에서
③ 종일 관광시에는 버스라고 하는 발이 있으므로 외식이 편리
④ 한국식당이나 향토요리점 등에 가고 싶을 때에는 호텔에서 요금에 포함되어 있는 석식을 중식으로 바꾸는 등으로 처리
⑤ 출발 직전의 식사는 호텔에서, 고객은 시간을 유효하게 사용할 수 있고 인솔자도 고객의 장악에 편리하다.

② 식사의 주문

사전에 식당의 책임자와 메뉴의 협의를 통해 가능한 한 단원 모두가 좋아하는 요리, 지난번과 중복되지 않는 요리를 주문한다. 단원수가 많지 않고 시간적 여유가 있을 때에는 3종류 정도의 요리 가운데 고객이 선택할 수 있도록 해주면 고객들은 대개 좋아한다.

단지 너무 많은 종류의 요리 가운데 선택하게 하면 무엇이 좋은지 모르게 되어 도리어 불친절하게 된다. 여행인솔자의 판단으로 고기요리, 계란요리, 생선요리 가운데 1종씩 섞어 그 가운데 하나를 선택케 하면 좋을 것이다.

유럽처럼 통신이 용이하고 더구나 어느 호텔에서도 동일한 정식을 제공하는 경향이 강한 지역에서는 필요에 따라 순차적으로 방문지의 호텔에 전화를 걸어 메뉴조정(Menu Control)을 한다.

정식으로 선택의 여지가 없는 경우에도 위장병, 당뇨병, 이가 나쁜 소수 예외 고객을 위해 정식을 별도로 대체하는 것은 예고만 해주면 언제나 가능하다. 인솔자는 고객의 이러한 욕구를 숙지하지 않으면 안 되며, 객실에 누워 있는 병자에게는 추가요금 없이 가벼운 식사를 룸서비스가 가능토록 조치해 주어야 한다.

메뉴의 내용이 잘 파악되지 않으면 레스토랑 매니저나 헤드웨이터(Head Waiter)에게 상세히 물어보아야 한다. 내용을 잘 모르고 주문하면 한국인의 입맛과는 전혀 다른 것이 나와 식사를 못하는 사례가 왕왕 발생된다는 것을 잊지 않아야 한다.

③ 음 료

① 좌석에 앉으면 우선 음료부터 주문하도록 고객에게 습관을 붙이도록 한다.
② 인솔자는 전원을 위해 보통 물도 내주도록 웨이터에게 부탁한다.

병에 든 미네랄워터가 아니라 보통물이란 Plain Water, Natural Water, Iced Water 등을 말한다. 단지 특별·고급식당 등에서는 고객에게 사정을 이야기하여 유료의 미네랄워터, 기타 음료를 사마시는 것이 타당한 경우도 있다. 한편, 한국인은 대개 탄산가스 함유의 Sparkling을 싫어하므로 가스가 함유되어 있지 않은 Flat를 주문한다.

비영어권에서는 이 말도 잘 통하지 않으므로 불어권의 산가스(Sans Gas), 독어권의 오네가스(Ohne Gas), 스페인어권의 싱가스(Sin Gas), 이탈리아어권의 센짜가스(Senza Gas)로 주문해야 확실하게 수배된다.

고급 레스토랑이 아닌 한 가능하면 음료를 종업원에게 직접 받도록 하는 것이 좋으나, 언어구사력이 모자란 단체는 가급적 음료대를 얼마씩 거두어 인솔자가 여행 중 일괄 지불하는 것이 좋은 방법이다.

④ 인솔자의 마음가짐

인솔자는 전원이 한눈에 보이는 그러면서도 곧 일어날 수 있는 자리를 차지한다. 식사 중에 끊임없이 단원에게 신경을 쓰고 무슨 문제가 일어나고 있으면 곧 현장에 달려가 문제를 해결해 주어야 한다. 큰 소리로 웨이터를 부르는 것은 에티켓 위반이므로 손을 들어 웨이터의 눈에 띄도록 하는 자리가 이상적이다.

여행기간 중에 가능한 한 모든 고객이 어울려 식사하도록 노력한다. 얘기 상대가 되니까, 좋아하는 이성이 있어서, 등의 이유에 의해 일부 특정한 고객끼리 동석하여 편을 가르는 것은 바람직하지 못하다.

또한 한국으로부터 도착당일은 피곤한 까닭에 대개는 별말 없이 식사하는 경우가 많으므로 인솔자가 차후의 행사에 대해 화제를 유발시켜 화기애애한 분위기를 연출시키는 노력도 중요하다.

10) 체크아웃

(1) 출발예정의 전달

다음의 사항을 정해 게시 및 구두로 고객에게 전달하는 한편, 호텔에도 알려 (메모나 구두) 확실한 진행을 하도록 한다.

① 기상전화(Morning Call)의 시작
② 조식의 시각, 장소
③ 짐의 수집(Baggage Collection) 시각, 짐은 방의 안에 두는지 밖에 두는지
④ 출발시각 및 버스대기 장소

(2) 출발예정의 결정방법

조식은 출발의 30~60분 전, 조식에 필요한 시간은 식사의 종류, 호텔 측의 처리능력, 단원수, 다른 고객이 있어 혼잡 유무에 따라 다소의 차이는 있으나, 일반적으로 짐의 수집은 출발 60분 전이 정석이다. 단, 단원수가 적고 다른 손님이 없을 때(또는 적을 때)에는 30분으로 족하다. 대규모 호텔을 아침 8~10시경 출발하려 할 때에는 출발 90분 전부터 시작하는 것이 안전하다. 하물의 수집시각, 도어(Door)의 내·외부 결정에 대해서는 전날 호텔과 상의하여 둔다. Baggage Tag의 색, 특징 등도 아울러 전달해 두는 것이 바람직하다.

모닝콜 전화는 조식의 60분 전이 정석이나, 남자만의 단체는 30분 전에 해도 큰 지장은 없다. 조조 출발 시에는 시간을 여유 없게 하더라도 모든 것이 비어 있으므로 편리하나, 단지 중소호텔에서는 전날에 부탁해 두지 않으면 이른 시각에 포터가 없는 경우도 있으므로 주의해야 하며, 인솔자는 고객이 알고 있는 모든 시각보다 30~60분 전에 행동을 개시한다.

(3) 회 계

조식 후 곧 출발하려 할 경우에는 고객보다 먼저 조식을 마치고 회계처리한다. 경우에 따라서는 회계를 전날 처리해 두는 것도 좋은 방법이다. 미국의 큰 호텔에서는 아침에 회계창구가 대단히 혼잡하여 시간이 꽤 걸리는 경우가 허다하므로 이때에는 별도 입구로 사무실 내로 들어가 회계처리하면 된다.

단체에 익숙해 있지 않은 호텔에서는 현지수배대리점 지불, 회사지불(후일 송금), 인솔자지불, 고객지불의 계산을 모두 혼합하여 처리하는 경우도 있으므로, 전날 이를 확인, 별도로 회계처리하도록 분류시켜 놓아야 한다.

고객의 개인용 청구서에도 호텔측의 계산착오가 종종 발생된다. 고객에게 직접 내게 하든지, 청구내용과 금액에 대해서 고객의 확인을 얻어 인솔자가 대납해 주든지 한다. 단, 대납지불에는 시간적 여유가 없을 때로 국한한다.

(4) 하 물

전날 호텔 측에 부탁했다 해도 당일 다시 한 번 컨시어지(Bell Captain)에게 하물 수집건을 확인시킨다. 다른 단체의 하물처리에 쫓겨 이쪽 단체의 하물수집이 늦어지고 있는 경우가 많으므로 하물의 개수와 이동(異同)을 반드시 인솔자가 스스로 확인한다. 숫자가 맞아도 수집실수가 생기는 원인은 다음과 같다.

① 고객이 인솔자에게 무단으로 위탁수하물을 증가시킨다.
② 포터가 잘못하여 다른 사람의 짐을 가져왔다.
③ 휴대수하물이 위탁수하물에 혼입되어 있다.

숫자가 맞아도 ①, ②, ③이 있으면 그만큼 하물수집의 실수가 있을 것이다. 이를 확인하기 위해서도 고객자신의 눈으로 자기의 짐을 확인하는 것이 중요하다.

(5) 출발예정의 교통기관 확인

출발예정의 교통편 확인은 인솔자나 현지대리점에서 하게 된다. 항공편의 예약 재확인은 예약업무에서 자세히 다루었으므로 그 부분을 참고해 주기 바라며, 여기서는 버스의 확인을 주 내용으로 한다.

인솔자는 출발 당일 타고 갈 버스의 도착여부를 확인하고 고객에게 빨리 버스에 승차하도록 하는 한편, 승객수를 확인한다. 미처 타지 못한 승객에게는 객실에 전화하고 호텔의 열쇠를 가지고 승차한 고객은 열쇠를 반환시킨다.

한편, 귀중품 보관소에 물건을 맡긴 단원이 없는지를 확인하고 객실 내의 서랍, 옷장 등에 잃어버린 물건이 없는지를 확인시킨 후 출발하도록 한다.

>>> 주의 1

하물의 구분

몇 박인가 하고 또한 같은 호텔에 되돌아올 경우에는 필요치 않은 하물을 하물보관소(Store Room)에 보관시킨다. 하물의 구분방법은 다음과 같다.

① 전부 함께 가져와 로비에서 구분한다.
② 미리 고객에게 별도의 색으로 Tag을 나눠주어 남겨둘 하물에만 부착시킨다.
③ 남겨둘 하물을 실내에 두고 휴대하는 하물을 복도에 두어 별도로 수집한다.

①은 확실한 방법이나 개개의 하물에 대해 고객의 협력을 필요로 하기 때문에 중소단체 지향형이고, ②는 대형단체 지향형이다. 인솔자가 반드시 최종구분에 대해 확인한다. ③은 하물을 복도에 내어놓아도 안전한 곳에서는 편리하고 더구나 틀림없는 방법이나, 도난이 발생되기 쉬운 단점이 있다. 여하튼 하물의 총수는 평소보다 증가하므로 주의하는 한편, 남겨둘 하물에 대해 호텔 측으로부터 보관증을 받아둔다.

>>> 주의 2

오후 늦게, 야간 출발의 경우

호텔 측과 교섭하여 Check-Out Time 이후에도 Courtesy Room으로서 몇 개의 방을 확보하고 수하물을 두어 세면, 옷 갈아입기, 피곤한 고객의 휴식 등으로 사용토록 한다.

Courtesy Room을 몇 방 주는지는 호텔의 혼잡 정도에 따르나, 대개 손님 10~16명당 한 방이 표준이다. 적어도 남성용과 여성용으로 각 한 방씩은 필요하다.

외출하는 고객이 있기 때문에 이것만으로도 충분한 경우도 있다. Courtesy Room은 가능한 한 로비에 가깝고 2방 이상인 때에는 접근이 서로 용이한 방이 편리하다. Courtesy Room은 다수인이 사용하여 방을 어지럽히므로 룸메이트에게는 별도의 팁을 주는 것이 상식이다. 또한 이 방의 열쇠는 최후에 객실을 나오는 고객이 반드시 프론트에 반납하도록 의뢰하여야 하며, 이를 망각하고 열쇠를 가지고 돌아다니면 타고객의 객실사용은 불가능하기 때문에 주의해야 한다.

호텔이 Courtesy Room 제공을 주저하고 있을 때에는 대부분 객실을 예컨대 9시에 비워주고 그 대신 오후 늦게 또는 야간 출발시각까지 소수의 Courtesy Room을 제공해 주도록 교섭하면 대개는 통한다. 오전 중 관광이 포함되어 있을 때는 고객에게도 이 방법이 더 편리하다.

(6) 출국시에 자주 발생하는 실수

① 호텔의 귀중품 보관소에 맡겨 둔 물품을 찾지 않고 출발함.

② 호텔에서 개인적으로 사용한 제경비(전화료, 음료대, 세탁비 등)를 정산하지 않고 출발함.

③ 호텔객실의 구석진 곳에 감추어 둔 지갑이나 물건을 가지고 나오지 않음.

④ 너무 급히 서두른 나머지 전체단원의 승차확인이 안된 상태에서 출발함.

⑤ 호텔의 객실열쇠(key)를 반납하지 않은 채로 출발함.

⑥ 공항에서 체크인 시 들고 있던 손가방을 항공사의 체크인 카운터 밑에 놓고 떠남.

⑦ 고객의 짐에 너무 신경을 곤두세운 나머지 자신의 짐을 빠뜨림.

⑧ 항공권의 앞 뒷장이 바뀐 상태에서 탑승권을 교부받음(여러 나라를 방문하는 경우에는 출국 전날 해당구간의 항공권을 절취해 두는 습관을 가지는 것이 중요함).

⑨ 시내 면세점에서 구입한 물건을 세관에서 보여주어야 하는 국가(대개는 밀폐된 용기에 넣어 개봉하지 못하도록 함. 예를 들면 호주)에서 면세품 위탁 수하물(Checked Baggage)에 넣어 보냄.

11) 여행의 진행

(1) 지상여행과 순회여행

① 시내관광과 하차장소 결정

시내관광 출발 전에 현지 가이드와 운전수의 의견을 잘 듣고 나서 인솔자가 코스와 하차장소를 결정한다. 현지 가이드에게 일임하면 그 단체의 특수성까지 고려한 최선의 시내관광이 불가능하기 때문이다. 시간과 교통규칙이 허용하는 한 가능한 하차장소를 많이 하여 사진을 찍기 쉽도록 배려한다. 한국인들은 일반적으로 사원 등에서 장시간 장황한 설명을 하는 것을 싫어한다.

현지가이드(Local Guide) 가운데는 관광도중 쇼핑을 너무 지나치게 강요하는 사람도 많은데, 이것은 귀중한 관광시간의 낭비이니까 그러한 일이 없도록 출발 전에 못을 박아 두는 게 좋다. 쇼핑은 원칙적으로 자유시간(Free Time)에 하는 게 좋으며, 그 도시의 특산품을 만들고 있는 곳을 들르는 것이 시내관광의 일부라 해도 구경과 간단한 쇼핑이 끝나는 대로 곧 관광을 속행시킨다. 극히 일부 여행자가 쇼핑에 몰두, 다른 대부분 고객은 버스 안에서 안절부절 하면서 기다리게 해서는 안 된다.

② 영어가이드의 사용방법

한국인 여행자가 많이 증가됨에 따라 대부분 국가에는 한국어 가이드가 있으나, 사화주의 국가 및 중남미, 아프리카 제국에는 아직도 한국어가이드가 없는 곳이 있다. 이러한 지역에서는 부득이 영어가이드나 일본어가이드를 사용하여 현지 인솔을 맡기게 되는 바, 이들 인솔자를 사용할 때에는 다음 사항을 고려해야 할 것이다.

① 버스 주행 중 가이드에게는 설명을 요약하여 평소 3분의 1시간으로 끝내도록 하고, 나머지 3분의 2시간을 사용하여 여행인솔자가 한국어로 해설한다.
② 하차관광시 버스에서 내려 관광대상지까지 걸어갈 때는 그 시간에 가이드로 하여금 인솔자에게 설명하도록 하여 고객이 관광대상에 모이게 되면 곧 인솔자가 한국어로 설명한다. 한국인에게는 사진촬영은 설명과 더불어 중대 관심사이기 때문에 설명이 끝나자마자 집합장소와 시간을 지정하여 일시 해산하고 가능한 많은 시간을 사진촬영을 하도록 배려한다.
③ 한국인에게 흥미 없는 점에 대해서는 시간절약을 위해 설명을 생략시키고 한국인의 관심이 많은 분야(예컨대, 현지 주민의 생활정도, 평균수입, 물가, 복지문제, 세금 등)를 미리 예상하여 들어두고 적당한 시기에 설명한다.
④ 인솔자는 관광목적지에 대해 철저하게 공부하여 현지 가이드가 설명대상의 명칭만 얘기해도 사전에 공부한 내용이 곧 머리에 떠오르도록 해두어야 한다. 자신도 잘 모르는 것을 통역하여 설명한다는 것은 사실상 어렵기 때문이다.
⑤ 고유명사는 한국에서 통용되고 있는 방식으로 설명한다(예컨대, John of Arc는 잔다르크라는 식으로).

(2) 버스·철도여행

① 버스여행

① 현지여행사에 일임하면 출발시각을 아침 9~10시에 배차하여 늦는 경우가 많다. 이것은 구·미인이 일반적으로 이른 출발을 싫어하며 도중에서 하차하여 사진촬영을 하는 것 등이 한국인과는 달리 싫어하기 때문이다. 또한

저녁식사 등도 한국인과는 달리 늦게 오래 먹는 습관이 있다. 한국인의 경우에는 사진촬영이 관광과 더불어 중요하므로 가급적 이른 시각에 출발시키는 게 좋다.

② 도중 눈에 띄는 관광대상이 있으면 설명하고 그 밖에 버스여행 도중에는 일반적인 화제에 대해서 설명하는 절호의 기회이다.

③ 호텔출발 후 잠시 동안은 고객끼리 전날에 있었던 이야기로 꽃을 피우게 되므로, 특별한 관광대상이 없는 한 그냥 내버려두고 고객끼리의 얘기가 일단락되고 나서 해설을 시작한다. 대개 아침의 시각에는 집중력이 강하기 때문에 중요사항은 이때를 이용하여 전달한다. 장거리여행인 경우에는 이때 오락을 진행하여 무드를 조성하는 것도 좋고 국내에서 지참한 MP3나 CD 등을 틀어주어 심신의 안정을 취하게 한다.

④ 적어도 2시간에 1회는 Toilet Stop을 하여 기분전환을 하도록 운전수에게 미리 부탁해 둔다.

⑤ 때때로 맨 뒤 좌석까지 둘러보아 고객의 상태를 파악하는 한편, 질문이나 요망에 답해주는 것이 좋다. 앞에만 앉아 있으면 인솔자의 독선에 빠지기 쉽다.

⑥ 며칠씩이나 버스여행을 할 때에는 좌석의 순서가 문제가 되는 경우도 생기므로 조기에 해결해 두어야 한다. 그렇지 않으면 같은 손님이 계속 같은 자리를 차지하여 종종 문제가 생긴다. 인솔자는 미리 가장 앞좌석을 선점하는 것을 피하고, 가능하면 맨 앞좌석은 기분이 나빠진 사람이나 사진 찍기를 좋아하는 사람에게 배려하고, 다소 수고가 따르지만 매일 매일의 좌석표를 작성하여 순번에 따라 교대하도록 하는 것이 바람직하다.

(3) 철도여행

① 하물을 적재하기 전, 내린 후에는 반드시 인솔자가 개수를 확인한다. 항공여행시보다 분실률이 훨씬 높으므로 주의를 요한다.

② 식당차 이용예정 시에는 승차 후 곧(발차전이라도) 식당책임자와 만나서 수배확인을 한다. 이때 특히 주의할 것은 식사 이용시의 하물도난에 각별히 신경쓰도록 해야 하므로 교대식사가 바람직하다. 국제열차에서는 식당

차가 미처 생각지 못한 곳에서 분리되어 식사시간도 이쪽 시간에 맞추지 못하는 경우가 있으므로 주의해야 한다.

③ 불승증명(不乘證明)은 반드시 검표 후 단권(團券)의 뒷면에 서명을 받도록 한다.

④ 고객에게만 목적지 도착 이전에 원칙적으로 홈에 내리지 않도록 한다(구미에서는 발차신호가 없는 곳이 대부분이다).

⑤ 유명한 산이나 호수, 강, 도시 등을 통과할 때에는 각 차량을 순회하며 설명해 준다.

⑥ 국경에서는 대개는 차내를 순찰하는 관계관에게 여권을 보여주는 것으로 끝나지만, 일부국가에서는 하차하여 별도의 수속을 받는 곳도 있으므로 주의해야 하며, 은행원이 승차하는 국가에서는 고객에게 사전설명을 하여 미리 환전할 금액을 준비시킨다. 또한 세관원이 승차하는 국가에서는 미리 면세수속을 할 필요가 있으므로 이에 대한 대처도 해야 한다(스위스 시계 등).

(4) 선박여행

① 고객의 짐을 포터가 배의 Foyer(호텔의 로비에 해당)까지만 운반하는지, 선실(Cabin)까지 운반하는지, 그렇지 않으면 고객이 직접 가지고 가는지는 선박회사마다 다르므로 이에 대한 확인을 미리 해둔다.

② 사무장(purser)으로부터 선실배정표(Cabin Assignment)를 수령한다.

③ Foyer 앞은 매우 혼잡하므로 고객 라운지에 유도하고 거기서 선실번호(Cabin Number)를 발표한다. 한편, 각 선실의 문에는 승객의 명찰이 붙어 있다는 것도 주지시킨다.

④ 스튜어드(steward)가 하물을 운반해 주는 배에서는 고객도 선실까지 가서 틀림없이 자기의 짐이 배달되고 있는지를 확인한다. 자신이 직접 운반하는 선박의 경우에는 인솔자가 노약자나 여성의 하물운반을 도와준다. 그 후 일정시간을 정해 재집합을 한다.

⑤ 인솔자는 Purser's Office에 가서 선내배치도(Deck Plan), 선상행사, 상륙관광(Shore Excursion) 등의 예정표를 입수하는 한편, 환전소, 매점, 이·미용실, 수영장, 나이트클럽 등 고객이용이 예상되는 곳의 위치 등을 파악해 둔다.

⑥ 가능한 한 빨리 식당책임자를 만나 식사좌석과 Sitting(식사 회전제)을 결정한다. 좌석과 시팅은 한 번 정하면 선박여행이 끝나는 시간까지 그대로 진행되므로 결정시에는 고객의 의견을 최대로 반영하여야 한다. 단체의 인원수와 비례하여 창문 쪽의 상석도 적당히 확보해 둔다.

⑦ 선내를 순회하여 각종 시설의 위치를 파악한다. 호화객선은 Deck가 수개 층으로 나뉘어 선내의 통로나 계단의 배치가 복잡하여 배안에서 미아가 발생하기도 한다.

⑧ 재집합한 때에는 고객에게 선내의 위치나 이용방법, 금후의 행사 예정, 식사시간, 선내생활을 즐기는 방법 등을 설명한다.

⑨ 필요한 경우에는 Purser's office에서 마이크를 빌려 한국어로 선내 아나운스멘트를 한다. 복수의 한국단체가 승선하고 있을 때에는 인솔자끼리 협의하여 선내행사나 상륙관광, 아나운스멘트 등을 공동으로 하면 시간과 비용이 절약된다.

⑩ 기항지에 상륙한 때에는 반드시 뱃전에 있는 선실번호표를 수령, 귀선한 때에 이를 반환한다. 선박회사에서는 번호표에 의해 모든 승객이 승선했는지를 확인하고 있으므로 번호표를 휴대치 않고 상륙한 경우에는 인원확인이 제대로 안되어도 그대로 출항하기 때문에 각별히 주의해야 한다.

⑪ 가장무도회, 민족무용강습회 등의 행사에는 다투어 참가하도록 인솔자가 선두에 서서 리드하고 즐거운 분위기를 연출하도록 한다.

(5) 자유시간

① 선택관광(Optional Tour)

자유시간에는 회사에서 미리 준비해온 선택관광이 있으면 그것에 참가하도록 권유한다. 고객의 희망에 따라 인솔자가 현지에서 즉각 수배할 수 있는 것이면, 임기응변으로 옵셔널 투어를 만들면 고객들은 좋아한다. 단지 선택관광의 추천에 즈음해서 고객의 피로도를 고려하여 너무 무리한 일정을 짜지 않도록 주의한다.

고객 한 사람 한 사람에 있어서 자유시간은 관광시간에 못지않을 정도로 중요성을 가지고 있으므로, 인솔자는 쇼핑, 산보, 사진촬영, 미술감상 등에 좋은 장소를 평소에 연구해 두지 않으면 안 된다.

일반적으로 젊은 층은 자기들만의 소그룹으로 나가기를 좋아하며, 중·장년 층은 인솔자가 2, 3의 계획을 세워 그에 참가하기를 좋아하는 편이다. 다른 팀에 게는 방문지, 도순(道順) 등을 메모하여 건네주고 가능하면 손님 가운데 영어가 통하는 사람을 배치하도록 하면 무난하다. 세계의 대표적인 선택관광은 다음과 같은 것들이다.

〈표 7-4〉 중요 각국의 선택관광

지 역	내 용
대양주	블루마운틴, 와일드 라이프파크, 양털깍기 쇼, 수족관, 캡틴쿡 크루즈, 래프팅, 목장체험 등
동남아	곽상한 폭포, 수족관, 트라이쇼, 후버쇼, 당 다이너스키쇼, 따알 볼케이노 트래킹, 서커스 월드, 싸이먼쇼, 환타지와쇼 등
미 주	빅토리아폭포관광, 라스베이거스 주빌리쇼, 시내 마차관광, 승마 투어, 연어낚시투어, 그랜드캐년 경비행기, 폴리네시안 매직디너쇼, 애틀란티스 잠수함 등
유 럽 아프리카	세느강 선상디너쇼, 리도쇼, 곤돌라, Canssone by Night, Musical, Flamengo Show, 투우경기, 모스크바 서커스, 나일강 크루즈 등
중 국	상하이·북경 서커스, 오리구이, 궁중요리, 인력거투어, 온천, 만두요리(덕발장 식당), 당락궁(요리＋당나라 가무), 마라탕(고추전골), 소수민족쇼, 건강식(용봉탕) 가마우지, 발맛사지 등
태 국	파타야 알카자쇼, 농눅빌리지 코끼리쇼, 선상디너, 코브라탕, 파라 세일링(낙하산), 칼림소쇼(게이쇼), 로즈가든／악어농장, 호랑이농장／가오께오, 태국전통안마, 호핑투어(스노클링,바다낚시＋해변휴식), 한방 아로마 테라피스파 체험, 코끼리 트래킹 체험 등
환태평양	샌드캐슬, 민속디너쇼, 마나가하섬, 익스트림 어드벤쳐, 선셋크루즈,

【자료】 http://www.kota.or.kr/main.htm에 의해 재구성.

(6) 야간의 자유시간

민족음악이나 무도(舞蹈), 재미있는 쇼 등을 공연하고 있는 나이트클럽이나 극장식당 등에 관해 주간부터 계획을 세우고 가능하면 버스 내에서, 그것이 불가능하면 저녁식사 때에 발표하여야 하는데, 특히 다음 사항을 고려한다.

① 기존 Package Night Tour의 장점은 내용이 어느 정도 보증되어 있다는 것, 교통걱정이 없다는 것이고, 단점으로는 비교적 비싸다는 점, 호텔에의 귀착시간이 늦다는 점이다. 독자적으로 계획하면 비용과 시간을 인솔자가 어

느 정도까지 자유로 조절할 수 있다.

② 단원에 여성이 섞여 있는 경우 남성만이 참가할 수 있는 곳을 주장하는 것은 좋지 못하다. 예를 들면, 제1단계는 여성이라도 참가할 수 있는 코스, 제2단계(제2차)는 남성의 희망자만 한다든가, 체재 중 제1일 저녁은 누구나 참가할 수 있는 코스, 두 번째 저녁은 남성중심의 코스 등으로 편성하여 불평불만을 없애야 한다. 외국에서는 여성은 에스코트 없이 나이트클럽에서 즐길 수 없다는 점도 고려하여 남성조에 방문처 도순(道順)을 쓴 메모를 건네주어 여성 및 고령자조에 인솔자가 동행하는 배려도 경우에 따라 필요하다.

③ 위험이 예상되는 곳에 고객들이 출입하지 않도록 주의해 주고, 특히 남성들만 모이는 폭력 바에는 절대 안가는 것이 좋다.

④ 하나의 체재지에 도착할 때마다 "This Week in ○○"식의 팸플릿을 즉시 입수하여 항상 가지고 다니도록 하면 대개의 고객에게 설명할 수 있어서 편리하다.

(7) 토산품 구입(Shopping)

쇼핑은 해외여행 중의 하이라이트(Highlight) 중의 하나이다. 국내에서는 값비싼 것도 외국에서는 싼 것들이 많아 사고 싶어지고 또한 사는 것도 여행의 즐거움이다. 그러나 쇼핑에 몰두한 나머지 과다한 쇼핑으로 귀국시 세관에서 물의를 일으키는 사례도 있고, 더 나아가서 사회의 지탄과 심지어는 법의 제재를 받는 경우도 있다. 그러므로 출발 전에 구입예정품목의 목록을 작성하고 국내시세 등도 알아보는 지혜가 필요하다. 외국에서의 쇼핑을 할 때에는 다음 사항을 명심하여 인솔하도록 한다.

① 구·미의 상점이나 백화점에서는 토요일은 오전 중에만 영업하고 일요일은 휴업하는 것이 일반적이나, 이슬람권 국가에서는 금요일에 휴업함.

② 영업시간은 유럽지역은 월~금요일：09：00~18：00, 미국의 경우 월요일은 10：00~21：00, 화요일부터 토요일까지는 10：00~18：00

③ 시에스타(낮잠)으로 인한 휴점(休店)은 이탈리아의 경우 13：00~16：00, 스페인의 경우 13：00~16：30, 그리스의 경우 14：00~16：00경까지 대부분의

상점이 문을 닫는다.

홍콩은 10 : 00(백화점은 11 : 00)~21 : 00까지 연중무휴로 개점한다. 하와이의 와이키키지역도 09 : 00~17 : 00까지 연중무휴로 개점하는 곳이 많다.

④ 고가품의 경우에는 가격이 다소 비싸더라도 신용 있는 상점에서 사는 것이 상책이다.

⑤ 값을 깎아서 사는 것이 관습화한 곳이 있는데, 이들 지역은 홍콩, 인도, 멕시코, 이탈리아, 스페인, 중동제국, 동남아의 대부분 국가들이다. 그러나 백화점이나 일류 상점의 경우에는 그렇지 않다. 미국, 유럽, 일본, 러시아 등지에서는 깎는 습관이 없다(골동품은 예외).

⑥ 지불은 현지통화로 결제하는 것이 싸다. 물론 달러나 엔화 등 국제통화로도 결제는 가능하다.

거스름돈을 잘 챙기도록 거스름돈을 건네주는 방식이 한국과는 다르다. 예를 들면, $2.40짜리 상품을 사고 $10.00짜리를 주었을 경우 상점의 주인은 60센트를 주면서 $3.00라고 말한다. 그리고 나서 1달러씩 세면서 $10.00가될 때까지 되돌려 준다.

⑦ 타인 앞에서 지갑을 통 채로 꺼내 많은 현금을 내보여서는 안 된다. 소매치기를 유발하고 있는 거나 다름없다.

⑧ 부피가 크거나 선물용품 등은 별송품(別送品) 취급을 할 수 있다. 별송품으로 처리하고자 할 때에는 송료, 소요일수, 보험 등을 상세히 알아보아야 하며, 이 경우에는 반드시 영수증을 보관해 둔다.

⑨ DFS(Duty Free Shop)는 각국의 정부공인 면세점으로서 공항을 비롯하여 시내의 도처에 체인망을 구축하고 있다. 이용방법은 여권 또는 탑승권을 제시하면 가능하며, 관세법상 매장에서 구입한 모든 면세품은 항공기 탑승구에서 전달하도록 되어 있다. 구입한 상품을 전달받고자 하면 노란색 영수증을 보여주면 되는데, 이때 주의할 것은 영수증 매수와 비닐포장 개수가 맞는지의 여부를 확인하는 것이다(항공기 탑승 전 개봉금지).

만일 물건을 수령하지 못했을 때에는 공항입국시 여행자휴대신고서의 별송품 신고란에 기입 후(반드시 2매 작성) 세관심사대에서 DFS 영수증과 함께 신고하면 된다. 신고 후에는 DFS 한국 A / S센터에 연락을 취한다.

〈표 7-5〉 세계 각국의 주된 특산물

지역	국가명	특 산 물
아시아	일 본	·전자제품, 양식진주, 도자기 제품, 카메라, 교토칠기, 칠보
	대 만	·상아세공품, 우롱차, 산호, 등나무제품, 옥 공예품
	홍 콩	·시계, 보석, 카메라, 가죽제품, 세계유명(Brand) 상품
	싱가포르	·보석류(에메랄드, 루비, 사파이어) 외국 유명브랜드
	중 국	·한약, 옥공예품, 동양화, 벼루, 붓, 상아세공, 도장
	네 팔	·티베트조끼, 금은 세공품
	필리핀	·마닐라 마(麻)제품, 마닐라 잎담배, 목공예품, 상아세공품, 조개세공품
	태 국	·악어가죽제품, 타이실크, 보석, 상아세공품
	말레이시아	·주석제품, 바틱제품, 나비표본, 인도직물, 은제품
	인도네시아	·바틱(Batik)제품, 도마뱀가죽, 목공예품, 은세공품, 악어가죽제품
	인 도	·면, 실크제품, 상아, 금은세공품, 캐시미어제품, 보석, 사리, 흑단
	파키스탄	·주단, 자수, 견직물, 티크세공품
오세아니아 · 남태평양	호 주	·오팔, 양가죽방석, 타스마니아 꿀, 로얄제리, 호주 특산동물의 제품,
	뉴질랜드	·마오리공예품, 천연산 꿀, 녹용, 조개세공품, 양가죽제품, 양털담요
	피 지	·흑산호
	괌	·세계유명브랜드제품
	사이판	·목각제품, 산호조개, 세계유명브랜드 제품
북미	미본토	·스포츠용품, 청바지, 레코드, 골프용품, 만년필
	알래스카	·에스키모 장화, 고래뼈로 만든 제품, 녹용
	하와이	·알로하 셔츠, 하와이안 초콜릿, 흑산호, 조개껍질 액세서리
	캐나다	·모피제품, 인디언 수공제품, 에스키모 민예품, 동공예품, 훈제연어, 꿀
중남미	멕시코	·가죽제품, 금은세공품, 오팔, 인디오 민예품과 직물, 좀브렐라, 떼낄라(술)
	브라질	·커피, 보석, 악어가죽, 은제품, 나비표본, 나무조각품, 물고기화석
	아르헨티나	·가죽제품, 모피제품, 판초의상, 모직제품
	페 루	·모피제품, 은제품, 인디오수직제품, 알파카 주단, 민속인형, 잉카콜라
	칠 레	·동제품, 목각, 직물류
중동 · 아프리카	이집트	·파피루스, 금은세공품, 향수, 보석(자수정, 루비), 가죽제품
	모로코	·가죽제품, 양탄자, 수직제품, 청동그릇
	남아프리카	·다이아몬드
	케 냐	·모피제품(지갑, 모자, 핸드백), 민예품
	터 키	·가죽제품, 금은세공, 골동품, 양탄자
	이스라엘	·올리브나무 목각제품, 다이아몬드
유럽	그리스	·수공예품, 견직물, 공동품, 금은세공, 비잔틴자수
	노르웨이	·틸스웨터, 모피류, 민예품
	네덜란드	·다이아몬드, 낙농제품, 인형, 도자기, 수정제품
	독 일	·카메라, 광학기구, 칼, 가방, 완구, 각종 공구

덴마크	· 모피, 은제품, 유리제품, 도자기
벨기에	· 고급 레이스, 피혁제품, 보석, 초콜릿
스페인	· 가죽제품, 기타, 토기, 레이스제품, 금속세공품
스위스	· 시계, 등산용품, 자수제품, 레이스제품, 치즈, 초콜릿, 만능칼
오스트리아	· 가죽제품, 블라우스, 스포츠용품
영　국	· 신사복, 레인코트, 스카치위스키, 골동품, 도기, 은제품
이탈리아	· 가족제품, 핸드백, 실크, 구두, 편물제품, 유리제품, 넥타이, 모자
포르투갈	· 콜크 제품, 민예품, 포도주
폴란드	· 호박, 수공예품, 수직제품
프랑스	· 향수, 화장품, 패션의류, 넥타이 실크, 핸드백, 포도주, 브랜디
핀랜드	· 모피, 도자기, 직물, 유리제품
체　코	· 귀금속, 보헤미아유리제품
헝가리	· 의류, 민속의상, 목각

04 해외여행의 안전관리

　1988년 해외여행 전면자유화정책에 따라 국민의 해외여행은 해를 거듭할수록 점차 증가되어, 여행상품의 국제화에서 국민의 세계화 시대를 맞이하고 있다. 외교부에서는 해외안전여행 홈페이지(http://www.0404.go.kr)를 통하여 해외여행 안전을 관리하고 있다.

　그런데 이러한 국제화와 더불어 증가되고 있는 것이 강도, 절도, 살인, 테러, 납치, 상해 등 해외에서의 불완전한 여행환경이다.

〈표 7-6〉 지역별 사고발생 및 위험도

지역명	사건수(%)	피해자수(%)	지역별위험도(사건수+피해자수) $\times \dfrac{1}{진출규모지수}$		위험순위
아시아	106(47)	105(38)	$211 \times \dfrac{1}{0.38} =$	$555(10\%)$	5
중남미	33(15)	36(13)	$69 \times \dfrac{1}{0.13} =$	$627(12\%)$	3

서 구	25(11)	30(11)	$55 \times \dfrac{1}{0.13} = 423(8\%)$	7
북 미	25(11)	21(8)	$46 \times \dfrac{1}{0.2} = 230(4\%)$	8
중근동	14(6)	40(15)	$54 \times \dfrac{1}{0.09} = 600(11\%)$	4
아프리카	10(4)	26(9)	$36 \times \dfrac{1}{0.04} = 900(17\%)$	3
동 구	10(4)	6(2)	$16 \times \dfrac{1}{0.01} = 1,600(30\%)$	1
대양주	5(2)	12(4)	$17 \times \dfrac{1}{0.04} = 425(8\%)$	6
계	228(100)	276(100)	5,360(100%)	

【資料】 トラベルジャナル、最新海外出張事典, 1985, p. 338.

1) 안전한 해외여행

(1) 여행경보제도

여행자들이 안전한 해외여행을 하고자 하는 경우에는 목적국가의 정치상황, 치안상태, 테러 범죄조직 활동에 대한 상식을 가지는 일이다. 외교부에서는 다음 그림과 같이 우리국민의 안전여행을 위해 여행 준비단계, 여행 중 단계 및 여행 후 단계 등 3단계로 유의사항을 홍보하고 있다.

여행준비	여행지에 대한 안전정보파악	• 해외안전여행 홈페이지 - 여행경보단계 및 국가별 안전정보
	여권 발급	• 전국 여권 발급처 - 24시간 여권발급 관련 안내(영사콜 센터) ※비자발급은 여행국의 주한대사관 소관업무
	해외여행자 인터넷 등록	• 해외안전여행 홈페이지 상 여행정보 등록 - 여행경보단계 1단계 이상 해외여행자 대상 - 해외위난상황 발생시 SMS를 통해 실시간 해외 안전 정보 제공
여행 중	긴급 상황 정보수령	• 해외안전여행정보 문자서비스(SMS) - 위급 시 도움을 받을 수 있는 연락처 안내 및 위급 상황 발생 시 신속 상황 전파

	사건사고 발생	・영사콜센터 또는 제외공관 당직자 　- 사건사고 신고 접수 및 상담 ・신속해외송금제도 　- 24시간 내 긴급경비 지원 ・영사협력원 　- 공관 미상주지역, 원격지의 사건사고 초동 대응 ・신속대응팀, 대형 사건사고 발생시 전문가팀 48시간 내 파견
귀국 후	통합영사서비스 평가	・영사콜센터 외교통상부 홈페이지 　- 통합영사서비스 개선을 위한 의견 수렴

【자료】 외교통상부, 웹사이트, 2009에 의거 재구성.

[그림 7-2] 안전한 해외여행을 위한 3단계 과정

외교부에서는 여행시의 주의사항 및 관련정보와 해외공관으로부터 수집한 각종 여행관련 정보를 분석하여 ① 여행유의, ② 여행자제, ③ 철수권고, ④ 여행금지 등의 경보제도를 발령하고 있다. 제1단계 여행유의 단계에서는 신변안전에 유의하며, 제2단계 여행자제 단계에서는 신변안전에 특별 유의하고, 여행필요성을 신중히 검토하며, 제3단계 철수권고 단계에서는 가급적 여행을 삼가고 긴급한 용무가 아닌 한 귀국하며, 제4단계 여행금지 단계에서는 방문금지 또는 현지에서 즉시 대피하거나 철수를 해야 한다.

〈표 7-7〉 중요 국가별 안전정보

지 역	국 가	안 전 정 보			
		유 의	자 제	제 한	금 지
아시아·태평양	네 팔		○		
	말레이시아	○일부지역			
	아프가니스탄				○
	이라크				○
	인 도	○일부지역	○일부지역	○일부지역	
	인도네시아	○일부지역	○일부지역		
	중 국	○일부지역	○일부지역	○일부지역	
	태 국	○일부지역	○일부지역		
	필리핀	○일부지역		○일부지역	
	터 키		○일부지역	○일부지역	

유 럽	그리스	○일부지역		○일부지역	
	러시아			○일부지역	
	스페인	○일부지역			
	우즈베키스탄	○일부지역			
	이탈리아	○일부지역			
아메리카	멕시코	○일부지역	○일부지역		
	브라질	○일부지역			
아프리카	남아공	○일부지역			
	모로코		○일부지역		
	이집트	○일부지역	○일부지역		
	케 냐	○일부지역	○일부지역	○일부지역	

[자료] 외교통상부, 웹사이트, 2010. 1에 의거 재구성.

여행자들은 해외안전여행홈페이지를 통해 여행목적국가에 대해 긴요한 정보를 수령하거나, 여행자 등록을 통해 실시간으로 최신 정보를 수령할 수 있다. 특히, 여행경보단계가 설정된 국가의 경우, 안전수칙을 숙지하는 것이 좋다.

또한 지진·해일 등 대형 자연재해나 폭동·테러 등 발발 시 우리국민의 피해 가능성이 많은 것을 우려하여 개설한 영사콜센터제도[14] 및 해외안전여행 문자서비스(SMS)제도, 해외여행자 인터넷 등록제[15] 등이 도입되어 실시중이며, 안전한 해외여행을 위한 단계별 대처요령을 다음 표와 같다.

단 계	내 용
여행전	· 유효한 여권과 비자의 확인 · 여행자보험, 신분증, 사진, 각종 사본(여권, 보험 증서, 여행자 수표, 비자, 신용카드 정보, 항공권) · 자신의 여행 일정 및 현지 연락처를 가족이나 친지, 가까운 친구에게 알려두기
여행중	· 현지법과 규범 준수 · 잘 모르는 사람의 수화물의 운송거절 · 잘 모르는 사람의 친절에 주의

14) 정찬종, 해외여행안전관리, 백산출판사, 2007, p. 23.
15) 해외안전여행 홈페이지에 여행자가 자발적으로 신상정보·국내비상연락처·현지연락처·여행일정 등을 인터넷으로 미리 등재토록 하여 해외 위급상황 발생시 효율적인 영사조력의 제공을 가능하게 하는 제도이다.

	· 한국에 관심이 많다거나 한국어를 배우고 싶다는 현지인에 주의
	· 여권이나 귀중품은 호텔 프론트에 맡기거나 객실 내 금고 또는 안전박스에 보관
	· 당일 사용할 만큼의 현금만 가지고 다니고, 현금은 지갑과 가방, 호주머니에 나누어 보관
	· 비상시에 대비해 재외공관(영사관, 대사관), 영사콜센터 연락처 숙지
	· 충분히 수분을 섭취하여 탈진상태 방지
	· 가족이나 친지, 친구들과 정기적으로 연락
	· 안보취약지역이나 국가를 방문할 경우, 계속적인 연락유지
	· 모자나 양산으로 태양으로부터 몸을 보호
여행후	발열, 구토, 오한 등 증세가 있을 시 관계당국에 신고

【자료】 외교통상부, 웹사이트, 2010. 1에 의거 재구성.

(2) 신속 해외 송금지원제도

신속 해외 송금지원제도란 여행자가 해외에서 소지품분실, 도난 등으로 상황에 처한 국민들에게 필요한 긴급경비를 신속하게 지원해 주기 위한 제도로서 다음과 같은 상황 발생할 경우 지원받을 수 있다.

① 해외여행 중 현금, 신용카드 등을 분실하거나 도난당한 경우
② 교통사고 등 갑작스러운 사고를 당하거나 질병을 앓게 된 경우
③ 예기치 못한 사정으로 인하여 불가피하게 여행기간을 연장하게 된 경우
④ 자연재해 등 긴급상황이 발생한 경우
⑤ 재외공관장이 기타 긴급한 사정으로 인하여 긴급 경비 송금을 지원할 필요가 있다고 판단하는 경우

지원대상	해외체류 2년 미만의 한국인
지원한도	1회, 미화 3,000달러
지원기준	· 해외체류 중 현금 · 신용카드를 분실했거나 도난당한 경우 · 교통사고 등 갑작스런 사고를 당하거나 질병을 앓게 된 경우 · 불가피하게 해외체류기간을 연장하게 된 경우 · 기타 자연재해 등 긴급상황이 발생하게 된 경우

(3) 사안별 대처요령

① 인질·납치

필리핀, 과테말라, 중국 등 인질 및 납치가 빈번한 국가를 여행할 때에는 치안 불안지역을 사전에 파악해 여행을 자제하는 것이 안전하다. 납치가 되어 인질이 된 경우, 자제력을 잃지 말고 납치범과 대화를 지속하여 우호적인 관계를 형성하도록 한다.

휴대폰을 켜두면 위치추적이 가능해 구출활동에 크게 도움이 될 수 있다. 눈이 가려지면 주변의 소리, 냄새, 범인의 억양, 이동시 도로상태 등 특징을 기억하도록 노력해야 한다.

납치범을 자극하는 언행은 삼가고, 몸값요구를 위한 서한이나 음성녹음을 원할 경우 응하도록 하는 것이 좋으며, 버스나 비행기 탑승 중 인질이 된 경우, 순순히 납치범의 지시에 따르고 섣불리 범인과 대적하려 들면 자신의 생명은 물론 다른 인질들의 생명도 위태롭게 할 수 있다. 납치시의 행동요령은 다음과 같다.

- 무력을 사용한 저항이나 도망치려는 행동자제
- 테러범을 자극하는 언행을 삼가고 몸값을 요구하기 위해 친필이나 육성녹음을 요구할 때는 일단 순응
- 테러범수·보유총기·폭발물 등 장비종류 및 수량파악□
- 테러범들의 복장·인상착의·습관·성격 등을 기억□
- 과도한 관심이나 눈에 띄는 행동은 자제
- 구출작전시 집중사격대비 즉시 바닥에 엎드릴 것□
- 구출팀지시에 신속호응 및 돌출행동 자제

② 사건·사고

우리 공관에 연락한다. 연락처를 모를 경우 영사콜센터를 이용, 가장 가까운 재외공관의 연락처를 안내를 받는다. 의사소통의 문제로 어려움을 겪을 경우, 통역 선임을 위한 정보를 제공받는다.

사고 후 지나치게 위축된 행동이나 사과를 하는 것은 자신의 실수를 인정하는 것으로 이해될 수 있으므로 분명하게 행동하고, 목격자가 있는 경우 목격자 진술

서를 확보하거나 사고 현장 변경에 대비해 현장을 사진 촬영해 둔다.

장기간 입원하게 될 경우, 국내 가족들에게 연락하여 자신의 안전을 확인시켜 주고, 직접 연락할 수 없는 경우 공관의 도움을 요청한다. 사안이 위급하여 국내 가족이 즉시 현지로 와야 하는 경우, 긴급 여권 발급 및 비자 관련 협조를 구하고, 급작스러운 사고로 의료비 등 긴급 경비가 필요할 경우, 신속해외송금 지원 제도 활용 방법을 고려한다.

피해보상 소송을 진행할 경우, 그 나라의 일반적인 법제도 및 소송을 제기하기 위한 절차를 문의하고, 현지 또는 통역사 선임에 필요한 정보를 제공받는다.

③ 자연재해 내란 등

여행 중 습격 및 폭파 위험에 직면하게 되면, 당황하지 말고 자신의 신체를 보호하기 위해 주의 깊게 행동한다. 폭파사건이 발생하면 당황하지 말고 즉시 바닥에 엎드려 신체를 보호한다. 휴대폰을 켜두면 위치추적이 가능해 구출활동에 크게 도움이 될 수 있으며, 폭발물 식별요령은 다음과 같다.

- 외부에 기름자국이 묻어있는 물건
- 아세톤이나 아몬드향이 나는 물건
- 내부에 시계소리나 액체가 출렁이는 물건
- 부피에 비해 무겁거나 과대 포장된 물건
- 발송자가 없거나 소인이 없는 우편물

엎드릴 때는 양팔과 팔꿈치를 갈비뼈에 붙여 폐·심장·가슴 등을 보호하고 손으로 귀와 머리를 덮어 목 뒷덜미, 귀, 두개골을 보호한다.

통상 폭발사고가 발생한 경우 2차 폭발이 있을 가능성이 크므로 절대 미리 일어나서는 안 되며 이동시에는 낮게 엎드린 자세로 이동한다. 폭발물 적재차량은 다음과 같이 식별한다.

- 차량 바퀴가 눈에 띄게 내려앉은 경우
- 창문 선팅이 짙고 전선 등이 보이는 경우

- 운전자가 없거나 방치한 듯한 차량
- 운전자의 언어나 행동이 비정상적인 경우
- 검색 등을 의도적으로 회피하려는 경우

④ 테러·습격

총기에 의한 습격일 때는 자세를 낮추어 적당한 곳에 은신하고 경찰이나 경비요원의 대응사격을 방해하지 않도록 한다. 독가스 등 생화학 가스가 살포된 경우, 손수건 등으로 코와 입을 막고 호흡을 중지한 채 바람이 불어오는 방향으로 속히 현장을 이탈한다. 테러범 식별요령은 다음과 같다.[16]

- 마스크·수염·모자 등으로 변장 및 노출 기피
- 보안·안전요원 접촉시 다급한 행동 표출
- 땀을 많이 흘리거나 눈초리가 불안한 모습
- 계절·주위상황 등에 부적합한 복장·행동
- 특정 목적 없이 시설물 내부 배회
- 폭발물·위험물 등 은닉, 휴대용
- 외투 착용

⑤ 마약 운반 및 소지

여행자가 운반한 가방에서 마약이 발견되었을 경우, 외국 수사당국은 악의가 있었는지 여부에 관계없이 마약 운반책으로 간주하고 마약사범과 동일하게 처벌하기 때문에 본의 아니게 억울하게 일을 당하지 않도록 본인 스스로 유의한다.

- 자신도 모르는 사이에 마약이 자신의 수화물에 포함될 수 있으므로 수화물이 단단하게 잠겼는지 확인한다.
- 공항이나 호텔 프론트에서 자신의 수화물을 항상 가까이에 둔다.
- 자신이 모르는 사람과 도보나 히치하이킹을 통해 국경을 같이 넘지 않는다.
- 복용하는 약이 있는 경우 의사의 처방전을 항상 소지해 불필요한 입국 심사

---

16) 국가정보원 테러정보종합센터 웹사이트 자료, 해외진출기업체 테러대비는 이렇게, 2010.

를 받지 않도록 한다.

- 아이들의 장난감 등을 통해 마약이 운반되기도 하므로, 모르는 사람에게서 선물을 받지 않는다.

⑥ 분쟁(Trouble)

여행에는 예기치 않은 일이 생기게 되며, 특히 해외에서는 생활습관이나 사회 체제가 다르기 때문에 예약이 안 되어 있다든가, 항공기의 지연운항에 따른 문제, 경솔한 행동, 안전의식의 결여 등으로 많은 문제를 제기하고 있다.

⑦ 사기·호객·악질운전수

해외여행시 한국에 대해 배우고 싶다며 접근, 가짜물건을 비싸게 팔거나, 사기 도박으로 유인하여 여행경비를 탕진케 하는 사기단이 있다. 겉모양으로 판단하지 말고 잘 모르는 사람에게는 분명하게 "NO"라고 의사를 표현하도록 한다.

러시아, 중국, 동유럽 국가 등에서는 택시가 강도로 돌변하는 수가 있으므로 조심해야 하며, 승차시 번호를 기억하거나 메모하는 습관을 붙여야 한다. 특히 침대열차를 이용하여 여행할 때 현지탑승객이 권유하는 음료수는 가급적 사양하는 것이 좋다. 음료수 안에 수면제가 들어있는 경우가 있다.

중국이나 러시아에서는 여자 호객꾼에 유인되어 금품을 털리거나, 술집 등에서 친절하게 접근하여 유혹하는 현지인을 경계하여야 한다.[17]

⑧ 소매치기

소매치기는 세계 모든 국가의 역, 쇼핑센터, 관광지에서 가장 광범위하게 발생하는 범죄이다. 통상적으로 소매치기는 말을 걸거나 옷에 케첩, 아이스크림 등을 묻히거나 동전을 떨어뜨리거나, 자신의 손가방 안의 내용물을 떨어뜨려 여행자의 주의력을 분산시킨 후 순식간에 지갑을 빼내간다.

따라서 여행 도중에도 가끔 여권이나 지갑이 잘 들어있는지 확인하는 습관을 붙이도록 하고, 주변을 주의 깊게 살펴보는 것이 좋다. 만일의 경우를 대비하여 여행경비를 분산하여 보관하는 것도 한 방법이다.

---

17) 하나투어, 해외지사가이드매뉴얼, 2008, p. 116.

〈표 7-8〉 분쟁의 종류

종 류	내 용	사 례
1. 발생원인	치안상 이유	• 뉴욕 맨해튼 특히 100번가 이북의 할렘, 사우스 부룩스라고 불리는 치안이 나쁜 지구에 도보통행 중 강도를 만났다.
	금 주	• 호놀룰루 공원이나 해안에서는 금주하도록 규정돼 있는데, 해변에서 맥주를 마시고 있다가 체포되었다.
	언어문제	• 미국 서해안에서 렌터카를 빌려 장거리 드라이브여행을 하고 10일 후 렌터카 비용을 정산하려 하자 800불이 청구되었다. 조사해 본즉 계약시 무제한 주행으로 계약치 않고 기본요금+주행거리요금으로 계약한 때문으로 언어소통이 제대로 되지 않은 상태에서 계약이 체결됨이 판명되었다.
	종 교	• 동남아시아 불교국가는 전통적으로 정령(精靈)신앙이 있는데, 이를 모르고 길거리에서 만난 어린이의 머리를 쓰다듬어 그 부모에게 폭행당했다.
	전통·습관의 무 지	• 말레이시아에서는 저녁 6시 45분~7시 15분까지 방문 및 전화를 안 하는 것이 상식인데, 이를 모르고 방문했다가 거래가 중단되었다.
	바 가 지	• 뉴욕 케네디공항에 도착했는데 이미 대기하고 있는 택시가 없어 곧 자가용 영업차를 타고 목적지 도착 후 상당한 요금을 추징당했다.
	숙 박	• 한국 출발전 여행사를 통해 LA의 호텔예약을 했지만 예약된 호텔이 어느 틈엔지 취소되어 있었다. 도착편의 연락이 없어 심야에 도착하다보니 이렇게 되었다.
2. 발생내용	지리사정	• 시카고에서 국제회의에 출석하고 그 후 Post-Convention Tour에 참가하였다. 그런데 방문처에서 시찰에 열중한 나머지 버스를 타지 못하고 하루 종일 헤매고 다녔다.
	도난, 분실	• 뉴욕에서 환전한 돈을 그대로 호주머니에 넣어가지고 다니다가 날치기 당했다(현금을 타인 앞에서 세거나, 다른 사람의 눈에 잘 띄는 형태로 가지고 다니는 것은 위험). • 하와이에서 캘리포니아출신 관광객 백인 남성을 만나 친구가 되어 몇 번 음식을 얻어먹었다. 그 후 함께 마우이 섬에 관광가자는 얘기가 나와 항공권 대금을 맡기고 난 후 자취를 감추었다(신분이 확실하지 않은 여행지에서의 깊은 친구 사귐은 곤란).
	빈집털이	• 호텔에 체재 중 객실에 놓아둔 가방에서 현금, 여행자수표 등을 도난당했다(아무리 호텔 내라 할지라도 귀중품은 방치하지 않도록).
	바꿔치기	• 시내 일류 레스토랑에서 식사 중 쇼핑백을 도난당했다(잠시의 이석이라도 다른 사람에게 부탁하는 것이 안전).

분 실		· 캘리포니아에서 고속버스를 바꿔 탈 때 당황하여 가방을 놓고 내렸다(항상 몸에 부착하는 게 좋다).
택 시		· 런던 히드로 공항에서 리치몬드로 가는 택시를 이용한 바, 바가지 요금을 청구당했다(영국 런던의 경우 시내와 공항간 15마일을 제외하고 승차거리가 6마일을 넘는 경우에는 운전수에게 승차거부 권리가 있으며, 요금도 승차거리에 의하지 않고 교섭에 의해 정하도록 되어 있다).
항공기		· 귀국 일정이 확실치 않았기 때문에 귀국편은 Open Ticket으로 가지고 갔다. 그러나 귀국시에 피크시즌이 되어 예약을 할 수 없어 체재기간이 연장되게 되었다(일단 예정귀국일을 정해 예약을 한 후 현지에서 예약변경을 하는 것이 안전하다).
렌터카		· 로스앤젤레스에 출장 갔을 때 렌터카를 빌려 사고를 일으켰다. 렌터카 회사로부터는 거액의 손해배상금이 청구되었다(반드시 렌터카의 보험가입 유무를 확인할 것).
호 텔		· 프랑크푸르트에 있는 호텔에 1주일간 체재예정으로 체크인하였다. 2일간 체재 후 업무사정으로 타 도시에 이동하지 않으면 안 되게 되어 2일간 숙박료를 공제한 금액을 되돌려 달라고 하였으나 호텔 측으로부터 거절당했다(예약보증금을 요구할 때는 각종 조건을 확인하고 예약해야 한다).
비 자		· 태국에 출장 갔을 때 멍청하게도 비자 체재기간을 18일이나 초과하였다(1일당 100바트×18일간=1,800바트의 벌금을 물고 귀국).

【자료】 トラベルジャナル、最新海外出張事典, 1985, pp. 429~430.

⑨ 여행 중 사망

　여행 도중 동행인이 사망한 경우, 병원에서는 의사의 사망진단서를, 경찰로부터는 검사진단서 및 경찰 사망증명서 등 필요한 서류를 발급받는다.

　준비해야 할 서류는 병원에서 발급받는 ① 의사의 사망신고서와 사망소견서, ② 시신을 운구하는 경우에는 방부제 증명서 원본, ③ 경찰에서 발급받는 검사진단서 및 경찰 사망증명서 등이다. 먼저 한국 재외공관과 여행 주관 회사에 사망일시 사망장소(유해안치장소), 사망원인, 사망자의 성명, 사망자의 주소 등 자세한 사항을 신고한다.

　사망 확인서는 대사관 또는 총영사관에서 한글번역 및 영사확인을 받는다.

　주재원 및 현지 여행사·현지 행사 주관 여행사와 긴밀히 연락해 최대한 협조를 요청한다. 현지 장의업체를 통하면 이에 따른 신고 증명·허가 수속·기타

증명서류 취득을 대행해 준다. 또한 화장 / 매장 여부·유해의 보관 항공 화물용, 유해의 방부보존처리·항공화물 수속대행 등 모든 업무를 맡길 수 있다. 여기에 소요되는 제반 비용은 해외여행보험 가입자에 한해 처리가 가능하다.

귀국시 필요서류는 여권사본, 방부제증명서, 영사확인 사망신고서를 시신 인도 시 제출한다. 국내에서 보험처리를 하기 위한 서류는 보험금 청구서, 사망신고서 (또는 사체검안서), 의사 검진소견서, 사망신고 후의 제적등본, 운구비용 관련 영수증 등이며, 자살, 무면허 운전 등에 대해서는 사망 시 보험 처리가 되지 않는다.

(4) 단체여행의 사고처리

단체여행시에 발생하는 여러 가지 사고의 처리방법을 하나씩 정리하여 제시하면 다음과 같다.[18]

① 영접착오(miss meeting)

① 미팅이나 관광 등이 예정되어 있을 경우에는 영접담당자(Meeting Staff)를 통해 버스회사에 연락한다.
② 미팅담당직원이 나오지 않았을 때에는 전화로 현지대리점 또는 버스회사에 연락을 취한다.
③ 공항도착시 호텔에 가기 위한 버스가 오지 않은 경우에는 단원에게 양해를 구하고 버스회사에 연락을 취한다.
④ 호텔로부터 공항에의 수송시에는 상황을 판단하여 즉시 택시 등 대체차를 이용하여 다음 일정에 지장을 주지 않도록 하는 것이 중요하다.

② 여정변경

① 미리 수배된 여정을 변경하는 것을 불가피한 경우를 제외하고는 하지 않는다.
② 극히 국부적인 변경을 제외하고는 여정변경에 의해 생기는 이득과 변경에 요하는 노력, 시간의 손해(Loss) 등 마이너스면의 균형을 고려하여 신중한 태도로 판단해야 한다.

---

18) 安芸昌男, 旅行実務マニアル (2), ビネスアカデミ, 1981, pp. 195~201.

③ 변경하는 경우는 반드시 단장 및 단원에게 연락하여 양해를 구한다(변경에 의한 처치).

이하의 내용을 확인한 후 변경한다.

- 항공운임, 규칙상의 지장은 없는가
- 교통수단의 확보
- 체재지에서의 처치
- 다음 방문지에의 연락

③ 단원의 질병

① 단원이 여행 중 부상을 입거나 병에 걸린 경우에는 호텔, 현지대리점, 구급보호기관의 협력을 얻어 적절한 처리를 한다. 의사를 부르지 않으면 안 되는 경우에는 호텔 프런트에 의뢰하여 처치하도록 한다.

② 병상(病狀)에 의해 입원가료가 필요하고 회복까지 상당기간이 요할 때에는 인솔자로서 최대의 노력을 하지 않으면 안 되나, 한 사람의 사고 때문에 단원의 행동에 지장을 주어서는 곤란하다. 이러한 때에는 우선 단장(없을 때에는 가족 또는 동행자)와 잘 상의하여 다음의 수배를 확인하여 여정을 진행시킨다.

- 호텔측과의 객실교섭 또는 입원수속의 확인
- 현지대리점과 이후의 교통예약에 대해서의 교섭, 단원 및 가족에의 통지.
- 치료, 입원비의 지불수속

③ 다른 단원의 동요를 억제시킨다.

④ 버스·철도에서의 사고

① 이동 중에 분실한 경우에는 어느 단계에서 분실했는지를 조사하여 책임소재를 명확히 함과 동시에 운수기관 및 현지대리점에게 협력을 요청하여 철저하게 조사시킨다.

② 하물발견시의 처치(발견통지처, 하물발송방법)를 해둔다.

③ 발견 가능성이 없는 때에는 후일의 배상교섭을 위해 사고발생사실을 서면으로 인지하는 문서를 상대측으로부터 받아둔다.

⑤ 호텔에서의 사고
① 호텔종업원의 서투름으로 인해 확인시 오배(誤配)에 의한 사고가 많다. 하물에 객실번호를 써넣어 이런 종류의 사고를 미연에 방지한다.
② 호텔 책임자에게 조사시켜 호텔측에 책임이 있는 경우에는 후일의 배상교섭을 위해 책임을 명확히 해둔다.
③ 도난·분실의 어느 경우에도 관할경찰서에 신고한다.
④ 출발시까지 발견되지 않는 때에는 다음의 이동지를 연락하고, 발견된 하물이 조속히 회수되도록 손을 쓴다.
⑤ 만일 하물이 발견되지 않은 경우, 단원에 대한 손해배상은 귀국 후 협의 결정한다.

⑥ 여권의 분실
① 즉시 관할 주재공관(한국대사관 또는 영사관)에 전화 등으로 여권분실 사실을 연락한다. 필요서류, 근무시간, 소요일수 등을 체크하고 만반의 준비를 하여 재발급을 신청한다.
② 재발급을 받으려면 분실한 여권번호, 발행일자, 발행관청명과 여권용 사진이 필요하다. 경우에 따라서는 현지 경찰서의 여권분실증명서를 요구한다.
③ 재발급시에는 본인이 출두하여 여권재발급신청서를 제출하고 현지 통화로 지불한다.
④ 재외공관에서 발급하는 여권은 귀국용의 1회 단수여권이다.
⑤ 경찰서 발행의 여권분실증명서는 한국에서 일반복수여권을 발급받는데 필요한 경우가 있으므로 복사본을 가져오는 게 좋다.
⑥ 최근에는 여권에 예방접종증명서를 첨부하고 있는 경우가 많다. 이것도 동시에 분실한 경우에는 예방접종증명서도 현지에서 재접종한 후 재발행하지 않으면 안 되므로 대사관에 문의하는 것이 좋다.

⑦ 금전·귀중품의 분실, 도난
귀중품은 반드시 호텔의 귀중품 보관소(Safety Deposit Box)에 보관하도록 단원에게 철저히 주지시키는 것이 상책이다. 실내에서 도난사고가 생긴 경우에는

호텔책임자에게 연락함과 동시에 경찰서에 수사의뢰를 요청한다.

8 여행자수표의 분실·도난

① 여행자수표(T / C)의 원(元)발행은행의 가장 가까운 지점에 곧 신고한다. 이름, 주소, 사인, 번호, 금액, 분실장소, 일시 등을 소정의 양식에 의해 신고하면 즉석에서 재발행해 준다.

② 어느 경우에도 분실장소에서 즉시 보고하고, 본국내 원발행은행과의 수속처치를 의뢰한다.

③ 번호를 알지 못한 경우에는 T / C의 발행본점에서 사용분의 집계를 본후 재발행되므로 오랜 시일을 요하는 경우도 있다.

④ 분실 또는 도난증명은 재발행수속에 불가결한 것은 아니지만 현지경찰에 반드시 신고한다.

9 항공권의 분실

① 즉시 발행영업소에 연락하여 항공권 번호, 운임, 발행일자 등을 조사한 후 Initial Carrier에게 재발행을 의뢰한다.

　이 경우에 두 가지 해결방법이 있다.

- 재차 항공운임을 지불하지 않고 분실신고서라고 해야 할 책임인수서 (Indemnity Form)에 서명하여 재발행토록 한다.
- 잔여구간의 편도운임을 전액 지불하고 1년간 경과하여 분실항공권이 부정 사용된 일이 없는 경우에는 정산·환불하여 지불금액을 수령한다.

10 응급처치 우선순위

항　목	내　용
상황파악	· 어떤 상황인지 관찰 · 고객의 위험상황 체크 · 자신을 위험에 노출시키지 않음
주변의 안전확보	· 위험으로부터 격리 · 자신이 할 수 있는 일과 할 수 없는 일의 구분

응급처치 시행	· 자신이 할 수 있는 범위에서 응급처치 시행 · 기도(氣道)확보 등 위급상황의 완화 · 고객이나 환자의 도움요청에 부응
도움요청	· 주면의 도움요청(전화 등) · 구조전화 우선시행 · 타인이 환자를 볼 수 없도록 가림막 설치 및 환자 이송
자리사수	· 구조대나 의사가 올 때까지 환자 곁을 지킴 · 환자의 부상정도, 생사에 대한 발언 삼가 · 환자 본인에게도 상처를 보여주거나 부상 정도에 대해 발언 삼가
구조대 / 의사의 지시에 순응	· 구조대나 의사가 도착하면 그들의 지시에 따름 · 회사(지사, 본사)에 연락을 취하고 후속조치에 대한 지시를 받음

【자료】 하나투어, 해외지사가이드매뉴얼, 2008, pp. 104~105에 의거 재구성.

⑪ 상황별 대처요령

항 목	대 처 요 령
교통사고	· 2차 사고의 위험이 있으므로 사고주변 관찰 및 도로횡단 및 뒤에서 접근하는 차량에 주의한다. · 영사콜센터에 전화하여 긴급상황 시 영어, 일본어, 중국어 통역서비스를 지원받는다. · 현지경찰에 연락하여 사고 목격자가 있다면 목격자의 진술서를 확보하고, 사고현장 변경에 대비해 현장을 사진촬영을 해둔다. · 외교부 해외안전여행 모바일앱에서는 사고 시 녹취 및 사진 촬영 기능, 현지경찰서 번호를 안내하고 있으니 미리 다운로드 받아 둔다.
체포/구금	· 재외공관에 연락한다. 타 국가에서는 우리나라의 공권력이 발효되지 않아 수사를 하거나 판결을 내릴 수는 없지만, 대한민국 국민이 현지인에 비해 부당한 대우를 받지 않도록 영사가 필요한 도움을 제공한다. · 함부로 문서에 서명하지 않는다. 조사과정에서 이해가 되지 않는 문서나 부분에 함부로 서명하지 말고, 먼저 통역이나 변호사의 도움을 요청한다. · 변호사 선임, 보석, 소송비용 등을 지불하기 위해 긴급 비용이 필요할 경우에는 '신속해외송금제도'를 활용한다. · 모든 국민은 영사와 면담할 권리가 있다. 공관 영사에게 통보하고 필요한 정보를 제공받는다.
화 재	· 엘리베이터 사용금지 · 연기지역 통과 시 입과 코를 막고 낮은 자세로 통과 · 비상구 열기 전에 온도확인 · 사전에 비상구 위치 확인 · 유독가스 발생 시 젖은 수건으로 입과 코를 막음

대규모시위	· 군중이 몰린 곳에 무턱대고 접근하지 않는다. · 시위현장에 가담했다는 오해를 사지 않게 조심한다. · 시위 현장에서 특정 시위대를 대표하는 색상의 옷을 입거나, 시위에 참여하는 것은 위험하므로 대규모 시위가 발생하는 지역에서 가능한 빨리 철수한다. · 시위가 고조되어 무력충돌 및 인명피해가 발생할 수도 있으니 시위지역에서 가능한 빨리 철수한다. · 재외공관에 자신의 소재를 알린다. · 당장 출국할 수 없는 상황이라면 재외공관이나 영사콜센터에 연락해 현재 자신의 소재와 긴급 연락처를 알려준다. · www.0404.go.kr에 접속하여 해당국가의 치안 정세를 미리 파악해두는 것이 좋다.	
익수(溺水)	· 필요한 경우를 제외하고 물속으로 들어가지 않는다. · 밧줄, 나무, 구명튜브 등 구조물품 활용 · 무리한 심폐소생술 금지 · 기도확보와 인공호흡 실시 · 병원이송	
코피출혈	· 머리를 앞으로 내민 채로 앉힘 · 코를 손으로 잡고 입으로 숨 쉬게 함 · 말하기, 침 삼키기, 기침, 침뱉기 등 삼가 · 10분 정도 누른 후 압박을 중단 · 30분 이상 출혈 계속 시 병원 이송	

	증 상	대 응
당뇨병	기운이 빠지고 어지러움, 가슴이 두근거리고 땀이 남, 안색이 나쁘고 맥박이 빨라짐	편한 자세로 쉬게 함, 설탕물, 사탕, 초콜릿 등 단것을 제공, 상태가 호전되면 단 것을 더 주고 쉬게 함
	증 상	대 응
저체온증	피부가 차갑고 창백해짐, 무감각증과 이상행동, 호흡이 느리고 얕음, 추위호소, 맥박이 느려지고 약함	옷이 젖었으면 마른 옷으로 갈아입힘. 담요 등으로 체온저하 방지, 머리를 모자나 수건으로 감쌈, 뜨거운 음료나 초콜릿 등 고열량 음식 제공, 따뜻한 실내로 이송

해양생물	· 환자를 안심시키고 앉힘 · 상처부위에 식초나 바닷물을 부어 독성을 약화시킴 · 베이킹파우더, 밀가루 등을 상처주변에 뿌려 독성을 뭉치게 한 후 털어냄 · 알코올 사용금지 · 상처주변을 모래로 문지르는 것 금지	

	증 상	대 응
열사병	두통, 어지럼, 의식혼돈, 체온(40℃ 이상)	시원한 곳으로 옮기고 상의를 벗김, 젖은 천으로 환자를 덮고 물을 계속 부음, 체온이 안정되면 마른 천으로 교체

	증 상	대 응
식중독	구토와 설사, 극심한 복통	누워서 쉴 수 있도록 함, 물이나 과즙 등 부드러운 음료제공, 환자를 따뜻하게 하고 안정유지
개·고양이	· 상처부위를 비누나 물로 씻음 · 물을 건조시킨 후 접착 드레싱으로 덮음 · 직접 압박을 가하거나 상처부위를 심장보다 높게 들어 올림(깊은 상처인 경우) · 상처를 소독된 거즈나 깨끗한 패드로 덮고 붕대로 감은 후 병원 이송	
벌·벌레	· 벌침이 피부에 남아있을 때 전화카드 등으로 밀어서 제거 · 찬물, 얼음찜질 · 스테로이드연고(마데카솔, 더마톱 등)를 발라줌	
과환기 (過換氣) 증후군	갑자기 가쁜 호흡을 격하게 반복하며 답답함을 호소하고, 손발과 입주위의 마비, 현기증, 두통, 전신경련, 실신 등의 증상을 일으키는 것으로 과호흡(過呼吸)증후군이라고도 한다. · 발작이 일어났을 때는 숨을 들이마시는 것이 아니고, 거꾸로 숨을 길게 내쉬게 하는 것이 중요하다. · 페이퍼백(paper bag)방법도 유효하다. 이것은 입과 코에 종이봉지를 대고 호흡을 하는 방법으로, 내쉰 숨, 즉 이산화탄소를 한 번 더 들이마시는 방법으로 혈액의 알칼리성화가 해소되어 발작이 서서히 가라앉는다.	

[자료] 정찬종, 해외여행안전관리, 백산출판사, 2009. 74~132쪽에 의거 재구성.

이외에 주의할 사항으로 마실 것을 주지 말아야 할 경우는 의식이 없을 때, 구토를 하거나 매우 메스꺼워 할 때, 배에 상처가 났거나 복통을 호소할 때 등이다. 이때는 입술을 적셔주는 정도로 그쳐야 한다.

⑫ 법률별 대처요령

샌프란시스코는 가파른 언덕길이 유명하지만, 이 언덕길에서 보도(步道) 위에서 잠깐이라도 쉬게 되면 법률 위반으로 벌금을 매긴다는 사실을 알고 있는 사람은 매우 드물다. 이유는 가파른 언덕길이기 때문에 멈추어 서게 되면 언덕길을 통행하는 사람들의 장애물이 되어, 충돌에 의한 부상위험이 뒤따르기 때문이다.

이와 같은 사례는 비단 샌프란시스코뿐만 아니라 도처에 존재하는 것으로 여행자들로서는 사전지식을 쌓지 않고는 본의 아니게 벌금을 물거나 심지어는 인신 구속되는 사태로 발전하게 된다.

〈표 7-9〉 중요관광지에서의 법률 적용사례

관광지			법률 적용사례(벌금)
유럽	영국	런던	·공공장소에서 만취(1,000파운드) ·18세 미만 음주 금지
	이탈리아	로마	·스페인광장에서 음식 섭취(최고 160유로) ·헬멧 미착용인 채로 오토바이 운전(70~285유로)
		베네치아	·산마루코광장에서 비둘기에게 먹이를 주는 행위(500유로) ·노출이 심한 옷차림(50~500유로) ·윗층에 아래층으로 물을 흘리는 행위(위반품 몰수)
	프랑스	파리	·일요일에 일하는 행위(국가의 허가 필요) ·에펠탑에 대형수하물 지입금지(허용기준: 길이 50 × 폭 21 × 높이 32cm) ·에펠탑 안에서 목말 금지
	스페인	마드리드	·미술관에 액체류 반입 금지 ·어린이 운반구(Carrier) 지입 금지
	스위스	베른·취리히	·말라비틀어진 꽃잎 방치 금지 ·야생식물채집 금지
	독일	베를린	·부란덴부르크 문 가운데 방에서 이야기금지(침묵의 방임) ·콘서트 중 기침 금지
		프랑크푸르트	·그라스 선보다 맥주가 적으면 안 됨(35유로, 의도적이면 10,000유로) ·자택의 정원에서 세차 불가(50유로)
	핀란드	헬싱키	연수입의 신고의무(급료의 1~120일분) ·속도위반(20km 이상 초과시 일당 × 4~120일분) ·타인이 소유하고 있는 삼림에서 스노모빌 놀이 금지(20유로 이상)
아시아·대양주	태국	방콕	·남녀가 정답게 엉겨 노닥거리는 행위 금지(최고 7년 징역 혹은 10,000바트) ·횡단보도에서 벗어나 것는 행위 금지(200바트)
		푸껫	·군인 이외에 유사군복 착용 금지(3개월 이상 5년 이하 금고형) ·튀기는 바나나 매매 금지(파는 측 2,000바트, 사는 측 1,000바트)
	중국	홍콩	·밀봉되지 않은 야채, 고기, 생선 반입 금지(최고 HKD2,000) ·병에 모래를 넣어 가져가는 행위(최고 HKD2,500)
		베이징	·텐안먼 광장에서 자전거이용 금지(20위안) ·가드레일에 물건을 걸치는 행위(20~50위안) ·주유소에서 휴대전화를 사용하는 행위(주위조치 또는 퇴거명령)
		상하이	·뛰어들어 승차하기 금지(100위안) ·립싱크나 대사만 바꾸어 녹음하는 행위(최고 100,000위안)

	인도네시아	발리	• 해변에서 단체로 파티를 하는 행위금지(15만 루피아) • 왼손으로 돈을 지불하는 행위금지
	말레이시아	쿠알라룸푸르·말라카	• 커플이 바싹 달라붙어 걷는 행위 금지(2,000링기트 또는 1년 금고형 또는 양형) • 망고스틴 지입금지
	싱가포르	싱가포르	• 곤충채집 금지(최고 SGD50,000 또는 금고6개월) • 모기를 발생시키면 안 됨(최고 SGD5,000 또는 3개월 이하의 징역)
	대 만		• 점포 밖으로까지 냄새를 피우는 행위(최고 TWD100,000, 상공업자는 TWD1,000,000) • 차내 혹은 역 구내에서 음식을 먹는 행위금지(최고 TWD7,500)
	호 주	시드니	• 오후 3시에 정원에서 물을 뿌리는 행위(최고 AUD220) 고속도로에서 자전거 주행가능
아메리카	미 국	뉴 욕	• 자전거를 가로수에 체인을 감아 주륜(駐輪)금지(USD1,000이하) • 스트로베리 필드에서는 기타를 치며 이야기하는 행위금지(최고 USD1,000, Quit Zone이 있다.) • 가로에 면한 창에서 인형극을 공연하는 행위(최고 USD25 혹은 30일간 금고형 또는 양형) • 이어폰에서 음이 새어나오는 행위(USD70~175)
		샌프란시스코	• 언덕길에서 멈춰서는 행위(최고 USD100) • 점원이 물과 메뉴를 건네는 행위(최고 USD1,000 또는 초고 6개월의 금고형 또는 양형, 물 주문이 있을 때만 가능)
		로스앤젤레스	• 안전벨트 미착용(20USD), 휴대형 플레이어로 비디오 시청(20USD), 미성년 동승 차내에서의 흡연(100USD) • 개를 데리고 산보하는 행위(법원재량) • 유리컵으로 물을 마시는 행위(법원재량) • 해변에서의 흡연(250USD)
		플로리다	• 개를 데리고 산보하는 행위(USD50) • 팬티가 보일 정도로 시의 시설을 출입하는 행위(벌금은 없으나 경찰서에 연행하여 교육실시)
	캐나다	나이아가라	• 속도위반차량(최고(CAD 10,000또는 6개월 구속) • 라이트에 손을 대서 그늘지게 하여 폭포에 그림자놀이를 하는 행위(법원재량)
	멕시코		• 테오디후아칸에서의 식사 및 음주금지 • 국기를 넣어 티셔츠를 착용하는 행위(최저임금 250배 또는 최저36시간 구류)
	페 루	리마·마추픽추	• 문화유산지역에서 유산을 손상시킬 만한 지팡이 등 도구 지입금지(매우 중대한 손해 125만 달러, 중대한 손해 625,000달러, 경미한 손해 375,000달러)

| | | | ·플래시를 사용하여 촬영하는 행위 |
| | | | ·노출이 심한 복장차림으로 참배하는 행위(법원재량) |

[자료] NHKびっくり法律旅行社製作班, Law and Manner Travel Guide Book, 德間書店, 2008, pp. 10~126.

(5) 사고대책기구의 설치 및 운용

☐ 긴급대책체제의 확립

① 긴급사태가 발생할 위험이 있는 지역을 관할하는 현지 책임자(현지법인 책임자, 수석주재원 또는 프로젝트 책임자)는 현지측 관계부문과의 연락을 긴밀히 함과 동시에 정확한 정보수집을 하여 사태의 위험도 분석, 판단을 하여 해외지역부장 및 해외업무부장에게 적시에 보고한다.

② 해외지역부장 및 해외업무부장은 현지 책임자로부터 보고에 입각하여 인사부장 및 관계사업부장과 협의하여 그 결과를 해외사업그룹담당 임원에게 보고한다. 해외사업그룹담당 임원은 회사간부를 소집, 긴급대책 프로젝트팀을 설치한다.

③ 관계사업부장은 현지책임자에 대해서 현지책임자의 명령계통에 들어가도록 지시하는 한편, 관련회사 파견자를 당사 현지책임자의 지휘하에 들어가는 것에 대해 관련회사 책임자로부터 양해를 구하여 프로젝트 책임자에게 연락한다.

④ 현지책임자는 당사 및 관련회사 파견자를 현지사정에 입각한 지역별 및 프로젝트별로 통일된 긴급대책체제와 연락망을 확립함과 동시에 각 책임자를 지명한다.

⑤ 해외지역부장, 해외업무부장은 당사국 인근의 당사 현지법인책임자 및 수석주재원에게 협력을 요청하는 한편, 현지의 거래처의 협력지원을 얻을 수 있도록 한다.

② 긴급사태와 관련된 의사결정

① 긴급피난, 철수 등의 중대한 의사결정에 즈음하여 현지책임자는 당사파견자, 관련회사파견자(가족포함)의 여하를 불문하고 인명존중, 안전제일을

취지로 하여 그 사태가 예견되는 경우는 본사측의 사전양해를 얻는다.

② 본사측의 의사결정은 긴급대책 프로젝트팀에서 정하는 의사결정자가 한다.

③ 현지 책임자는 의사결정에 즈음하여 본사측의 사전양해를 받을 시간적 여유가 없는 경우, 제반사항을 종합적으로 판단하여 그 조치를 결정하고 사후 본사측에 보고한다.

③ 위기관리 체제의 구축

위기관리는 경영의 최고책임자(CEO : Chief Executive Officer)의 책임이다. 해외에서 발생하는 각종사건 사고를 방지 또는 해결하지 않으면 안 되며, 해결하기 어려운 문제발생 시에는 본사의 의견이나 외교통상부, 현지정부 등의 사고방식도 보고하고, 지시를 따르도록 하는 것이 중요하다.[19] 위기관리체제를 구축하기 위해서는 다음과 같은 점에 유의한다.

① 현지책임자는 긴급조치의 의사결정에 입각하여 구체적인 실시계획을 각 책임자를 통하여 체재자에게 철저히 하고 사고방지에 만전의 대책을 강구한다.

② 현지책임자는 긴급조치에 즈음하여 적절한 조치가 취해질 수 있도록 체크리스트를 정리하여 이를 활용한다.

③ 여행자에게는 미리 여행자용 체크리스트를 배포하여 긴급사태 발생시에 통제에 따르도록 주지시킨다.

④ 긴급사태 하에 있어서의 본사와의 연락은 혼란이 생기지 않도록 현지 책임자가 종합하여 보고한다.

---

19) 桜井暁男, 海外危機管理, 税務経理協会, 1991. p. 18.

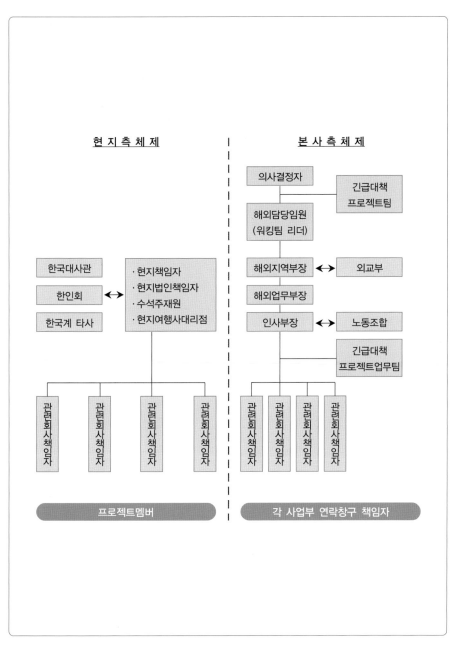

현 지 측 체 제

본 사 측 체 제

의사결정자

긴급대책
프로젝트팀

해외담당임원
(워킹팀 리더)

한국대사관

· 현지책임자
· 현지법인책임자
· 수석주재원
· 현지여행사대리점

한인회 ↔

한국계 타사

해외지역부장 ↔ 외교부

해외업무부장

인사부장 ↔ 노동조합

긴급대책
프로젝트업무팀

관련회사책임자

관련회사책임자

관련회사책임자

관련회사책임자

관련회사책임자

관련회사책임자

관련회사책임자

관련회사책임자

프로젝트멤버

각 사업부 연락창구 책임자

[그림 7–3] 긴급대책체제 연락망의 예

사고대책실에서의 각 작업반의 역할은 다음 표를 참고하면 좋을 것이다.

〈표 7-10〉 사고대책을 위한 각 작업반의 역할

구 분	내 용
① 정보·홍보반	· 정보수집, 분석, 관리 · 현지와의 연락 교신 · 매스컴과의 대응 · 여행업협회의 연락보고 · 한국관광협회중앙회의 연락보고(직접수배 또는 주체여행의 경우) · 건설교통부, 외교통상부에 연락·보고
② 업무·섭외반	· 항공사, 숙박기관, 버스회사, 여행업자와의 연락·교섭, 보험회사와의 교섭
③ 총무반	· 문서정리 등의 서무사항, 경리·회계업무
④ 여행자·섭외반	· 여행자 및 피재자(皮災者) 가족과의 연락·교섭·대응·도우미
⑤ 현지파견반	· 현지의 도항수속 수배, 현지에서의 활동일체의 현지업무

【자료】 정찬종, 해외여행안전관리, 백산출판사, 2007, p. 166.

8

정산업무

정산업무의 정의

정산업무란 행사가 종료되고 나서 행사보고서를 작성하여 단체에 대한 수익이나 지출을 근거서류(영수증이나 확인서 등)를 첨부하여 경리적으로 마무리 짓는 작업을 말한다.[1]

따라서 이미 제시된 행사계획서와 수배지시서 등의 내용과 실제 진행된 내용과를 비교 · 검토함과 동시에 행사에 쓰기 위해 회사로부터 미리 영수한 전도금의 집행내역과 행사와 관련된 여행관련업체(Principal)에 대한 외상매입금 등을 기록하고, 당해 행사로 인해 발생된 수익(선택관광, 쇼핑, 사진, 항공권 등 대매수수료, 기타 알선수수료)을 빠짐없이 기록하여 행사에 대한 손익을 확정짓게 되는 것이다. 단체의 진행에는 많은 사람이 움직이기 때문에 경비의 입출금에는 항상 신중을 기해야 하며, 특히 다음 사항에 유의하여야 한다.[2]

① 여행출발 전에 여행경비를 수령토록 한다.
② Travel Loan을 취급할 경우에는 고객과 은행과의 계약이 완전히 되어 있는지를 확인한다.
③ 단체여행객에의 여행상품 판매가격이 다른 경우에는 각각의 인원수를 확실하게 파악하여 확실한 단체경비의 입금을 확인한다.
④ 예컨대, 사증대 등 미입금이 발생되지 않도록 한다.
⑤ 안내예비금은 귀국 후 신속하게 정산한다.
⑥ 단체여행의 증가경향에 세무당국은 단체여행에 대해서는 특히 주목하고 있으므로 항공사로부터의 협찬금, 쇼핑수수료 등은 명확하게 계상(計上)하는 것이 바람직하다.
⑦ 귀국 후 3일 이내에 정산보고서를 작성한다는 등이며, 특히 영수증 등을 수령할 때에는 특히 다음 사항에 유의하여 수령하여야 한다.

1) 윤대순, 여행사실무, 기문사, 1989, p. 143.
2) ドラベルエージェントマニュアル, トラベルジャーナル, 1978, p. 244.

첫째, 날짜가 정확하게 기재되어 있나 보아야 한다(금전등록기의 경우 사용 않다가 영수증을 달라니까 무성의하게 찍어주는 경우, 지난 날짜가 찍히는 경우도 많다).

둘째, 각종 사제(私製)영수증은 인정되지 않으며 금전등록기, 관인세무영수증, 세금계산서(이 경우엔 인솔자는 자기 회사의 주소, 대표자성명, 주민등록번호, 납세자의무번호 등을 제시해야 한다), 간이세금계산서 등만이 유효하다. 단, 여관의 허가가 나지 않는 민박의 경우 등 특수한 경우엔 사제 영수증도 인정이 되고 있다(주민등록번호와 주소, 성명 기재가 바람직).

인솔자는 안내수칙을 체크하면서 작업을 수행한다. 그때 여러 사정에 의하여 방문개소, 입장요금의 변경, 혹은 발병, 도난사고, 새로운 관광지의 개설 등 관광에 관한 새로운 정보를 정산서에 첨부하여 보고하는 것이 좋다. 신선하면서도 정확한 정보는 여행업에 있어 극히 중요한 업무라는 것을 자각하고, 안내할 때마다, 각 도시마다 통화교환율, 교통기관의 요금체계, 한국으로의 우편요금, 국제전화요금 등을 확인하여 보고하지 않으면 안 된다.

 ## 02 정산의 종류3)

1) 여행대금의 선불제

이것은 고객으로부터 여행비를 수수하는 업무이다. 선불제가 약관 가운데에도 명기되어 있음에 따라서 업무의 명확성이 높아졌다. 이에 따라 여행업의 좋은 관습이 보존되고 기업으로서 안정도가 높게 된 것이다. 이러한 선불제(先佛制)는 여행업의 특질이라 할 것이다.

선불제는 여행상품이 무형이라는 것, 유동적이라는 것, 수익률이 적다는 것 등의 이유에서 필요한 제도이다. 이러한 선불제를 정산업무의 기본으로 하여 처리하지 않으면 정산업무 자체가 성립되지 않는다.

---

3) 全国旅行業協会, 旅行業務マニュル, 1983, pp. 269~273.

① 인솔자가 동반되는 경우 미리 수수한 비용에 의해 여행전개를 하는 것이지만, 그간 날씨 등에 의한 코스의 변경, 인원의 증감 등 여행내용에 변화가 생기기 쉽다. 이 경우에도 예산을 근거로 하여 선불제로 처리하고 가급적 입체금(立替金)을 발생시키지 않도록 하는 것이 좋다. 그를 위해서도 당초 예산상의 예비비용으로서 미리 수수해두지 않으면 안 된다.

② 인솔자를 동반하지 않을 경우에는 권류(券類)의 발행을 하는 업무가 되는데 이때의 여행대금은 수수가 끝나 있는 것이 원칙이다. 그러나 숙박관계의 권류 등은 분실, 발권 후의 취소, 변경 등에 의해 정산을 수반할 경우가 있다. 이러한 경우에는 각각의 취소, 변경 등에 의한 수수료를 수수하여 차액을 정산한다.

2) 고객에의 정산

수배여행의 경우에 발생하는 업무인데 여행종료 후에는 가능한 한 빨리 정산하지 않으면 안 된다. 이 경우에도 여행업자로부터 고객에게 환금하는 형식이 좋다. 단지, 환금에는 다액(多額)이면 좋다는 것이 아니라 명세한 표시에 의해 정확히 정산되는 것이 바람직하다. 당초의 여행비용 견적이 정확하면 당연히 정산금은 적게 되는 셈이다.

만일 정산에 입체금이 있는 경우 고객 측으로부터 수금하지 않으면 안 된다. 한편, 인솔자가 행하는 정산서와 회사가 고객에게 하는 정산서의 예는 보기의 양식과 같다.

이러한 집금을 행하는 것과 인솔자와는 동일 인물이 아닌 경우가 많기 때문에 정산업무를 행하는 자는 당해 여행의 경우를 잘 이해해 둘 필요가 있다.

〈고객제시용〉

여행비정산서

20 년 월 일

_____귀하

금번월일부터의방면의 여행에 대해 하명을 받아 대단히 감사했습니다.
다음과 같이 정산서를 제출하오니 검토하여 주시기 바랍니다.

Ⓐ 예탁금 합계 ₩

Ⓑ 지불금 합계 ₩ _____ (과·부족금 ₩ _____)

월일	종류	내용	수량	단가	금액	적요

정산보고자   (인)

행사정산보고서

결재	담당	과장	차장	부장	사장

행 사 명						
행사기간						
인 원						
가 이 드						
작 성 자						
1. 수탁금						

2. 수탁경비

구 분	과목명	환종	단가	인원	환율	금액(외화)	금액(원화)	지불구분
해 외 경 비	지상비 1	USD				O	O	
	지상비 2	USD				O	O	
	지상비 3	USD				O	O	
	지상비 4	USD				O	O	
	지상비 5	USD				O	O	
	지상비 6	USD				O	O	
	지상비 7	USD				O	O	
	지상비 8	USD				O	O	
	소 계					₩0		
항공료	항공료 1	KRW						
	항공료 2	KRW						
	현지공항세	USD				O	O	
	항공료 4	KRW						
	항공료 5	KRW						
	항공료 6	KRW						
	소 계					₩O		
직 접 경 비	비자대	KRW						
	출국세	KRW						
	가이드비	USD						
	보험료	KRW					O	
	소 계					₩O		
수탁경비합계								

3. 행사원가

안내원보험료					
안내원출국세					
안내원출장비					
행사원가합계					

4. 수지총괄표

수탁경비	해외경비	항공료	직접경비	지상수익
O	O	O	O	O
매출액	VAT	행사비1	행사비2	원가후이익
O	O	O	O	O

5.업무가지급금

일자	신청액	정산액	잔액
계	O	O	O

3) 각종 권류(券類)의 정산

이 업무는 여행업자가 교통·숙박 등의 기관에 의해 예탁되어, 또는 여행업자 자신이 제작한 권류를 어떠한 내용으로 기재하고 발행했는지에 대해서 각각의 기관에 정산하여 대금의 지불을 하는 업무이다.

여기에는 발권정산과 착권(着券)정산, BSP정산 등으로 구분되며, 권류의 정산은 교통·숙박 등의 기관과의 계약이나 업계내의 관습에 의해 처리되고 있다.

(1) 발권(發券)정산

발권정산이란 발권과 동시에 여행업자가 당해 기관에 대해서 지불채무를 지게 되는 것이다. 따라서 여행개시 이전이라도 그 이용하는 기관에 대해 대금의 지불을 행하지 않으면 안 된다. 주로 대매(代賣)계약에 의한 티켓(승차선권, 항공권, 입장권 등의 권리를 표시한 서면)의 정산은 이러한 방식에 의한다.

이 방식에 의한 정산방법은 당해 기관에 의해 정해진 보고서에 의해 발행내용을 기재하여, 지정된 은행에 여행업자 측에 의해 송금하여 결제한다. 지불기간은 길어서 1개월이 한도로 기간이 짧은 것이 보통이다.

(2) 착권(着券)정산

착권정산이란 발행일에 관계없이 당해 여행이 종료된 시점에서 여행업자가 지불채무를 지는 것이다. 이 방식은 업계내의 관습에 의한 것으로 숙박기관이나 식사시설과의 사이에 유통되는 쿠폰 등이 이에 해당된다.

이들의 권류는 협정 등의 계약에 의해서 발행되는 쿠폰 이외에 바우처(숙박권의 일부, 예약권, 인환증, 영수증 등의 증거증표)로 불리는 쿠폰도 포함되며, 여행종료 후 각각의 기관에 의해 정산서를 첨부하여 여행업자에게 징수청구를 하는 것이며, 징수방법은 자사(自社)정산, 은행정산, 대행기관정산, 기타 방법으로 나눈다.

① 자사정산

숙박기관 등이 당해 쿠폰을 여행업자의 창구에 지참하여 징수하는 것이다. 이 방법은 징수업무로서는 비능률적이며 결제일이 불명확하여 문제도 많으나, 숙박기관 등이 판매활동의 일환으로서 실시되고 있는 것이 현황이다.

② 은행정산

숙박기관 등이 당해 쿠폰을 여행업자가 지정하는 은행에 징수를 의뢰하여 정산하는 것이다. 이 방법은 각각의 여행업자를 방문하여 징수하는 것보다 훨씬 능률적이며 회수율도 높기 때문에 숙박기관 등에 의해 요망이 많다. 이 방식은 은행에 대해서 의뢰서를 제출함에 따라 실시되도록 되어 있다. 문제는 징수 수수료나 생력화(省力化)를 이유로 신규교부를 거절하는 은행이 있기도 하고 취급은행이 소재하지 않는 지역이 있기도 하여 일부에서는 실시할 수 없는 곳도 있다.

③ 대행기관 정산

여행업자가 공공으로 권류정산에 대한 대행기관을 설치하고 정산금을 갹출하여 업무를 대행시키는 것이다. 이러한 대행기관에는 여행업자 단체의 사무국이 이를 취급하거나 협동조합을 설립하여 업무를 보기도 한다.

기타의 방법으로는 일본에서 실시하고 있는 「쿠폰회」에 의한 정산방식이 있는데, 이 방식은 앞서 언급한 은행정산방식을 기조로 하여 회원 여행업자에 대해 일정금액의 지불보증금을 납입케 함으로써 업무를 추진하고 있다.

(3) BSP(Billing and Settlement Plan) 정산

BSP는 항공권의 재고관리와 배포, 발매보고(Sales Report)의 작성, 항공사로부터 여행사(대리점)에의 청구, 운임 과부족의 조정과 환불 등 정산에 이르는 발권에 수반된 제 업무를 결제은행(한국외환은행)을 정해 그 은행의 컴퓨터 시스템이나 제 기능을 통해 집중적으로 관리하는 방식인데[4] 국내에서도 이 제도가 1990년도부터 도입되어 시행되고 있으며, 장점은 대체로 다음과 같다.[5]

---

4) *Travel Journal*. Travel Agent Manual, 1989, p. 131.
5) 이병기, "BSP제 실시와 문제점", 월간관협, 제199호, 한국관광협회, 1989. 8, pp. 10~11.

① 많은 대리점들을 상대로 개별적으로 상대하지 않고 은행 한 곳만을 상대하면 되기 때문에 항공사와의 업무를 간소화·표준화함으로써 인력절감이 가능하다.

② 표준화된 절차 Traffic Document Administrative Forms와 한 종류의 판매보고서를 한 곳(Central Point)에만 발송함으로써 모든 항공사에 보고완료와 더불어 1회 송금으로 정산이 완료되기 때문에 업무가 간소화된다.

③ BSP 도입 후 거래안정성 및 거래비밀보장 등 시장여건이 개선되면 일부 항공사들의 높은 OWN(GSA) Ticketing을 대리점 판매로 전환할 수 있다.

④ 전문적이고 중립적인 BSP매니저가 대리점관리를 전담하고 항공사들의 개별관리가 아닌 컨트롤센터에서 집중적이고 일관되게 재고 및 분배관리를 함으로써 대리점관리를 강화할 수 있다.

⑤ Billing 및 마케팅데이터의 이용을 위해 Automated Hand-Off Tape 개발이 용이하고, 표준화된 티켓이므로 각종 작업의 자동이 가능하며, BSP매니저의 직접적인 관리로 안정성이 제고된다. 또한 이례적 상황(Irregularity)에 대한 통계적 생산이 가능하므로 대안강구가 용이하다.

이러한 장점에도 불구하고 국내의 영세한 여행업체에서는 담보금액의 인상(3개월 평균판매액의 45일에 해당하는 담보설정), 신용공여기간의 단축(1~2개월에서 15일로 단축), NON-IATA대리점의 소외 등의 문제 또한 적지 않으나 제도 자체의 문제는 없으므로 여행업체의 자구노력이 뒤따라야 할 것으로 본다.

 03 미수금과 회수

1) 미수금과 경영과의 관계

여행업 경영을 위한 수입원은 여러 가지가 있지만 대충 다음의 세 가지로 대별된다.

① 발권수수료

② 패키지상품의 수수료

③ 단체수입금 등

수수료 장사에서는 매출대금 회수가 경영에서 차지하는 역할이 실로 크다. 따라서 원칙적으로 상대방(항공사, 지상수배업자 등)에의 지불 이전에 고객으로부터 대금을 수령하는 것 – 즉 미수금을 발생시키지 않는 거래에 노력하는 것이 제일이다. 거래상 어쩔 수 없이 외상이 된 경우에는 당기 내에 이를 회수하도록 노력하지 않으면 안 된다.

최근 수년 내에 여행업계는 물론 일반기업 특히 중소기업은 자금사정이 악화되어 기업도산이 속출하고 있으며 도산기업의 부채총액도 증대일로에 있다. 매년 노사문제로 인한 인건비의 대폭적인 증가와 제 물가·제 경비의 증가 및 금융비용의 증대가운데에서도 수익을 추구하기 위해서는 수수료 등의 절대액의 확대, 즉 매출액 증가를 도모하지 않으면 안 되는 것은 당연하다.

그러나 매출액을 증가시켰다 해도 매출대금의 회수가 늦어지면 항공사 등에의 지불 때문에 자금운용이 곤란하게 되어 금융기관 등으로부터 차입금에 의존하게 된다. 그 결과 금리부담이 커져 경영을 압박하여 영업상으로는 이익을 창출했다 해도 결과는 적자결산이 되는 위험성이 생기는 것이다.

항공권대금의 지불이 늦어지면 체납(Delinquency)이 되어 나아가서는 채무불이행(Default)[6]의 선고를 받게 된다. 그렇게 되면 항공사와의 신용(Credit)이 파기됨은 물론 영업의 지속도 어려워지게 되는 것이다.

2) 미수금 회수의 철저

미수금이 발생한 경우 이것을 여하히 회수하느냐가 과제이다. 판매증가에 너무 집착한 나머지 회수교섭이 약하면 그 미수금을 떼일 위험성이 생기게 된다. 판매에 의해서 이익을 올렸다라고 말할 수 있는 것은 매출대금이 완전히 회수된 시점에서 비로소 말할 수 있는 것이며, 미수금의 당기회수에 대해서 다음 사항을

---

6) 공·사채나 은행융자 등에 대한 이자지불이나 원리금 상환이 불가능해진 상태.

철저히 할 필요가 있다.

① 수수료 영업이란 어떤 것인가 : 이것을 전 사원에게 철저히 이해시키는 것
  이다. 예컨대 유럽여행 3,000만 원 짜리를 팔아봐야 여행사에 떨어지는 금
  액은 30만 원이다. 이것이 회수불능이 된다면 수익 30만 원이 영(Zero)이
  되는 것이 아니라 실제로는 그 이상이 손해가 되어 그간의 지출금액이 헛
  될 뿐만 아니라 영업수행에도 큰 문제가 된다.

② 고객의 지불조건표 작성과 조건에 따른 회수의 철저 : 회사, 개인마다 거래
  개시연월일, 담당자성명, 거래조건, 경쟁사 등의 난을 설정하고 특히 거래
  처의 영업종목, 자본금, 점포, 공장, 종업원수, 자본계통, 거래은행 등 가능
  하면 그 거래처의 결산개요 정도는 파악하고 있어야 한다. 또한 신규거래
  처에 대해서는 원칙적으로 현금거래(COD : Cash On Delivery)로 한다. 외상
  을 결정하는 경우에는 거래처의 신용조사를 한 후 신중하게 협의하여 판정
  하지 않으면 안 된다.

③ 회사에 경리과와 영업관리과(정산과)가 있어서 쌍방에 미수금에 관한 장부
  가 있을 때에는 매월 대조를 함과 동시에 「거래처별 미수금 잔고 연령표」
  (고정상황표)를 작성한다. 이 자료에 입각하여 거래처마다 점검을 하고 이
  것을 판매담당자에게 지시하여 조기회수에 노력한다.

  오래된 미수금을 남겨둔 채로 새로운 미수금이 먼저 회수되기도 하고, 종
  래의 지불조건이 돌연 변경되어 회수상황이 악화되는 경우에는 주의해야
  한다. 이러한 경우에는 전력을 다해 그 실정을 조사하고 상황에 따라서는
  거래를 정지해서라도 회수에 전념하는 것이 중요하다.

④ 마감일에 일괄 청구할 때에는 건수가 많으면 청구착오의 유무를 확인하고
  만일 미심쩍은 데가 있으면 관계자와 협의할 필요가 있다.

⑤ 지불받은 것에 대해서는 그것이 어떤 것에 해당하는지를 확인해야 한다.
  내용을 확인하지 않고 그대로 돈만 수령하면 후일에 입금착오가 발견되어
  도 내용이 불분명해 회수불능의 미수금으로 될 위험이 크다.

⑥ 정기적으로 거래처에 대해 미수금 잔고와 잔고확인서를 송부하고 상대방
  의 확인을 받아 이를 근거로 회수에 전념한다.

3) 시효와 시효의 중단

(1) 시효제도

시효제도에는 다음의 두 가지가 있다.

① 소멸시효 : 일정기간 채권자가 그 권리를 행사하지 않는 상태가 계속되면 (대금(貸金) : 대금의 변제청구를 하지 않고 그대로 방치하는 등), 그 권리는 자연 소멸하게 된다. 또한 이 권리의 소멸시기는 권리의 종류에 따라 서로 다르다.

② 취득시효 : 일정기간 타인의 물건을 자신의 물건으로 소유한 경우 그 자체의 소유권을 취득하게 된다. 이것은 자타 모두에게 그의 것으로 믿고 있는 사실 그대로의 상태를 정당한 권리관계 여부에도 불구하고 정당한 소유권 자로서 인정하는 셈이다. 취득시효의 기간은 원칙적으로 타인의 물건으로 알고 있었던 때에는 20년, 모를 때에는 10년이 된다.

③ 시효기간의 기산점(起算點) : 채권의 소멸기간은 지불일이 결정되어 있는 경우에는 그 다음날로부터 기산한다. 변제기한이 정해져 있지 않은 경우에는 그 대차가 성립한 날로부터 소멸시효를 기산한다. 계속적으로 거래를 하고 있는 경우에는 최종거래가 있었던 날로부터 시효기간을 기산하게 된다. 도중 내입금(內入金)을 수령한 경우에는(이자 등과 동일) 일종의 채무 승인이 인정되기 때문에 그 날로부터 새로 시효기간을 기산한다.

(2) 시효의 중단

전술한 바와 같이 채권청구를 잊어버리는 등 방치해 두면 시효에 걸려 채권회수는 불가능해진다. 이것을 구제하기 위한 방법으로서 시효에 걸리지 않는 가운데 시효를 중단하는 수속을 밟지 않으면 안 된다. 가령 1년의 시효에 걸릴 경우에는 11개월을 지나 시효중단수속을 하면 지금까지 진행된 11개월은 무효가 되어 시효중단을 한 날로부터 새로운 시효가 발생하게 된다. 따라서 우선 이 수속을 하고 계속하여 회수에 진력해야 하는 것이다.

① 시효중단의 수속방법

가. 내용증명우편을 청구하는 방법

가장 간단한 것은 지불을 청구하는 최고(催告)를 하는 것이다. 특히 내용증명 우편으로 최고하는 것은 시효중단의 증거를 남기는 것이기도 하고, 그 우편이 채무자에게 배달된 시점에 시효중단의 효력이 발생한다.

이 방법에 의한 최고는 도착하고 나서의 시효기간을 6개월 연장할 뿐으로 이 6개월 사이에 소송을 제기하거나 조정이나 화해의 신청이나 압류, 가압류, 가처분수속 등을 하지 않으면 최고는 없었던 것으로 간주된다. 최고한 후 6개월 이내에 재차 최고해도 효력은 발생되지 않는다는 점에 주의해야 한다.

나. 채무를 승인시키는 방법

채무자에게 승인서 등을 쓰게 하여 채무를 승인하게 한다.

다. 기타 방법

기타 방법으로서는 법원에 소송을 제기하는 것이다. 지불명령을 신청하여 지불명령의 채무자에게 송부한다. 조정신청이나 화해신청, 압류, 가압류 또는 가처분을 신청하는 방법 등이 있다.

≫≫ 주 의

시효기간이 긴 채권에 대체하는 방법 등을 검토해야 한다. 항공운임의 채권은 1년이지만, 상대방에게 보통의 차용증서를 차입시켜 소비대차계약으로 변경시키면 상사(商事)는 5년, 민사(民事)는 10년간 시효기간이 된다. 또한 시효중단 수속시에는 강력한 수단을 수반하는 것이 많으므로 변호사와 충분한 상담을 하는 것이 좋다.

〈표 8-1〉 시효의 내용

종 류	기 간	내　용
민 사 (民事)	10년 20년	·개인 간의 대차금, 선의의 경우의 취득시효로 확정판결이 있을 때 등 ·악의, 즉 타인의 물건인 것을 알고 있는 경우의 취득시효 등
상 사 (商事)	1년 2년 5년	·여객 및 화물의 운임, 목수·도료공 등의 노임 ·소매점의 외상매출금, 직인(職人) 등의 노임 ·상사상(商事上)의 영업자금을 위한 대차금, 사장이 회사를 위해 사용한 대차금
어 음	6개월 1년 3년	·어음의 배서인으로부터 타 배서인에 대한 상환청구권 ·수표소지인이 가진, 발행인이나 배서인 기타 수표상의 채권자에 대한 지불청구권 ·약속어음 소지인으로부터 배서인에 대한 지불청구권 ·약속어음 발행인, 외환어음 인수인에 대한 소지인이나 배서인의 지불청구권

04 여행사의 월차결산

1) 월차결산의 목적

대기업은 물론 중소기업 가운데도 월차결산표를 작성하는 회사가 많다. 그러나 그 시산표를 기초로 하여 월차결산(月次決算)까지 하려고 생각하는 회사는 적다.

그들이 시산표를 작성하는 목적은 ① 계산상의 착오, 전기(轉記)착오는 없는가의 확인, ② 금융기관에서 시산표 제출을 요구하므로, ③ 연도말 결산시의 과중한 업무를 덜기 위해서라는 정도이다.

그러나 가장 중요한 것은 월차결산의 기초로 사용되는 데 있다. 따라서 월차결산의 목적은 경영자 및 각 간부의 경영판단에 이바지할 경영관리자료를 얻고자 하는데 있는 것이다.[7]

---

7) 五島伸, "旅行業の月次決算" 月刊観協, 1878. 12. p. 26.

경영자와 간부들은 월차결산으로부터 경영관리자료를 얻음으로써 회사의 문제점을 재빨리 파악하여 신속한 대책을 강구할 수 있다. 따라서 월차결산시에는 경리의 세부사항이나 회계사무 및 형식도 중요하나, 무엇보다 신속을 기본(Motto)으로 해야 한다.

2) 월차결산의 신속화

여행사에서 행하는 월차결산은 다 다음 달에 겨우 끝나는 형편으로 대부분 늦어지는 것이 보통이다. 이의 해결을 위해서는,

① 경리가 안고 있는 일을 타부서에 분산시켜야 한다. 가령 매출전표는 담당하는 영업사원에게 기표하도록 하여 외상매출금의 관리를 하도록 한다.
② 월차결산기간은 다른 경리의 일이 집중되지 않도록 다른 시기로 분산시켜야 한다. 지불관계의 일은 월차결산기간 전후에 하는 것 등
③ 월차결산담당인 전문요원을 정하여 둔다. 월차결산기간에는 결산에만 전념토록 하여 다른 일은 일절 시키지 않는다. 되도록 경리를 금전출납, 자금조달의 재무부분과 기록, 결산관계의 회계부문의 두 부문으로 나누는 것이 좋다.
④ 경영자에게 월차결산에 대한 중요성을 인식시켜야 한다. 아무도 기대하지 않는 것을 한다는 것은 짜증스러운 일이며, 어느 때까지 만들어야 한다는 지상명령이 없이는 일이 기일 내에 불가능한 것이다.
⑤ 경리사무의 합리화를 꾀한다. 가령 전표시스템을 도입하는 것 등이다.
⑥ 경리 제규정을 작성함으로써 월차결산수속을 원활히 해야 한다. 결산전문요원이 규정을 보기만 하면 혼자서 사무를 진행할 수 있도록 하는 것이다.

3) 월차결산의 전제

(1) 월차결산일을 정한다

연도말 결산일이 월말이라 해서 반드시 월말에 할 필요는 없다. 예컨대 구매

마감일을 월차결산일로 하는 회사도 많이 있다. 또 비교적 한가한 시기의 시초를 결산일로 하여도 무방하다.

지점이 많이 있는 여행사는 원격지의 지점일수록 보고서가 늦게 도착한다. 하물며 해외지점인 경우는 더욱 그러하다. 이것도 월차결산이 늦는 원인의 하나이긴 하나, 그렇다고 해서 전체의 결산이 늦어도 좋다는 것은 말이 안 된다.

이를 해결하려면 다른 지점의 결산일이 월말인 것을, 그 지점만은 결산일을 25일이나 20일로 한다. 부득이 한 달 늦은 것은 추후 합산한다. 또한 연도말 결산에 있어서 임금계산기간의 마감날 등의 계산마감일과 결산일이 일치하지 않는 때에는 그 간격을 조정해야 하지만, 월차결산인 경우는 반드시 그럴 필요가 없다.

(2) 사업장 단위로 정한다

연차결산은 기업을 하나의 단위로 하여 행하여지거나 월차결산은 경영관리자료를 얻기 위해 세밀히 분석할 필요가 있으므로 사업장단위로 하는 편이 바람직하다. 또 사업장 단위라 해도 연차단위의 결산만으로는 무의미하다. 월차단위 사업장 단위라는 것으로서 비로소 월차결산으로서의 의미가 발휘된다.

그러므로 사업장을 어떠한 단위로 나누느냐 하는 것이 문제가 된다. 가령 해외단체, 해외개인, 국내단체, 국내, 개인 등으로 나누는 것, 홀세일(Wholesale)과 카운터세일의 구분, 또는 각 지점을 단위로 하는 구분 등 얻고자 하는 자료에 따라 여러 가지 구분을 할 수 있을 것이다. 보통은 각 지점을 단위로 하며, 본사를 각 영업부문별로 나누는 사업장단위가 채용되고 있다.

4) 월차결산의 순서

(1) 미불금의 계상

광고비, 사무소모품비, 교제비 등의 미불금은 상대방에서 온 청구서에 따라 계상한다. 이것도 월차결산을 늦게 만드는 하나의 원인이다. 이들 비용 가운데 중요성이 낮은 것은 되도록 현금주의로 계상하여 매월 미불계상은 하지 않는 편이 낫다.

미불금을 계상하기 위한 전표는 생각 외로 무시할 수 없다. 이것은 대체로 금액도 적고 매월의 변동도 적으므로 지불베이스로 계상하여도 관리상의 잘못은 없다.

(2) 판매비의 사업장별 파악

본사에서 일괄하여 지불한 비용이라도 각 지점 부문이 담당할 것은 각 지점 부문에의 대체, 사업장별 실적을 파악해야 한다. 그러나 그것 때문에 경리가 사업장마다의 집계업무에 쫓겨 결과적으로는 월차결산이 늦어지게 된다.

이러한 엄밀한 방법은 애만 쓰고 소득은 적다. 이들 비용은 총액을 각 지점, 부문의 인원비로 나누고 제각기 부담시켜도 큰 차는 없고, 대국적인 판단을 그릇되게 하지는 않는다.

(3) 시산표(Trial Balance)의 작성

시산표는 복식부기에서 대차평균원리(貸借平均原理)에 의하여 원장전기의 정부(正否)를 검증하여 결산제표 작성의 자료로 하고, 또한 일정 기간의 재무변동상태를 나타내기 위하여 작성하는 수학적 검산표이다.

시산표에는 잔액시산표, 합계시산표, 합계잔액시산표의 세 가지가 있는 바, 월중(月中)거래량, 연초부터의 누계, 잔액을 파악하려면 합계잔액시산표가 가장 적합하다. 또한 합계잔액시산표를 연구하여 자금조달표로도 겸용케 할 수 있다.

(4) 월차결산 정리사항

타 산업의 정산이 여행사에서는 단체여행정산＝선수금, 선불금의 정산＝바꾸어 말하면 선수금 가운데서 매출로 계상할 것은 표로, 선불금 가운데서 매출원가로 계상할 것은 매출원가로 대체하는 것이다.

단체여행의 손익은 금액이 큰 만큼 당일 중에 투어가 정산되는 것과 되지 않는 것은 그달의 손익을 크게 좌우하므로 그달 중에 귀국, 서비스 제공을 끝낸 단체여행의 정산을 적시에 신속히 행하는 한편, 월차의 손익을 정확히 나타내도록 해야 한다.

선수금	100		매 출	200
매출원가	90		선불금	90

단체여행에 관하여 이미 귀국하여 서비스제공이 종료되었음에도 불구하고 아직 비용이 확정되지 아니한 경우에는 그 정산을 비용확정시까지 늦추는 것이 아니라 비용추산이 가능한 한 그달 중에 타당한 추정액으로 계상할 필요가 있다. 추정액과 확정액과의 차액은 비용이 확정된 시점에서 확정된 월의 손익으로 잡는다.

(추정계상)		매출원가 10	가수금	10
(확정시)		확정액보다 추정액이 많은 경우		
	가수금 10	현금예금 또는 미불금 매출원가 2		
(확정시)		확정액이 추정액보다 적은 경우.		
	가수금 10	현금예금 또는 미불금		12
매출원가	2			

월차결산은 실비계산으로만 행하려고 하면 신속성이 결여되고 도리어 부정확하게 될 우려도 있으므로 표준, 추정의 예정계산을 대폭 도입하는 것이 효과적이다.

고정비의 월부배분

월차결산을 하는데 있어서는 월차기간에 대응하도록 고정비를 배분하지 않으면 안 된다. 비용발생이 편중되면 적절한 월차손익을 산출하기 어렵기 때문이다. 배분하여야 할 고정비에는 상여금, 퇴직급여, 감가상각비, 부동산 등의 임차료, 손해보험료, 수선비, 고정자산세 등이 있다. 이것들은 연간의 계상액을 추정으로 계상하여 12등분함으로써 한 달의 배분계상을 알 수 있다. 개산액(槪算額)이므로 반기결산에 있어서의 수정, 하반기 월부액을 수정하는 것이 좋다. 사업연도의 최종월도 개산배분경비에 따라 연간의 정확한 금액과의 차액은 별도로 수정한다.

```
매월월부경비 계상
감가상각비              10          가수금 또는 월부경비 유보금    10
연차결산에 있어서의 연간계상액의 확정
       가수금 또는 월부경비 유보금   120    감가상각 유보금        130
       감가상각비              10
       가수금 또는 월부경비 유보금   120      감가상각유보금        110
       감가상각비              10
```

중요성이 없는 고정비는 지불 월의 비용으로 하여도 상관없다. 또 법인세법상의 준비금, 가령 가격변동준비금과 같은 항목은 월차결산에 계상할 필요가 없는 것이다.

그리고 고정자산매각손익과 같은 특별손익항목은 월차의 비교성을 해치는 것이 되므로 이것도 월차계산에 넣어서는 안 된다. 이와 같은 항목은 기중(期中)에는 가수금, 가불금 등의 미정산계정으로서 처리하고 연도 말 결산에서 특별손익으로 대체하는 것이 타당하다.

월차계산에 있어서는 이러한 따위의 미정산계정을 잘 이용하는 것이 요령이라 하겠다.

```
매각손익발생시
       현금예금   20          가수금            20
연차결산에 있어서
       가수금    20          고정자산매각익      20
```

경과계정항목의 계상

경과계정으로서 비용에 관하여는 선불비용 및 미불비용, 수익에 관하여는 미수수익이 있으므로 월차 손익에 중요한 영향을 주는 것에 대해서는 월차에 그 계산을 한다.

그러나 월차결산은 신속성이 요구되므로 매달의 변동이 적은 것 또는 중요성이 적은 것은 되도록 현금베이스로 계상하고, 매달 미경과의 계산은 안 해도 된다. 또한 매달 변동하는 것이라도 그 원인을 알고 있으면 좋은 것이므로 경과계 정항목의 계상자체를 월차결산정리로 생각해도 좋을 것이다.

(5) 월차손익계산서 및 월차재무상태표의 작성

손익계산서는 경향이나 추이를 파악하는데 편리하게 비교형식으로 작성된다. 비교는 통기(通期)의 각월, 통기의 각월 누계, 연동월(年同月), 전년 동월 누계, 예산에 관해 작성된다.

재무상태표도 비교형식으로 작성하여 통기의 각월, 전년 동월에 대해 작성하되, 반드시 연차결산대로의 계정과목구분에 의하지 않고 적절히 요약한다.

월차결산인 경우에는 월차손익에만 구애되어 재무상태표를 소홀히 하기 쉬우나, 손익계산서만으로는 이익의 크기를 모르기 때문이다. 재무상태표에 의해 그 재산적 뒷받침을 계산하여 또다시 손익계산에 관계없는 자금의 동향을 파악하는 것도 중요한 것이다.

(6) 월차결산보고서의 작성

보통 월차결산보고서는 월차손익계산서 및 월차재무상태표가 중심이 된다. 그러나 이 밖에 가령 경제환경, 업계동향, 주문상황, 집객인원수, 대금회수상황, 자금조달상황 등 데이터 경영관리의 중점사항에 관한 보고도 포함하여야 한다.

보고서는 영업활동에 눈코 뜰 새 없는 경영자 및 각 부문의 최고경영자(Top Manager)에 대하여 행해진다. 그들은 차분히 보고서를 읽을 시간이 없는 사람, 또는 그것을 즐기지 않는 사람들이므로 보고서는 문제점 및 개선점을 요령있고 간결하게 기재하여야 한다.

경영자에게는 회사경영 전체를 파악할 수 있는 거시적인 포인트를, 각 부문의 책임자에게는 각 부문에 관한 미시적 포인트를 제각기 보고를 받는 사람의 입장에서 작성해야 할 것이다.

해외여행 예 / 결산 보고서

결재	담당	실장	상무	이사

행사번호		주관업체		행 사 인 원			
행사지역		행사팀명		유　료	성인 : 명	소아 : 명	유아 : 명
행사기간	월 일 ~ 월 일(박 일)			무　료	명	총 인 원	명

입 금 내 역				지 출 내 역			
구　분	단가	인원	계	구　분	단가	인원	계
	₩		₩	항공료	₩		₩
	₩		₩		₩		₩
	₩		₩		₩		₩
	₩		₩		₩		₩
	₩		₩	합계 : ₩			
	₩		₩	지상비	₩		₩
	₩		₩		₩		₩
	₩		₩		₩		₩
	₩		₩		₩		₩
	₩		₩	합계 : ₩			
	₩		₩	기타	₩		₩
	₩		₩		₩		₩
	₩		₩		₩		₩
합계 : ₩				합계 : ₩			
총 결 산	총수입			항공 수수 료			
	총지출						
	수　익						
	수익률						

작성일 :　 년　 월　 일　　　　　작성자 :　　　　　　　(인)

9

경영분석업무

01 경영분석의 개요

경영분석(Business Analysis)이란 재무제표(財務諸表)를 중심으로 하는 재무정보나 여행사 내외의 여러 정보를 이용하여, 여행사활동의 적부(適否)를 심사하거나 여행사자본을 평가하는 것이다.[1] 일명 재무제표분석(Financial Statement Analysis)이라고도 한다.[2] 즉 여행사의 재무자료를 분석하고 재무상태와 경영성과를 평가하는 것으로서 의사가 환자를 진찰하는 것과 마찬가지이다.

경영분석을 통하여 여행사의 재무적 강점과 약점 파악함은 물론 미래의 잠재적 능력까지 예측할 수 있다. 따라서 경영분석은 이해관계자들에게 합리적인 의사결정을 할 수 있도록 유용한 재무적 정보를 제공하는 하나의 정보시스템으로 널리 이용되고 있다.

이처럼 많은 여행사들이 경영분석을 하는 이유는 다음과 같다.

- 빈혈상태인 사람 : 여행사의 경우 자금이 부족한 상태와 비슷
- 과체중 · 비만인 사람 : 불필요한 자산이 많은 상태와 비슷
- 인간의 건강상태는 유능한 전문의라고 하더라도 1회의 진단만으로 올바른 판단 불가능

여행사의 경영분석도 위와 마찬가지로 한 기간의 분석으로 올바른 평가가 곤란하므로 여러 기간에 걸친 경영분석이 필요하다. 가능한 한 많은 자료수집 어디에 문제가 있는지 주의 깊게 살피는 것이 중요하다. 따라서 재무제표분석 이외에 국내 · 외 경제동향, 자본시장동향, 산업동향, 다른 여행사의 경영전략, 종업원 사기 등을 조사하여야 한다.

- 광의의 경영분석 : 여행사의 모든 경영활동을 대상으로 경영상태 분석

1) 古川栄一, 経営分析, 同文館, 1974, p. 3.
2) 김시중 · 한승우, 관광경영분석, 대왕사, 2004, p. 33.

- 회계적·비회계적 자료와 경영활동에 영향을 미치는 계량화할 수 없는 질적인 요인까지 분석하는 것이다.
- 협의의 경영분석 : 일반적으로 경영분석이라 하면 재무제표를 중심으로 여행사의 경영상태를 분석·평가하는 것이다.
  - 이것을 협의의 경영분석, 재무분석 또는 재무제표분석이라고 한다.

02 여행사경영분석의 목적

여행사경영분석의 목적은 여행사의 이해관계자들에게 재무적 의사결정에 필요한 유용한 정보를 제공하는 것이다. 즉 여행사의 경영분석자료로만 정보를 얻는 것이 아니고, 당해 여행사에 이해관계를 갖고 있는 다양한 사람들로부터도 얻게 된다. 즉 자신들의 의사결정 목적에 따라 서로 다른 정보를 요구한다.

- 내부관계 이해자 : 경영자
- 외부관계 이해자 : 금융기관, 신용평가 기관, 투자자, 증권분석기관 등
  (예) 주주와 채권자의 관심
  - 주주 : 여행사의 장기적인 현금흐름(수익성에 관심)
  - 채권자 : 채무지급능력(유동성)
  - 경영자 : 효율적인 경영관리를 위하여 수익성, 유동성에 관한 정보뿐만 아니라 여행사의 전반적인 경영상태에 관한 정보 요구 필요하다.

그러므로 경영분석의 목적은 정보이용자들의 구체적인 정보이용목적에 따라 달라진다고 할 수 있다. 이처럼 경영분석은 경영자의 효율적인 재무관리 및 경영합리화를 위한 수단으로 이용되는 등 사용범위가 점차 확대되었다. 이에 따라 경영분석방법도 과거의 재무유동성 중심에서 수익성 중심으로 바뀌는 등 재무상태표 중심의 정태적 분석에서 손익계산서 중심의 동태적 분석으로 이행되었다.

일반 제조업의 경영분석이 상당한 자본과 원료의 투입이 이루어지는데 비해

여행사는 주로 인적자원에 의해 주된 매출이 발생되기 때문이다. 따라서 여행사 경영분석은 ① 보다 많은 이윤의 획득, ② 건전한 재무상태의 유지, ③ 인적자원의 질적 확보와 활용이 경영분석의 중요한 목적이 된다.3)

03 여행사경영분석의 방법

경영분석방법은 분석목적에 따라, ① 신용분석, ② 투자분석, ③ 내부관리분석 등으로 분류할 수 있다. 신용분석은 금융제도의 확충을 배경으로 하여 신용조사의 수단으로서 발달하였으며, 그 후 사채의 등급을 매기는 것이나 도산 예측에도 이용되었다. 기업의 지불능력이나 채무의 변제가능성을 검사하기 위해 기업의 재무요인이나 인적·기술적 요인, 시장·산업의 경제요인 등이 분석된다.

그러나 투자분석에서는 기본적으로 기업이나 증권의 평가가 대상이 되지만 그 밖에도 자산구성과 자본구성의 균형, 부채에 의한 '지레효과(레버리지 효과: Leverage Effect)'4)와 재무 리스크의 관계 등이 문제가 된다.

내부관리분석은 기업활동의 계획과 업적평가를 위한 분석이며, 자본이익률을 중심으로 하는 비율 연쇄, 자기자본이익률을 기축으로 한 비율체계, 손익분기점 분석, 자본예산, 표준원가에 의한 원가분석 등이 이용된다. 신용분석이나 투자분석은, 일반적으로 기업외부의 이해관계자에 의한 분석, 즉 외부분석인데 대해 내부관리분석은 경영관리자에 의한 분석이다.

일반적인 경영분석은 또한 재무상태표를 중심으로 한 정태(靜態)분석과 손익계산서를 중심으로 한 동태(動態)분석으로 나누어진다.

재무상태표에서는 ① 총자본을 통한 경영규모의 파악(매출액 / 총자본), ② 자기자본과 타인자본의 구성 파악, ③ 부채의 장 / 단기 파악, ④ 단기가용자본의 수용상태 파악, ⑤ 설비자산의 투자상태 파악 등이며, 분석시 주의사항으로는 ⑥

---

3) 도미경, 관광경영분석에 관한 비교 연구, 문화관광연구, 제7권3호, 한국문화관광학회, 2005, p. 128.
4) 타인자본을 이용한 자기자본이익률의 상승효과.

본업과 무관한 투자자산에 대한 투자상태, ⑦ 회수불능채권과 불량재고, ⑧ 재고자산과 유형자산의 평가적절성여부, ⑨ 부족자금의 조달상태, ⑩ 자산매각에 따른 흑자결산, ⑪ 구속성예금5)과 할인어음 등의 파악이 중요하다.

한편 손익계산서의 경우에는 ① 매출총이익, ② 영업이익, ③ 경상이익에 중점을 두면서 ④ 매출총이익의 변동, ⑤ 매출총이익과 인건비, ⑥ 영업이익, ⑦ 금융비용과 자산처분이익 등에 유의한다.6)

1) 내부분석과 외부분석

(1) 내부분석(Internal Analysis)

발달과정으로 볼 때 외부분석에서 내부분석으로 옮겨졌다. 분석방법은 계수로 실수를 사용하느냐 또는 가공하여 비율을 산출하여 이용하느냐에 따라 실수분석법과 비율분석법으로 크게 나누어지며 또한 일정시점의 한 기업의 자료를 분석하는 단일법과 여러 기간 또는 여러 기업을 비교하는 비교법으로 나누어진다.

따라서 내부분석이란 여행사 내부경영자들에 의한 분석이다. 이 분석은 경영자가 경영관리하는 데 필요한 정보를 얻기 위하여 내부의 살아 있는 자료를 시기적절하게 충분히 얻을 수 있으며, 여행사의 실태에 대하여 비교적 정확한 판단할 수 있다는 장점이 있다.

≫≫ 목 적
① 경영전략 수립에 필요한 정보→경쟁력, 기술수준, 연구개발능력, 조직의 효율성, 투자기회, 자금조달능력에 초점
② 경영계획 수립·통제에 필요한 정보→취약부분, 비교우위 등 파악

(2) 외부분석(External Analysis)

이 분석방법은 외부이해관계자들이 자신의 의사결정에 필요한 정보를 얻기 위한 분석으로서 투자자, 채권자, 금융기관, 신용평가기관, 증권분석기관, 소비

---

5) 재무상태표 상에는 예금으로 계산했으나 담보제공 등으로 인출이 제한되는 예금이다.
6) 김기태·김만술·김진훈, 관광기업경영분석, 한올출판사, 2006, pp. 263~273.

자, 외부감사인, 행정기관, 거래회사, 기타(언론기관, 연구기관, 환경단체)단체에서 분석하는 것이다.

(예) 한국신용평가(주), 기업어음(CP : Commercial Paper) 발행회, 신용등급 평가기관(미국의 Standard Poor's : S & P, Moody's(무디스), JP모건 등

　　　금융기관 : 대출의 규모, 이자율, 대출기간 등의 대출조건 결정하는 정보를 얻기 위하여 분석 → 자체개발 신용분석 시스템에 의한 평가 → 신용결정 → 대출결정

외부분석은 자료입수가 용이하지 않기 때문에 극히 한정된 공시된 자료를 사용하여 파악한다. 참된 분석 결과를 얻기 위해서는 대상 여행사의 과거 수년간의 자료를 사용하여 경향분석을 하거나 동종(同種)업계의 타사와 비교하는 등의 노력이 필요하다.

2) 실수(實數)분석과 비율분석

재무제표상의 회계적 수치들을 어떻게 분석하느냐에 따라 일반적 분석은 비율분석을 실시하고, 분석목적에 따라 적합한 방법 사용한다.

(1) 실수분석(Real Analysis)

실수분석이란 회계적 수치들을 실수(實數) 그대로 비교·평가하는 것이다. 즉 ① 자산이나 이익의 규모를 실수 금액 그대로 전기와 당기 비교분석하거나, 비교재무상태표와 비교손익계산서를 만들어 분석하는 것이다.

(예) 실수분석의 예

항 목	전 기	당 기	증감액
총자산	28,500	35,300	6,800
매출액	40,100	43,800	3,700
순이익	5,200	5,700	500

- 전기나 당기 비교뿐만 아니라 수개 기간 비교에도 폭넓게 이용된다.

- 동일한 항목 사이의 숫자의 증감을 명확히 할 수 있는 장점이 있다.
- 그러나 실수분석은 경제적 의미를 정확히 파악이 곤란하다.
- 규모가 다른 여행사와 비교할 때 유용성 적다는 단점이 있다.

(2) 비율분석(Ratio Analysis)

비율분석은 회계적 수치들을 서로 대응시켜 상대적 척도인 비율이나 백분율로 분석·평가하는 것이다. 이를 통해 ① 관련항목 사이의 경제적 의미를 보다 분명히 알 수 있고, ② 동일 여행사 내에서 기간별 비교하거나, ③ 규모가 다른 여행사들을 비교할 때 유용하며, ④ 경영 분석시 비율분석을 많이 이용한다.

예를 들어, A여행사의 채무지급능력 즉 유동성을 평가한다고 하자. 실수분석은 유동자산의 증감액만으로 적절한 판단이 곤란하나 비율분석은 유동부채에 대한 유동자산의 비율이 얼마인가를 본다면 유동성을 간단히 평가할 수 있으며, 기업규모에 관계없이 이 비율을 다른 기업과도 비교할 수 있다는 장점을 가지고 있다.

비율분석은 주로 구성비율(Component Ratio Analysis)과 관계비율(Relative Ratio)을 본다.

① 구성비율분석(Component Ratio Analysis)

구성비율분석은 전체 중에서 각각의 구성항목들이 차지하는 비율을 분석하는 것이다. 즉 개별항목들의 구성비를 구하여 그 비율을 분석·평가하는 것으로서 백분율 분석이라고도 한다.

〈재무상태표〉

총자본 (A)	부채 (B)
	자본 (C)

〈손익계산서〉

매출액 (D)	매출원가	판매관리비	영업외손익	법인세
	매출총이익 (E)	영업이익 (F)	경상이익 (G)	순이익 (H)

자기자본비율 : C / A

매출액에 대한 이익구성비율 : F / D = G / D = H / D

① 총자본 중에서 자기자본이 차지하는 비율, 매출액에 대한 이익이 차지하는 비율을 분석하는 것을 구성비율이라고 한다.

② 자기자본의 비중, 매출액에 대한 각종 이익의 비중을 알 수 있다.

③ 재무제표를 구성하는 개별항목의 상대적 중요성을 파악할 수 있다.

④ 재무제표의 구조에 어떠한 변화가 일어났는가를 한 눈에 파악할 수 있다는 장점이 있다.

② 관계비율분석(Relative Ratio Analysis)

관계비율분석은 재무제표 상에서 서로 관계가 있는 것을 항목과 항목을 대응시켜 그 비용을 분석. 평가하는 것으로서 항목 비율분석이라고도 한다.

(예) ① 유동자산과 유동부채를 대응시킨 비율

② 매출액과 총자본 또는 총자본과 경상이익을 대응시킨 비율분석 등이다. 즉 관계비율들이 재무상태와 경영성과를 분석하는 데 얼마나 의미가 있느냐 하는 것이다.

③ 경향분석(Trend Analysis)

경향분석은 재무비율의 과거 수년간 흐름을 분석·평가하는 것이다. 장점으로는 여행사의 잠재적인 경영상태 예측할 수 있다는 점이다. 분석기준은 특정기의 재무비율을 100으로 정하고, 각 재무비율을 이 100에 대한 상대치로 환산하여 분석하는 것이다.

(예) 경향분석의 예: 지수를 그래프로도 표시할 수 있다. 또한 시각적 판단으로 대세를 파악할 수 있다.

항목 \ 기	1기	2기	3기	4기	5기	6기
유동비율	168	160	177	185	194	205
지수	100	95	105	110	115	122

④ 기업간 분석

기업간 분석은 특정 기업 자체만 분석하면 산업 내에서 차지하는 상대적 위치를 재무적 강점과 약점 등을 알 수 없는 단점이 있기 때문에 이러한 단점을 보완하기 위해 다른 기업과의 재무비율 비교 평가하는 것이 바람직하다.[7] 즉 ① 일정 규모 화계처리 방법에 차이가 있음을 유의하며, ② 동종 산업 중 규모나 화계처리 방법이 비슷한 비교기업 선택이 증가한다.

⑤ 단일변수 분석과 다변수(多變數)분석

단일변수분석(Single Variable Analysis)은 유동성 수익성을 하나하나 개별적으로 분석하는 것이다. 단점은 재무비율이 서로 다른 결과로 나타낼 때 적절한 판단 곤란하다는 것이다. 예를 들어, 유동부채에 대한 유동자산의 유동비율은 높은데 유동부채에 대한 당좌자산의 당좌비율이 낮거나 총자본에 대안 이익률은 높지만 자기자본에 대한 이익률이 낮을 수도 있다. 이 경우 재무적 상황이 결론적으로 양호한지, 불량한지 판단이 곤란하다.

이에 비해 다변수분석(Multi Variable Analysis)은 재무비율들 사이의 상관관계를 이용하여 다수의 비율들을 하나의 의사결정의 모형속의 동시적 분석하는 것이다. 장점으로는 재무적 상황을 종합적 평가할 수 있고, 재무비율을 수를 감수시켜주기 때문에 시간비용 절약된다는 점이다.

3) 경영분석시 고려사항

예컨대, 과일 나무는 때가 되면 꽃이 피고 열매가 열린다. 그렇다면 좋은 꽃과 좋은 열매를 얻기 위해서는 어떻게 헤야 할까? 나무를 받쳐주는 무엇이 필요하다. 즉 뿌리를 강화시키는 것이다. 뿌리가 튼튼해야 좋은 것, 좋은 열매를 얻을 수 있다.

여행사도 마찬가지다. 여행사가 성장하고 발전하기 위해서는 재무상태와 경영성과 등이 견실해야 한다. 이러한 것을 분석·평가하는 것이 경영분석이며, 경영분석 시 종합적으로 고려해야 할 사항은 다음과 같다.

---

7) 윤대순·이재섭, 여행사경영분석에 관한 사례연구, 관광경영학연구, 제15호, 관광경영학회, 2002, p. 122.

(1) 정보의 신뢰성 및 정보제공시기

• 경영분석 → 재무제표가 분석대상이다.

• 재무제한 → 공정타당하고 인정된 회계원칙에 따라 작성한다.

• 원칙에 따라 작성된 정보는 적당하고 신뢰성이 높다고 할 수 있다.

• 정보 : 시기적절하게 제공되지 않으면 소용이 없다.

– 6개월 전의 매출채권의 상황

– 계절상품 3개월이 전의 재고정보

• 회계시스템과 내부통제조직이 잘 정비된 기업 : 좋은 정보 시기적절한 정보를 체계적으로 얻을 수 있다.

(2) 경영상태

손자병법에 적을 알고 나를 알면 백전백승한다는 말이 있다. 즉 다른 여행사의 상태를 아는 것이다. 적이나 나의 무엇을 안다는 말인가? 여행사의 건물이나 상품이나 사원을 안다는 것이 아니라 헛된 경영 상태를 안다는 것이다.

왜냐하면 경영 상태는 구체적 형태를 갖고 있지 않기 때문에 파악이 곤란하며, 경영상태를 가장 잘 알 수 있는 방법이 바로 경영분석, 즉 재무제표를 분석하는 것이다.

(3) 재무비율의 구성요소

(예) 유동비율의 경우

• 구성요소 : 유동자산

• 유동자산 다양 : 현금화 속도에도 차이가 있다.

• 극단적인 경우 유동자산이 현금, 예금뿐이라면 유동부채 즉 채무불이행에 문제가 없을 것이다.

• 유동자산에 재고자산이 많다면?

재고자산 : 현금화 시간이 소요됨. 유동비율이 동일하더라도 자산구성에 따라 채무지급능력이 다르게 평가된다.

(4) 이익과 자금

계산상으로는 맞는데 현금이 부족하다. 계산상으로는 맞는다는 것은 이익을 얻고 있다는 것을 의미한다. 이익을 내도 현금 즉 자금이 부족하면 곤란하다. 자금부족 : 불안정기업은 중대한 영향 → 흑자도산이 우려된다. 이처럼 기업자체가 느끼는 이런 증상의 정보는 얻기가 쉽지 않다. 주의 깊게 살펴보아야 한다.

(5) 편향배제

예를 들어, 경영분석 결과 유동성과 자금 상태는 좋지만 수익성이 나쁜 기업이 있다고 하자. 이 기업은 체력을 잃게 되어 자금수지에 좋지 않은 결과가 나타날 수 있다. 따라서 부분적인 분석결과에 마음을 뺏겨 전체를 잘못 평가하는 일이 없도록 해야 한다.

(6) 종합적 판단

예컨대 유동성, 수익성, 성장성, 생산성 등은 분석해서 종합적 결론이 보통으로 나왔다고 하자. 그러나 이것으로 기업 전체의 경영상태를 알 수 있는가? 그렇지만은 않다. 이 기업은 종합적 결론 이외에 조직력, 상품개발력, 정보력, 경영자 능력 등을 분석 · 평가해 보아야 한다.

항 목	유동성	수익성	성장성
A	○	×	○
B	×	○	×
C	○	○	×
D	×	×	×
E	○	○	○

부분적인 분석 결과를 ABC 3사의 경우 자동차에 비유한다면 ① 엔진 좋지만 차체가 약하다든가, ② 엔진과 차체는 좋지만 디자인이 나쁘다고 하는 것과 같다.

그러면 어떠한 자동차가 좋은 차인가? 우선순위를 어디에 두고 평가하느냐는 소비자 개인의 자유이다. 경영분석 시에는 이러한 것은 염두에 두고 전체를 평가해야 한다.

한국신용평가주식회사에 의한 기업의 부실징후는 다음과 같이 측정할 수 있다.

(1) 회사의 경비원이나 안내원이 불친절하다.

(2) 사장과 경리사원의 부재가 잦다.

(3) 사원들의 출·퇴근율이 저조하다.

(4) 사내의 기강(紀綱)이 해이(解弛)해졌다.

(5) 어음거래가 불량해진다.

(6) 높은 이자의 어음이 나돈다.

(7) 회의가 빈번하고 장시간이다.

(8) 이상한 바겐세일을 한다.

(9) 갑작스레 부동산을 처분한다.

(10) 거래처가 자주 바뀐다.

(11) 상품가격이 터무니없이 오른다.

(12) 경기추세와 수요변화를 무시한다.

(13) 주거래은행 등 거래금융기관이 변경된다.

(14) 비상식적으로 임원이동을 한다.

(15) 간부와 사원의 퇴사가 잦다.

(16) 경영자가 공(公)과 사(私)를 혼동하고 있다.

(17) 대주주의 지분변동이 불안정하다.

(18) 후계자의 계승을 둘러싸고 분쟁을 한다.

(19) 경영자의 성격이 내성적으로 바뀐다.

(20) 낯선 사람들이 드나들기 시작한다.

(21) 악성루머가 되풀이되어 떠돈다.

(22) 경영자가 정치 같은 일에 너무 관심을 쏟는다.

(23) 사무실에 비하여 사장실이 호화롭다.

(24) 사장이 분수에 넘친 호화생활을 한다.

(25) 경영자의 여성관계 소문이 그치지 않는다.

(26) 경영자가 점쟁이의 말을 너무 믿는다.

(27) 무리하게 본사 사옥을 늘렸다.

(28) 화장실이나 창고가 지저분하다.

(29) 회사게시판에 부착된 내용들이 부정적이다.

(30) 간판이 쓰러져 있거나 쇼 윈도우가 지저분하다.

판단기준	10개 이상 해당 → 부도 가능성 내재
	15개 이상 해당 → 부도 요주의(要注意)
	20개 이상 해당 → 부도 위험
	25개 이상 해당 → 부도 확실

04 여행사경영분석의 중요항목

여행사경영분석에 이용되는 중요항목은 수익성, 안정성, 성장성, 생산성 등이다. 여행사는 자신의 생존을 위하여 수익성의 최저 필요수준을 확보하지 않으면 안 된다. 그러나 수익성 목적의 의의는 그 극대화에 있는 것이 아니고, 기업의 생존에 필요한 만족할만한 이윤을 유지하면서 이익의 총액을 장기간에 걸쳐 증대해 나가는 데에 있다. 기업의 수익성은 자기자본 이익률·사용총자본 이익률·매출액 이익률 등으로 나뉜다.

안전성은 개인의 재산에서부터 한 나라 또는 인류 전체의 보전에까지 넓혀져 있다. 여행사에서의 안전성이란 재무안정성을 말한다. 여기에는 자기자본비율, 유동비율, 고정비율, 변동비율 및 총자산대 총자본비율 등이 주로 이용된다.

한편 여행사의 성장성 목적은 매출액성장률·이익성장률·자기자본성장률·시장점유율 목표·신제품개발 목표·다각화 목표 등에 의해 구체적으로 결정된다.

생산성은 노동생산성·자본생산성·원재료생산성 등이 있다. 가장 많이 사용되는 것이 노동생산성인데, 이는 노동이 모든 생산에 공통되는데다가 측정하기 쉽기 때문이다. 노동생산성은 생산량과 그 생산량을 산출하기 위해 투입된 노동량의 비(比)로서 표시되는데, 실제로는 단위노동시간당 생산성(생산량을 노동량으로 나눔)과 단위 생산물당 소요노동량(노동량을 생산량으로 나눔)이 있다. 일반적으로 노동생산성이라 하면 전자를 가리킨다. 위에서 열거한 내용을 표로 정리하면 다음과 같다.

1) 수익성 분석

수익성이란 여행사의 영업활동과 투하된 인적 · 물적자원을 통해 얻은 일정동안의 경영성과이다. 즉 수익성비율(Profitability Ratio)은 여행사의 총괄적인 경영성과와 이익창출능력을 나타내주는 비율로서 여행사의 이해관계자들이 가장 중요하게 여기는 재무비율 중 하나이다. 그러므로 수익성비율은 여행사가 주주와 채권자들로부터 조달하나 자본을 이용하여 어느 정도의 영업성과를 올렸는지, 또 여행사가 생산, 판매, 자금조달 등의 활동을 얼마나 효율적으로 수행했는지를 측정하는 지표로서 이용되며,[8] 수익성분석에 이용되는 항목은 대개 다음과 같은 것들이다.

여행사의 수익성 분석항목

분석항목	분석기준	분석내용
① 경영자산대 영업이익율	$\frac{영업이익}{경영자산} \times 100$	여행업의 영업실적 파악
② 매출액대 경상이익율	$\frac{경상이익}{순매출액} \times 100$	영업외이익 파악
③ 매출액대 영업이익율	$\frac{영업이익}{순매출액} \times 100$	영업이익 파악
④ 총자본대 경상이익율	$\frac{경상이익}{총자본} \times 100$	총투자에 대한 이익 판단지표
⑤ 자기자본대 경상이익율	$\frac{경상이익}{자기자본} \times 100$	자기자본 투자에 대한 이익 판단지표

이외에도 1인당 취급액(취급액 ÷ 종업원수), 1인당 수입(영업수입 ÷ 종업원수, 1인당 영업이익(영업이익 ÷ 종업원수), 1인당 경상이익(경상이익 ÷ 종업원수), 금융

---

8) 윤대순 · 이재섭, 여행사경영분석에 관한 사례연구, 관광경영학연구 제6권 2호, 관광경영학회, 2002, p. 109.

수지(수취이자 ÷ 지불이자비율이 높을수록 영업수입이 높다), 광고선전비율(광고선전비 ÷ 영업수입) 등이 이용되기도 한다.

2) 안전성 분석

여행사의 안정성비율(stability ratios)은 여행사영입활동의 안정성과 재무상의 안정성으로 구분할 수 있다. 일반적인 분석지표에서는 재무안정성만을 주로 다루고 있으나 여행사경영은 재무활동 이외에 영업활동이 더 중요하기 때문이다.

영업활동의 안정성은 곧 여행상품대금의 원활한 수급이다. 원료구입 후 제조하는 공장과 달리 여행자들로부터 여행상품대금을 받고 행사를 운영하는 여행사는 원칙적으로 매출채권이나 미수금의 규모가 매우 작아야 하고, 부채비율(debt ratio) 및 유동비율을 살펴보아야 한다. 안전성분석에 이용되는 항목은 대개 다음과 같은 것들이다.

여행사의 안정성 분석항목

분석항목	분석기준	분석내용
① 자기자본비율	$\dfrac{유동자산}{유동부채} \times 100$	자본구성의 안정성 판단
② 유동비율	$\dfrac{자기자본}{총자본} \times 100$	단기채무에 대한 지급능력 판단
③ 고정비율	$\dfrac{고정자산 + 투자와기타자산}{자기자본} \times 100$	여행사 자산의 고정화 위험 측정
④ 변동비율	$\dfrac{변동비}{총매출액} \times 100$	여행사 자산의 변동정도 판단
⑤ 총자산대총자본비율	$\dfrac{총자본}{총자산} \times 100$	자본의 회전능력 판단

3) 성장성 분석

여행사의 성장성 비율(Growth Ratios)은 여행사의 당해연도 경영규모 및 성과가 전년도에 비하여 얼마나 증가하였는지를 나타내는 지표로서 여행사의 경쟁력이나 미래의 수익창출능력을 간접적으로 나타내는 지표이다. 즉 타 여행사와 경쟁력이 적절하게 유지되는지를 나타낸다.

성장성 분석을 통하여 특정 여행사의 외형(外形)이나 자산규모의 성장률이 타 여행사에 비해 높을 경우, 그만큼 연구개발이나 마케팅전략 등의 측면에서 강한 경쟁력을 가지고 있다는 것을 의미하며, 주당이익이나 주당배당의 성장률이 높다는 것은 투자자가 높은 수익을 기대할 수 있다는 것을 의미한다. 성장성분석에 이용되는 항목은 매출액 증가율, 자본증가율, 이익증가율, 자산증가율, 종업원증가율, 유동비율증가율 등이 있으나 자산이 상대적으로 덜 중요한 여행사경영에서는 매출액증가율과 이익증가율이 우선된다. 성장성분석에 이용되는 항목은 대개 다음과 같은 것들이다.

여행사의 성장성 분석항목

분석항목	분석기준	분석내용
① 매출액증가율	$\dfrac{당기매출액}{전기매출액} \times 100 - 100$	영업활동 신장세
② 총자산증가율	$\dfrac{당기말총자산}{전기말총자산} \times 100 - 100$	운용총자산 증가세
③ 종사원수증가율	$\dfrac{당기말종사원수}{전기말종사원수} \times 100$	종사원수 변동추이
④ 자기자본증가율	$\dfrac{당기말자기자본}{전기말자기자본} \times 100 - 100$	자본의 변동추이
⑤ 경상이익증가율	$\dfrac{당기경상이익}{전기경상이익} \times 100 - 100$	경상이익의 변동추이
⑥ 당기순이익증가율	$\dfrac{당기당기순이익}{전기당기순이익} \times 100 - 100$	당기순이익의 변동추이

4) 생산성 분석

생산성(Productivity)이란 생산의 효율을 나타내는 지표로서 여기에는 노동생산성·자본생산성·원재료생산성 등이 있다. 가장 많이 사용되는 것이 노동생산성인데, 이는 노동이 모든 생산에 공통되는데다가 측정하기 쉽기 때문이다. 노동생산성은 생산량과 그 생산량을 산출하기 위해 투입된 노동량의 비(比)로서 표시되는데, 실제로는 단위노동시간당 생산성(생산량을 노동량으로 나눔)과 단위

생산물당 소요노동량(노동량을 생산량으로 나눔)이 있다. 일반적으로 노동생산성이라 하면 전자를 가리킨다. 생산성분석에 이용되는 항목은 대개 다음과 같은 것들이다.

여행사의 생산성 분석항목

분석항목	분석기준
① 종사원1인당 연간매출액	$\dfrac{\text{총매출액}}{\text{종사원수}} \times 100$
② 종사원1인당 패키지투어판매율	$\dfrac{\text{총패키지투어매출액}}{\text{종사원수}} \times 100$
③ 종사원1인당 유치여행자수	$\dfrac{\text{총유치여행자}}{\text{종사자수}}$
④ 종사원1인당 여행상품매출액	$\dfrac{\text{여행상품매출액}}{\text{종사원수}} \times 100$
⑤ 종사원1인당 영업장별매출액	$\dfrac{\text{영업장별매출액}}{\text{종사원수}} \times 100$
⑥ 종사원1인당 인건비 증가율	$\dfrac{\text{당기종사원1인당인건비}}{\text{전기종사원1인당인건비}} \times 100 - 100$
⑦ 종사원1인당 부가가치	$\dfrac{\text{경상이익}+\text{인건비}+\text{순금융비용}+\text{임차료}+\text{조세공과}+\text{감가상각비}}{\text{종사원수}}$
⑧ 노동소득분배율	$\dfrac{\text{인건비}}{\text{부가가치}} \times 100$

05 여행사경영분석의 대표자료

재무제표(Financial Statement) : 재무제표는 재무상태표, 손익계산서, 현금흐름표, 자본변동표로 구성되며, 주석(註釋)을 포함한다.

* 일정기간 동안의 경영성과와 특정시점의 재무상태를 나타내주는 보고서.
* 연말에 결산을 해서 만드는 서류라고 하여 결산서라고도 함.
1. 재무상태표(Balance Sheet) : 일정시점에 회사가 자금을 어디서 조달하여 어떠한 자산에 투자하였는가를 보여주는 보고서이다.

2. 손익계산서(Income Statement) : 일정기간 동안 영업을 하면서 실적이 양호 한지 여부를 보여주는 보고서이다.

3. 현금흐름표(Statement of Cash Flow) : 사업연도 중 영업활동을 하면서 자금 을 어디에서 조달하여 어떻게 사용했는지를 보여주는 보고서로서, 현금유 입과 유출내용을 영업활동, 투자활동, 재무활동에 사용한 현금 보고서이다.

4. 자본변동표는 자본의 변동 상황을 확인할 수 있는 재무제표라고 볼 수 있 다. 기업의 경영에 따른 자본금이 변동되는 흐름을 파악하기 위해 일정 회 계기간 동안 변동 내역을 기록한 표이다. 자본은 기업의 자산과 부채를 제 외한 순 자산을 뜻하며 자본을 구성하는 요소에는 납입자본(자본금, 자본잉 여금), 이익잉여금, 기타 포괄손익누계액, 기타 자본구성요소 등이 있다.

재무상태표(Balance Sheet)의 이해

차 변			대 변		
유동자산	당좌자산		부 채	유동부채	
	재고자산			고정부채	
고정자산	투자자산		자 본	자본금	
	유형자산			자본잉여금	
				이익잉여금	
	무형자산			자본조정	
총자산			총자본		
자금이 어떻게 사용되고 남아 있는지 알 수 있음			자금을 어디서 어떻게 조달하였는지 알 수 있음		

재무상태표(Balance Sheet)

1. 자산
   (1) 유동자산
      1년 이내에 현금화할 수 있는 자산을 말한다.
      ① 당좌자산 : 환금성이 높은 자산. 단기간에 현금화.
         (현금과 예금, 유가증권, 매출채권, 단기대여금, 미수금, 선급금, 기타)
      ② 재고자산 : 판매 또는 생산목적으로 보유하는 자산. 판매과정을 거쳐 현금화.
         상품(미착상품, 적송품), 제품, 반제품, 재고품, 원재료, 저장품(소모품, 비품기타)
   (2) 고정자산
      ① 투자자산 : 경영활동과 관계없이 타 회사를 지배·통제하기 위한 목적
         : 1년 이상 예치된 예금
         장기성예금, 투자유가증권, 장기대여금, 장기성매출채권, 투자부동산, 보증금(전세권, 전신
         전화가입권, 임차보증금, 영업보증금)
      ② 유형자산 : 정상적인 영업활동에서 장기간 사용 목적으로 소유한 유형자산
         (토지, 건물, 구축물, 기계장치, 선박, 차량운반구, 건설 중인 자산)
      ③ 무형자산 : 정상적인 영업활동에서 장기간 사용 목적으로 소유한 무형자산

2. 부채
   (1) 유동부채 : 상거래에서 발생하는 채무와 만기가 1년 이내인 지급채무
      (매입채무, 단기차입금, 미지급금, 선수금, 예수금, 미지급비용, 미지급법인세, 미지급배당금)
   (2) 고정부채 : 만기가 1년 이상인 채무
      (사채, 장기차입금, 장기성매입채무, 부채성 충당금 등)
   _____

   부채 총계   xxx   xxx

3. 자본
   (1) 자본금 : 자본거래로부터 발생하는 것, 발행주식의 액면총액(보통주자본금, 우선주자본금)
   (2) 자본잉여금 : 주식발행, 증자 등과 같은 자본거래에서 발생한 잉여금
      (자본준비금(주식발행초과금, 감자차익, 합병차익, 자산수증이익, 채무면제이익), 재평가적립금)
   (3) 이익잉여금 : 영업활동을 통하여 얻어진 순이익 중에서 사내 유보된 이익
   (4) 자본조정(주식발행할인차금)
   _____

   자본 총계   xxx   xxx

4. 부채와 자본 총계   xxx   xxx

손익계산서(Statements of Income)
1. 매출액
2. 매출원가 : 기초상품, 당기매입액, 기말상품(재고액)
3. 매출총이익(또는 손실) - Gross Margin
4. 판매와 일반관리비 : 급여 · 퇴직급여, 복리후생비, 임차료, 접대비, 감가상각비, 세금과 공과, 광고선전비, 연구개발비, 대손상각비
5. 영업이익(또는 손실) - Operating Income
6. 영업외수익 : 이자수익, 배당금수익, 임대료, 유가증권처분이익, 외환차익, 투자 및 유형고정자산처분이익, 사채상환이익
7. 영업외비용 : 이자비용, 이연자산상각비, 유가증권처분손실, 매출할인, 기부금, 외환차손, 투자 및 유형고정자산처분손실, 사채상환손실
8. 경상이익(또는 손실) - Ordinary Income
9. 특별이익 : 자산수증이익, 채무면제이익, 보험차익
10. 특별손실 : 재해손실
11. 법인세 차감전 순이익 - Income before Tax
12. 법인세 등
13. 당기순이익(또는 손실) - Income after Tax   *주당경상이익, 주당순이익

10

애프터서비스업무

마케팅행동과 애프터서비스

애프터서비스(After Service)란 상품판매를 효과적으로 하기 위한 사후 서비스로서 여행사에 있어서는 집객업무의 기초가 되는 업무이다.[1] 즉 여행종료 후, 여행을 화제로 하여 그의 장·단점을 파악, 특히 문제점에 대해서는 바로 잡아 다음의 여행에의 재생산에 연결시키는 것이다. 실제로 신규고객을 획득하기 위해서는 기존고객의 4~5배의 비용이 든다고 알려져 있으며,[2] 고객관계관리(CRM, Customer Relation Management)라는 기법을 동원하여 새롭게 발전하고 있다.

사후 관리 또는 애프터 서비스(After Sales Service, 줄여서 A / S)라고 부르는 이 서비스는 특정한 서비스 계획이 경쟁사보다 더 어렵다고 판단할 때 경쟁이익을 창출하는 데에 이용된다. 즉 광의의 애프터서비스는 고객 데이터의 세분화를 실시하여 ① 신규고객 획득, ② 우수고객 유지, ③ 고객가치 증진, ④ 잠재고객 활성화, ⑤ 평생고객화와 같은 사이클을 통하여 고객을 적극적으로 관리하고 유도하며 고객의 가치를 극대화시킬 수 있는 전략을 통하여 마케팅을 실시하는 것이다.

즉 오늘날에는 애프터서비스활동 그 자체가 경영활동의 하나의 기능으로서 작용하고 있으며, 효율성이나 이익성향상의 경영관리를 위해서는 필수불가결한 조건이 되고 있다. 이것은 즉 구매자위험주의에서 판매자위험주의로의 발상전환을 의미한다.

따라서 애프터서비스를 성공적으로 수행하기 위해서는 서비스 이념을 명확히 함과 동시에 애프터서비스활동이 기업의 마케팅행동에 중추이념으로 자리를 굳히도록 정책적으로 뒷받침해 주어야 할 것이다.

여행사관련 피해접수사례는 다음 표와 같이 계약조건 불이행이 가장 많은 가운데 안내서비스 불량, 계약해지 및 환불, 옵션상품 강매 등 쇼핑관련 상품과 부당요금 징수 등과 관련이 있다. 소비자들의 피해접수에 대해 여행사들이 어떤

---

1) 社団法人全国旅行業協会, 旅行業務マニュアル, 1983, p. 273.
2) 森下晶美, 観光マーケティング 入門, 2008, p. 132.

대응을 하느냐에 따라 애프터서비스의 질이 달라진다.

여행불편 신고내용

	구분	여행자의 계약취소	교통	가이드(TC) 불친절 및 경비	여행사의 계약불이행	일정변경 및 누락	숙식	상담 서비스	합계
2015	건수	375	156	149	137	125	84	72	
	비율	26.1%	10.9%	10.4%	9.5%	8.7%	5.8%	5.0%	1,436 (100%)
	구분	여행 요금분쟁	사업중단 및 부도	여행사고	쇼핑	선택관광	수속	기타	
	건수	67	59	52	49	42	30	39	
	비율	4.7%	4.1%	3.6%	3.4%	2.9%	2.1%	2.7%	
2016	구분	여행자의 계약취소	여행사의 계약불이행	가이드(TC) 불친절 및 경비	교통	일정변경 및 누락	쇼핑	여행 요금분쟁	합계
	건수	453	154	140	103	98	89	82	
	비율	30.5%	10.4%	9.4%	6.9%	6.6%	6.0%	5.5%	1,487 (100%)
	구분	숙식	여행사고	사업중단 및 부도	선택관광	상담 서비스	수속	기타	
	건수	81	77	54	50	37	32	37	
	비율	5.4%	5.2%	3.6%	3.4%	2.5%	2.2%	2.5%	

【자료】 한국여행업협회(KATA), 여행불편신고처리사례집, 2017. 19쪽.

주요 문제점으로는 ① 여행일정표·약관·계약서의 서면(書面)교부 누락이 빈번하게 나타나며, 출발당일 또는 여행목적지 도착 이후에 교부되며, ② 적자 지상경비를 옵션상품과 쇼핑으로 보전(補塡)하거나 입장료가 싼 관광지로 대체하면서 여행상품의 부실 및 만족도 저하의 악순환 구조, ③ 경기침체, 고환율, 고유가를 비롯하여 국적항공사들의 여행사 발권수수료 축소 등 악재 발생, ④ 음성적 송객수수료로 여행상품의 가격경쟁력 하락, ⑤ 여행조건에 대한 세심한 검토 없이 초저가 여행상품 출시 등으로 요약할 수 있다.

이와 같은 문제점을 개선하기 위해 ① 팁·옵션·쇼핑 강요 등 불합리한 관행에 3불(不)정책 실시, ② 송객수수료에 대한 세금계산서 발행 유도에 의한 거래 투명성 확보, ③ 여행사의 알선용역에 대한 영세율(零稅率)3) 범위 확대, ④ 여행상품 우수기업인증제의 확대를 통한 공신력 강화, ⑤ 여행사 관련 자격증 소지자 의무고용제를 통한 우수여행인력의 확보, ⑥ 종합여행업무관리사, 여행상담사 등 신규 자격증 도입을 통한 우수인력의 여행업계 유입 유도 등이 바람직하다.

---

3) 영세율이란 일정한 재화 또는 용역의 공급에 대하여 부가가치세의 세율을 영(零, 0)으로 하여 적용하는 것을 말한다. 영세율을 적용하면 당해 거래에 대한 세액은 영이 되므로 재화 또는 용역을 공급받은 상대방은 부가가치세를 징수당하지 않게 되고 재화 또는 용역의 공급자는 그 재화 또는 용역과 관련하여 이미 부담한 세액을 환급받게 된다.

1) 대고객서비스의 원천

현대기업에 있어서 서비스 기능은 단순히 개별적인 제품의 세일즈에 부수하는 기술뿐만 아니라 경제적·사회적·법률적·국제적 제 조건의 변화를 배경으로 한 것이며, 거기에는 서비스계획이나 서비스정책의 기초를 결정하기 위해 고객욕구와 만족을 충족하지 않으면 안되는 바, 이러한 만족감을 느끼게 하는 하나의 과정이 애프터서비스 기능이다.

이러한 의미에서 고찰해 볼 때, 애프터서비스활동을 중시하고 이의 철저화를 도모하는 것이야말로 서비스의 정신적 기준을 설정하는 지주인 동시에 고객에 대한 보살핌의 좋은 점을 자랑하고, 한편 서비스품질에 자신을 가진 특질을 강조하는 것이다.

비록 소수이면서도 원격지(遠隔地)에 있는 고객·소비자에게도 이것을 중요시하는 것이야말로 상대방에 대한 헤아림 있는 서비스라 할 수 있다. 아직도 기업의 서비스활동에는 고압적·사정적(思情的), 정량적인 요소를 강조한 나머지 헤아림이 결여되어 겉과 속이 다른 경우가 있으며 이러한 점에서 금후의 서비스활동에 재고가 요구된다.

요컨대 기업의 고객서비스는 기술과 행동상의 문제로서만이 아니다. 또한 자기완료적 행위만 한정하는 것이 아니라 마케팅활동 통합화와 더불어 서비스 매니지먼트를 기업경영적 입장에서 전사적 활동에까지 그 통제력을 가지지 않으면 안 된다.[4]

이러한 까닭에 근대 서비스 특히 기업의 대고객서비스에 대한 이해의 근본적 기반을 창출할 필요가 있으며, 기업을 지도하는 원리의 하나로서 헤아림이 있는 섬세한 애프터서비스의 철저화가 요구되는 시대에 서있다 할 것이다.

2) 애프터서비스 시대

불투명, 불확실시대라고 하는 현대에 있어서 기업이 새롭게 착수하지 않으면 안 되는 것이 무엇인가에 대해서 대기업 및 판매회사의 중견간부에게 질문한 결

---

4) 日本能率協会 アフタセ―ルス戦略, プレジデント社, 1983, pp. 24~34.

과, 상품제공 후의 보살핌으로 집약되고 있다.[5] 왜 이러한 대답이 나왔는가 하면 애프터서비스가 기업성장의 원점이며 고객만족의 철저화야말로 기업의 제품차별화 전략의 포인트라는 것을 시사해 주고 있기 때문이다.

이것은 종래의 제품중심적 서비스에서 심리중심적 서비스로의 이동을 의미하며 우량성장기업으로 일컫는 기업은 모두가 애프터서비스에 뛰어나다는 것을 알 수 있다. 본래 기업의 마케팅활동은 그 시대의 사회적 요청에 의해서 형성되는 고객·소비자의 욕구에 적합하고, 그 만족을 충족시키는 것이야 말로 사회적 지지와 신뢰를 얻게 되며, 기업의 안정성장과 번영이 약속되는 것이다.

이러한 것에 의해서 기업의 마케팅기능의 수정과 재점검이 행해져, 전혀 새로운 시점에서 그 시스템화가 요구되고 있는 시대에 와 있다 하겠다. 그리하여 기업경영 수행에 있어서는 고객·소비자로부터의 사회적 요청을 기초로 사회복지 향상에 여하히 공헌하며 여하히 사람들의 생활충실을 바라는 욕구를 충족시키는가의 관점에서 스스로의 경영이념이 되며, 자세가 되는 새로운 행동이념을 확립하지 않으면 안 되는 시대인 것이다.

 02 애프터서비스 전략[6]

1) 특정고객에의 표적 설정

서비스활동을 효율적으로 추진하기 위해서는 서비스활동의 구성요소를 여하히 정합(整合)하는가에 대해서 부단한 연구와 대책이 필요하다. 또한 시장환경에 변화가 생긴 경우에는 그 변화한 정황에 적응하도록 서비스믹스를 수정하여 불리한 영향을 입지 않도록 정합하지 않으면 안 된다. 물론 서비스활동 그 자체가 충분하면서도 적정하게 그 기능을 발휘하고 수행되기 위해서는 서비스활동의 목표, 특성, 양적 및 질적 측면 등에 대해서 가장 잘 적합한 것으로 구성하지 않으면 안 된다.

---

5) 앞의 책, p. 16.
6) 김충호, "현대서비스산업·관리에 관한 연구" 논문집, 제2집, 경기대학교대학원, 1985, p. 173.

이것은 서비스목표에 대한 최적인 서비스전략을 스스로 개발하지 않으면 안 된다는 특질을 가지고 있다는 것을 의미하고 있다. 또한 여행서비스 활동 내용에는 여행전 서비스(Before-Service), 여행중 서비스(In-Service), 여행후 서비스(After-Service)가 있으며[7] 이들이 상호 보완관계에 있기 때문에 이것을 단순히 조합만 해도 서비스전략이 개발되는 것이다.

그러나 여기서 문제가 되는 것은 각각의 구성요소를 조합하면 좋은 것이 아니라 조합방법 여하에 따라서는 정합력에 큰 영향력을 미칠 뿐만 아니라, 서비스매니지먼트의 통합력을 동적인 시장표적에 대해서 적정하게 수행할 수 있는지 없는지에도 영향을 미친다는 것이다. 그리하여 서비스믹스의 결정에는 각 서비스 활동에 공통된 원칙적인 기준은 시장표적으로서 선정된 특정고객에 대해서 적합시키지 않으면 안 된다. 즉 서비스전략의 효율적인 전개는 이 특정고객에 표적이 좁혀져 있다고 해도 과언은 아닌 것이다.

2) 서비스활동 중의 결함 배제

전술한 바와 같이 서비스믹스의 정합력 여하에 따라서 기업의 서비스 전략상의 특징이 발휘되는 셈이지만, 동시에 잊어서는 안 되는 것이 서비스활동 안에 있는 결함을 배제하지 않으면 안되는 것이다. 그를 위해서는 서비스활동상의 문제에 대하여 사실분석을 행하고 결함의 소재를 분명히 해두지 않으면 안 된다.

이러한 결함은 대략적으로 사실의 발견과 분석의 불비, 서비스조직의 미정비, 고객·여행자행동연구의 부족, 서비스의 질·양면에서의 결함, 서비스계획의 결함 등이 주된 것이다. 즉 자사 서비스의 특성이나 제품 및 시장정보에 관한 사실자료를 결여하고 있다는 것은 서비스전략전개에 다대한 영향을 미치는 것이기 때문에, 이 점은 정합력 문제 이전의 것으로서 해결해 두지 않으면 안 된다.

또한 기업경영 전체의 문제로서도 적어도 시장환경의 변화나 조건에서 보아 기업의 서비스활동을 구성하는 요소에 어떻게 식별되는 특성이 있으며, 결함이 있는지를 바르게 평가하고, 서비스목표를 명확하게 결정함과 동시에 목표달성을 위한 마케팅계획에 연동된 서비스프로그램의 책정이 필요하다.

---

7) 앞의 책, pp. 43~46.

3) 서비스기능의 효과적 통합

이와 같이 현대기업의 서비스전략은 서비스활동을 분담함으로써 유효한 상호 연대관계를 가지면서 서비스부문 내에 있어서 수행되는 기능이 적절히 통합되어 서비스조직을 완전한 형태로 편성하는 것으로부터 출발할 필요가 있다.

이러한 서비스기능의 통합은 단순히 서비스부문의 영역에 한정되는 것이어서는 안 되며, 기업 내의 타 부문에 있는 경리, 영업, 총무, 인사, 기획, 정산, 발권 등의 제부문과의 통합도 필요하고 궁극적으로는 모든 경영조직을 융합하지 않으면 안 된다. 즉 여행업의 서비스전략은 여행업경영의 입장에서 모든 여행서비스기능을 통합하여 마케팅행동을 통제하는 능력을 가지고 있는 점에 특성이 있다.

여기서 특히 유의하지 않으면 안 되는 것은 애프터서비스로서의 서비스활동이 기반이 된 것에 대한 기능적 통합은 기업경영 전체로서의 목표달성을 위한 계획적 기초를 창출하는 것이며, 또한 동시에 그것은 고객중심지향에 서비스 이념을 두고 서비스의 양적·질적 조정과 경쟁적 시장에의 대응을 위해 형성된 서비스조직을 통하여 수행되는 것이라 할 수 있다.

03 여행사의 애프터서비스

1) 여행의 고충처리와 정보수집

여행 중에 고객들로부터 여러 가지 고충이 들어오는데 인솔자가 모두 그 화살의 표적이 된다. 따라서 인솔자로서는 그 전체적인 체계적 범위를 알고 그 하나하나에 대하여 그것이 주최여행이면 주최자로서의 여행사가 책임져야 할 것인가, 혹은 그렇지 않은 경우인가를 우선 판단하지 않으면 안 된다.[8]

책임이 있는 경우에는 주최회사에 얘기하여 합당한 대처를 하게 하든가, 책임이 없는 경우에는 우선 인솔자 단계에서 의연한 태도로 대응하는 등 안이하게

---

8) 香川昭彦, 添乗人間学, トラベルジャ-ナル, 1988, p. 20.

도망갈 구멍을 찾는 것은 극력 피하지 않으면 안 된다.

그러나 그렇다고 해서 항공기에 위탁중인 분실하물처럼 여행주최자에게는 분명히 책임이 없는 경우에도 고객의 감정적인 고충에 대해서 냉담한 응대는 삼가는 한편 충분한 동정심을 나타내, 그 탐색에 가능한 한 진력하지 않으면 안 된다는 것은 말할 필요도 없다.

여행상품의 고충요인은 대개 다음과 같은 것들이다.

① 여행상품에 기인하는 고충(구조적 요인)
  • 여행 기획내용에 관한 문제
  • 팸플릿의 표시에 관한 문제
  • 현지 여행업자와의 불화
② 여행서비스에 기인하는 고충(인적 요인)
  • 응대불량
  • 설명부족
  • 생각의 차이(괴리)
  • 책임회피
③ 여행실시에 수반된 고충(인적·물적 요인)
  • T/C 및 안내원의 자질
  • 불가항력적 요인에 의한 여정의 변경
  • 각종사고
④ 쇼핑

이를 구체적으로 살펴보면 다음과 같다.

(1) 설계품질의 고충

인간이 하는 일인이상 수많은 여행 가운데는 행사계획단계 즉 설계시점에서 근본적 실수를 범하고 있는 것이 하나도 없다고 말할 수는 없다. 인솔자는 만약 그러한 여행을 실시하는 경우에는 주최회사와 상담하여 가능한 한 결점을 극복할 수 있도록 연구하지 않으면 안 된다. 더욱이 여행 중에는 참가고객과의 관계를 밀접하게 유지하고, 인솔자의 서비스로 보충 가능한 경우에 있어서는 가능한 한 보충하는 것도 중요하다.

(2) 제품품질의 고충

설계는 완전해도 행사실시단계에서 부적합한 사태가 생기는 것은 여행이라는 상품에는 피할 수 없는 위험이다. 부적합한 사태는 내용에 의해 비책임사항과 책임사항으로 구분되지만, 책임유무에 불구하고 어떻게 이런 사태를 극복해 가는 각각 여정관리자인 여행인솔자에게 요구되는 기능의 하나인 것이다.

예컨대, 교통사고를 당한 경우 여하히 대체교통기관을 잘 이용하여 원래의 여정에 가능한 한 근접시켜 가는 노력이 요구된다. 사회주의권 국가의 여정은 종종 상대방의 사정으로 변경되는 경우가 있는데, 현지 측의 인솔자나 현지인솔자 (local guide)을 잘 통제하여 전술한 것과 같은 노력이 필요하다.

위탁수하물의 분실사고는 매우 자주 발생하는데, 인솔자는 한국출국에 즈음해서 반드시 해외여행상해보험(휴대품 손해특약담보)의 유무를 확인하고 미가입자에 대해서는 엄중하게 보험계약을 권고해야 한다(공항에는 보험사의 카운터가 설치되어 있다).

책임사항에 있어서는 한층 더 안내를 승인한 시점에서 총체적으로 확인하는 참가의식을 가지고 개선에의 적극적인 제언이 요망된다. 주최회사에서는 연간 무수한 투어를 운영하고 있으며 한 단체 한 단체에 대해 세심한 부분에 신경이 미치지 못하는 경우도 있을 수 있다고 생각해두면 좋다.

유명미술관의 폐관일 등을 부딪치면 모처럼의 기대가 무산되어 커다란 고충이 되는 수도 있다. Holiday(성스러운 날)라는 어의(語義)에서도 알 수 있듯이 구미에서는 종교상의 이유로 설정된 휴일은 한국과는 달리 이동휴일이 많고 해마다 그 날짜가 바뀌기 때문에 특히 주의를 요한다.

(3) 서비스면의 고충

여행상품의 소위 소프트 면에 관한 고충으로 이런 종류의 고충은 여행조건에 관한 것보다 심정적인 것이 많고 해결에 어려움을 겪게 된다. 그 단체를 판매한 여행사의 카운터요원의 지식이 질적으로 낮기 때문에 발생하는 정보부족이나,

여행자수표(T/C)가 실제상 사용되지 않는 지역에의 여행에 여행자수표만을 휴대하도록 안내되고 있는 경우는 어느 정도는 출발시 인솔자의 주의로 극복 가능한 것도 있다.

인솔자 자체의 고충에 대해서는, 그 대처는 요즈음 본인의 연마에 기대하는 바가 많으며 즉석에서 해결할 수 없는 것임을 이해해야 한다. 현지가이드의 서비스 부족이 있을 경우에는 인솔자가 그 몫을 담당하는 노력이 필요하다.

현지가이드나 담당자는 그 업무의 전문가가 아닌 경우가 많을 뿐더러 외국에서 생활하고 있으므로 자기주장의 의식이 강하다. 또한 소위 개성적 성격을 가진 사람도 많다. 그러나 이러한 현지요원은 인솔자의 중요한 파트너이므로 상대에 대해서 경멸하는듯한 태도를 보인다거나, 거꾸로 과도하게 아첨하는 일없이 파트너로서 상대함과 동시에 그들로부터 충분한 협력을 끌어내는 실력을 갖추고 있어야 한다.

쇼핑에 대해서도 현지가이드에게 리더십을 위임하지 않고, 한편 고객의 이익을 손상하지 않도록 배려가 필요하다. 여행조건상 쇼핑의 책임은 어디까지나 고객 자신에게 있음을 언급해 주고 잘 이해되도록 한다(여행조건에는 그러한 사항이 명기되어 있을 것이다). 특히 보석 등 고가품의 쇼핑에는 할인이 많다. 이 경우 고객 측에게 해외에는 한국에서 사는 것보다 저렴하지는 않을까 하는 심리가 있으면 예기치 못한 가격으로 바가지를 쓸 염려도 있다. 패키지여행으로 들르는 장소에는 결코 재미있는 얘깃거리가 없다는 것을 사전에 호소해둘 필요가 있다.

(4) 그룹 구성의 고충

어떤 여행사의 한 판매점이 독자로 주최여행을 기획·모집한 결과 소정의 인원을 채우지 못해, 어쩔 수 없이 집객(集客)한 약간의 인원을 유사코스의 패키지 투어에 송객하는 경우가 있다. 이러한 경우 그 그룹 참가자와 일반참가자와의 사이에는 어떤 틈이 있어 여행 전체의 분위기가 좋지 않은 경우가 있는데, 이러한 때 인솔자의 강한 통제력이 요구된다. 소위 패키지투어로 불리는 주최여행의 경우에는 무엇보다도 참가고객 전원의 평등성에의 배려가 필요하다.

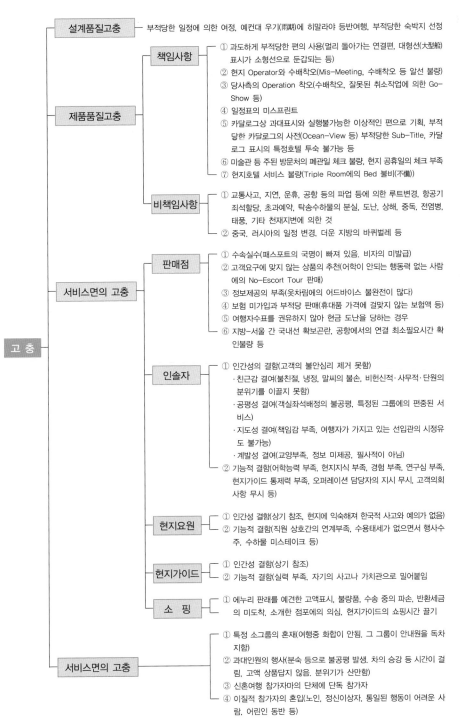

- 설계품질고충 — 부적당한 일정에 의한 여정. 예컨대 우기(雨期)에 히말라야 등반여행, 부적당한 숙박지 선정
- 제품품질고충
  - 책임사항
    - ① 과도하게 부적당한 편의 사용(멀리 돌아가는 연결편, 대형선(大型船) 표시가 소형선으로 둔갑되는 등)
    - ② 현지 Operator와 수배착오(Mis-Meeting, 수배착오 등 알선 불량)
    - ③ 당사측의 Operation 착오(수배착오, 잘못된 취소작업에 의한 Go-Show 등)
    - ④ 일정표의 미스프린트
    - ⑤ 카달로그상 과대표시와 실행불가능한 이상적인 편으로 기획, 부적당한 카달로그의 사전(Ocean-View 등) 부적당한 Sub-Title, 카달로그 표시의 특정호텔 투숙 불가능 등
    - ⑥ 미술관 등 주된 방문처의 폐관일 체크 불량, 현지 공휴일의 체크 부족
    - ⑦ 현지호텔 서비스 불량(Triple Room에의 Bed 불비(不備))
  - 비책임사항
    - ① 교통사고, 지연, 운휴, 공항 등의 파업 등에 의한 루트변경, 항공기 좌석할당, 초과예약, 탁송수하물의 분실, 도난, 상해, 중독, 전염병, 태풍, 기타 천재지변에 의한 것
    - ② 중국, 러시아의 일정 변경. 더운 지방의 바퀴벌레 등
- 서비스면의 고충
  - 판매점
    - ① 수속실수(패스포트의 국명이 빠져 있음, 비자의 미발급)
    - ② 고객요구에 맞지 않는 상품의 추천(어학이 안되는 행동력 없는 사람에의 No-Escort Tour 판매)
    - ③ 정보제공의 부족(옷차림에의 어드바이스 불완전이 많다)
    - ④ 보험 미가입과 부적당 판매(휴대품 가격에 걸맞지 않는 보험액 등)
    - ⑤ 여행자수표를 권유하지 않아 현금 도난을 당하는 경우
    - ⑥ 지방-서울 간 국내선 확보곤란, 공항에서의 연결 최소필요시간 확인불량 등
  - 인솔자
    - ① 인간성의 결함(고객의 불안심리 제거 못함)
      - ·친근감 결여(불친절, 냉정, 말씨의 불손, 비헌신적·사무적·단원의 분위기를 이끌지 못함)
      - ·공평성 결여(객실좌석배정의 불공평, 특정된 그룹에의 편중된 서비스)
      - ·지도성 결여(책임감 부족, 여행자가 가지고 있는 선입관의 시정유도 불가능)
      - ·계발성 결여(교양부족, 정보 미제공, 필사적이 아님)
    - ② 기능적 결함(어학능력 부족, 현지지식 부족, 경험 부족, 연구심 부족, 현지가이드 통제력 부족, 오퍼레이션 담당자의 지시 무시, 고객의회 사항 무시 등)
  - 현지요원
    - ① 인간성 결함(상기 참조, 현지에 익숙해져 한국적 사고와 예의가 없음)
    - ② 기능적 결함(직원 상호간의 연계부족, 수용태세가 없으면서 행사수주, 수하물 미스테이크 등)
  - 현지가이드
    - ① 인간성 결함(상기 참조)
    - ② 기능적 결함(실력 부족, 자기의 사고나 가치관으로 밀어붙임)
  - 소 핑
    - ① 에누리 판래를 예견한 고액표시, 불량품, 수송 중의 파손, 반환세금의 미도착, 소개한 점포에의 의심, 현지가이드의 쇼핑시간 끌기
- 서비스면의 고충
  - ① 특정 소그룹의 혼재(여행중 화합이 안됨. 그 그룹이 안내원을 독차지함)
  - ② 과대인원의 행사(분숙 등으로 불공평 발생. 차의 승강 등 시간이 걸림, 고액 상품답지 않음. 분위기가 산만함)
  - ③ 신혼여행 참가자마의 단체에 단독 참가자
  - ④ 이질적 참가자의 혼입(노인, 정신이상자, 통일된 행동이 어려운 사람, 어린인 동반 등)

[그림 10-1] 여행상품의 고충체계도

2) 여행 종료 후의 고충처리[9)

① 인솔자를 동반하지 않은 여행에 대해서는 고객의 감상, 의견을 청취하여 그에 따른 문제를 적출(摘出)한다.

② 운수기관·숙박 등의 기관에 대한 고충, 변경, 취소에 의한 문제가 있으면 성의를 가지고 해결한다.

③ 고객의 몰이해에 기인한 고충에 대해서는 설명을 보충하여 올바른 여행방식에 대해서 지도한다. 이때 여행지의 정보, 고객의 지향(志向) 등을 파악하여 다음의 집객업무자료로 활용한다.

④ 인솔자가 동반된 여행에 대해서는 인솔자의 감각과 고객의 감각과는 다소 차이가 있게 마련이며 또한 그 자체에 대해서 비판이 있을지도 모른다. 또한 여행 중의 감각과 귀국 후의 감각에도 다소의 차이가 있으며 이것을 포함하여 문제를 파악한다. 물론 고충이 있으면 성의를 가지고 해결에 임하도록 한다.

3) 여행 종료 후 해결할 문제의 처리

이것은 분실물, 발주(주문)한 사진, 토산품의 별송 등의 처리이다. 분실물의 처리는 이미 신고가 끝나 있어 손 밑에 도착되지 않는 경우에는 재수배의 필요가 있다. 또한 새로 신청한 것에 대해서는 수배할 필요가 있다.

기념사진도 속성의 경우에는 가지고 올 수 있지만 후일 별송되는 것도 많다. 미착, 대금결제 등에 대해서도 처리를 하고, 또한 고객이 촬영한 사진 등을 여행지에 보내는 서비스를 요구하는 경우도 생긴다.

토산품에 대해서는 미착, 파손, 견본 상위(相違), 불량, 부패 등의 처리를 하는 경우도 있다. 2. 및 3.의 어느 경우에도 여행사 책임 밖의 문제처리에 대해서는 무료서비스를 할 필요가 없으며, 당연히 필요한 경비와 수수료는 청구해야 한다.

---

9) 社団法人, 全国旅行業協会, 앞의 책, pp. 273~275.

4) 여행 종료 후 발생하는 사고처리

(1) 여행 종료 후에 발생하는 사고

여행사의 직접 책임은 아니지만, 특히 해산직후 귀가도중에 발생한 문제 등에 대해서는 어떤 형태로든 마음을 써주는 것이 바람직하다. 이들의 문제는 고객 측으로부터 여행사 쪽에 직접 보고되는 경우는 적다. 그를 위해서도 애프터서비스를 가급적 빨리 해야 할 필요가 있다.

(2) 잠재성 전염병의 처리

여행종료 후 수일을 경과하여 발병하는 잠복성이 있다. 이질 등이 이것으로 귀가 후에 발병하는 것이다. 이러한 경우에는 이 여행에 참가한 고객은 물론 그 가족, 인솔자도 그 감염가능성이 있다. 따라서 환자를 비롯한 여행의 동행자, 인솔자 및 그들의 가족의 처치와 소독 등에 대해서 보건소의 지시를 받는다.

이 문제의 처리에 대해서는 전염경로, 책임소재, 기타 전염병 만연의 위험이 완전히 없어진 때로부터 시작하여 해결이 길어진다는 것을 각오하지 않으면 안 된다. 그래도 성의 있는 처리를 해야 한다.

해외여행에의 고충사례집은 Travel Journal에서 편집한 '해외여행의 고정(苦情)처리'와 자유국민사에서 발행한 '여행과 레저의 분쟁과 해결법' 및 국내서적으로는 김진섭의 『여행업경영론』의 실제편에 각각의 유형별 고충사례와 해결방법이 나와 있고, 웹사이트로는 한국일반여행업협회(KATA) 자료실, 한국소비자원 자료실 등에도 이에 대한 참고자료가 있다.

(3) 불만고객의 발생원인

불만고객의 발생원인은 다음 표와 같이 두 가지 측면으로 나누어 볼 수 있다.

발생원인	내　　　　용
여행사측	·상담직원의 상품지식 부족　·상품내용에 대한 설명 불완전 ·정확하지 못한 의사소통 ·상품품질에 대한 문제발생(숙박호텔 변경, 여행일정변경 등) ·고객에 대한 배려 부족　·불친절, 서비스정신의 결여

고 객 측	·상품지식 및 인식의 결여 ·성급한 마음 ·감정적 반발	·기억 착오 ·독단적 해석 ·고의성

불만을 처리하기 위해서는 다음과 같은 4가지 응대원칙, 즉 ① 우선사과의 원칙, ② 원인파악의 원칙, ③ 논쟁불가의 원칙, ④ 신속해결의 원칙을 가지고 대처해야 하며, 유의사항으로는 ① 상대방의 의견에 동조해 가면서 긍정적으로 불만 내용을 청취하며, ② 변명을 피하고, 감정적 표현과 감전노출을 자제하여 냉정하게 임하며, ③ 설명은 사실중심적으로 하고, ④ 잘못에 대해서는 솔직하게 사과하되 신속·적극적인 자세로 임할 것 등이다.

단 계		여 행 사	고 객
1. 듣기		·최후까지 전부 듣는다. ·선입견을 버리고 전부 듣는다. ·절대로 회피하지 않는다.	－
2. 원인 분석	업무적	·담당직원의 업무지식 부족 ·설명 불충분, 의사소통 미숙 ·현지행사 업무처리미숙, 지연 ·고객감정에 대한 배려 부족 ·서비스정신 결여	·여행업무에 대한 지식부족 ·착오, 과실 ·감정, 악의
	심리적	·바쁘다(귀찮다) ·회사의 규정은 어길 수 없다. ·특별대우를 해줄 수 없다. ·제공한 서비스에 하자가 없다. ·고객보다는 전문가라는 우월감.	·낯선 지역에서의 업무처리지연에 대한 초조감 ·고객이 왕이라는 우월감 ·여행사가 여기뿐이냐는 비교심리 ·문제에 대한 항의, 자존심 손상 ·열등의식
3. 해결책 모색		·불만고객에 대한 신속한 응대 ·처리결과에 따라 여행사이미지가 좌우되기에 신속한 대처 필요 ·잘못이 있으면 신중하고 예의바 르게 알림 ·책임 한계는 분명히 함 ·다른 고객에게 동요나 피해가 없 도록 조용히 해결	－
4. 신속한 해결		－	－

【자료】 하나투어, 해외지사 가이드매뉴얼, 하나투어 인재개발팀, 2008, pp. 80~81에 의거 재구성.

5) 고충처리의 기본요건

인솔자가 지켜야 할 기본업무는 다음과 같은 4가지이다. 즉 사고가 발생하지 않도록 미연에 방지하는 것, 발생할 경우에 대비하여 피해를 최소한으로 줄일 수 있도록 준비하는 것, 발생한 경우 가장 적절한 조치를 취하는 것, 보고·후일처리 등을 정확하게 신속하게 행할 것 등이다.[10)]

기본자세로는 ① 당사자인 고객·단원의 안전 확보를 최우선적으로 고려할 것, ② 현지사무소 지상수배업자 등의 지원요청을 주저하지 말 것, ③ 고객의 감정을 충분히 의식하고 행동할 것, ④ 보상에 관해 가볍게 대응하지 말 것, ⑤ 여행사 측의 권리도 주장할 것은 분명하게 주장할 것 등이며, 아래와 표와 같은 절차를 토대로 진행한다.

〈표 10-1〉 고충처리의 6가지 요건

요　건	내　　용
1. 고충의 발생	고충을 냉정하게 받아들이고 고객은 무엇을 요구하고 있는지 그 요점을 정리한다.
2. 원인추구	고충을 발생하게 하나 그 원인은 어디에 있는지 파악한다.
3. 당면(當面)처리	같은 고충이 재발되지 않도록 당면처리를 한다.
4. 해　결	고객의 사정을 청취하여 이해를 구하고, 화사측에 어떤 잘못이 있을 때는 진심으로 사과하고 납득이 가도록 해결책을 강구한다.
5. 영업부문의 개선	고충을 경영의 중추에 반추(Feedback)하여 발생원인이 된 문제점에 대해서 보강한다. 경우에 따라서는 고객상담실(또는 고충처리위원회의 설치를 권고한다)을 중심으로 해당 고충의 원인을 조사하는 동시에 영업부문의 조직이나 업무진행방식 등의 개선을 강구한다.
6. 후속조치	회사의 신용회복을 위해 고충이 해결된 후에도 사후조치 태세를 만들어 애프터서비스를 강화하는 동시에 사원(특히 영업사원)에 대해 문제점을 보강하기 위한 교육훈련을 강화한다.

【자료】梅沢功, 梅沢功, 旅行業プロの苦情処理学, 中央書院, 1997, pp. 18~19.

---

10) JHRS, 旅程管理研修, 株式会社ジェィティビ能力開発, 2008, p. 110.

(1) 고객에게 사과한다

사정은 여하튼 간에 고객에 대해서 불쾌·불편·폐를 끼친 것은 사실이므로, 우선은 솔직하게 사과하는 것은 당연한 것이다. 더구나 가능한 한 직접 본인과 만나서 사과하는 것이 최선책이다. 왜냐하면 서면, 전화 등으로는 이쪽의 마음이 정확하게 전달되지 않기 때문이다.

(2) 고객의 이야기를 경청한다

여하튼 우선 분쟁이 발생한 원인과 결과의 경위를 상세하게 경청한다. 작업으로서 이것은 꽤 인내가 필요하다. 모처럼의 여행에 균열이 생겨버린 고객은 가슴에 맺힌 것을 단숨에 토해내기 때문에 열화처럼 불길이 솟다가도 얘기하고 싶은 대로 내버려두면 의외로 태연해진다.

이때 경청자로서의 입장을 자기의 가슴에 타일러, 비록 고객의 얘기에 모가 나거나 이쪽의 잘못이 있거나 해도 반론하여 상대를 거꾸로 몰아붙이는 일은 절대로 피해야 한다. 이때 섣불리 반론하면 불에 기름을 붓는 격이 되어 해결될 교섭도 점점 꼬이게 된다. 어디까지나 상대방 입장이 되어 화를 낼 때는 같이 화를 주고 함께 분개하는 등의 제스처는 문제해결에 상당한 도움을 준다.

(3) 성의를 가지고 임한다

여행자가 있고 나서 여행업자가 있다는 것을 명심하지 않으면 안 된다. 필요하다면 여행자의 훌륭한 대변자가 되어, 이익보호를 위해서도 관계기관과의 적극적인 절충을 부탁하는 등 고객입장에 서서 성의를 보여야 한다.

(4) 사실을 확인한다

고객의 얘기에는 때때로 잘못 생각하는 부분이 있다. 사실을 추적하기 위해서는 얘기의 확실한 증거를 포착할 필요도 생겨난다. 방법으로서는 여행인솔자로부터 상세한 의견이나, 관계자로부터의 발언도 청취하여 정확한 처리에 임해야 할 것이다.

또한 사고처리에 있어서는 우선 업무의 신속을 기본으로 해야 하지만, 분주함에 얽매여 졸속한 처리가 되면 오히려 보다 큰 재앙이 된다는 것을 염두에 두지 않으면 안 된다.

(5) 책임소재를 명확히 한다

여행의 최종적인 책임자는 어디까지나 여행을 주최한 여행사이다. 그러나 개개의 고충발생원인은 여행사의 여행인수조건의 범주 밖에서 일어나는 경우가 많다. 그 예로서는,

- 고객자신에게 기인하는 것 : 지정항공사 호텔 등의 실수에 의한 것
- 여행인솔자의 직무상의 불충분함
- 불가항력적 사고로 발생된 것(예 천재 · 지변 등) 등이 있다.

이상과 같이 분쟁에 관한 원인은 너무 많아서 셀 수가 없지만, 사후처리에 있어서는 개개의 경우마다 책임소재를 명확히 하지 않으면 안 된다.

6) 여행사의 결정적 순간(진실의 순간)

진실의 순간(MOT : Moment of Truth)이란 고객이 조직의 어떤 일면과 접촉하는 모든 순간(예 고객이 기업의 물리적 시설물들이나 제품과 접촉하는 순간, 종업원과 대면하는 순간, 기업광고를 보는 순간, 대금 청구서를 받아 보는 순간, 정보를 얻기 위해 전화를 한 순간, 순서를 기다리는 순간 등)으로, 서비스를 제공하는 조직의 서비스 품질에 대해 고객이 어떤 인상을 받는 접점이다. 이러한 MOT는 고객의 입장에서 볼 때 구매의사를 결정하는 최후의 순간일 수도 있으며, 여행사의 입장에서는 고객과 만나는 최초의 순간이라고 할 수 있다. 즉 다음과 같은 것이 패키지투어에서 일어나는 진실의 순간들이다.

항 목	구체적 내용	비 고
1	팸플릿을 본 고객으로부터 주최여행의 내용에 대한 설명 요구가 있다.	전화에 의한 문의 포함
2	고객이 희망하는 여행에 참여할 수 있는지의 여부를 문의한다.	
3	고객으로부터 정식 신청을 받는다.	신청금의 지불과 신청서의 작성이 있을 때
4	고객에 대해 여행일정표 이외에 여행조건서를 송부하고 그에 대해 설명한다.	
5	출발 전에 여행일정 등에 변경이 있는 경우 연락과 그 원인 및 대체안에 대해서 설명한다.	
6	출발 전일 인솔자에 의해 참가하는 고객에 대해서 자기소개를 포함하여 집합일시 장소 등의 확인연락을 취한다.	
7	출발 당일 주최여행회사측 직원 및 인솔자에 의한 공항에서의 탑승수속 설명과 유도	
8	출발 후 매일 여행일정이 확정서면에 나온 일정대로 진행되고 있는 지의 여부를 인솔자가 확인한다.	
9	만일 태풍 등 천재지변에 의한 여정변경이 발생한 경우 안전 확보를 위해 인솔자가 고객에 대해 취할 행동	
10	병자나 상해를 입은 사람이 발생하거나 도난사고가 발생한 때의 인솔자 및 현지 직원이 취할 행동	
11	호텔 객실 조건의 확인 및 이에 대해 고객으로 주문이 있는 경우, 인솔자 및 현지 직원이 고객에 대해서 취할 행동	
12	관광시설(미술관, 박물관 및 토산품점을 포함)에 고객을 안내할 때의 행동	
13	왕복 항공기내 혹은 버스 안에 있어서 참가여행자에 대해서 인솔자 및 현지직원이 그때마다의 취할 행동	
14	귀국시 버스, 항공기내, 혹은 도착공항에 있어서 인솔자가 참가여행자에게 접할 때의 행동	
15	여행종료 후에 송부된 앙케이트 또는 고객으로부터의 고충, 요망, 의견, 제안에 대한 회사측이 취할 행동	

이것은 무엇을 의미하는 것일까? 말할 필요도 없이 그 가운데 "한 순간이라는 단면"에 실수가 생기면 모든 것이 수포로 돌아가는 것이다.

이때 어딘가의 접점에서 결정적인 나쁜 인상을 주게 되든가, 혹은 실수를 저지르면 다른 접점에서 좋은 인상을 주어도 고객은 그 여행사에 대해 결국 불만족 평가를 내리게 된다.

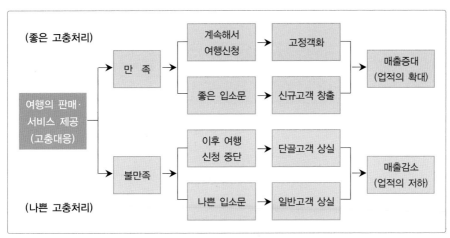

【자료】 梅沢功, 梅沢功, 旅行業プロの苦情処理学, 中央書院, 1997, p. 130.

[그림 10-2] 고객의 만족·불만족 평가

불만고객을 없애기 위해서 고객과의 접점에서 일하는 영업사원에 대해 고객 만족(CS : Customer Satisfaction) 마인드를 침투시킴과 더불어 영업사원이 기민하게 대응할 수 있도록 권한 위양을 행하는 등 현업부문 중시정책이 극히 중요하다.

7) 여행불편·피해신고의 처리

여행업 등록업체로부터 발생된 관광과 관련한 각종 불편, 계약불이행 등의 신고접수내용은 해당여행사에게 사실 확인을 통해 우선적으로 당사자 간 합의를 권고하며, 양당사자 간의 합의가 이루어지지 않는 경우에는 한국여행업협회의 여행불편신고센터에 신고하면, 여행불편처리위원회에 상정하여 심의·결정하게 되고, 이에 이의가 있을 시에는 심의결정 후 1개월 이내에 등록관청에 이의를 신청할 수 있다.

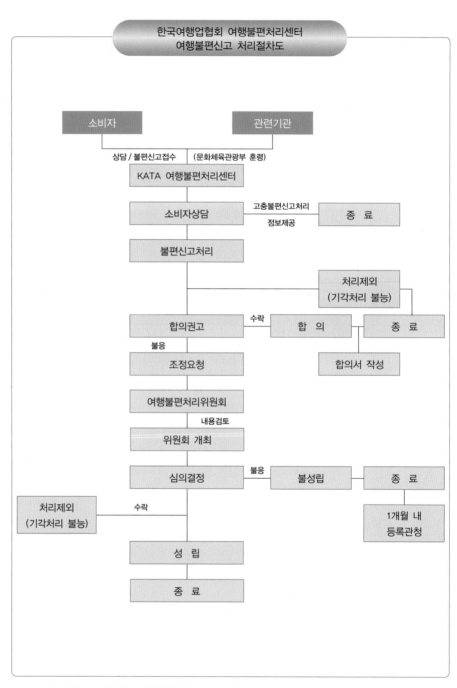

[그림 10-3] 한국여행업협회 여행불편처리센터 여행불편신고 처리절차도

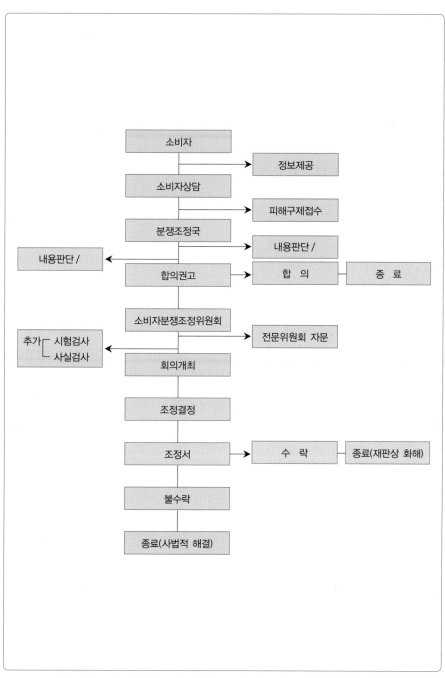

【자료】한국소비자원, 웹사이트 자료, 2010. 3.

[그림 10-4] 한국소비자원 소비자피해구제 처리 절차도

한편 한국소비자원에서는 구제의 절차 → 소비자상담 → 합의권고 → 조정 등의 절차를 거쳐 소비자 피해구제를 하고 있다.

소비자피해를 구제하는 절차는 먼저, ① 소비자 상담창구에서 소비자불만 및 피해를 접수하여 당사자 간 자율적 해결을 위한 정보를 제공하거나, 타 기관알선, 피해구제 접수 등으로 처리하고, ② 피해구제로 접수된 사건은 사건처리 담당직원이 사실확인이나 전문가 자문 등을 통해 양 당사자에게 피해보상에 대한 합의를 권고하여 양 당사자가 이를 받아들이면 종결처리하게 되며, ③ 합의가 이루어지지 않는 경우에는 소비자분쟁조정위원회에 조정을 요청하여 피해구제를 처리하게 된다.

(1) 소비자상담

소비자는 소비생활에서 경험한 사업자에 대한 불만 및 피해에 대하여 전화 방문 서신 팩스 인터넷 등의 다양한 방법을 통해 한국소비자원에 소비자상담을 요청할 수 있다.

한국소비자원은 이러한 소비자의 상담신청을 접수하여 적절한 정보를 제공함으로써 소비자불만을 처리하거나 타 기관알선 또는 기타상담 등으로 처리하고 있으며, 소비자보호법상 한국소비자원의 피해구제가 가능한 사건에 대해서는 청구인(소비자)과 피청구인(사업자)의 인적사항과 피해사실 등을 확인한 후, 피해구제 청구 건으로서 접수하여 처리담당 직원에게 인계한다.

(2) 합의권고

소비자는 물품의 사용 및 용역의 이용으로 인한 피해의 구제를 한국소비자원에 신청할 수 있으며, 또한 국가(지방자치단체), 소비자단체 또는 사업자도 소비자로부터 피해구제 청구를 받은 때에는 한국소비자원에 그 처리를 의뢰할 수 있다. 한국소비자원에 대한 피해구제의 청구 또는 의뢰는 반드시 서면(긴급을 요하거나 부득이 한 경우에는 구술 또는 전화도 가능)으로 하도록 되어 있으며, 한국소비자원은 소비자로부터 피해구제 청구 받은 사실을 지체 없이 사업자에게 서면으로 통보하여 해명을 요구한다.

한국소비자원에서는 사실조사를 통해 확인된 내용, 전문위원회의 자문 및 필요한 시험검사 결과 등을 종합적으로 검토하여 내린 결론을 근거로 양 당사자에게 피해보상에 대한 합의를 권고할 수 있으며, 이러한 합의권고가 피해구제청구일로부터 30일 이내에 이루어지지 아니할 때에는 지체 없이 소비자분쟁조정위원회에 조정을 요청한다.

(3) 조 정

① 소비자분쟁조정위원회 구성과 운영

소비자분쟁조정위원회는 위원장 1인을 포함한 30인 이내의 위원(상임 2인, 비상임 28인)으로 구성되며 위원장은 매 회의마다 위원장 및 상임위원을 포함하여 7인~9인의 위원을 지명하여 회의를 소집한다. 위원장은 회의를 소집하고자 하는 때에는 소비자 및 사업자를 대표하는 조정위원을 각각 1인 이상 균등하게 포함하여 소집하여야 하고, 조정위원회의 업무를 효율적으로 수행하기 위하여 필요한 경우에는 분야별 전문위원회를 둘 수 있다.

위원장은 회의개시 3일전까지 회의일시 장소 및 부의사항을 정하여 각 위원에게 서면 통지하여야 하며, 조정위원회의 회의는 출석위원 과반수 이상의 찬성으로 의결된다.

② 조정절차

위원장은 분쟁조정요청을 받은 날로부터 10일 이내에 당사자에게 합의를 권고할 수 있으며, 부득이한 사유가 없는 한 분쟁조정요청일로부터 30일 이내에 조정결정을 하게 된다. 다만, 원인규명을 위한 시험 검사 등 부득이한 사정으로 조정결정기간이 연장되어야하는 경우에는 그 사유와 기한을 명시하여 당사자에게 통보하도록 되어 있다.

분쟁조정위원회는 분쟁조정을 위해 필요한 경우 전문위원회 자문 및 이해관계인, 소비자단체 또는 주무관청의 의견을 청취할 수 있으며, 현재 수송기계, 건축, 농업, 보험, 의료 등 20개 분야의 전문위원회가 구성되어 있다.

소비자분쟁조정위원회에는 양당사자가 참석하여 의견을 진술할 수 있으며, 위원회는 최종적으로 내린 조정결정 내용에 대하여 양당사자에게 서면 통보 후

15일 이내에 수락거부 의사가 없는지 여부를 확인하게 된다.

조정결정이 양당사자에 의해 수락되면 조정이 성립되며, 이 경우 한국소비자원은 조정서를 작성하여 원본은 한국소비자원이 보관하고 정본은 양당사자에게 송달함. 성립된 조정결정 내용은 재판상 화해와 동일한 효력을 가지게 된다. 또한, 조정 결정내용을 당사자가 수령한 후 15일 이내에 양당사자가 수락거부 의사를 서면에 의해 표시하지 않는 경우에도 조정은 성립되며, 이 경우에도 한국소비자원은 조정서를 작성하여 원본은 보관하고 당사자에게 정본을 송달한다.

소비자분쟁조정위원회 조정결정에 대해 양당사자 중 일방이라도 수락거부 의사를 15일 이내에 서면으로 표시한 경우에는 위원회의 분쟁조정결정은 성립되지 않으며, 이 경우에는 법원에 의한 사법적 구제절차인 민사소송절차에 따라 해결해야 된다.

만약, 위원회의 조정결정이 사업자의 수락거부로 조정이 불성립된 건에 대하여 소비자가 민사소송을 원하는 경우에는 한국소비자원은 일정 범위 내에서 한국소비자원이 운영하고 있는 "소송지원변호인단"에 소속된 변호사로 하여금 해당 사건의 소송업무를 지원토록 하고 있으며, 소비자분쟁조정위원회가 내린 조정결정이 성립은 되었으나 당사자 일방이 결정내용대로 이행치 않을 경우에는 대법원 규칙 제1198호(1992. 3. 2)에 의거 관할법원으로부터 집행문을 부여받아 강제집행을 실시할 수 있다.

(4) 피해구제 절차의 종료

한국소비자원에서는 피해구제절차를 진행하는 과정에서 소비자가 피해구제 청구를 취하한 경우, 소비자를 통해 피해구제의 이행을 확인한 경우 등 다음과 같은 경우에는 해당 소비자피해구제 청구사건에 대한 구제절차를 종료할 수 있다.

- 피해구제 처리절차 진행 중에 일방 당사자가 관할법원에 소송을 제기하고 한국소비자원에 피해구제처리의 중지를 요청한 경우
- 해당 피해구제청구사건에 대해 수사기관에서 수사가 진행 중일 경우
- 당사자가 합의서를 작성하거나 합의내용이 전화 또는 서면으로 확인된 경우
- 피해구제청구가 이유 없음이 판명된 경우나 처리 도중 연락불능 등으로 처

리가 불가능한 것으로 판명된 경우

- 행정관청의 행위가 선행되지 않으면 피해구제절차를 진행시킬 수 없는 경우나, 소비자의 행위가 전제되어야 피해구제가 가능하지만 소비자가 그러한 행위를 하지 않아 피해구제처리가 불가능한 경우
- 시험검사 또는 전문가의 자문 등에도 불구하고 원인규명이 불가능한 경우 등이다.

참고문헌

【국내자료】

강신겸, 체험을 팔아라, 삼성경제연구소, 2001.

계명전문대학부설 관광종사원연수원, 여행실무, 1985.

관광과 스토리텔링, 내일신문, 2006. 6.28.

관세청 특수통관과, 웹사이트자료, 2009.

──────, 여행자 및 승무원 휴대품통관에 관한 고시, 2005.

관협자료 82─15, 국외여행인솔실무, 한국관광협회, 1982.

관협자료 84-2, 여행대리점업무 참고자료, 1984.

관협자료 87-9. 여행관계법규집, 한국관광협회, 1987.

관협자료 89-16, 여행업관련 업무지침, 한국관광협회, 1989.

관협자료 89-3, 국내여행업참고자료집, 한국관광협회, 1989.

공정개래위회, 소비자분쟁해결기준, 2009.

교통부, 관광동향에 관한 연차보고서, 1990.

국가정보원 테러정보종합센터 웹사이트 자료, 해외진출기업체 테러대비는 이렇게, 2009.

국립검역소, 웹사이트자료, 2009.

국립보건원, 전염병관리사업지침, 2002.

국립식물검역원, 웹사이트 자료, 2009.

금융위원회, 웹사이트자료, 2009.

김근수, 여행업, 호텔업, 골프장업, 외식업의 경영매뉴얼, (주)영화조세통람, 2006.

김기태・김만술・김진훈, 관공기업경영분석, 한올출판사, 2006.

김성혁・김순하, 여행사실무론(서울 : 백산출판사), 2000.

김시중・한승우, 관광경영분석, 대왕사, 2004.

김영생, 외국환관리법, 무역경영사, 1989.

김증한, 법학통론, 박영사, 1983.

김증한, 최신법률용어사전, 법전출판사, 1986.

김천중・임화순, 관광상품론, 학문사, 1999.

김충호, "현대서비스산업·관리에 관한 연구" 논문집, 제2집, 경기대학교대학원, 1985.

남서울대학교 디지털경영학과, 경영전략과 상품계획, 2002.

대구경북연구원, 지식경제시대 새로운 성장산업 의료관광, 개경CEO 브리핑, 103호, 2007.

대한손해보험협회, 손해보험 초급대리점 연수교재, 1989.

대한항공, 여객운송초급, 2000.

대한항공, 웹사이트, 2009.

도미경, 관광경영분석에 관한 비교 연구, 문화관광연구, 제7권3호, 한국문화관광학회, 2005.

문화체육관광부, 관광동향에 관한연차보고서, 2008.

문화체육관광부, 관광진흥법시행령, 2009.

박의서, 관광상품과 자원관리, 학현사, 2009.

법무부, 국가법령정보센터, 웹사이트자료, 2009.

법전출판사, 대한민국법전, 1990.

사단법인 한국무역협회, 외국환관리법령집, 1995.

서선, 항공권 발권수수료 효율화 방안 및 서비스수수료 타당성 연구, 한국일반여행업협회, 2009.

아시아나항공, 대리점여객 예약발권, 아시아나항공, 1993.

안태호, 혁신경영 키포인트 제8권, 대하출판사, 1975.

이희란, 전자티켓 발권주의사항, 여행신문, 2006.

여행정보신문, 제6호, 1997.

여행정보신문, 제74호, 1998.

유명희, 의료관광케팅, 한올출판사, 2010.

유영준·송재일·임진홍, 관광상품기획론, 대왕사, 2005.

윤대순·이재섭, 여행사경영분석에 관한 사례연구, 관광경영학연구, 제15호, 관광경영학회, 2002.

_____, 여행사실무, 기문사, 2009.

윤형호, 서울시 의료관광의 국제마케팅 육성방안, 서울시정개발연구원, 2007.

이광희·김영준, 체험관광상품 활성화방안, 한국관광연구원, 1999.

이병기, "BSP제 실시와 문제점", 월간관협, 제199호, 한국관광협회, 1989.

이태희, 관광상품기획론, 백산출판사, 2002.

인형무, 예해 계약요론, 삼성상임법률고문실, 1985.

장병철, 관세법, 무역경영사, 1990.

정찬종, 여행사경영론, 백산출판사, 2007.

_____, 국외여행인솔실무, 대왕사, 2004.

_____, 해외여행안전관리, 백산출판사, 2007.

_____, 여행사경영실무, 백산출판사, 2003.

_____, "여행업의 신상품 개발에 관한 연구", 계명연구논총, 제4집, 계명전문대학 1986.

_____, "한국의 여행보험정책에 관한 연구", Tourism Research 제3호, 한국관광발전
　　　　연구회, 1989.

_____, 여행상품기획판매실무, 백산출판사, 2006.

_____, 의료관광서비스 교육교재, 계명문화대학, 2009.

_____, 여행상품기획판매실무, 백산출판사, 2008.

_____, 해외여행안전관리, 백산출판사, 2009.

직무입문(여객발권), 대한항공, 2009.

철도청, 철도여행운송약관, 2009.

최승이·이미혜, 관광상품론, 대왕사, 1999.

표준업무절차, 대한항공 김포국내여객운송지점, 1993.

하나투어, 해외지사가이드매뉴얼, 2008.

한국관광공사 관광교육원, 항공업무, 1984.

_____, 2008관광불편신고종합분석서, 2009.

_____, 한류연구팀, 왜 관광스토리텔링인가, 2005.

한국문화관광연구원, 관광정책, 제38호, 2009.

한국소비자원, 해외여행상품 가격표시 실태조사, 2008.

한국여행신문, 제180호, 1996.

한국여행업협회(KATA), 여행불편신고처리사례집, 2017.

한국일반여행업협회(KATA), 종합자료실, 여행업약관, 2009.

한국일반여행업협회, 항공권 발권수수료 효율화 방안 및 서비스수수료 타당성 연구, 2009.

한상윤, 여행보험 바로알기(1), 세계여행신문, 2010.

한희영, 상품학총론, 삼영사, 1984.

항공예약발권, 대한항공, 2009.

해외안전여행, 외교통상부, 2009.

해외여행안내서, 대한항공, 발행연도 불명.

【일본문헌】

江川郎, 企劃力101の法則, 日本実業出版社, 1985.

加藤弘治, 観光ビジネス未来白書, 同友館, 2009.

切戸晴雄, 旅行マケティング戦略, 玉泉大学出版部, 2008.

五島仲, "旅行業の月次決算" 月刊観協, 日本観光協会, 1978.

桜井暁男, 海外危機管理, 税務経理協会, 1991.

安芸昌男, 旅行実務マニアル (2), ビネスアカデミ), 1981.

近畿日本ツーリスト, エスコトマニュアルガイドライン, 1999.

日本旅行医学会, 旅行医学質問箱, Medical View, 2009.

NHKびっくり法律旅行社製作班, Law and Manner Travel Guide Book, 徳間書店, 2008.

勝岡只, 旅行業入門④, 中央書院, 1997.

宮内輝武, "旅行商品の品質表示", トラベルジャーナル, 1984.

長広仁蔵, 新製品開発の実際, 日刊工業新聞社, 1982.

宇野政雄, マーケティングハンドブック, ビジネス社, 1984.

玉永一即, 経営多角化論, 千倉書房, 1970.

森谷トラベルエンタプライズ, 旅行業経営戦略, 1974.

日本能率協会, アフタセールス戦略, プレジデント社, 1983.

日本興業銀行東京支店, 日本経営システム(株)編, ヒット商品のマーケティングプロセス, ダイヤモンド社, 1984.

小川大助, "旅行商品とみる観光・する観光", 月刊観光, 第227号, 日本観光協会, 1985.

三上富一郎・宇野政雄編, 流通近代化ハンドブック, 日刊工業新聞社, 1970.

平島廉久, ヒット商品開発の発想法, 日本実業出版社, 1983.

渡邊圭太郎, 旅行業マンの世界, ダイヤモンド社, 1981.

城堅人, ホテル旅館業販売促進, 紫田書店, 1984.

熊野卓可, 観光キャンベーンイペントの発想法, 月刊観光, 通巻, 376号, 日本観光協会, 1998.

長谷川巖, 旅行業通論, 東京観光専門学校出版局, 1986.

日本交通公社, 海外旅行添乗員養成基礎教材, 1976.

ジェィティビ能力開発, 旅行業入門, 2005.

JHRS, ハートフルビジネス, ジェィティビ能力開発, 2005.

森谷トラベルエンタプライズ, トラベル エージェント マニアル, 1973~1995.

清水滋, 小売業のマーケティング, ビジネス社, 1983.

トラベルジャーナル, 海外ビジネス出張事典, 1985.

最新 レジャー 産業開発・経営 モデルプラン資料集, 総合ユニコム, 1986.

吉岡徳二, 旅行主任者試験合格完全対策, 経林書房, 1994.

旅行業取扱主任者試験の合格点, 自由国民社, 1982.

JHRS, 海外旅行実務, 2008.

香川昭彦, 添乗人間学, トラベル ジャーナル, 1988.

島川崇・新井秀之・宮崎裕二, 観光マーケティング入門, 同友館, 2008.

社団法人 全国旅行業協会, 旅行業務マニュアル, 1983.

トラベルジャーナル, 最新海外ビジネス出張事典, 1985.

森下晶美, 観光マーケティング 入門, 2008.

JHRS, 旅程管理研修, 株式会社ジェィティビ能力開発, 2008.

安田亘宏, 旅行会社のクロスセル 戦略, イカロス出版, 2007.

吉原龍介, わたしたちの旅行ビジネス研究, 学文社 1999.

日本観光協会, 観光実務 ハンドブック, 2008.

坂村健, ユビキタス社会と観光振興, 季刊観光, 創刊号, 日本観光協会, 2009.

古川栄一, 経営分析, 同文館, 1974.

梅沢功, 旅行業プロの苦情処理学, 中央書院, 1997.

【영·미문헌】

David A. Aaker, *Strategic Market Management*, John Wiley & Sons. Inc., New York, USA. 1984 : 野中都次郎訳, ダイヤモンド社, 1989.

P. Kotler, *Marketing Management*, 3rd ed., 1976.

S.C. Johnson, C. Jones, "How to Organize for New Product", Harvard Business Review, May-June, 1957.

Tourism English Appendix, Tourism Training Institute, *Korea National Tourism Corporation*, 1982.

W. J. Stanton, *Fundamental of Marketing*, 4th ed., 1975.

William P. Andrew and Raymond S. Schmidgall, *Financial Management for the Hospitality Industry*, 1993.

【웹사이트】

http://oag.com/, 2009.12.

http://www.0404.go.kr

http://www.avis.co.kr/use/guide/guide.jsp/

http://www.avis.co.kr/use/guide/guide.jsp/

http://www.customs.go.kr/

http://www.jsatour.com/

http://www.kca.go.kr/

http://www.npqs.go.kr/homepage/default.asp

http://www.shoestring.kr/

http://www.nvrqs.go.kr/Main_Index.asp

http://www.fsc.go.kr/

http://kr.koreanair.com/

http://www.airport.kr,

http//www.homeminwon.go.kr/opengo/tour/

http://www.kota.or.kr/main.htm/

http://www.isic.co.kr/pack2/index.html

http://www.isecard.co.kr

http://ko.wikipedia.org/

찾아보기

정찬종(鄭粲鍾)

· 경기대학교 관광대학 관광경영학과 졸업(경영학사)
· 경희대학교 경영대학원 관광경영학과 졸업(경영학석사)
· 경기대학교 대학원 관광경영학과 졸업(경영학박사)
· (주)동서여행사 국제여행부 총괄이사
· (사)관광경영학회 및 (사)대한관광경영학회 회장
· 국외여행인솔자교육기관협의회 초대회장
· 대구광역시교육청 현장체험학습지원단 위원
· 한국직업능력개발원 NCS학습모듈 여행분야 심사평가위원
· 현) 한나라관광(주) 경영자문위원
　　　 한국관광공사 한국관광품질인증 평가요원
　　　 계명문화대학교 호텔항공외식관광학부 명예교수

저 서
· 여행사경영론
· 여행사경영연구
· 여행사실무
· 여행사실무연습
· 여행정보서비스실무
· 해외여행안전관리
· 여행사취업특강
· 여행상품기획판매실무
· 여행관광마케팅
· 관광문화재 해설
· 국외여행인솔실무
· 세계관광문화의 이해 외 다수

논 문
· 관광마케팅믹스요인이 여행사의 이미지형성에 미치는 영향에 관한 연구
  (박사학위 논문) 외 다수

연구분야
· 관광사업경영분야(특히 여행사경영분야)
· 관광(서비스)마케팅 분야

저자와의
합의하에
인지첩부
생략

최신 여행사실무

2010년 9월 25일 초 판 1쇄 발행
2018년 8월 20일 개정2판 1쇄 발행

지은이 정찬종
펴낸이 진욱상
펴낸곳 백산출판사
교 정 편집부
본문디자인 오행복
표지디자인 오정은

등 록 1974년 1월 9일 제406-1974-000001호
주 소 경기도 파주시 회동길 370(백산빌딩 3층)
전 화 02-914-1621(代)
팩 스 031-955-9911
이메일 edit@ibaeksan.kr
홈페이지 www.ibaeksan.kr

ISBN 979-11-5763-994-6 93980
값 30,000원